本书由湖北文理学院工商管理学科开放项目资助出版

生命之城市：

基于怀特海有机宇宙论

● 吴时舫　苏宇轩　著

City of Life

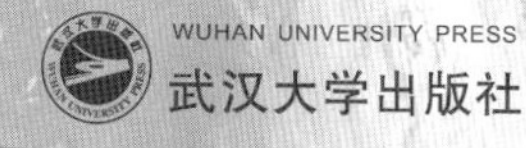

武汉大学出版社

图书在版编目(CIP)数据

生命之城市:基于怀特海有机宇宙论/吴时舫,苏宇轩著.—武汉:武汉大学出版社,2020.11(2022.4 重印)
ISBN 978-7-307-21901-4

Ⅰ.生… Ⅱ.①吴… ②苏… Ⅲ.城市建设—研究 Ⅳ.TU984

中国版本图书馆 CIP 数据核字(2020)第 222327 号

责任编辑:陈 帆　　责任校对:李孟潇　　版式设计:马 佳

出版发行:**武汉大学出版社** (430072 武昌 珞珈山)
(电子邮箱:cbs22@whu.edu.cn 网址:www.wdp.com.cn)
印刷:武汉邮科印务有限公司
开本:720×1000 1/16　印张:26.25　字数:390 千字　插页:1
版次:2020 年 11 月第 1 版　2022 年 4 月第 2 次印刷
ISBN 978-7-307-21901-4　定价:92.00 元

序

地球是有生命的星球，阳光、大气、水、土壤、岩石等使得这个世界生机勃勃、万物休戚与共。而城市作为人类聚集的场所，如同人类生存之网的一个个节点和枢纽，不停地和环境进行着物质和能量的交换，富有生命活力。大地是一个生命的有机体，城市则是这一肌体上的生命之果，城市成长在大地母亲的怀抱——生物圈里，聚集着、创造着、孕育着，生生不息。

根据超弦理论，微观世界到处是小小的琴弦，它们不同的振动便合奏出宇宙演化的交响曲。① 万物都是音乐，变化的劲风吹遍了一个充满琴弦的宇宙。地球是个超级系统，由彼此相关、数不清的小型系统所组成，岩石、水、空气和生命都参与其间。空间尺度，从极度微小到巨大行星，时间跨度自秒计乃至以千万年计。优美的舞蹈在悠久的光阴中浮现，一切都在这舞蹈中回旋，一切都自有其旋律。生物遗传基因的双螺旋结构是生物体细微处伴着生命的旋律的舞蹈，传递着遗传信息，使生命延续。所有的物体或行为都从对立面获取力量：个体从整体中获取力量，竞争从合作中获取力量，创新从保守中获取力量，秩序从混沌中获取力量，生命从衰败中获取力量。地球在相当长的时间内一直是个宜人的所在，地球那难以置信的平和，是因为岩石、水、空气、生命的力量彼此相当、相互依存平衡。

在这个平和、充满音乐的世界里，人类文明在冲突、竞争、搏斗中交

① B. 格林. 宇宙的琴弦[M]. 李泳，译. 长沙：湖南科学技术出版社，2004.

流、融合、发展。城市的起源与宗教、战争、贸易、货币等有着天然的联系。文明发展到一定程度，出现了城镇。从苏美尔的乌尔城、巴比伦的空中花园到迈锡尼城、殷墟、古希腊、古罗马……生命与文明自由跃动造就古代城池之美。

人类最伟大的成就之一是她所缔造的城市。城市代表了我们作为一个物种具有想象力的恢宏巨作，证实我们具有以最深远而持久的方式重塑自然的能力。城市表达和释放着人类的创造性欲望。从早期开始，当仅有少量人类居住在城市之时，城市就是积聚人类艺术、宗教、文化、商业、技术的地点。在人类发明城市以后的5000~7000年时间里，所建造的城市不计其数。从秘鲁的高地到南非的海岬，再到澳大利亚的海岸线，实际上在世界每一个角落都已建造了城市。

莎士比亚有一句诗"城市即人"。说到底，城市又是人与人之间的交流之地。城市是多种作用力的产物，它也是经济发展的发动机，是文化创新、社会转型和政治改革的中心地。高密度都市中面对面的人际交流，多元文化的碰撞，自古以来就是人类进步的引擎。自柏拉图和苏格拉底在雅典的一个集会场所展开辩论以来，城市已经成了创新的发动机。佛罗伦萨的街道给我们带来了文艺复兴，伯明翰的街道给我们带来了工业革命。当前上海、伦敦和东京的高度繁荣得益于它们产生新思想的能力。

哈佛大学经济学教授格莱泽所写的《城市的胜利》对城市进行了热情洋溢的赞美："城市让人类变得亲密，让观察与学习、沟通与合作变得轻而易举，极大地促进了思想撞击、文化交流与科技创新；城市鼓励创业，带给人们前所未有的工作机会，使得社会的机动性和经济的灵活性得以发挥；城市中密集的高层建筑、发达的公共交通、缩短的空间距离能节约能源、保护环境；城市清洁的水源、良好的排污与完善的医疗系统等维护了人们的健康与安全。"①他在题为《如果你热爱自然，就搬到城里来》的文章

① 爱德华·格莱泽. 城市的胜利[M]. 刘润泉，译. 上海：上海社会科学院出版社，2012.

中呼吁，如果你热爱自然，就远离瓦尔登湖，到拥挤的波士顿市中心去定居，住在钢筋混凝土建筑中比住在森林中更环保。在格莱泽看来，高密度的城市生活，不仅有利于保护自然生态，而且还能刺激创新。城市——深圳、班加罗尔、旧金山、伊斯坦布尔——是将我们这个日益全球化的世界联系在一起的重要节点。世界各地的联系变得更加紧密，城市也正变得更加重要。

人类生态学之父帕特里克·格迪斯从生物学的角度出发，认为生命与其生存的环境有着密不可分的联系，相应的，城市也是一个有机的生物体，与其周边的环境密切联系。格迪斯强调城市作为一个有机生命体与其生存环境的相互依存关系，进而提出城市与区域的相协相生关系。他认为："城市应当被作为一个整体来重新审视，人们的全部活动——工业和商业，卫生和教育，彼此之间相互联系。为了让城市生活更健康，更有效，需要把各项尚未联系起来的活动更充分地协调起来，就像协调管弦乐队中的乐器或者戏剧中的演员，战场上的士兵，工厂里的工人，生意上的合作伙伴一样，将之完美地融合。"①

城市规划理论家刘易斯·芒福德因为格迪斯的引导，他习惯以生物学的有机体概念来研究城市与社会。例如，他在《城市发展史——起源、演变和前景》一书中探讨城市起源时就用到了有机体、城市胚胎的概念，继而描绘了五千年城市波澜壮阔的演变史，认为只有通过艺术和思想应用到城市的主要的人类利益上去，对包容万物生命的宇宙和生态进程有新的奉献精神，城市的面貌才能有显著改善。关怀人、陶冶人是城市最好的经济模式，我们必须使城市恢复母亲般养育生命的功能，成为爱的载体、共生共栖的联合体。

简·雅各布斯（Jane Jacobs）在《美国大城市的死与生》一书中写道："当我们面对城市时，我们面对的是一种生命，一种最为复杂、最为旺盛

① 帕特里克·格迪斯. 进化中的城市：城市规划与城市研究导论［M］. 李浩，吴骏莲，叶冬青，马克尼，等，译. 北京：中国建筑工业出版社，2012.

的生命。"根据复杂适应系统理论，人作为有生命的城市主体，不断进行着生产、消费等活动，这种群体的活动使得高度复杂的城市有机体得以"涌现"。城市是我们发明的用于推动和促进社会互动与人类合作的天才机制，而社会互动与人类合作则是人类创新和财富创造得以成功的两个必要因素。

当今世界是一个城市化的世界。随着人类进入21世纪，城市和全球城市化成为自人类变得社会化以来地球所面临的最艰巨挑战。人类的未来和地球的长期可持续性发展都与城市的命运有脱不开的关系。在迅速城镇化的进程中，能源、资源、环境的约束和挑战依然严峻。环境污染、生态破坏、资源短缺、贫穷、犯罪等问题依然威胁着人类和大自然的和谐共生。《北京宪章》说："当今的许多建筑环境仍不尽人意，人类对自然和文化遗产的破坏正危及自身的生存。"①城市与自然的生命双螺旋在对立统一中发展、演进。人类从匍匐在大自然怀抱里，到走向大自然的对立面，使大自然受到了伤害，而使人与大自然在更高层次上再度和谐，是历史赋予当代人的使命与担当。

从小城市、大城市、超大城市、城市群到全球城市，城市网络在生物圈里联络成人类圈。城市的繁荣、科技的进步，人类更有力量建设宜居的人居环境，更有办法保护自然，让人类圈与生物圈重新和谐。城市是文明的熔炉，创新的中心，创造财富的引擎，吸引创意的磁石。人类正通过特有的创造性活动为城市注入负熵，正创新运用绿色环保的科技、人地和谐的规划为城市可持续发展注入正能量。

---

① 吴良镛. 人居环境科学导论[M]. 北京：中国建筑工业出版社，2001：33.

目　　录

第一章　怀特海有机宇宙论探赜

怀特海(AlfredNorth Whitehead，1861—1947 年)是享有盛誉的数学家、哲学家。他的数学著作有《泛代数论》(1898 年)、与他的学生罗素合著的《数学原理》(1910—1913 年)。1919—1920 年，怀特海出版了在科学哲学领域有广泛影响的两部早期著作：《自然知识原理研究》和《自然的概念》。怀特海重要的形而上学著作有《科学与近代世界》(1926 年)、《过程与实在》(1929 年)和《观念的冒险》(1933 年)，这三部著作体现了最富创造性、挑战性和彻底性的怀特海。在这三部著作中，《过程与实在》被认为是怀特海的最重要著作，因为它对他的形而上学体系作出了最成熟、最详细和最严格的总结。① 怀特海的《思想方式》《科学与哲学文集》和《教育的目的》富有启发性、洞察力和想象的创造。怀特海通晓古典思想，他的历史知识也十分广泛。爱因斯坦的相对论、摩尔根的突创哲学、F. H. 布拉德雷对情感的解释，还有量子理论和生物进化论等都对怀特海思想产生了重要影响。日本怀特海研究专家田中裕称怀特海为"七张面孔的思想家"——数理逻辑学家、理论物理学家、柏拉图主义者、形而上学家、过程神学的创造人、深邃的生态学家和教育家立场的文明批判家。其哲思博大，融贯统一、奥妙无穷，为一代宗师。

现代科学的发展，宏观与微观相互融通，量子力学、相对论、宇宙学、统一场论和超弦理论等，日益融合为统一的探求宇宙起源和演化的、

---

① 菲利浦·罗斯. 怀特海[M]. 李超杰，译. 北京：中华书局，2014：2.

关于宇宙本性和本源的理论物理学，形成科学与哲学的内在相关统一。怀特海在其形而上学著作《过程与实在——宇宙论研究》中称自己的哲学体系为“有机哲学”，称该书第一部分说明构成宇宙论的观念体系。第二部分把审美的、道德的旨趣同来自自然科学的那些世界概念结合起来。第三、第四部分把这个宇宙论的体系通过其自身的范畴观念加以展开，最终建构起一种完善的宇宙论。

怀特海以“现实实有”(actual entities)这一有机体范畴为核心，“创造性”为终极性范畴，在借鉴现代量子论、进化论和相对论等科学成果的基础上，从自然由何物构成的本体论层面建构其逻辑融贯的有机宇宙论。怀特海有机宇宙论认为无数现实实有构成复杂的集合体，无数集合体和聚合体又相互协同而组成更大的共同体，整个宇宙就是无数现实实有相互包容而成的一个无缝的宇宙网络，一个巨大的有机协同体。怀特海宏大的宇宙论体系，打开了一扇机体哲学的大门，在如今这个纷繁复杂、充满危机的时代里提供了综合解决现实问题的一种理论依据，为诸多实践困境的省思提供了一个新的机缘，也为迈向可持续城镇化之路的征途提供了新的思想武器。

怀特海的有机宇宙论建立在四个概念基础上：“现实实有”“包容”“结合体”以及“本体论原则”。“现实实有”也称“现实机缘”，是构成世界的最终的实在事物。“现实实有”又是点滴的经验，是微小有机体，相互之间是复合的，互相依存的。“包容”是一切物体都具有的性质和活动方式，而非只是有感官的动物才有包容和被包容。“现实实有”和“包容”这种“泛经验主义”观念正是怀特海有机宇宙观的根本特征。任何现实实有所组成的现实世界都是一个结合体，所有日常经验对象都是结合体：山川与草木、行星与恒星、动物与人类社会等都是结合体。根据“本体论原理”，世界上任何事物都不会是无中生有，都可以从现实实有中找到原因。任何事物在这个世界中都有其“来龙去脉”，都是生生不息的有机宇宙的一部分。

怀特海有机宇宙论建立在一套完整的范畴体系之上，范畴体系包括终极性范畴三个，存在范畴八个，解释性范畴二十七个，范畴性要求九个。

这些范畴相互关联、相互依存，每一个既是构成这个理论整体的不可或缺的因素，又无不映射和蕴含其哲学整体的基本精神。

一、关于三个终极性范畴和八个存在范畴

三个终极性范畴是“创造性”“多”和“一”。创造性是一切形式背后的终极者，是世界上一切新生事物产生的本原。怀特海指出，正是通过这种终极原则使得“析取”的世界之“多”变成“合取”的世界的“一”个现实机缘。创造性存在于事物本性之中，使多进入复合统一体。在“多”与“一”的相互转化和辩证统一中，“创造性”乃是最重要的本质性动力和媒介。

八个存在范畴是“现实实有”“包容”“结合体”“主体形式”“永恒客体”“命题”“多样性”和“对比”。其中“主体形式”是指每一个现实实有都必须采取一定的形式而存在，这种形式就是该现实实有的主体性形式，是该现实实有的自我生成和创造性。“永恒客体”是一种纯粹的潜在性，是宇宙的纯粹潜在性，现实实有中实现潜在性的过程彼此不同。“命题”与“永恒客体”相似，区别在于永恒客体是纯粹潜在性，而命题则是非纯粹潜在性。永恒客体是真正永恒的客体，永远不能成为现实存在，而命题是指现实实有构成结合体的潜在性，命题与现实性有联系。

图 1-1 中的太极图是宇宙创造、地球生命进化的高度抽象与提炼。根据宇宙演化理论，138.2 亿年前，奇点大爆炸，宇宙由一个不存在时间和空间的量子状态自发跃迁(即所谓“大爆炸”)到具有空间、时间的量子状态。此时宇宙的密度和时空曲率均为无穷大，“无中生有”开始大爆炸。在这个时期，物质场的量子涨落导致时空本身发生量子涨落并不断地膨胀，空间和时间以混沌的方式交织在一起，时空没有连续性和序列性，因而前后不分、上下莫辨。① 此时，引力、电磁力、强力和弱力四种基本力不可区分，是一种统一的力，此时的时空为虚时空。5.4×10^{-44}秒<时间 $t<10^{-36}$

① 高鹏．从量子到宇宙[M]．北京：清华大学出版社，2017.

秒时，奇点温度为 10^{32}K(1 开尔文 K = 1/274.15℃)，引力首先分化出来。当 $t=10^{-36}$ 秒时，发生大统一真空相变，释放出巨大能量使时空以指数规律急剧暴涨，宇宙空间尺度增加了 10^{50} 倍，强力分化出来。t≈3 分钟时，温度降至 10 亿 K，宇宙处于等离子体状态。等离子体像一团糨糊一样布满宇宙，光子在其中四处乱撞。光子、核子和电子之间通过电磁相互作用紧密地耦合在一起，互相碰撞散射，从而形成平衡态。t≈38 万年时，温度降至 3000~4000K，自由电子开始被原子核俘获，形成稳定的原子。宇宙开始变得透明，进入以物质为主的原子时代。38 万年<t<10 亿年是星系形成时代，再后，星系凝聚成亿万颗恒星，在恒星演化过程中，又形成行星和行星系统。现在，利用现代望远镜可以观测到数千亿个星系，而每个星系又含有数千亿颗恒星。银河系只是数千亿个星系中的一个。我们生活在一个缓慢自转的星系之内，尺度约为 10 万光年，太阳绕银河系中心转动一周约需 2 亿多年。宇宙处在不断膨胀之中，不同星系间的距离一直在不断地增大。同时，宇宙背景虚空其实并不虚，茫茫浩瀚宇宙虚空中的暗物质和暗能量如同无形的神经系统和传感系统将整个宇宙包容为一个整体。

图 1-1　范畴太极八卦图式

而在这宇宙之子——地球上，118 种元素以无限丰富的形态、功能和化学反应结合在一起，仅用1克地球上的物质就足以超越已知宇宙空间中所有其他地方的物质的多样性。地球上成千上万种丰富多彩的生命体尽情绽放。人类则是万物之灵。地球和人类与宇宙统一体休戚与共，密不可分。

怀特海有机宇宙论的三个终极范畴是“创造性”“多”和“一”，符合宇宙演化进程。而《易经》里无极生太极，太极生阴阳两仪，两仪生四象，四象生八卦，八卦演六十四卦，六十四卦又有错综复杂的变化，可以演化至无穷。“天人合一”是易学的一个重要概念。天道是万物之始，地道是生养万事万物，人道是智慧仁义，三者紧密相连，缺一不可。《周易·系辞传》说：“天地之大德曰生，生生之为易。”即天地万物兴衰交替、生生不息，创新发展如同一幅永不消竭的画卷，这和怀特海的有机哲学强调宇宙深处的创造力推动着生命画卷绵延不竭的观点不谋而合。怀特海和《易经》都强调万物的“普遍联系”，以“全息性”或“相互感应”的宇宙思维模式构建了一个包罗天、地、人、万物在内的不可分割的整体。怀特海的三个终极范畴“创造性”“多”和“一”与《易经》的先天太极图可以对应起来。在怀特海看来，创造性是新颖性的原理，一个现实机缘就是一个新颖的实有，不同于由它加以统一的“多”之中的任何实体。因此，创造性把新颖性引入了“多”的内容之中，而联合起来的“多”就是宇宙。怀特海也指出：“有机哲学似乎更接近于印度或中国的某些思想特征，而不是像西亚或欧洲的思想特征。一方面使过程成为终极的东西；而另一方面则使事实成为终极的东西。”①

宇宙终极特征是创造性，现实实有是构成世界的最终的实在事物。永恒客体是宇宙的纯粹潜在性，太极生两仪，创造性好比太极，现实实有与永恒客体如同阴阳两仪。关于包容，怀特海指出：采用“包容”这个词来表达一个现实实有借以实现其自身凝聚其他事物的活动。关于命题，命题就是潜在地形成结合体的某些现实实有构成的统一体，规定这个统一体的潜

① 怀特海. 过程与实在[M]. 李步楼，译. 北京：商务印书馆，2012：15.

在关联性的是某些永恒客体具有复合永恒客体的统一性。即命题是形成结合体的复合永恒客体。现实实有、永恒客体、包容和命题这四个最重要的存在范畴，构成宇宙存在最重要的“四象”，体现了现实实有与永恒客体两仪生四象。量子物理学家玻恩诠释薛定谔波函数的物理意义时说：“我们不能肯定粒子在某一时刻一定在什么地方，我们只能给出这个粒子在某时某处出现的概率，因此物质波是概率波，物质波在某一地方的强度与在该处找到粒子的概率成正比。”这里怀特海永恒客体和命题是宇宙的潜在性的概念与量子力学概率波原理是一致的。

八大存在范畴两两配对如下：

现实实有⟷永恒客体

包容⟷命题

结合体⟷多样性

主体形式⟷对比

八卦的卦名、卦形、取象和卦德如下：

乾(☰)取象“天”，卦德“健”

坤(☷)取象“地”，卦德“顺”

坎(☵)取象“水”，卦德“陷”

离(☲)取象“火”，卦德“丽”

巽(☴)取象“风”，卦德“入”

震(☳)取象“雷”，卦德“动”

艮(☶)取象“山”，卦德“止”

兑(☱)取象“泽”，卦德“悦”

“永恒客体”作为纯粹潜在性为万事万物提供形式，对应“乾”卦。“现实实有”如同大地，具体实在，与“坤”卦对应。

坎、离是除乾坤外最重要的两卦，与“命题”和“包容”对应。“命题”偏抽象、属阳，对应坎卦。“包容”偏具体，属阴，对应离卦。

兑卦有汇聚之意，属阴卦，与“结合体”对应。艮卦取象为山，是阳卦，与“多样性”对应。

最后，巽卦取象为风，是阴卦，与“主体形式”对应。震卦取象雷，是阳卦，与“对比”对应。

自宇宙生成至今，宇宙不停地创造着，微观之处最基本的粒子不断生成和湮灭，由潜在变为实有，多样性和一体化相互包容，使宇宙呈现一幅生生不息、绚丽多彩的动态画卷。易经思想与怀特海有机哲学有相似相通之处，综合表达在一个简洁的模型之中，如上“范畴太极八卦图式”所示，以互相借鉴、融贯领会两个有机宇宙论思想。宇宙是一个包罗万象的生命机体，无一刻不蕴含创造，无一刻不流动贯通。

二、关于二十七个解释性范畴

(1)现实世界是一个过程，过程就是现实实有的生成。因此，现实实有是创造物；它们也叫作“现实机缘”。怀特海有机哲学也被称为过程哲学。

(2)现实实有就是许多潜在性的实在合生。即现实实有都是合生，即使最微小的基本粒子也是合生，也是一个有机体。根据量子力学原理，在量子世界里，粒子以概率波函数状态存在，遵循一种不确定的统计性规律，粒子存在着量子纠缠特征。因此，怀特海有经验有感受的现实实有概念与量子力学所揭示的基本粒子的特征是一致的。

(3)在生成一个现实实有时，也生成新颖的包容、结合体、主体形式、命题、多样性和对比；但并不生成新颖的永恒客体。永恒客体不能生成新的永恒客体，只能由“潜在性”通过合生转化为现实性，继而形成结合物，乃至整个世界。

(4)宇宙中的每一项要素都与每一种合生相关联。换言之，潜在性属于“存在”的本质，因此对每一种“生成”来说，它都是一种潜在性。在一定意义上，每一种存在都普遍地存在于整个世界。这就是“相关性原理”，也就是说，宇宙的每一项，包含所有其他现实实有，都是任一现实实有的构成之中的组成要素，即万物内在关联，只不过关联的强度有差异。

(5)从同一世界中不会产生两个相同的现实实有，宇宙本身作为现实实有也在不断地生成着，每一瞬间都不相同，而永恒客体对所有现实实有都是一样的。在这个世界中现实实有的结合体与一个合生相关联称为与这个合生相关联的“现实世界”，即不同的现实实有具有不同的结合体，因而具有不同的现实世界。

(6)不确定性在实在的合生中变为确定的，这就是“潜在性”的意义。它是一种有条件的不确定性，因而叫作“实在的潜在性”。根据哥本哈根对量子力学里“波函数坍缩”的解释，在观测前，微观物体处在抽象的概率波函数状态，服从一种不确定的统计性规律，仅当进行了观察或测量，粒子的“可能”状态之一才成为“实际”的状态，并且所有其他可能状态的概率突变为零。“叠加态变成确定态”也可以理解为波函数坍缩。

(7)永恒客体是纯粹潜在的。永恒客体只能通过它的潜在“进入”现实实有的生成来描述。“进入”一词表示一个永恒客体的潜在性在一个特殊的现实实有中实现并为该现实实有提供确定性的特殊方式。

(8)对一个现实实有需要有两种描述：一种是对它在其他现实实有的生成过程中潜在的“客体化”的分析。“客体化”这个词是指一个潜在性的现实实有得以在另一个现实实有中实现的特殊方式。另一种描述是对构成该现实实有自身生成过程的分析。

(9)一个现实实有如何生成便构成该现实实有本身。它的“生成”构成它的“存在”，这就是“过程原则”。在这里，怀特海提出了著名的“过程原则”。过程原则是有机过程哲学与传统实体哲学最主要的分野。传统实体哲学认为只有主体或实在先存在，才谈得上变化和发展。而有机过程哲学则认为，现实存在的“存在”正是由其“生成”构成的，没有生成就不会有这个现实存在，它至多只是抽象的存在。我们认为有机过程哲学更好地反映了世界的本来面目。

(10)分析的第一步把一个现实实有分析为它的最具体的要素，表明了它是来源于其生成过程的多种包容的合生。进一步地，一切分析都是对包容的分析。通过“包容”进行的分析称为“区分”。

（11）每一种包容都是由三个因素组成的：（a）进行包容的“主体”；（b）被包容的“材料”；（c）表明该主体如何包容这种材料的“主体形式”。对现实实有的包容称为“物理性包容”。对“永恒客体”的包容称为“概念性包容”。意识并不一定包含在（这两种包容类型的）任何一种的主体形式中。只有在高度发展的人类那里，才达到了自觉的意识层次。

（12）有两种包容：（a）肯定性包容，称为“感觉”。这里的“感觉”并不是指人特有的“感觉”，而是本体论上每个事物具有经验能力的概念。（b）否定性包容，可看作是“从感觉中排除”。否定性包容也具有主体形式。

（13）有多种主体性形式，例如情感、评价、目的、喜欢、厌恶、意识等。在这里，怀特海列举了主体性形式的多种类型。这里的“情感”“评价”“目的”“喜欢”“厌恶”并不是指人所特有的认识论意义上的概念，而是指任何现实实有包括基本粒子都有一定的主体性形式，但只有自觉的“意识”才是人类所特有的主体性形式。

（14）结合体是由一组现实实有的互相包容构成的关联性统一体，或者反过来说是由这些现实实有互相客体化所构成的。在这里，怀特海对“结合体”范畴做了界定和说明。

（15）命题就是潜在地形成结合体的某些现实实有构成的统一体，规定这个统一体的潜在关联性的是某些永恒客体具有复合永恒客体的统一性。所涉及的现实实有称为“逻辑主体”，复合的永恒客体称为“谓词”。① 在这里，怀特海给“命题”赋予一种特别的含义。在这里的“命题”“逻辑主体”“谓词”是本体论意义上的概念。

（16）多样性集会是由多个实有所组成的，组成它的所有实有至少各自满足一个为任何其他实有所不能满足的条件。在这个解释性范畴中，怀特海对“多样性”范畴进行了说明。

（17）凡是一种感觉的材料都有某种可以感到的统一性。因此，一种复

① 怀特海. 过程与实在[M]. 李步楼，译. 北京：商务印书馆，2012：40.

合材料的多种成分都有一种统一性，这种统一性就是各种实有的“对比”。① 在这个说明性范畴中，怀特海对“对比”范畴做了说明，认为对比是一种复合材料的诸多组成部分所具有的统一性。并且他说明，命题在一定意义上就是一种对比。②

(18)在任何特殊事例中，生成过程所依据的每一个条件都有原因，这些原因或者在于该合生的现实世界的某个现实实有的特征，或者在于合生过程中的主体特征。③ 怀特海指出这个解释性范畴称为“本体论原则”，也可称为“动因或终极原因原则”。这个本体论原则意味着现实实有乃是唯一的原因，因此，寻求一个原因就是寻求一个或多个现实。

(19)存在的基本类型是现实实有和永恒客体，其他类型的存在(即包容、结合体、主体性形式、命题、多样性、对比)只是表现这两种基本类型的存在在现实世界中是如何彼此共处于一个共同体之中。

(20)在这个解释性范畴中，怀特海给“发挥功能”做了界定，认为“发挥功能”是指对某个现实世界结合体中的各种现实实有赋予规定性。

(21)一个实有如果对它自身有意义，就是现实的。因此，这就意味着一个现实实有在自身规定性方面发挥功能。根据有机哲学，事物或事实只有首先对自身有意义，才是现实的，从而才是有内在价值的，对宇宙总体才有价值。

(22)这个解释性范畴说明了何为“自我创造”。所谓自我创造，就是现实实有在创造过程中把多种不同的作用转变为融贯一致的作用，把不融贯的转变为融贯的，这种融贯的实现之时便是该现实实有生成终止之时，此时该现实实有又进入下一个自我创造过程。

(23)这种自我创造、自我发挥功能是一个现实实有的实在的内部构造，这就是这种现实实有的直接性。一个现实实有就是具有自身直接性的活生生的“主体”，体现了宇宙的有机性。

---

① 怀特海. 过程与实在[M]. 李步楼, 译. 北京：商务印书馆，2012：40.
② 杨富斌. 怀特海过程哲学研究[M]. 北京：中国人民大学出版社，2018.
③ 怀特海. 过程与实在[M]. 李步楼, 译. 北京：商务印书馆，2012：41.

(24)一个现实实有在自我创造另一个现实实有中发挥功能就是前一个现实实有“客体化”为后一个现实实有。一个永恒客体在一个现实实有的自我创造中发挥功能就是这个永恒客体“进入”这个现实实有。①

(25)这个解释性范畴说明了“满足”这个阶段，即构成一个现实实有的合生过程的最后阶段，是一个复合的、充分确定的感觉过程。

(26)这种满足在一个现实实有的发生过程中每一要素不管多么复杂都在最终的满足中具有自洽、自我一致的功能，该现实实有从而生成为有机的统一体。

(27)在最后这个解释性范畴中，怀特海指出，“感觉”为新形成的整体性包容提供主体形式和材料，“否定性包容”只提供主体形式，不提供材料。在合生过程的前后相继的阶段中，新的包容通过整合以前阶段的包容而产生。这一过程一直继续到所有包容都成为一个确定的整体性满足的组成成分。

三、关于九个范畴性要求

(1)主体的统一性范畴：主体对各种感觉有把它们统一起来的要求和作用，主体的统一性与整合是相容的。

(2)客体的同一性范畴：一个现实实有中获得“满足”后的客体性材料中的要素，不可能有任何重复。不管多么复杂，每一个要素都有一个自洽、自我一致的功能。

(3)客体多样性范畴：每一个客体性材料的要素始终保持自身的特殊性和多样性。

(4)概念性评价范畴：每一种现实实有都有自身的确定性，每一种结合体也有自身的规定性，因为每一种物质性感觉中都有纯粹概念性感觉，而概念性感觉的材料就是永恒客体，永恒客体的“进入”保证了现实实有的

① 怀特海. 过程与实在[M]. 李步楼，译. 北京：商务印书馆，2012：43.

确定性和结合体的确定的规定性。

(5)概念性反转范畴：概念性感觉会因那些材料而第二次产生，这些材料与构成第一阶段的精神极的永恒客体部分地相同又部分地不同。这种差异是由主体性目的决定的相关差异。正是这种差异，使感觉中的合生具有创造出新颖性的可能。概念性评价和概念性反转体现了主体自我超越和创造的能动性，推动着世界的生态进化，也是生态生成性的内在机制。

(6)转变范畴：当一个包容性主体从简单物理性感觉中产生同一种概念性感觉时，在后继阶段，简单物理性感觉与派生的概念性感觉整合在一起，转变成某个结合体或该结合体的某一部分的特征，这种转变了的感觉是作为一体的这个结合体与永恒客体的一种对比。这种类型的对比就是"属性规定物质实体"这种观念的意义之一。这个范畴详细诠释了"物质实体"的有机构成，及"属性"的来龙去脉。

(7)主体性和谐范畴：主体性和谐范畴与主体的统一性范畴共同表达了任何一个主体在合生过程中的一种先定和谐。由于主体对和谐的本能追求，主体性的包容就会实现这种"先定的和谐"。

(8)主体性强度范畴：主体目的中就有指向未来的因素，这种因素及其强度影响着主体性包容的创造性结果。和谐不是静止，是包容互动所造成的强烈力度和气势推动着现实向未来的积极生成。这里，怀特海还从宇宙论和本体论层面研究道德问题，说明道德观念和道德范畴大部分与未来主体差异性强度有关。

(9)自由和决定范畴：每一个个别现实实有的合生是内在被决定而外在自由的。一方面，世界内在地遵循着决定论，受到宇宙总体的制约和现实存在内在规律的制约，而外在地表现为一定的自由度，受到各种偶然因素的影响。这种超主体就是综合起来的宇宙，在这个宇宙之外，一切都不复存在。宇宙的决断是最终的决断，宇宙中每一个现实实有的自我生成既是自我决定的结果，也是整个宇宙总体作为最后决断所造成的结果。

怀特海有机哲学着力探究的是宇宙世界之中万物之间错综复杂的对应

关系，它把宇宙看成一个互相依托、交织并生、互动共存的网络系统，在整个宇宙生命系统中根本不存在孤立存在的存在物，存在物之间是紧密联系在一起的，物体的存在要以其他存在物为依托，向其他存在物汲取自身所需，一个生命体的死亡意味着另一个生命体的诞生，因此宇宙中的存在物之间是呈动态联系的无限开放的有机统一体。

四、世界是美的四维画卷

四维是指空间的立体三维加上时间一维。我们拥有一个充满变化的当下，过去在“隐退”，将来在“逼近”，当下始终处在离开过去、奔向将来的不断的关系性过程之中。怀特海指出：现实事物的任何一次搏动的材料，都是由相对于这一搏动而存在的先前的宇宙的全部内容构成的。它们是从宇宙的细节的杂多性来思考的这个宇宙。这些杂多的东西是一些先行的搏动；在事物的本性中，还隐藏有各种不同的形式，它们或者是作为实现了的形式，或者是作为有待实现的潜在的形式。这样，材料就由现在已有的、过去可能有的和现在可能有的东西构成。在这些词汇中，动词“有”(to be)指的是某种与历史的现实事物相关的方式。① 这也是相对论所揭示的基本原理：物质运动与时间和空间是密不可分的，突破了牛顿力学所坚持的时间和空间是与物质相脱离的绝对时空观。时间不是平静的河流，而是奔腾不息的瞬时的合生的过程。现实世界中个体现实的经验发生就是动态的合生活动。现实的每一瞬间都是崭新的，而且时光不可能倒流。

怀特海开创了极具独创性的有机过程哲学。把世界看作一个合“多”为“一”的创造性过程，是怀特海有机哲学凝聚了生态思维精要的灵魂所在。怀特海在《过程与实在》一书的“前言”中明确地把审美的旨趣放在第一位，并在其宇宙论中把审美的内容融入其甚广的生态思维之中，使其生态思维

① 怀特海. 思维方式[M]. 刘放桐，译. 北京：商务印书馆，2010.

的内涵无不与生态之美和生态美学密切相关。怀特海自己就曾明确申言其哲学核心是关于审美经验的理论。在《意义的分析》中，怀特海这样论及自己的哲学："在现在，因为大家的忽视，最富成果的起点是那个我们称之为美学的价值理论那一部分。"①在怀特海眼里，美学远比艺术的范围要广，美不仅存在于艺术中，更存在于自然、世界和整个宇宙中。宇宙作为一个有机整体本身就在展现美。人们认为它的有机过程哲学就是一种"大美学"，是完全符合事实的。

在怀特海看来，世界是最大的作品，是最伟大的感性对象，世界是审美的对象。在微观领域，现实实有是宇宙最小的成分，无时不在变化和生成之中，包容着、感受着、经验着、享受着、生成着，有生命、有活力、有感情、有价值，以达至完成自己的目的，即和谐。因此宇宙是一个价值的世界，一个向着美进发的过程，是"情感的海洋"，宇宙间的一切秩序成了审美的秩序。但"美是存在着层级"，美的层级是根据审美的丰富性来划分。怀特海提出了六个审美范畴：和谐的个性、可持续性、新奇性、对比、深度、栩栩如生或力度。美是一种内在的和谐的体现，是其生命力和创造潜力得到最大限度发挥的体现，是个体与其环境共生共荣的一种最佳状态，同时永远处于生生不已的过程之中，永远有冒险，永远有不和谐的参与。宇宙的目的就是成就美，就是"产生美"。宇宙在本质上是审美的，美是存在的内在动力。美存在于现实中、自然中、生活中，宇宙本身能够展示美。宇宙是无限的、开放的，充满了多样性、秩序、创造性、潜能、规范和自由，以一种更为根本的秩序性、开放性、美和情感性为特征。

美是自在自为存在的事态的一个本体论特征。换言之，美不单纯是认知经验的一个特征，而是世界本身的一个特征。在怀特海看来，现实世界首先就是美的生成和存在，而认识只有符合这种存在才成为"真"。方东美指出，中国哲学"建立一套'体用一如'、'变常不二'、'即现象即本体'、'即刹那即永恒'之形上学体系，借以了悟一切事理皆相待而有、交融互

---

① 陈养正，刘明峰．怀特海文录[M]．杭州：浙江文艺出版社，1999：278.

摄，终乃成为旁通统贯的整体”。他说：“自其积极方面而言之，机体主义旨在：统摄万有，包举万象，而一以贯之。当其观照万物也，无不自其丰富性与充实性之全貌着眼，故能‘统之有宗，会之有元’，而不落于抽象与空疏。宇宙万象，赜然纷呈，然就吾人体验所得，发现处处皆有机统一之迹象可寻，诸如本体之统一、存在之统一、生命之统一，乃至价值之统一……进而言之，此类披纷杂陈之统一体系，抑又感应交织，重重无尽，如光之相网，如水之浸润，相与浃而俱化，形成一在本质上彼是相因、交融互摄、旁通统贯之广大和谐系统。”①这段概述把怀特海哲学与中国古代哲学共通的机体主义内涵揭示得很精辟了。正是在这个有机统一的世界中，才开放了灿烂绚丽的审美之花。这就是说，美不仅是这个世界从一开始就客观存在的，而且是引领和推动这个世界自我生成——发展和进步的动力和理想。②

怀特海认为每一“现实实有”都旨在达到美，每一“现实机缘”都是关系的存在，即“共在”。各种现实实有互相包容、互相涉及，共在的现实实有向着美生成。整个宇宙向着美、和谐与完善行进着，迈向生态美学与生态文明。

世界是一幅时间、空间组成的四维画卷，既有“朝辞白帝彩云间，千里江陵一日还。两岸猿声啼不住，轻舟已过万重山”的运动、变化和流逝，也有“风雪送春归，飞雪迎春到，已是悬崖百丈冰，犹有花枝俏。俏也不争春，只把春来报，待到山花烂漫时，她在丛中笑”的勇敢、抗争、和谐与勃勃生机，还有“甘其食，美其服，安其居，乐其俗”的人间乐土。世界是运动变化的，是向着理想奋进的旅程，也是最大的审美对象，如同一幕大戏跌宕起伏，精彩纷呈。美是作为宇宙自然的真实本质而存在的普遍事实，是世界存在的基础。向美而生，就是世界自我生成不断创造的主旋律。

---

① 方东美. 生生之德：哲学论文集[M]. 北京：中华书局，2013：236.

② 曾永成. 原天地之美而达万物之理——论怀特海有机宇宙论的生态美学意义[J]. 美与时代(下)，2017(1)：32-37.

五、红绿相映的有机马克思主义生态观

随着生态危机的日益全球化，国际社会出现了一种“深绿色生态思潮”——深层生态学，其由挪威哲学家阿伦·奈斯于1973年提出，认为：地球上人类和非人类生命的健康和繁荣有其自身的价值(内在价值，固有价值)，应该破除传统人类中心主义思想。美国生态学家利奥波德于1948年出版的《沙乡年鉴》以细腻生动的笔触描绘了自然界的神奇、美妙以及惨遭人类毁灭的悲惨，认为大地伦理应该扩大共同体的界限，它应该包括土壤、水、植物和动物。施韦泽敬畏生命，在非洲丛林行医救人五十年，认为所有的生命都是神圣、有价值的，生命之间没有高级与低级之分，应该敬畏存在于一切之中的充满神秘的生命意志。“深绿”思潮坚持“地球优先论”，要求把道德关怀的对象拓展到人类之外的存在物上，表达一种厌恶工具理性的浪漫主义情绪。与传统机械论的世界观不同，怀特海认为大自然是活的，是有经验、有感觉的生命有机体，从而给祛魅了的世界重新复魅，为一个由相互依赖的关系网络构成的世界绘制了一幅详细的形而上学图画。这种整体主义价值形而上学有助于一种生态观念，在新兴的环境伦理学领域具有广阔的复兴前途。怀特海认为，自然的基本特征是流动性和创造性，是关系体和运动体的统一。自然主体的多样性及多重性，反映了自然事物间生态性的本质关系，所有事物都具有内在价值。从宇宙整体的角度看，人的存在是实有的一部分，“共在”于现实事态当中，人的存在价值从属于自然整体价值。怀特海的自然世界是由其相互关系构成的，是一个在时空中发展、进化的世界，一个具有多样性、内在关联、完整整体的世界，一个不停变化着的世界。因此怀特海的有机哲学是含有丰富的“深绿”色彩的生态学思想。但是与“深绿”思潮所主张的“凡是存在物都具有内在价值”不同，怀特海是从关系角度去考察内在价值，即事物之所以具有内在价值是因为它们是生命共同体的有机组成部分，并不是说所有存在物都具有同等价值。

怀特海认为，世界是由有机体构成的，但它又不是一个静止的机体，而是一个活动的结构。有机体的根本特征是活动，活动表现为过程。过程强调差异性、流变性与创造性。自然、社会和思维乃至整个宇宙，都是活生生的、有生命的机体，处于永恒的创造进化过程之中。世界是一个由相互联系的有机体构成的整体，人的生命与自然界生命、整个宇宙、个体身与心都是相互联系、相互依存的有机体。事件之间或现实实有之间相互联结、相互包含形成综合的统一体，即有机体。怀特海的过程哲学强调有机、联系、整体的哲学思想，从根本上说就是将缔造人与人、人与自然休戚与共、和谐相处的“命运共同体”为终极关怀。我们应尊重自然，体味自然，用心呵护我们的星球。因此怀特海的有机哲学蕴含深刻的生态学观念。

怀特海有机哲学与东方生态智慧内在契合。与西方机械论和二元论不同，东方生态智慧历来主张天人合一的整体统一的生态观。老庄的“道”中蕴藏着勃勃生机，如《老子》四十章中“道生之，德畜之，物形之，势成之”。《庄子·大宗师》里“在太极之先而不为高，在六极之下而不为深，先天地生而不为久，长于上古而不为老”。儒家也对天道生万物，敬畏自然的思想进行了阐述，如孔子说：“天何言哉？四时行焉，百物生焉，天何言哉？”机械论的自然观和二元论的主客体思维方式将对象世界、客体看成是死的、被动的及肆意攫取的资源库，沦为工具性存在，丧失了自性和内在根据。在怀特海看来，宇宙的基本单位是以活动为特征并处于相互关联和各种关系交织之中的有机体，而有机体的活动又处在不断自我感受、自我包容、自我创造与自我生成并获得新颖性的过程之中。中国哲学中的“生生之道”与怀特海创造性生成的宇宙观十分吻合。

同时，怀特海哲学与马克思主义之间具有许多共同点：第一，关注世界的福祉是两者共同的理论追求；第二，两者都是从整体视角出发来研究人类的福祉，关怀弱者，强调公平；第三，真正理解世界的关键在于对事物表面之下的深层结构的发现与剖析；第四，物质生产与经济生活是人类生存与发展的基础;① 他们都注重过程和变化，强调主体在过程中的作用；他们都关注人类共同的命运。于是，近年来兴起了试图融合马克思主义与怀特海思想的新流派——有机马克思主义。有机马克思主义是小约翰·柯布、菲利普·克莱顿和贾斯廷·海因泽克等人将怀特海主义与马克思主义相结合以超越现代性，探讨生态危机根源和解决途径的新思潮。有机马克思主义以当代量子物理学和生态科学的发展为基础，反对建立在近代物理学和自然科学基础上的机械论哲学世界观，倡导有机论和生态哲学世界观，展开对现代性价值体系的系统批判。

在有机马克思主义看来，怀特海强调一切“实在”都是“动在”，“动在”又生成“互在”，即一种关系性存在，世界就是一个相互依存的整体，因而我们需要关注和尊重他者价值，怀特海有机哲学实质上是一种生态哲学。怀特海有机哲学还吸收了中国传统哲学的智慧，强调从宇宙的整体视域出发，倡导“天人合一”的思维方式，强调宇宙万物都处在不断创造的流变性中，相信人类的福祉应当建立在人与自然和谐共处的整体福祉上。因此，怀特海有机哲学、马克思主义与中国传统智慧三者存在深层次的联系，三者的融合可以形成有机马克思主义哲学理论，运用于指导生态文明建设新征程。这条生态文明建设之路是以共同体为核心构建的新的“生态图景”为目标，即“一个万物相互联系的由共同体组成的共同体。在这样一个世界，当他或她向一个特定的家庭共同体负责时，每一个世界公民也都会对共同体的其他人负责。我们所有人都应该对生命的地球共同体负责，没有地球，我们无法幸存”②。

有机马克思主义将怀特海主义和马克思主义相结合来探讨生态危机的根源和解决途径，立足于当代自然科学的最新发展，是一种探索中的生态文明理论。有机马克思主义要求实现资本主义制度和生态价值观的双重变

---

① [美]小约翰·柯布. 论有机马克思主义[J]. 陈伟功，译. 马克思主义与现实，2015(1).

② 菲利普·克莱顿，贾斯廷·海因泽克. 有机马克思主义[M]. 孟献丽，于桂凤，张丽霞，等，译. 北京：人民出版社，2015.

革，变革资本主义制度和生产方式，反对个人主义价值观，具有鲜明的马克思主义哲学的革命性与批判精神，认为资本主义在全球的发展与扩张将使得穷人为全球生态遭受破坏付出沉重的代价。这是它的“红色”所在。有机马克思主义强调建设一种共同体生态价值观，立足于共同体的福祉思考生态文明，将包括人类和自然存在物在内的宇宙万物作为一个相互联系的、处在过程中的生命共同体，这种整体的视域和有机思维是彻底生态的，是其“绿色”所在。“红”“绿”相映为我们建构生态文明理论提供了思想资源，对中国生态文明理论和实践探索有一定借鉴意义。

有机马克思主义高度评价我国正在进行的生态文明建设，强调中国传统文化对于解决当代尤其是生态危机的意义。特别强调中国化马克思主义和中国传统文化，认为中国优秀传统文化否定二元对立思维，强调流变、系统和整体性，是一种社会整体取向的思维方式，与有机马克思主义内在契合。

六、城市是生命之果

城市是什么？“城”和“市”最初是两个不同的概念。古汉语中，“城”是指在一定地域上用作防卫而围起来的墙垣，《墨子·七患》中曰：“城者，所以自守也”，《吴越春秋》中说“筑城以为君，造郭以守民”，可见“城”是当时的军事设施和统治中心。与此对应的“市”则是指进行商品交易的场所，《管子·小匡》曰：“处商必就市井”，《周易·系辞下》载：“日中为市，致天下之民，聚天下之货，交易而退，各得其所”，因此，“市”是古时候商品的流通中心。也就是说，“城”为行政地域的概念，即人口的集聚地；“市”为商业的概念，即商品交换的场所。在生产力发展的驱动下，商品交换日趋频繁，成为日常生活之必需，客观上要求为商品流通提供一个固定的场所，于是“城”与“市”逐渐融合，并最终走向了统一，形成它的血肉之躯，即城市。

怀特海在《观念的冒险》一书中写道：“在城市发展的历史中，我们可以看到关于社会行为习惯以及随之而来的商业关系、财产的变动不居的价值的又一个例子。自有文明以来直至今日，被我们称为城市的那些人类聚居之地，一直紧随着文明的生长而生长。其之所以如此，是有许多明显的理由的，诸如用城市的高墙保卫聚集起来的财富；有利于聚集生产所需的材料；有利于聚集劳力，后来则是聚集热能；为种种商业关系提供相与交往的方便之地；有利于聚集审美的以及文化的种种机会以供人享乐；有利于集中政府和其他领导机构，比如行政的、司法的，以及军事的。”①他指出了城市的特点是聚集文明、财富、智慧、文化与美。

无论是细胞、生物体、生态系统、城市还是公司，高度复杂的、自我维持的结构需要其无数构成单元进行密切的整合，在生命系统内的网络系统需要不断进化和优化。网络决定了能量和资源被输送到细胞中的速度，这也就决定了所有生理学进程的速度。大象的体重差不多是老鼠的1万(10^4)倍，相应地，大象的细胞数也是老鼠的1万倍。但大象的代谢率(即保持大象存活所需的能量)只是老鼠的1000(10^3)倍。这里3∶4=0.75是指10^3和10^4的指数的比例。这是伴随着体积的增大而取得规模经济的绝佳例子。并且代谢过程中的细胞损伤率下降使得大象更长寿。作为人口规模的一个函数，城市的基础设施(如道路、电线、水管的长度及加油站的数量)都以相同的方式按比例缩放。这显示出系统性的规模经济特性，但其指数大约是0.85，而非生物界的0.75。尽管有着不同的历史、地理环境和文化，但无论在美国、中国、日本、欧洲还是拉丁美洲，在全球范围内，如同生物体一样，城市也是彼此按比例缩放的版本，即大城市人均所需的道路和电线长度更短。它的工资、财富、专利数量、艾滋病病例、犯罪率及教育机构数量都会以近似相同的比例增长(大约是1.15倍)。

如果只从物理特性角度看待城市，比如建筑物、道路以及为它们供应能源和资源的电线和管道网络，它们与生物体非常相似，这体现了以规模

① 阿尔弗雷德·诺思·怀特海. 观念的冒险[M]. 周邦宪，译. 南京：译林出版社，2015.

经济为内涵的类似系统性规模法则。然而，当人们开始组成具有一定规模的社区时，他们就给地球带来了一种全新的、超越生物领域意义的动力学，也导致了规模经济的发现。伴随着语言的发明以及人们和群组通过社会网络进行信息交流，人们发现了如何创新和创造财富。城市也因此不再是巨大的生物体或蚁群：它们依赖人、商品和信息的远距离、复杂性交流。城市是吸引具有创造和创新意识的个人的磁石，是经济增长、财富创造、新鲜观念的刺激因素。城市已经成为文明的熔炉和推动创造与思想的引擎。超越性是人之为人的根本特性，是人对自身有限性、不完满性生存境况的一种克服与超越的渴望和欲求，是以实践为基础、朝着未来真善美的自由世界的永恒冲动和努力，是人的生命存在和发展的特有方式和内在的本质的要求。正是这种永恒的生命冲动，促使人类创造了城市。

当然，城市的演进与发展也不是一帆风顺的，而是一条充满艰难险阻的旅程。此时此刻在地球上还有约 10 亿贫穷人口生活在不良环境中。到 2050 年，世界城市人口预计将增加近一倍，资源环境、城市建设与治理都面临巨大的压力和挑战。怀特海接着写道："然而城市也有城市的不利之处。迄今为止，没有哪个文明是自立的。每个文明都要经历产生、发展、衰落的过程。我们随处都可找到证据来证明，这一不祥的事实是由于拥挤的城市生活中内在的生物缺陷。于是慢慢地，开始时是朦胧地，出现了一种相反的趋势。更好的道路和更好的车辆首先诱使富有阶级住在城郊。"①各地城市化进程中出现不同程度的膨胀、城市病及可持续性问题。有些发展中国家则表现为生态环境恶劣及贫民窟状况堪忧的现象。人口、经济活动、社会和文化互动以及环境和人道主义影响越来越集中在城市，这对住房、基础设施、基本服务、粮食安全、卫生、教育、体面工作、安全和自然资源等方面的可持续性发展构成重大挑战。

空间也是生产力，空间和时间一样也是丰富的、多产的，有生命力的

① 阿尔弗雷德·诺思·怀特海. 观念的冒险[M]. 周邦宪，译. 南京：译林出版社，2015.

和辩证的。时间连续性和空间同存性交织在一起，我们是时间的后代，是空间的居民。我们不仅处于历史的洪流之中，我们也处于人文地理创造性的构建、社会空间的生产，各种空间交叉在一起的网络经验，地理景观永无休止的创造和再创造之中，同时无论我们每个人的生命多么细小，都是推进空间变化和历史演进的力量。城市是空间的创造与成长。从空间的角度看，乡村如同平面，在广袤的原野上延伸；城市如同立体结构，高楼大厦鳞次栉比，创造出众多的室内空间和室外空间环境。公共汽车、街道、楼宇、商店、车间、草坪、大学……城市生活与空间不断变化，空间方位、尺度氛围丰富多样，一步一景一角度一个世界。“同时性事件的发生没有相互的因果关系”①，而每一刻每一个事件又会对下一刻全部世界产生因果关系，城市是活的，彼此关联的。熙熙攘攘的城市，地理上具有同存性，历史的潮流和空间网络交织在一起，日益发展的数据化、信息化，将城市连成有机协同的一体。同时，城市的聚集功能也是解决一系列全球性问题如气候问题、消除贫困问题和环境治理问题的催化剂和引擎。

城市是天、地、人运行的生命之果。人类创造了早期城市文明、中世纪城市文明和近代城市文明，形成了现代世界城市网络。世界城市网络是一个包含结点、流线和区域的复杂的网络系统。结点之间通过各种渠道相互连接，相互作用。世界城市间的相互作用，可以称为世界城市流，重要的世界城市流包括人员流、商品流、资金流和信息流等。城市是人类进行种种活动的集中场所，是各种网络的结节点。城市之间在持续不断地进行物质、能量、人力和信息的交换。这种城市之间的交换就是空间相互作用（spatial interaction）。这种作用既包括城市与城市之间的相互作用，又包括城市与区域之间的相互作用，各种大小不等、形式不同的作用形成一个相互交织的网络空间。正是城市之间的空间相互作用，才把地表上彼此分离的城市结合为具有一定结构和功能的有机整体，即城市系统。

古往今来，无数的城市研究者、学者思索着、寻找着，提出了许多学

① 怀特海. 过程与实在[M]. 北京：商务印书馆，2012：61.

说，发展出一系列的学科门类如城市经济学、城市社会学、城市生态学、城市交通、地理信息系统……这些学科从各个角度探索城市某一方面的问题和规律，丰富了人们对城市的认识。正如怀特海在《过程与实在》中写道："思辨哲学力求构成一种融贯的、合乎逻辑的、必然的普遍观念体系，通过这样的观念体系可以解释我们经验每一个要素。"①怀特海有机宇宙论为未来城镇发展之路开辟了一扇独特的哲学大门，呈现出光明开阔的应用前景。我们希望运用怀特海有机哲学揭示城镇的奥秘，以更好地建设我们栖息的家园。

① 怀特海. 过程与实在[M]. 李步楼，译. 北京：商务印书馆，2012：10.

第二章　作为生命体的城市

一、城市生命起源之问

“曰：遂古之初，谁传道之？上下未形，何由考之？冥昭瞢闇，谁能极之？冯翼惟像，何以识之？明明闇闇，惟时何为？阴阳三合，何本何化？圜则九重，孰营度之？”这是2000多年前战国时期楚国诗人在《天问》中的句子，他欲探究“天地万象之理，存亡兴废之端”，一连问了一百七十多个问题。这段的大意是：“请问：亘古最初的形态，是谁传承告诉后人的？天帝还没有成形的时候，这个时期凭什么考证？幽冥晦暗，日夜不分之时，谁能够将它考察明白？宇宙混沌一片，只有虚拟之‘像’，要如何才能知晓这个道理？开天辟地，昼夜分明，什么时候演化成这样？阴阳两极交互，生而万物，何为基础，又孕育何物？都说天外九重天，谁丈量过这个距离？”①

是啊，宇宙起源、生命的起源、意识的起源至今依然是难解之谜。现代科学表明，宇宙起源于137亿年前的奇点大爆炸，地球大约46亿年前诞生在云骸中，大约40亿年前地球初现雏形，有了原始的天、地和海洋。在彗星或小行星的撞击、太阳的粒子流(太阳风)、剧烈火山活动、地震等的交互作用中，年轻而古老的地球开始了孕育生命之旅。火山喷发的大气水

---

① 屈原. 楚辞[M]. 白雯婷，译. 北京：北京联合出版公司，2015：7.

分子开始凝结并降落到地表以自由水体的形式聚集，它们与岩石发生化学反应溶出钙盐和镁盐汇入原始江河溪流，形成原始海洋——孕育生命的原始浆汤。在天体的撞击、地震的震荡、火山喷发的烟熏火烤、气候的变幻莫测以及强紫外辐射的洗浴下，原始浆汤熬出了蛋白质的构件——氨基酸。氨基酸构成生命还有漫长的旅途。生命拥有非常有序的结构，而根据热力学的一条基本定律，无序会随着时间一起增长，生命通过消耗能量维持有序的力量。生命世界的“有序来自无序”源自哪里？随着量子物理学的发展，对生命起源的探索的目光投向了微观量子世界。在量子空间里，粒子会同时出现在多个地方，具有量子叠加态、波粒二象性、量子纠缠、离散能级和量子隧穿等奇特的能量与规律。正是外界的环境诱因激发内在最微小处的严密与活力，终于地球在35亿年前出现了最古老的单细胞生物。地球生命链条虽历经数次大灾大难、生死浩劫，仍顽强生存，得以延续至今。生命是宇宙有机整体的成果。离开宇宙有机整体，不可能诞生生命。没有生命的起源，也就没有人类、人类意识以及后来的城市。

“一沙一世界，一花一天堂”，从宇宙进化论观点来看，任何事物都是在宇宙中创生出来的，每一个个体都包含着宇宙整体的信息，都与整体不可分离，是相互联系共融共生的关系。现代生命科学证实生物体的每一个细胞都包含着整体的信息。生命永远是一个不可分离的整体，都与内在的远古的生命起源有着丝丝缕缕的联系，并繁衍出丰富多彩的物种。生物不仅具有多样性，还具有统一性，具有一些共同的特征和属性。统一性是多样性的统一，生物多样性寓于统一性之中，脱离生物的统一性，任何物种都会失去存在的基础。千姿百态、五彩斑斓的生物多样性有赖于物种之间相互作用、相互依赖的统一性。生命系统在自身的生物性结构中储存、凝结了关于自身在其宇宙复杂关联下建于时空流形上的进化历史。意识的基质是一种伴随物种自然进化，而烙上宇宙自然信息刻痕的信息结构场。精神是一种物质形态，一种高度序化的特殊物质形态。人能够认识自然的根源在于人是进化的高级成果，携带着宇宙自然进化的全部信息。生命的起源是宇宙万物相互联系统一的产物，生命的起源、宇宙的起源和人类意识的起源是如此奇妙地紧密联系在一起。

在宇宙中微不足道而对人类来说弥足珍贵的生物圈组成了人类蔚蓝色家园。大地、天空、河流等相互影响，彼此相依相存，和谐美妙。我们的祖先在非洲大陆、欧亚大陆、美洲大陆、大洋洲繁衍生息，劳动创造，从采集食物向"刀耕火种"的生产食物转变，开始在充满希望的土地上定居下来，有了村庄、城镇。据考证，世界上第一批城市出现在幼发拉底河和底格里斯河之间的美索不达米亚，其中第一座城市是苏美尔人的乌鲁克城，于公元前8000年左右出现在肥沃的新月地带。从人类诞生开始孕育，到地理大发现(即人类开始全球化)开始形成。人类已成为一个独立的地球圈层——人类圈。人类社会有机体与自然进化有着统一规律，社会中的层次组织结构进化与生物组织结构进化有着"同形性"和"重演律"，有着引向智能化、集约化目的序的必然趋势。

自然中不断重现的有序性一直令我们着迷：无论是花朵的对称性，还是松果的几何构形。在生命系统中，无生命的物质按照遗传法则所传递的组织方案来构造高度复杂的有序结构。生命乃是从运动变化中创生的有序，并永远与走向混乱无序的衰败(decay)相伴随。秩序与混沌的相互作用成为自然造化万物的潜力所在。① 从生物学的角度来看，生命表现为植物、动物等有机体的形态，这些形态展现出一种从单细胞到组织、器官，再到无数细胞组成的多细胞有机体的独特的组织体系。生命系统是开放系统，需要不断同环境进行物质与能量交换，实现自我更新。新陈代谢是生物与外界进行物质交换和能量交换的全过程。物质与能量代谢是生命的本质特征，是生态系统维持和运转的链条。怀特海说："如果我们不把自然界和生命融合在一起，当作'真正实在'的事物结构中的根本要素，那二者一样是不可理解的；而'真正实在'的事物的相互联系以及它们各自的特征构成了宇宙。"②城市的主体是有生命的人，城市的生存环境是自然界，城市因

---

① 弗里德里希·克拉默．混沌与秩序[M]．柯志阳，吴彤，等，译．上海：上海世纪出版集团，2010.

② 怀特海．思维方式[M]．刘放桐，译．北京：商务印书馆，2010.

而具有了生命特征，我们需要用生命科学的视角考察城市。

圣塔菲研究所(Santa Fe Institute，SFI)创始人之一、遗传算法发明人约翰·霍兰先生(John Holland)提出的复杂适应系统(complex adaptive system，CAS)理论认为，复杂适应系统中的成员是具有适应性的主体，能够与其他主体进行相互作用，持续地“学习”和“积累经验”，改变自身的结构和行为方式，进而主导系统进化演变。城市正是这样一个复杂适应系统，人的能动性使城市具有高度的复杂性。生命都具有复杂、自组织性和整体性等基本特征，这是其与非生命的根本区别。而城市的组织结构和演化过程也同样具有这些特征。来自圣塔菲研究所的杰弗里·韦斯(Geoffrey West)和路易斯·贝当古(Luis Bettencourt)发现城市规模与生物体的成长一样显现幂律分布特征，即当城市规模翻番时，分摊至每个居民的电缆长度、加油站数量和其他一些基础设施约减少15%，而收入、专利、储蓄和其他财富指标上升约15%。因此，城市是一个具有自身生长和调节机制的有机体。

CAS理论通过把系统元素理解为活的具有主动适应能力的主体，并引入宏观状态变化的“涌现”概念，涌现是在微观主体进化的基础上，宏观系统在性能和结构上的突变。万亿个微小的脑细胞以及它们的电和化学通信涌现出抽象思维、情感、创造性和意识等。城市本身大概是地球表面最大规模的一种涌现，源于人的智能，涌现出城市经济、城市政治和城市文明。与涌现、自组织概念密切相关的是诸多生命复杂系统的另一个重要特点，即具有根据不断变化的外部条件不断适应和进化的能力。在CAS研究中重要的概念包括涌现、自组织、适应、自稳机制、通信和合作。

复杂的语言让我们可以与他人分享复杂的思想和知识。从计算的角度看，交流就是发出和接收信息，如果社会成员之间广泛交流大量信息，我们就认为这是文化的一部分。因此文化也就是许多记忆交流的产物。语言使得村庄、传统、手工艺和贸易成为可能。书写的发明使得信息可以在文化中流通，同时也让更多的人能够获取信息，从而极大地增加了信息的总量。现在数字革命又再一次提高了这种能力。自然界中我们认为复杂和具有适应性的系统——大脑、昆虫群落、免疫系统、细胞、城市社会、全球经济通过简单规则产生出复杂和适应性的行为，相互依赖而又自私的生物一起协作，以解决影响它们整体生存的问题。洛克(John Locke)在《人类理解论》中写道："一些思想是由简单的思想组合而成，我称此为复杂；比如美、感激、人、军队、宇宙等。"1990 年，20 世纪最著名的理论物理学家之一——普林斯顿大学的约翰·惠勒，提出"万物源于比特"，以强调信息在我们的物理宇宙中的基础性作用。生物学也越来越像信息科学。50 多年前发现 DNA 在其化学结构中存储了生物的描述信息。这种信息是怎样被用于构造和维护生命体是现在许多生物学研究的重点。心理学家也在逐渐接受人脑的首要功能是处理信息的观点。社会组织及其互动也越来越多地用信息和进化来解释。① 梅拉妮·米歇尔在所著的《复杂》一书中写道：复杂性研究之所以产生，是因为一些学者强烈地感觉到，一些高度"复杂"的自然、社会和技术系统之间具有深刻的相似性。这种系统的例子包括大脑、免疫系统、细胞、昆虫社会、经济、城市、万维网等。说它们"相似"，并不是说必然存在掌控这些不同系统的唯一的一组原理，而是说所有这些系统都表现出"适应性的""类似生命的""智能性的"和"涌现性的"行为。

人世间任何一座伟大的城市都由人和自然万物，包括各类生物、植被、地貌、气候等，共同参与筑就而成，是一个万物高度依存共生、开放动态、有序自组织的生命巨熵系统。在万物的协作下，城市生命内系统不断与外部环境进行能量交换，释放正熵(高热废能)，摄取负熵(有效物质、能量、信息等)，维持城市生命体的正常运转、成长和进化。② 因此，既要维持城市人口的衣食住行，改善他们的福利，还要减少资源使用和污染排放，用整合性的方法维持自然生态系统的功能，这就需要对人类—自然耦合系统进行整合研究。人是一个经济体，城市是人的聚集，是经济体的聚

① 约翰·E. 梅菲尔德. 复杂的引擎[M]. 唐璐，译. 长沙：湖南科学技术出版社，2018：27.

② 潘飞. 生生与共：城市生命的文化理解[D]. 北京：中央民族大学，2012.

集，充满了经济活力、创新和变化。人类的未来和地球的长期可持续发展都与城市的命运有脱不开的关系。城市是文明的熔炉，创新的中心，创造财富的引擎，权力的中心，吸引创意的磁石，推动观念、增长和创新出现的催化剂。但是，城市也可能是犯罪、污染、贫困、疾病、能源和资源消耗轮番上演的舞台。事实上，一座城市的实质是生活在其中的人为城市带来了活力、灵魂和精神，当我们参与一座成功城市的日常生活时，我们内心就会感受到这些难以言传的特点。一座城市的关键是要将人们团结在一起，利用一座伟大城市的多样性所提供的绝佳机会，促进人们之间的互动，并由此创造观念和财富，激发创新思维，并鼓励企业家精神和文化活动。

正如怀特海所说："地球上的生命以在时空星系中观察到的秩序为转移，正像我们的经验所揭示的那样……生命的本质要到既定的破坏中去寻求。宇宙不受完全符合这种失去活力的影响，它通向新秩序，而后者是重要的经验的第一需要。"①怀特海过程哲学的"共生与过程原理"阐明了事物的生成、发展和演化的过程。过程就是实在，实在就是过程，实在的本质是在过程中生成的。实际存在物是变动不居的，处于不断流变的过程之中。因为整个宇宙，包括自然、城市、社会和人的生命，都是由各种实际存在物的发展过程所构成的一条历史轨迹，这一过程承继的是过去，立足的是现在，面向的是未来，从而使整个宇宙表现为一个生生不息的能动的流变、创造、通往新秩序的过程。

二、城市生命现象与一般生命现象的比较

城市的发展离不开人与空间环境的连续不断的相互作用，具有生命的人的因素使城市表现出各种生命特征(见表 2-1)。城市处于不断的发展过程之中，表现为扩张、集聚、萎缩、突变、死亡等各种现象。城市的发展

① 怀特海. 思维方式[M]. 刘放桐，译. 北京：商务印书馆，2010.

不仅有量的增长和规模的扩张，更有产业升级、功能跃迁等质的变化，逐渐形成完整的功能和自组织结构。作为城市主体的人、机构和关系群体在实践和认识过程中都具有感知和反应能力，使得城市整体表现出外部环境或内部结构引起的变化的感知和自发组织应对能力。城市的结构具有相对的稳定性，并且能不断地自我更新、淘汰、修复，表现为城市的成长、完善、创新和超越。每座城市都存在自己的生命周期，都具有某种主动适应环境的有机秩序和进行内部协调的自组织机制。

表 2-1　生命现象与城市现象的比较①

生命现象	城市现象
新陈代谢	社会生产力的发展所形成的高度组织化不断地推动着城市的自我更新、淘汰、修复，并与外界进行资源、信息、能量等交换
复杂、自组织和整体性	城市演进是建立在复杂、自组织性和系统开放基础上的空间运动，城市功能、结构、空间和形态在发展和分化的同时保持着整体性
生长发育	城市的发展过程中伴随着质变和量变，逐渐形成完整的功能和自组织结构，它是一个从无序到有序的过程，城市组织结构具有流动性、可生长性和变化性的特点。城市的发展受其自身条件和自组织规律的制约
心血管系统	商业物流中心与交通运输网络
应激性	由外部环境或内部结构引起的突然变化能够感知并迅速自发组织应对，表现出明显的合目的性
繁殖和遗传	区域功能发展到一定程度会产生新的有相关联系的子产业及相应空间载体。城市发展存在其地域经济、社会、文化的延续性，同时会根据其外部环境需求或内生需求产生新的功能、空间和运转模式
适应	自发地调整组织内容和发挥功能的潜能，或发生结构变异和更新，与功能需求和环境保持动态的平衡与互动

① 朱勍. 从生命特征视角认识城市及其演进规律的研究[D]. 上海：同济大学，2007.

正如怀特海所说："实际事态自我形成中的那些活动，如果协调起来，便可产生有生命的群集。那些活动便是将初始阶段的接受转换成终极阶段的预想的中介精神作用。只要事态的诸精神自发行为不相互阻挠，而是通向纷纭万物中的一个共同目标，那么就会有生命。生命的实质在于有目的地引入新奇事物，同时诸目标又要相符。这样，新奇的情况就会遇上适于稳定目的的新奇作用。"①城市是一个开放的系统，恰似生命体与其所在环境之间进行营养物质摄取和废物排放的新陈代谢过程，城市通过对人力、技术、资源、能源和文化等外界多种要素的消化、吸收、转化和分解，持续进行着城市空间形态、经济形态和社会形态等各个方面的重构和再造；②类似于生命体的成长和发育特征，城市的发展过程表现为扩张、集聚和升级等各种现象；类似于生命体应激特征，城市对环境具有感应能力，具有自组织能力，不断与外界发生能量和信息交换；类似于生命体的遗传现象，城市结构具有自我进化和相对稳定性，并且能不断自我更新、淘汰和修复，表现为城市的成长和完善。

城市是人的聚落，百万级以上活动着的人口聚集在城市里，使得城市构成了一个动态的复杂生命网络。城市是按照自身内在的规律运行的，并有自己的程序逻辑、调控法则和激励机制，是一种"遵守自律规则"的行进方式，其每一局部、每一细小的变化和演进都关系着整体，是一个不断积淀和更新的过程，是缓慢而稳定的量变积累过程。这种"自律规则"表现出城市发展中的一种宏观必然性，也体现着城市自身的基本需求。城市的空间演进有着内在动力，这种内在动力就是人要有生存和生活的空间，同时受到自身的需求和内部条件制约，受到外部因素的刺激和制约，各种因素的矛盾运动构成了城市空间的演进。

当外部条件与内部功能需求和组织结构相契合时，城市可以大量地汲

① 阿尔弗雷德·诺思·怀特海. 观念的冒险[M]. 周邦宪，译. 南京：译林出版社，2012.

② 刘春成. 城市隐秩序：复杂适应系统理论的城市应用[M]. 北京：社会科学文献出版社，2017：20.

取外部资源，并转化为内生式的发展动力，城市表现为迅速地集聚和扩张，即城市的发展，否则就会松散、萎缩，出现城市的衰退。城市侵入型突变表现为短期出现大规模建立、替换和损伤，主要体现为城市由无到有的建立和迅速扩张。城市更新可以理解为城市自发的、较为温和的突变，一般会保留原有主要的城市功能，尊重旧有的城市结构和形态。

由于城市内部各组成部分的变迁程度和速度不一致，而城市又是由高度整合的各个不同的子系统组成，各个子系统相互关联、相互影响、相互制约，具有很强的整体性和关联性，从而使城市空间演进呈现出一种扑朔迷离的复杂景象，渐变中伴随着突变、继承中伴随着创新、连续中伴随着间断。城市的突变和更新现象可以用生物学中突变和再生的理论来解释，突变是新城市类型产生和城市多样性保持的根源。城市的突变和更新表现出城市对于内部需求和外部环境变化的不同反应，这些反应使城市产生相应的适应性改变，最终使城市的内部系统及结构组合更具优势，更加适应环境的变化，进而使城市的生命力更加强大。①

20 世纪 40 年代，薛定谔把新陈代谢观点作了进一步发展，提出了“负熵说”，认为生命是一种依靠新陈代谢持续面对热力学第二定律的系统。他认为新陈代谢的本质就是有机体成功地在活着的同时使它自己从它必然产生的熵中摆脱出来。哈姆伯图·马图拉纳(Humberto Maturana)和弗兰西斯科·瓦里拉(Francisco Varela)等在 1974 年提出自创生论，认为生命就是一个自我维持和自我创造的生产组织，这个组织在空间上是整体的、不可分的，在时间上又是连续运作的。一个活生命就是一个能连续地自我生产其本身结构的自组织系统。美国里德学院的哲学教授马克·贝多(Mark Bedau)1996 年提出灵活适应说，认为“解释生命的多样性统一特征的根本原则似乎是适应过程中的那种灵活性——即它对生存、繁殖，或更一般地说，繁盛问题中遇到的难以预料的变化能够产生新奇的解决办法的恒久能力”。

---

① 朱勍. 从生命特征视角认识城市及其演进规律的研究[D]. 上海：同济大学，2007.

对于生命的研究源于公元前，人们从动植物的饲养繁殖开始研究生命的特征和迭代规律。随着解剖学、生理学、细胞学、遗传学的兴起，人们对于生命的研究进入一个新的时代，生物学的研究也由器官水平深入到了分子水平。计算机技术的迅速发展，跨越生物体意义上的人工生命和人工社会概念对生命研究增添了新的内涵。生命系统的最大特点在于它可以进行自我更新、自我完善，而各种机器或组织具有的类似生命的机能毕竟是人的思维活动加给它们的，机器或组织本身不能自我设计、自我制造，是有生命有意识的人在起作用，城市也是这样。

生命具有目前人类认识到的最为复杂的系统构成。而城市作为人类活动涌现成的有机体，随着人类思想和科学技术的进步，城市变得越来越复杂，城市中专业分工的细化、信息网络的遍布、各产业各区域之间的联系越来越紧密，城市变得越来越敏感，对内、外环境中的变化会作出快速、敏锐的反应。借助生命科学的视角来观察研究城市现象，能够更加直接和直观，可以更加接近问题的核心和本质。生命都具有复杂、自组织性和整体性等基本特征，这是其与非生命的根本区别，城市系统作为“人工生命”，其组织结构和演化过程也同样具有复杂、自组织性和整体性特征。

城市是人类文明发展到一定阶段的果实，并孕育新的生命历程，纵观城市发展历程，各个城市都经历着从无到有、从简单到复杂、从低级到高级的发展过程。城市的发展是有规律的，这种规律在产业层面上，与工业化的演进轨迹切合。“城市发展阶段理论”最初由霍尔在 1971 年提出。他认为城市发展具有生命周期的特点，“在这个生命周期中，一个城市从‘年轻的’增长阶段发展到‘年老的’稳定和衰落阶段，然后进入到下一个新的发展周期”。城市生命周期从本质上来讲，是主导产业群自身周期性深化的表现。因此，城市要保持平稳发展，就不能被动地受产业周期的影响，而是可以为之准备先决条件，使之尽早地实现产业的升级与转换，这就需要城市的转型。而转型的实现，通过产业升级调整产业周期，通过经济质变调整经济周期，从而使经济保持持续快速的发展，最终使人们可以享受更高质量的生活。城市首先是一个经济实体，是社会经济活动即生产、交换、分配和消费相对集中的场所。经济转型有利于培植新的主导产业，减少城市的发展振荡，产业升级更新是城市可持续发展的基础。

《雅典宪章》将城市划分为各种分区或组成部分的做法，导致城市管理者为了追求分区牺牲了城市的有机构成。在对《雅典宪章》所崇尚的功能分区进行充分的反思后，1977 年 12 月提出的《马丘比丘宪章》，目标是将城市的不同部分重新有机统一起来，强调不同领域之间的相互依赖性和关联性。《马丘比丘宪章》认为城市是一个动态系统，人的相互作用与交往是城市存在的基本根据，要求城市规划师和政策制定者必须把城市看作在连续发展与变化过程中的一个结构体系，这一过程应当能适应城市这个有机体的物质和文化的不断变化。

莎士比亚似乎早已明白我们与城市之间的根本共生关系。在他的戏剧《科利奥兰纳斯》(*Coriolanus*)中，一位名为西基尼乌斯(Sicinius)的罗马护民官浮夸地说："城市即人。"平民们则坚定地回应说："的确，人即城市。"城市是新兴的复杂适应社会网络系统，是居住其中的人们持续互动的结果，并因城市生活所提供的反馈机制而不断提升和进化。世界上的大都市推动了人与人之间的互动，创造了活力和精神，成为创新和兴奋的源泉，也为城市经济和社会领域的韧性和成功作出了重大贡献。美国建造师协会院士亨利·丘吉尔在他的著作《城市即人民》中写道："这就是今天城市的现状。它们之所以还能生存下来，正是因为城市实际上就是人民，因为人民喜欢住在城市里，所以才有城市的存在，而城市瓦解的过程需要很长的时间。"①

怀特海说："如果我们不把自然界和生命融合在一起，当作'真正实在'的事物结构中的根本要素，那二者一样是不可理解的；而'真正实在'的事物的相互联系以及它们各自的特征构成了宇宙。"②城市的主体是有生命的人，城市的生存环境是自然界，城市因而具有了生命特征，人与人、人

① 亨利·丘吉尔. 城市即人民[M]. 吴家琦，译. 武汉：华中科技大学出版社，2016：38.

② 怀特海. 思维方式[M]. 刘放桐，译. 北京：商务印书馆，2010.

与自然相互联系构成了城市，城市把触角伸向远方构成了城市网络，城市网络拥抱着地球，地球在浩瀚的宇宙中昼夜不停地旋转运行，孕育大千世界。

三、城市化成长过程

一系列复杂的社会、政治、经济、制度和生物物理因素驱动了城市化，在时间、空间、方式、速度等方面影响了城市发展的进程。城市化是一种多维的现象，它被多重的、相互依赖的过程驱使。人口、政治、文化、经济、社会、技术和环境的变化引起城市化的相应变动，从而造成不同的城市体系、城市生活、社会生态、土地利用、建筑环境与城市景观。这种城市状况又引起多维的变动，如图 2-1 所示。

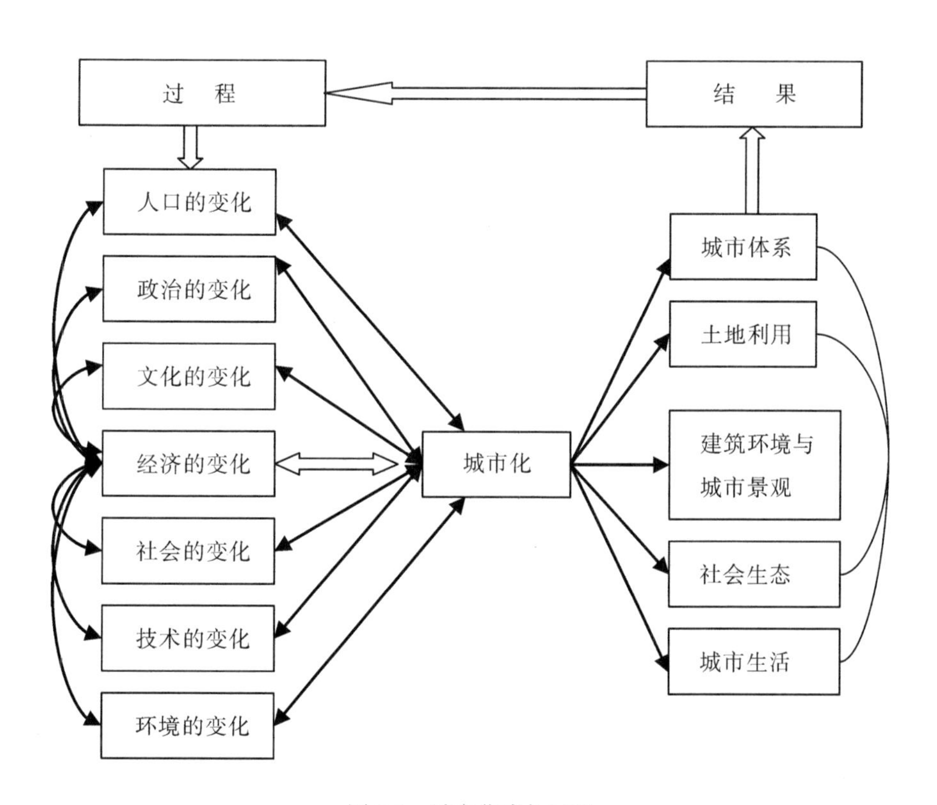

图 2-1 城市化成长过程

正如 Ildefons Cerdà——19 世纪西班牙的市政工程师、城市规划师所说的："我们的城市就像一座座历史的纪念碑，每一代人、每个世纪、每个文明都曾为它添砖加瓦。"从大约 5500 年前的最初城市的演变开始，社会、文化、经济、政治、技术和环境的发展变化(包括长途贸易、海外殖民和工业化)为城市增长变化提供了动力。科学技术决定生产力水平、产业的运行方式，因而影响城市的产业布局、社会生态等各方面。产业技术为城市增长提供经济动力和物质支撑，在优化资源要素配置的同时，大幅提高其生产效率，扩大城市就业需求，增强城市的承载能力和对资源要素的吸纳能力。城市中知识与人才的交流和聚集，有助于企业的创新活动，提升产品和服务的创新能力，通过提供高端技术、高质量人力资本和公共设施等要素基础，推动城市的繁荣扩张。产业和产业群竞争优势的形成，将会进一步提升城市的整体质量和经济实力，加速企业和人口的集中，增进居民享有的福利，加快城市化发展进程。

如产业技术大致经历了如下四个阶段，与此同时，伴随着不同的城市风貌：

第一阶段：煤电蒸汽机、钢铁制品、铁路运输、世界航运和组合机床的发展。

第二阶段：内燃机、石油和塑料、电子和重工、汽车、航行器、无线电通信和电信系统的发展。

第三阶段：核能的开发利用、高速公路、耐用消费品、航空、电子和石化工业、精细化工的发展。

第四阶段：微电子、数码电信、人工智能、生命科学、生物科技以及大数据、智慧城市。

这些技术体系不仅为国民经济演变，同时也为城市化的节奏和特征提供了模式与方向。科学技术的变革、生产力水平的发展引起长期经济周期性的波动，正如康德拉季耶夫周期(Kondratiev Cycle)和库兹涅茨周期(Kuznets Cycle)所描述的，经济的波动引起城市化的节奏。新技术进入一个经济体后，不仅会使经济增长，而且会使经济变得更有生产力。城市的新陈代谢表现为一部分旧的、不适应发展的内容和方式被淘汰和革除，新的内容和方式不断被组织到城市中去，社会的高度组织化不断地推动着城市的演进。正如生物体的量变表现为长高、长大，变得强壮、有力，城市成长表现为规模的扩张、体量的增大；正如生命体的质变表现为会变得聪明、敏捷，城市会变得智慧、和谐美好。城市是具有自组织能力的复杂系统，是一个开放系统，不断发生着能量和信息交换，并在成长过程中自我完善，是城市得以实现持续发展的关键所在。响应与自组织使城市对环境的变化保持动态的平衡与互动，进而保持了城市的整体性。

人口变化与城市化的关系是所有相互依存关系中最为重要的一环。从根本上讲，城市是人类社会的产物。城市人口的规模、组成和增长速度的变化对于城市化特性的塑造意义重大。同时，城市的经济福利调节着人口变化与城市化之间的关系。

经济是一个庞大而又复杂的，由各种各样的制度安排和行为构成的体系。在经济这个体系中，不同的行为主体，如消费者、厂商、银行、投资者、政府机构，从事着各种各样的活动，如买卖、投机、贸易、监督、生产产品、提供服务、对公司投资、制定策略、探究、预测、竞争、学习、创新，以及调整适应，等等。用现代术语来说，经济就是一个有着无比庞大的并发行为(concurrent-behavior)的并行系统(parallel systems)。市场、价格、贸易协定、制度和产业，全都形成于这些并发行为中，并最终形成了经济的总体模式或聚合模式(aggregate-pattern)。① 复杂经济学(complexity economics)认为经济不是确定的、可预测的、机械的，而是依赖过程的、有机的、永远在进化的。复杂系统(complex system)是由大量组分组成的网络，不存在中央控制，通过简单运作规则产生复杂的集体行为和复杂的信息处理，并通过学习和进化产生适应性。经济涌现于技术，经济结构是不断变化的。经济主体，如企业、消费者、投资者，不断改变自己的行为和策略，以便对他们共同创造的结果作出反应，而且这种反应进一步改变了

① 布莱恩·阿瑟. 复杂经济学[M]. 杭州：浙江人民出版社，2018：35.

结果，这又需要他们重新进行调整。经济并不是给定的、一成不变地存在着，而是在一系列技术创新、制度和安排的不断发展中形成的，这种技术创新、制度和安排还会引出进一步的技术创新、制度和安排。这是一个有机的、进化的、充斥着历史偶然性的世界。

经济涌现于它自身的安排和自身的技术，经济就是它自身技术的一种表达。从这个视角而言，经济就是其自身的生产方式(即它自身的技术)的一个生态系统。在任何时候，都存在着一个开放的机会之网，有利于进一步的新技术的开发和新安排的涌现。经济就是一张激励之网，它总能激发出新的行为，诱发新的策略，并让它们共同形成“合理”的结果，从而驱动系统不断变化。复杂经济学告诉我们，经济永远都在发明自身，永远在利用机会创造可能性，永远在应对各种变化。经济不是死的、静止的、永恒的和完美的，恰恰相反，经济是活的、永远处于变化之中的、有机的和充满活力的。城市是经济运行的场所，经济是有机的、充满活力的，城市也是生动的、鲜活的。

经济函数随时间的变化，通常都被定义为固定的名词，即实体层面的变化，如就业、生产、消费、价格等。但是现在，这些变化已经从名词实体层面转换到了动词行动层面，如预测、反应、创新、替代等。行动能够引发进一步的行动。由于行为主体的探索、学习及适应，经济永远都处于破坏性运动之中。破坏性运动的另一个动力是技术变革。新技术永远都是更新技术的创造者和需求者，而且这些更新技术本身，也需要创造出比自己更新的技术。由此而导致的结果并不是偶发性的破坏，而是持续性的、一浪催生一浪的破坏大潮。在整个经济中，这种破坏并行出现，在所有维度上同时发生。技术变化会内生地、不断地创造出更进一步的变化，从而使经济处于永远的变化之中。

经济也是复杂系统，在其中由人(或公司)组成的“简单、微观的”个体购买和出售商品，而整个市场的行为则复杂而且无法预测。市场处理买卖信息能达到均衡态就认为市场是有效的。18 世纪经济学家亚当·斯密(Adam Smith)将市场的这种自组织行为称为“看不见的手”：它产生自无数买卖双方的微观行为，达成无数次小小的均衡，汇聚成经济浪潮。我们的城市是人的聚集，也是信息流、物流、能源流的聚集、处理、涌现的财富之地，有无数只“看不见”的手在拨动着我们城市生命气息的琴弦。城市是一个开放系统，与大自然休戚相关，城市与乡村、与其他城市不停地进行着信息、物质和能量的交换，充满活力和生机。

在城市化与环境变化之间相互作用的复杂性产生了很多地方乃至全球性问题。在地方层面，城市土地利用和土地覆被变化都可能产生各种各样的环境问题。例如棕色地带(brownfields)，从用地性质上看，棕地以工业用地居多，可以是废弃的，也可以是还在利用中的旧工业区，规模不等、可大可小，但与其他用地的区别主要是都存在一定程度的污染或环境问题。从20世纪80年代开始，欧美一些国家开始致力于以可持续发展的方式提升城市生活质量，于是，许多棕地被转化为了城市绿地。这样做的合理性在于：能以最小的土地投入，最大限度地提升环境质量并完善城市绿地结构，实现城市可持续发展。土地使用及其生态影响的演化是人类活动与自然生境空间格局的函数，人类活动和自然生境的空间格局在各个尺度上都对社会经济和生态过程产生了影响。

在城市化地区，人类对生态系统功能的影响是通过生物物理过程和生态过程的直接与细微的变化体现出来的。城市化对初级生产力、营养物循环、水文功能和生态系统动态的影响是通过气候、水文、地貌、生物地球化学过程和生物交互作用方面的变化而得以呈现的。① 高度集中的人口同样改变了自然扰动的幅度、频率和强度，导致了人类对生态系统的前所未有的干扰。城市发展导致了扰动的异常化、压力的长期化、形态的非自然性以及在连通性方面的新的状态。城市发展在直接和间接两个方面影响了自然系统的结构和功能：在直接影响方面，通过改变土地表面；间接影响则是通过变更能量流、营养物及水的可获得性。土地转换改变了原有的景

① 玛丽娜·阿尔贝蒂．城市生态学新发展[M]．沈清基，译．上海：同济大学出版社，2016：62.

观格局，导致了全球和地区层面的多种生态效益或生态破坏。

城市作为自适应、自组织的有机复杂组织，生存发展之道在于不断地进化，从而找到最佳的"生态位"并具有能发挥其功能的形态。同时，城市具有记忆，承载了城市作为一个组织系统与大自然抗争、适应、融合的历史智慧。城市化还通过改变控制元素循环的基本过程，影响了地球生态系统。通过调节微生物和植物的养分吸收与释放之间的同步性，生物、水文、大气和地质过程在陆地生物地球化学循环中发挥了重要作用。城市化地区的人类通过增加营养物直接影响了生物地球化学过程；通过改变控制营养物"源"和"汇"的时空变化的机制，间接影响了生物地球化学过程。城市生态系统中的生物地球化学循环是人类—自然耦合系统的涌现性的表现，需要考虑多种因素(如气候变化、人口、经济、土地使用和生物多样性)之间的动态的相互作用的变化。

城市在发展过程中不仅表现为用地、空间的扩散与扩张，更表现为其功能结构的逐渐复杂和成熟，产业链的逐步形成，区域社会运行规则的建立，文化氛围的培养和认同，等等。人体的机体含有超过 1 万种不同的蛋白质(数量极多的各种抗体不计)。蛋白质由 20 种氨基酸组成，这些氨基酸必须按照预定的方式精确地连接起来，才能合成正确的蛋白质。这 1 万种以上的蛋白质，同样必须恰当地安置在生命网络之中，才能使它们在各种生命过程中发挥它们的功能，而且还要求时间上的动态协调。根据量子力学的原理，这些氨基酸的量子空间里有着神奇的量子叠加态、量子纠缠、波粒二象性肌理，量子超越了无限复杂性，使生命表现出高度有序和精确。生命是一个网络，它的每一部分都影响着整体，而且，生命是一个在时间和空间上不断变化的动态网络。城市也是一个在时间维度、空间广度上不断变化的生态网络。

怀特海说："社群对于其中的每一个成员来说就是具有某种秩序因素的环境，这种秩序因素由于社群自身成员之间的亲缘关系而持续存在。这样一种秩序因素就是贯穿于社群之中的秩序。"城市可以看作一个社群，城市的人口进行的政治、文化、生产、科技带动城市景观、土地利用、城市生态等方面的变化与相互适应，形成城市内在的隐秩序，我们需要尊重城市规律，善于利用隐含的秩序，更好地服务于城市建设。

四、城市的静脉产业

城市消耗着世界75%的自然资源，产生全球一半的废弃物，排放全球60%~80%的温室气体。城市是循环经济转型的焦点。应将循环经济理念运用到城市建设规划中，推动静脉产业发展。

日本是建设循环型社会的代表国家，不仅建立了完备的法律体系，而且提出了循环型社会的基本计划，在全社会范围内形成了发展循环经济的合力。在日本，人们将把废弃物转换为再生资源的企业形象地称为“静脉产业”，因为这些企业能使生活和工业垃圾变废为宝、循环利用，如同将含有较多二氧化碳的血液送回心脏的静脉。“静脉产业”还成为扩大就业机会，促进经济发展的新领域，有着广阔的前景。日本制定了一套可利用再生资源的方案，逐步淘汰传统产业，优化产业结构，组建循环经济产业系统。注重风能、太阳能、地热资源等可再生能源的开发利用，实现从“能源耗竭型”经济向“能源再生型”经济的转型。大力发展循环经济技术体系，如：以生物技术和信息技术促进资源节约；研究新材料、新能源技术；开发节能汽车技术等。

日本自然资源贫乏，经济发展所需的资源与能源均需依靠进口。“二战”前，日本政府以牺牲环境为代价促进经济发展。“二战”结束后，日本改弦更张，对生态环境与经济发展进行重新定位。为节约能源，减少经济发展对环境造成的负面影响，日本政府在20世纪70年代提出了“建立生态环境理念更新论”，通过各种宣传把自然资源匮乏的忧患意识植入国民的思想意识，让全国的民众都要遵循生态文明下的能源经济节约发展的模式，将生态环境保护与经济和谐发展的理念落实到具体行动中。日本政府提倡各阶层要多主体全方位协同维护好生态环境，各阶层要配合政府和学校做到对环境保护的宣传教育工作，使每个个体都能重视和开展环境保护，即通过家庭和学校教育、发放各种环保宣传手册、实施公众监督等细微化方式让每个家庭和公民都逐步掌握垃圾分类方法与资源循环利用的知识和细小环节。

德国是世界上公认的发展循环经济起步最早、水平最高的国家之一。1996年出台的《循环经济和废弃物管理法》是德国循环经济法律体系的核心。德国在发展循环经济过程中，最具特点的当属其DSD二元回收系统。德国二元系统公司(DSD)建立于1990年9月，是在德国工业联盟(BDI)和德国工商企业(DIHT)的支持下由95家涉及零售、日用品生产和标志生产的公司发起。任务是在全国建立一个面向家庭和小型团体用户的包装回收、分解和再循环的体系。根据德国有关的联邦法律，二元系统将自己逐渐融入已有的废弃物管理体系中，并就各类包装废弃物的回收和处理方式与手段，依据各地的实际情况，与当地政府协商确定。

目前，在德国循环经济领域从业人数达到25万，总产值达500亿欧元以上。德国的居民生活垃圾和企业生产垃圾的利用率分别达到57%和58%，有些垃圾的回收率甚至更高，旧电池为82%，旧纸张约80%，废铁为93%，再生铝占铝总产量的53%。德国的资源循环利用一直处于欧洲领先地位，德国的废弃物处理法最早于1972年制定，但是当时的主导思想仍停留于废弃物的末端处理。直到1986年，德国才将其修改为《废弃物限制及废弃物处理法》，主导思想从"怎样处理废弃物"提高到"怎样避免废弃物的产生"，将避免废弃物产生作为废物管理的首要目标。

美国的循环经济经过几十年的发展，其行业涉及传统的造纸、炼铁、塑料、橡胶以及新兴的家用电器、计算机设备、办公设备、家居用品等产业，其规模与美国汽车业相当，现在已成为美国经济的重要组成部分。美国的排污权交易制度是美国发展循环经济过程中最具特色的政策，这一制度已被很多国家借鉴与采纳，采用总量排污权交易。污染物排放总量控制是将某一控制区域作为一个完整的系统，采取措施将排入这一区域的污染物总量控制在一定数量之内，以满足该区域的环境质量要求。①

① 闫敏．循环经济国际比较研究[M]．北京：新华出版社，2006：13.

美国重视技术研究与教育促进农业循环经济发展。美国发展循环农业的主要方法是将高新技术引入农业循环经济，构建先进农业技术体系，真正实现农业生产资源的减量投入，体现循环经济“减量化”原则。为此，美国联邦政府不仅投入大量资金进行精准农业技术、高效施肥、灌溉技术以及无公害植物保护技术等先进技术的研究，而且投入大量资金用于环境科学技术的基础研究，建立环境质量标准体系，研发农业环保仪器设备。环境污染管理检测和农产品中农药残留检测属于强制性执法检测，美国各级政府对农药残留分析技术给予充分重视，并将其作为研发重点。另外，美国非常重视农业从业人员的素质教育，对占人口总数1%的农民实行免费教育培训。而且各级部门对农业人员培训必须按规定的计划与标准执行，同时要求也十分严格。

瑞典是典型的高福利发达国家，经济实现绿色发展，在联合国可持续发展综合排名中位居前列，其单位 GDP 碳排放仅为世界平均水平的 25%。在瑞典，垃圾被认为是“资源”和“财富”。瑞典每年处理的生活垃圾大约在 466 万吨，全国人均垃圾年产生量为 467 千克。在瑞典，几乎所有的生活垃圾都被回收、加工和处理，或是作为能源使用。在瑞典的生活垃圾中，循环利用为 161. 5 万吨，占总量的 34. 6%；将有机垃圾变为堆肥、沼气或混合肥料的生物处理量为 75. 7 万吨，占总量的 16. 2%；将垃圾转化为热能和电能的焚烧处理量为 226. 3 万吨，占总量的 48. 5%；没有利用价值被填埋处理的为 3. 1 万吨，仅占总量的 0. 7%。

在生活垃圾中，厨余垃圾的年产生量大约为 44. 2 万吨，其主要处理方式是厌氧消化，产生沼气。沼气是瑞典重点投入的可再生绿色能源，街面上行驶的公交车大量使用沼气。在皇家海港城和马尔默西港新城的改造建设中，技术人员通过对餐厨垃圾、粪便和废水的回收和处理，加之太阳能利用，解决了城区居民大约 50%的能源供给。

瑞典的垃圾回收率高达 99%，政府部门从源头上对“垃圾分类”实行严格控制，对生产者和居民消费均有明确的约束性规定，分类标准和执行极为严格。管理部门对垃圾进行了细化，分为 8 类：纸类、玻璃类、污染品、厨余类、塑料类、危险品、粗垃圾和植物类。垃圾精细分类为后续的回收、处理和利用奠定了坚实的基础。① 而实现完备有序的垃圾分类，有赖于良好的教育和设施建设。

联合国贸易和发展会议认为，中国城市引领全球转向循环经济，20 多年来，中国一直是该领域的领跑者，并在这一问题上继续发挥领导作用。中国持续的城市化进程，数字技术的迅猛发展，以及资产共享平台的繁荣都为循环经济发展提供了重大机遇。中国的先驱城市（特别是一些中小型城市）和企业已经开始抓住这些机会。②

“世界上没有真正的垃圾，只有放错了地方的资源”，根据怀特海有机哲学：“一个现实实有完成的时候，就已经‘消逝了’。这种对现实实有的实效性使用，构成了现实实有固定不变存在于未来之中的生命。创造物消逝而又不朽。”③在怀特海看来，世界是一个有机整体，每一部分都蕴含全体的信息，每一现实实有都存在于每一其他现实实有之中。世界上没有真正的垃圾，每一部分都存在于未来的价值之中。城市发展必须设计并实施健全的静脉产业，血脉循环畅通才能永葆城市生命活力。

五、城市的更新与再生

随着时代的发展，城市中已经不适应现代化城市社会生活的地区需要做必要的、有计划的改建活动。随着城市化的加速推进，城市空间拓展成为城市发展的制约，城市从增量扩张时代进入存量调整时代，城市再生更新成为城市发展的新增长点。

（一）城市的更新

英国 20 世纪 30 年代开启清除贫民窟计划，真正意义的城市更新开始。

---

① 贾明雁．瑞典垃圾管理的政策措施及启示［J］．城市管理与科技，2018(6)：78-83.

② 胡青松．中国城市引领全球循环经济［N］．环球时报，2018-09-29.

③ 怀特海．过程与实在［M］．北京：商务印书馆，2012：129.

1946年开始推进新城建设计划，将建立卫星城作为城市更新的主要手段。英国城市更新的重要举措包括建立财政补贴制度，成立城市开发公司和在更新过程中注重文物的保护等。“二战”后，英国开始了郊区化过程，英国城市出现了严重的衰退。1980年，为解决内城衰退，实行内城复兴，英国成立了城市开发公司，一个开发公司对应一个特定的区域，担负着吸引私人投资、复兴内城的重任。①

法国巴黎城第一次大更新是在拿破仑三世时期，当时拆除了旧建筑，开辟了一条条宽敞的大道。20世纪60年代，通过修建配套工程、高等级公路、高速地铁等措施将巴黎市与巴黎大区联系起来。2008年，通过“大巴黎计划”解决交通、生态环境和生活融合等方面的城市问题。为了保障城市更新的资金来源，法国公共部门完全或者部分投资城市建设、基础设施、居住、活动场所或者公共空间。巴黎市政府曾出资51%的股份，与私营公司合资成立一个旧城改造的专业化投资公司。

美国的城市更新也是从大规模清除贫民窟开始。20世纪30年代，通过立法确定更新的重点及联邦拨款额度。1954年提出加强私人企业的作用、地方政府的责任和居民参与。20世纪70年代末，取消或减少对“城市计划”的资助，由州及地方政府对城市计划负责。基于税收实施奖励措施。采取多种方式对城市开发提供资助。1977年的《住房和社区开发法》实行使用城市开发活动津贴资助私人和公私合营的开发计划。

新加坡独立之前城市核心极度拥挤，“二战”后遗留下来的中心区住房状况极度混乱。1945—1959年，开始城市更新的前奏。1960年成立了建屋发展局(Housing Development Board)实施贫民窟清理、中心区产业升级、中心分散等策略。20世纪90年代，新加坡市成为重要的国际金融中心之一。提供高品质的居住环境，成为吸引全球智慧精英和资本的关键因素。新加坡设立专门的城市更新管理部门——从最早的SIT(改良信托局)发展到现

① 李爱民，袁浚. 国外城市更新实践及启示[J]. 中国经贸导刊，2018(9)：61-64.

在的 URA(城市更新局)，对旧城改造起到了很大作用。同时，注重引入私人资金，为私人投资者提供各种激励政策实现土地开发收益。注重城市开发与保护相结合，鼓励创造性的修复以便保护区更具地方特色。

日本为修复战争对大城市的毁灭性破坏，以政府为主导对 102 座城市实施了土地区划整理。20 世纪 60 年代开始发展新城，在东京湾区形成一个人口达三千万的巨大都市圈。1977 年为限制东京的无序扩展，推行绿带计划。80 年代开始更新利用地下深层空间设施。团地是日本在“二战”后经济高速发展的产物。80 年代开始，团地社区中老龄化、商业凋谢、基础设施老化等问题凸显，团地再生计划正式启动。构建民间复合开发——多方联合的“PPP”架构。积极推进“地域管理”事业，“地域管理”的组织主要依靠居民委员会、NPO 组织、城市规划组织和各类协会团体，政府充当协助支持作用。

(二)资源枯竭型城市的再生

资源枯竭型城市一般表现为对资源高度依赖、经济结构单一、被迫转型以避免“矿竭城亡”、产业难以继续、经济压力巨大、生态环境破坏严重等问题。资源型城市面临的生态环境问题主要包括水污染、大气污染、固体废弃物污染、噪声污染以及生态环境破坏等问题。矿产资源开采和资源产业发展导致地表被破坏、水土流失严重、水质退化、地表塌陷、土地压占等，严重影响城市生态系统健康，阻碍了城市生态经济系统的可持续发展。除此之外，资源型城市在成长期和稳定期吸纳了大量外来人口和农村人口入城务工，并转为城镇户口，但在资源枯竭阶段，失业不断增加，呈现“虚假城市化”的状况。资源枯竭、矿山关闭、工矿企业效益下滑，给社会带来诸多连锁反应，社会矛盾突出。我国因资源枯竭产生困难矿工数量达约 300 万~400 万，涉及 1000 万家属。下岗职工技能单一，就业难度大。劳动力过剩和安置问题成为城市衰退期的重要问题。

根据民意调查，资源枯竭型城市居民普遍认为原矿区土地再利用应受到足够重视，包括塌陷地、闲置地、农村宅基地等，可植树造林改善水土质量。愿意支持生态农业建设，愿意参与旅游产业建设，愿意参与新农村建设，希望当地引入非污染性企业。希望国家或地方政府给予政策支持，包括资金支持、就业扶持、人才引进、企业税收优惠、创业扶持、增加建设用地指标等。居民对城市的期待包括：修建乡村道路、增加居民文化活动、完善居民社会保障、增加农田水利、创办村办企业、绿化建设、引进农业技术专业人才、建立村图书馆、降低教育成本、加大对居民生产生活关怀、引进高学历管理人才、提高学校教育质量、引进工厂企业等。①

民心所向就是资源枯竭型城市转型的路径。城市系统发展和演进具有典型的耗散结构特征，减少系统熵增或增加系统负熵流都可以驱动系统朝有序性发展。主要可以通过提高土地利用集约度、资源利用率和产投比来实现。城市系统协调发展是城市可持续发展的正确路径。只有子系统间发挥相互促进的非线性作用，才能推动城市向前发展。主要途径包括盘活存量资源、提高土地利用效益、多样化产业结构、减少环境污染和生态破坏等。

资源枯竭型城市必须转粗放型经济增长方式为集约型增长方式。首先，依赖现有资源优势，做好产业链延伸工作。在有限的建设用地空间下，淘汰落后产能、污染企业，将清洁型产业保留并发展延长产业链，发展下游加工业提升产品的加工深度，以此提高城市产业经济效益和生态效益。其次，促进产业多元化发展。鼓励发展现代农业和养殖业，围绕现有生态农业区域进行规模扩大、产业延续，提高农产品附加价值，促进经济活动多样化，提高地方经济抗冲击能力。在产业多元化发展过程中，需要制定相关规划，把握产业发展周期的时间节点，培育替代产业、更新产业结构。

资源枯竭型城市的土地优化配置是在保障当地生态安全的前提下，“边养地，边用地”，恢复废弃、闲置及塌陷土地利用，充分再利用闲置资源，如原企业办公用地、压占地等土地应该进行合理再利用，可以进行厂

① 朱琳. 资源枯竭型城市转型与可持续性评价[M]. 北京：化学工业出版社，2018：125.

房出租、土地复垦利用等活动，避免资源闲置浪费，提高土地利用率。保证生态涵养和经济建设用地空间，使二者形成相互促进的发展模式，实现资源枯竭型城市的可持续发展。

怀特海说："现实世界中各种现实实有相对于一个确定的现实实有的'客体化'，构成了那个现实实有产生的动力因；追求'满足'的'主体性目的'构成终极因，或诱导力，由此而产生了确定性的合生；而所获得的'满足'仍然是创造性目的内容中的一个要素。这样，就有一种创造性的超越；这种超越造成了确定性的客体化，使各种现实合生的过程超出那个满足了的超体而获得更新。"这段话能够很好地解释城市的更新与再生。每一个城市随着生产力的发展，随着人才队伍的聚集创新，随着自然资源充沛或匮乏的变化，城市有一种超越自我的动力，在各方面条件作用下获得现实的合生，产生超体，城市获得更新或再生。

六、生命哲学的启迪

生命的本质是什么？生命与宇宙的关系是怎样的？生命哲学试图回答这些问题。以叔本华、尼采、柏格森、狄尔泰等为代表的西方生命哲学流派以"非理性"著称。叔本华的生存意志论；尼采的与宇宙生命本体相融合的酒神精神；柏格森认为生命是宇宙的两种运动：物质运动和精神运动的综合作用的产物；狄尔泰认为生命是世界的本原，是一种不可遏止的永恒的冲动，是一种能动的创造力量。《周易》则是中国古代哲学的生命哲学，生命是《周易》哲学的中心。"天地絪温，万物化醇。男女构精，万物化生。"(《周易·系辞下》)就像新生命的诞生不但需要男人同时也需要女人，天地相合，才会有五彩缤纷的物质世界。"天地之大德曰生，生生之为易"，在《周易》看来，宇宙整体是一个生命不断生成发育、洋溢着无限生机的大化流行的世界。《周易·系辞上》指出："易有太极，是生两仪，两仪生四象，四象生八卦，八卦定吉凶，吉凶生大业"，是对从自然到人类的生命创生过程的描述。

“道”是道家思想中最为核心的范畴。“夫道也者，取乎万物之所由也。”(王弼《老子指略》)也就是说，“道”是天下万物的最初起源，也就是世界演化的最初生长点。《淮南子》中说的要更为具体形象：“夫天之所覆，地之所载，六合所包，阴阳所呴，雨露所濡，道德所扶，此皆生一父母而阅一和也。”(《淮南子·俶真训》)。在道家那里，“道”不仅是万物由之而来的共同生命源头，它同时还是自然万物不断向前发展的内在驱动力。老子说“道生一，一生二，二生三，三生万物”(《老子》第四十二章)；庄子及其后人说“天道运而无所积，故万物成”(《庄子·天道》)。总而言之，世间万物正是由“道”产生出来，并又靠着“道”的力量不断生、长、成、灭，从而使整个世界处于一种永不停息的运动与演化过程之中。美国人文物理学家卡普拉就宣称：“道家提供了最深刻并且最完美的生态智慧。”①澳大利亚的生态哲学家西尔万和贝内特也主张：“道家思想是一种生态学的取向，其中蕴含着深层的生态意识。”②同道家一样，儒家思想中也同样包含着丰富的生态智慧和生命哲理。

道、儒两家思想有一个共同点，那就是他们都与当代的一些生态学家一样，直接把大自然看成了地球母亲盖亚一样的生命体。首先提出“盖亚假说”的化学家J. 拉夫洛克认为地球这颗行星上不仅充满着生命，而且本身就是一个活的生命。因为它像人体一样可以自行组织、自我调节，能够将这个行星的环境始终维持在有利于生命存在的最佳状态。而不论是道家还是儒家，都与这种观点有着某种程度上的契合之处。因此在儒家典籍中，“天”与“地”作为万物之父母，常常同时并用，如《荀子·王制》“天地者，生之始也”；如《春秋繁露·观德》“天地者，万物之本、先祖之所出也”，等等。同禅宗格言“人人自心本有佛性”相对应，佛教认为每个人天生都是艺术家；受“佛性遍一切处”的泛神论影响，佛教认为宇宙万物并非

---

① Capra, Uncommon Wisdom, Conversations with Remarkable People. Simon & Schuster edition Published, January1988, Bantam edition, February 1989, p. 36.

② Richard Sylvan & David Bennett, “Taoism and Deep ecology”. The ecologist, 1988, 18: 148.

死物，而是一山一水有“性情”，一草一木皆“神明”，客观事物所蕴含的生命力与审美主体自身的生命力是息息相通、心心相印的。如明代唐志契所云：“山性即我性，山情即我情……水性即我性，水情即我情……岂独山水，虽一草一木亦莫不有性情。”①

无论是老子的“人法地、地法天、天法道，道法自然”②，还是张载的“民吾同胞，物吾与也”③，抑或佛家的“青青翠竹，皆是法身；郁郁黄花，无非般若”④，在哲学层面，我国古人与“自然”和睦相处的生存方式是以宇宙生存论、有机整体论、生命价值论及“天人合一”为理论基础的。“天行健，君子以自强不息。地势坤，君子以厚德载物。”“与天地合其德，与日月合其明，与四时合其序。”主张经历不断的努力，使自然生命的发展规律与社会发展规律和美地结合统一，最终实现天下大同、大和。

芒福德指出：“人类历史刚刚破晓时，城市便已经具备成熟的形式了。要想更深刻地理解城市的现状，我们必须掠过历史的天际线去考察那些依稀可辨的踪迹，去了解城市更远古的结构和更原始的功能。这应成为我们城市研究的首要任务。”⑤中国 4000 余年辉煌的历史发展，曾经创造出 2000 余座大大小小的城市。一般而言，我国古代城市均具有相对稳定的外在形态及与之对应的美学含义，形式的语言反映了古人对宇宙的理解和人生的理想。城市因此超出了本身作为聚落的功能含义，从而上升到哲学和美学的高度。“城乡中无论集中的或者散布田庄中的住宅都出现一种宇宙图案的感觉，以及作为方向、节令和星宿的象征意义”，这种象征意义就是我国古代城市哲学美学的直观表达方式之一。⑥ 据史学界考证，目前可探明的我国古代城市最早出现于龙山文化晚期，古籍中对此也有相应的记

---

① 明·唐志契，《绘事微言》.

② 《老子》二十五章.

③ 《正蒙·乾称篇》.

④ 林清玄. 心美，一切皆美[M]. 北京：北京十月文艺出版社，2018：13.

⑤ 刘易斯·芒福德. 城市发展史——起源、演变和前景[M]. 宋俊岭，倪文彦，译. 北京：中国建筑工业出版社，2005：2.

⑥ 李约瑟，中国科学技术史：第二卷[M]. 上海：上海古籍出版社，1990.

载。例如，《世本》中“鲧作城廓”，《吴越春秋》中“鲧筑城以卫君，造廓以居人，此城廓之始也”。关于城市产生的根源以及功能，《礼记・礼运篇》写道，“今大道既隐，天下为家，各亲其亲，各子其子，货利为己，大人世及以为礼，城廓沟池以为固……”①

这些在中国古代城市规划、园林、陵寝乃至民居的建设中均有体现，并凝结积累为我国古代城市的艺术传统。我国古代城市规划注重与自然环境的巧妙结合，把自然环境要素作为城市景观的重要组成部分，借助自然山水，结合人工完善、发展，兴建园林，使之有机结合；城市的水系建设与自然水系合理贯通，使其不仅具有军事防御、漕运等功能，还往往具有供水、防火、防洪排涝、农业灌溉等综合利用功能，同时对调节城市气候、美化城市环境发挥重要作用。② 李约瑟(J. Needdham)在评价故宫建筑群的艺术特色时就指出，故宫是把“对自然的谦恭的情调与崇高的诗意组合在一起，形成了一个任何文化都未能超越的有机图案”③。

从战国时代到1840年鸦片战争，中国封建社会存在长达2300余年，但中国传统城市的基本形态特征(例如城市的平面形制、城市内部分区模式及空间形态等方面)却得以不断发展完善并始终保持下来。中国传统城市规划设计的构成要素，如城垣、宫殿、坛庙、官署、市场、宅第、街道、沟渠等无不遵循一定的美学原则进行规划和建设，而这些原则更是历代相延，贯穿数千年的城市建设史。中国传统城市美学以天人合一的思想观念为根本，通过城市构成要素的艺术创造及城市生活的艺术欣赏构筑了审美理论，并表现为城市美学的至高境界是人与自然的生命内在默契。

中国的天人合一，是人们关切天地万物中的自然法则，以顺应自然现实的态度积极地生活。所以城市的规划，首先要考虑贴近自然，“人之居处，宜以大地山河为主”，并“以山水为血脉，以草木为毛发，以烟云为神采”。④

---

① 《十三经注疏》下册，中华书局，1980：1414.

② 李哲. 生态城市美学的理论建构与应用性前景研究[D]. 天津：天津大学，2005.

③ 冯天瑜，等. 中国文化简史[M]. 上海：上海人民出版社，1993：188.

④ 郭熙.《林泉高致》.

构建一个充满活力与生机的聚居生态体系，虔诚地将自然作为最高法则，自觉地将城市的规划设计纳入生态系统的良性循环，这也构成了中国传统城市艺术追求的原点。在我国传统城市的形态中，山、水、城、人协调统一，有机共生，反映出各系统间的合作共存和互惠互利的现象，形成整个城市空间系统的有序性与和谐性。

在古代中国人看来，城市的山川河流都是有生命的，大地有如人体，是一个有着经络穴位的自然有机体。宋代地理学家蔡元定指出："水则人身之血……火则人身之气……土则人身之肉……石则人身之骨……合水火土石而为地，犹合血气骨肉而为人。"例如浙江金华县，"金华诸山蜿蜒起伏，势如游龙，腾空架云，高为潜岳，雄压万山，左右分支，连屏排戟，拱卫四维。西南诸峰数重，近者横如几案，远者环如城廓"①。现存的北京紫禁城、明十三陵、遵化清东陵、易县清西陵，以及广泛分布的城镇、村庄、寺庙、民居等，都是古代匠人营造活动成功的典范，表现出古人在美的表达上无比的智慧和卓越的才能。

中国传统城市"寄情山水"的审美取向是山水哲学、文学、美学与自然的综合呈现，是古代城市规划建设的"气韵"所在。古代城市建设的各个方面，从大环境到建筑群，直至建筑单体、景观的建设，从初期选址到后期营造中都可以找到山水文化的痕迹。例如在南宋临安的城市选址与规划中，宫城位于城南凤凰山东侧的山岗小平原上，其西北面的凤凰山和吴山海拔不高(60~80米)，也是宫城的一部分。此地居高临下，北望西湖和城区，一览无遗；南眺钱塘江、大运河，西视南高峰、北高峰，风光秀美。夏季，此地是全城最凉爽的地方。西北面临湖，临江有三座塔，位于小山上，使湖山更显文化气息。因此，主要兴建于唐、吴越国、北宋、南宋时期的杭州城市布局，是最具代表性的南方山水文化城市规划杰作。②

---

① 林语堂. 中国人[M]. 上海：学林出版社，1994：301.

② 李哲. 生态城市美学的理论建构与应用性前景研究[D]. 天津：天津大学，2005.

中国传统城市设计美学思想中的“和谐”，正是意味着以丰富、多样为美，以整体性与有机性为美，按照有机统一的艺术原则进行创作，将城市组成元素整合为既统一，又具独立存在价值的艺术整体，从而天生带有当代生态美学的意蕴。我国传统城市美学观念中深蕴着“无往不复”“逝者如斯夫”的时空观，并在与之相映衬的规划设计手法的诠释下，使人们超出眼之所见的审美范畴，通过扩大了的城市时空意识，去体会此时此地之外的人和事、情和意，引导人们从有限的空间进入无限的空间与时间当中去，得到“景外之景”与“象外之旨”的美学意境。

中国古代哲学之通性是“赞天地之化育，参天地之神工”，追求“一贯之道”，“不但要使超形上学由理想阶段搬到现实世界与人生社会中来完成实现，同时更要放大眼光，透视宇宙的全体、人类生命的多方面，形成一种价值与别种价值相互之联系。中国的形上学可以称为机体形上学，注重机体的统一、思想的博大精深的各方面，而中间还求其会通、求其综合”。① 然而，由于我国传统文化与美学思想的时代局限性，必然地导致了城市美学内部的理论与实践的局限。在中国传统思维模式中，人与自然的关系是朦胧、混沌而非精确化的，它内含着人对自然的敬畏与依顺。尽管这种整体思维有其独特的优点，我们也不得不承认它缺乏分析的缺陷。同时，混沌的整体思维带来的设计思维定式是静态的，它所强调的稳定性、延传性进一步阻碍了人们对城市美的追求。对于古制、祖制、先王之制的盲目遵从和对创新、变革的禁锢是十分严重的，并极大地阻碍了传统城市规划设计理论与美学思想的开拓式发展。

在漫长的封建社会里，宗法伦理思想渗透到一切社会和人生领域，深刻地影响了中国传统城市的美学观念与思想表达，并强烈地表现在中国古代城市的坛庙、都城、宫殿、陵寝等具体营建中，中国古代城市规划也因而成为一部“在场”的“政治伦理学”。这部“政治伦理学”不仅仅是抽象的

① 方东美．方东美文集[M]．武汉：武汉大学出版社，2013.

伦理道德符号的演绎，还要通过城市与建筑物的对称、均衡、韵律、尺度等形式美原则以及数字、色彩等象征手法共同演奏出“礼乐合鸣”的乐章。① 我们对传统生态城市美学既要传承也要不断自我超越。

马克思在《1844年经济学哲学手稿》中指出：人的类特性是自由的有意识的生命活动，这一特性将人和动物区别开来。② 在《关于费尔巴哈的提纲》中，马克思又说：人的本质，在其现实性上是一切社会关系的总和，而不是单个人所固有的抽象物。③ 马克思主义认为人们在实践过程中创造对象世界、改造自然界，使人的本质力量对象化。城市建筑是人的本质力量对象化的产物。城市建筑的生命精神内涵同“生”的概念是息息相关的，“生”是人类对自然界的一种远古认知。建筑是有生命的、有情感的，建筑也是有灵魂的，建筑承载着一种无声的语言，从一砖一瓦中透出的灵性，就是建筑的灵魂。当建筑与生命的信仰、哲学相互融合，人们透过建筑去追求生活的质量。正是建筑中追求生命的维度，让生命更加丰满，更加自由飞扬。在生命哲学的浸润过程中，建筑也与生命哲学的圣洁状态相结合，形成了与之匹配的丰富多彩的建筑美学类型。美与生命同步诞生，生命的盛衰存亡决定着美的变化，美的发展变化推动着生命不断向全面发展的自由生命奋进前行，美是自由生命的表现和体现。建筑之美、城市之美、城市文化精神同样也是自由生命的跃动与张扬。

对怀特海来说，生命就是争取自由，争取表达的新颖性，争取更多的自我决定而不是被决定。一个活的有机体(如人的身体)，就是这种自立的框架、“关联”或“社会”的一个例证。他说：“要在个体有机体发展的同时进化出一个有利的环境，最简单的方法之一就是，每一个有机体对环境的影响都应当有利于其他同类有机体的持续。此外，如果该有机体也有利于其他同类有机体的发展，那么，你就已经获得了一种适于产生下述观察状

---

① 李哲. 生态城市美学的理论建构与应用性前景研究[D]. 天津：天津大学，2005.

② 马克思恩格斯全集：第3卷，北京：人民出版社，2002：273.

③ 马克思恩格斯文集：第1卷，北京：人民出版社，2009：501.

态的进化机制：有大量具有高度持续能力的类似实体。因为环境自动地与物种一起发展，物种也自动地与环境一起发展。”①其阐述了人类社会协同进步、共同繁荣的道理。

怀特海有机哲学的理论认为：“每一合生都指涉一个确定的自由的开始和一个确定的自由的终结。开始的事实对一切机缘都有同等的关联，在这个意义上说，开始的事实是宏观宇宙的事实；而最终的事实对该机缘是特殊的，在这个意义上说，最终的事实是微观宇宙的事实。”②城市处在不断的发展变化之中，社会、政治、经济、制度和生物物理等因素驱动城市体系、城市生活、社会生态、土地利用、建筑环境与城市景观的变化。生态城市是人类与自然都能够共生的城市，是经济高效、环境宜人、社会和谐，社会—经济—环境复合生态系统良性运行、协调发展，物质、能量、信息高度开放和高效利用，居民安居乐业的城市。

① 菲利浦·罗斯. 怀特海[M]. 李超杰，译. 北京：中华书局，2014：90.
② 怀特海. 过程与实在[M]. 李步楼，译. 北京：商务印书馆，2012：77.

第三章　城市与大地母亲——生物圈

一、怀特海"有机自然观"与生物圈

怀特海有机自然观是在相对论和量子力学的科学图景基础上建立起来的。在怀特海看来，自然是由他称为"现实实有"的有机体构成。现实实有是机体宇宙的基本构件，是终极事实。现实实有就是点滴的经验，它们既错综复杂又相互独立。这些现实实有处于永恒的消失和合生之中。宇宙就处在这样消失、变化和创生的过程之中。每一个现实实有都与其他现实实有相关，宇宙中的每一事件都是另一事件的因素。所有的事物都是相互包容的，没有孤立的事件。自然不仅是有机体而且还是过程。现实实有都是机缘，每一现实机缘都包含物质极和精神极。由于物质极，现实机缘能够领悟其他现实机缘；由于精神极，对永恒客体的领悟成为可能。永恒客体是纯粹的可能性，现实机缘的领悟使之在时空中得到实现。怀特海有机自然观强调整个自然为一个有机整体，将主体与客体、自我与他者、人与万物、历史与自然有机地结合起来，努力克服对人和自然界的异化。

一如古希腊神话中的大地女神盖亚，我们一切生物赖以生存的地球，不仅是宇宙间有生命的环境，而且她自身也是一个生命有机体，一个能够自我适应和自我调节的体系，一个可以改变自身环境并使之顽强存活下去的系统。地球是一个有生命特征的地球，一个活的地球，有着漫长的历史，经历了惊心动魄的演化历程。正如怀特海所说："现实世界就其作为固定的，现实的，已经生成的各种实有构成的共同体来说，这个现实世界规定并限制着超越自身的创造性潜能……相对于任何一个现实实有，都有由许多稳定的现实实有和一种‘实在的’潜能构成的‘既定的’世界，它是为超越那种观察点的创造性提供的材料。”①全球是一个自组织复杂系统。由生物圈、岩石圈、大气圈和水圈组成的地球表层部分是一个远离物理学和化学平衡态的开放巨系统。该系统靠植物获得太阳能并转换为化学能，靠生命活动驱动物质流并完成元素循环，靠生命活动调节、控制和保持其相对稳定，生物圈是这个系统的中心。以生物圈为中心的地球表层系统在地球上已存在了35亿年，生命活动几乎贯穿整个地质历史。地质历史实质上是生物圈与其他圈层相互作用、协同进化的历史。自然之强大的自然系统之中无处不在，贯穿时空。生物圈(biosphere)是指地球上所有生态系统的统合整体，是地球的一个外层圈，其范围为海平面上下垂直约10公里。它包括地球上有生命存在和由生命过程变化和转变的空气、陆地、岩石圈和水。从地质学的广义角度上来看，生物圈是结合所有生物以及它们之间的关系的全球性的生态系统，包括生物与岩石圈、水圈和空气的相互作用。生物圈是一个封闭且能自我调控的系统。地球是整个宇宙中唯一已知的有生物生存的地方。一般认为生物圈是从35亿年前生命起源后演化而来。②

地球表层由大气圈、水圈和岩石圈构成，三圈中适于生物生存的范围就是生物圈。水圈中几乎到处都有生物，但主要集中于表层和浅水的底层。世界大洋最深处超过11000米，这里还能发现深海生物。限制生物在深海分布的主要因素有缺光、缺氧和随深度而增加的压力。大气圈中生物主要集中于下层，即与岩石圈的交界处。鸟类能高飞数千米，花粉、昆虫以及一些小动物可被气流带至高空，甚至在22000米的平流层中还发现有细菌和真菌。限制生物向高空分布的主要因素有缺氧、缺水、低温和低气压。在岩石圈中，生物分布的最深记录是生存在地下2500~3000米处石油

① 怀特海. 过程与实在[M]. 李步楼，译. 北京：商务印书馆，2012：103.
② 姚建明. 地球演变故事[M]. 北京：清华大学出版社，2016：19.

中的石油细菌，但大多数生物生存于土壤上层几十厘米之内。限制生物向土壤深处分布的主要因素有缺氧和缺光。由此可知，虽然生物可见于由赤道至两极之间的广大地区，但就厚度来讲，生物圈在地球上只占据薄薄的一层。①

生物圈——地球表面薄薄的一层，宇宙中微不足道的一个圈层，我们赖以生存的大地母亲。生物圈里有高山、峡谷；有潺潺流水、滔滔江水；有冬去春来、寒来暑往；有烂漫山花、茂密森林；有虫鱼鸟兽、鱼翔海底；有滋养万物的土壤，有承载摩天大厦的岩土。彼此间相依共存。经过40余亿年的演化，地球自然界为人类的生存和发展准备了优越条件，诸如氮氧大气、适宜的地表温度、广阔的海洋和清洁淡水、多种形态的地形、肥沃土壤、丰富矿床、广袤森林、辽阔草原，以及陆上、空中和水里种类繁多的动植物等。我们的一座座城镇就栖息在这个生态万千的宇宙中薄薄的一层里。人类从50万前钻木取火，打凿石块工具，匍匐在大地母亲的怀抱，到现在飞机、火车、轮船繁忙地穿行在薄薄的生物圈里。我们有许多需要审视、需要提升、需要回归大地母亲怀抱的地方。

乔尔·科特金在《全球城市史》中写道："人类最伟大的成就始终是她所缔造的城市。城市代表了我们作为一个物种具有想象力的恢弘巨作，证实我们具有能够以最深远而持久的方式重塑自然的能力。"然而，人类也要时刻意识到城市始终生存在自然的怀抱，须臾不可分离。

城市是这自然系统中的生命体。人作为最重要的"城市主体"，是最大的、最为活跃的、最为复杂的因素。人与人的聚集形成家庭、组织、机构和团体等主体。人、企业、机构、设施、服务和管理中空间上的聚集构成城市。城市的聚集形成了城市群，这些大大小小的主体聚集中包含了多层次的适应性互动，并在不同层次上形成涌现。所谓"涌现"(Emergence)是一种现象，为许多小实体相互作用后产生了大实体，而这个大实体展现了组成它的小实体所不具有的特性，是复杂系统在自我组织的过程中，所产

① https://183.3.226.91.

生的各种新奇且清晰的结构、图案和特性。适应性互动和涌现是生命体的基本特征。人类思维和行为的非线性特点决定了城市是一个充满非线性、有序和无序统一的时空。主体间的互动通过"要素流"来实现和传递。城市的要素流包括物质流、能量流、信息流和资金流等。其中，复杂网络是信息流传递留下的足迹。"要素流"的顺畅能促进主体的互动，反之，则会割裂主体间的联系。因此，应当把城市当作具有生命活力的整体系统来研究。关注大自然与城市的互动，及城市内各主体通过"要素流"的互动作用。

英国生物学家 P. Geddes 在 20 世纪初所写的《进化中的城市》中，把生态学原理和方法应用到城市，将卫生、环境、住宅、市政工程、城镇规划等综合起来研究。古希腊哲学家柏拉图的《理想国》，16 世纪英国 T. More 的《乌托邦》，19 世纪 E. Howard 的《田园城市》等著作中都蕴含有一定的城市生态学哲理。到 20 世纪 30 年代，芝加哥人类生态学派将城市生态研究推向了高峰，他们运用系统论的观点去看待城市，将城市视为一个有机体，一种复杂的人类社会关系，认为它是人与自然、人与人全面相互作用的结果。20 世纪 70 年代以来，联合国教科文组织开展的"人与生物圈计划"进行了广泛的城市生态系统研究，内容涉及城市人类活动与城市气候、生物、代谢、迁移、空间、污染、住宅、生活方式、城市压力演替过程等的复杂关系。

1971 年，联合国教科文组织面对全球日益严峻的人口、资源、环境问题，发起了一项政府间的科学计划——"人与生物圈计划"(MAB)，其目的在于整合自然科学和社会科学的力量，以合理及可持续地利用和保护全球生物圈资源，增进人类及其生存环境之间的全方位关系。联合国教科文组织"人与生物圈计划"的协调机构是"人与生物圈计划国际协调理事会"，由 34 个成员国组成，其主要职能是指导和监督"人与生物圈计划"的全部工作。① 人与生物圈计划的工作契合国际发展议程，解决各种生态系统中的

① http://116.211.183.212.

科学、环境、社会和发展问题所带来的挑战。这些生态系统囊括了山地、海洋、沿海和岛屿、热带森林、干旱带和城市地区等各种类型。人与生物圈计划综合运用自然科学、社会科学、经济学和教育来改善人类生计，加强各种惠益的公平分享，保护自然和人工生态系统，从而促进以适合当地社会和文化的、环境上可持续的创新方法推动经济发展。人与生物圈计划为在研究与发展、能力建设和网络建设方面开展合作提供了一个独特平台，通过这个平台可以就三个相互关联的问题，即生物多样性丧失、气候变化和可持续发展，交流信息、知识和经验。它不仅有助于更好地了解环境，而且还能促进科学和科学家更多地参与制定明智利用生物多样性的政策。

世界生物圈保护区网络(WNBR)是“人与生物圈计划”的重要实施平台。它是由世界生物圈保护区组成的一个充满活力、相互之间互动性强的体系，目的在于保护和发展生物多样性和文化多样性，保卫生态系统的服务功能以造福人类。

习近平总书记在2013年指出，“山水林田湖是一个生命共同体”，“人的命脉在田，田的命脉在水，水的命脉在山，山的命脉在土，土的命脉在树”。习近平在2017年联合国日内瓦总部《共同构建人类命运共同体》的演讲中讲道：“空气、水、土壤、蓝天等自然资源用之不觉、失之难续。工业化创造了前所未有的物质财富，也产生了难以弥补的生态创伤。我们不能吃祖宗饭、断子孙路，用破坏性方式搞发展。绿水青山就是金山银山。我们应该遵循天人合一、道法自然的理念，寻求永续发展之路。”春秋时期的《管子·立政》中说：“草木不植成，国之贫也”；“草木殖成，国之富也”；《管子·八观》中说：“行其山泽，观其桑麻，计其六畜之产，而贫富之国可知也”阐明了植树造林，维护生态系统的重要性。在快速城镇化的今天，我们尤其需要绿化环境，用心呵护我们的大地母亲。

二、生物界与城市

生物界的发生和发展经历了漫长的历史，随着地球历史的发展，由原始生物不断演化，其间大约经历了30亿年。有的种类由兴盛到衰亡，新的种类又在进化中产生，形成地球上现存的已知50多万种植物，包括藻类、菌类、地衣类、苔藓、蕨类、裸子和被子植物等七大类群。地理分布、大小、形态结构、寿命、生活习性、营养方式、生态习性和繁殖方式等各不相同的多种多样的植物体，共同组成了千姿百态、丰富多彩的植物界。伴随着人类刀耕火种，狩猎和开垦荒地，是动物物种灭绝的过程。据考证，在认知革命发生的时候，地球上大约有200属体重超过50公斤的大型陆生哺乳动物。而等到农业革命的时候，只剩下大约100属。动物的第一波灭绝浪潮是由于采集者的扩张，第二波灭绝是由于农业的扩张，第三波灭绝是工业活动。如今人类社会走向后工业的信息化城市化时代，是否可以畅想，人类如果都住进了城市，则有更多的原野和丛林得到修复，让更多种类的受保护的野生动物栖息、生存。当前中国正在开展的对于"一方水土养不好一方人"实行易地扶贫搬迁的决战决胜脱贫攻坚战，居民搬迁进安置点，对迁出地进行生态修复，取得了很好的经济效益和生态效益。

植物的种类是多种多样的，它们的形态、结构、生活习性以及对环境的适应性各不相同，千差万别。植物的分布极为广泛，从平原到冰雪常年封存的高山，从严寒的两极地带到炎热的赤道区域，从江河湖海到沙漠荒原，到处都分布着植物。而且植物在形态结构上表现出多种多样，有肉眼看不见的单细胞原始低等植物，也有分化程度高，由多细胞组成、结构复杂的高等植物——种子植物；低等植物的结构简单，多以孢子繁殖后代，而种子植物则结构复杂，用种子繁殖后代；植物的生活周期长短也不一致，一些低等植物几分钟即可完成一代生活史，高等植物中的被子植物有多年生木本及一年生、二年生和多年生的草本。

植物界是由最初的原始植物逐渐进化而来的，进化过程中，有不同的适应方式。随着进化过程的推进，出现结构和功能上的特殊化，因而有不同的形态结构，发展成为各种各样的植物，其中种子植物是现今地球上种类最多、形态结构最复杂、和人类经济生活最密切的一类植物。树木、农作物和绝大多数的经济作物都是种子植物。

(一)植物的作用

植物是生物圈中一个庞大的类群，它们在生物圈的生态系统、物质循环和能量流动中处于最关键的地位，在自然界中具有不可替代的作用。

1. 植物是自然界的第一生产力

人类和各类生物生存主要是直接或间接地依靠绿色植物提供各种食物和生存条件。据推算，地球上的植物为人类提供约90%的能量，80%的蛋白质，食物中有90%产于陆生植物。人类食物约有3000多种，其中作为粮食的植物主要有20多种。植物也是医药的重要来源，仅中国就有11000种药用植物。以绿色植物为主体的生态系统功能及其效益是巨大的。据研究，地球上16类生物群区具有17大生态功能与效益，其年总值3.3×10^{12}美元，相当于全球1994年生产总值的1.8倍。中国1998年长江流域和松嫩流域发生的特大洪水，在很大程度上是由于中上游的森林生态系统遭到破坏，丧失了水土保持和水源涵养功能，以及中游的湖泊湿地生态系统丧失了水分调节功能。

2. 植物在自然界物质循环与生态平衡中的作用

植物通过光合作用吸收大量的CO_2和放出大量的O_2，以维持大气中CO_2和O_2的平衡；通过合成与分解作用参与自然界中氮、磷和其他物质的循环和平衡。有机物分解的主要途径：一方面是植物和其他生物的呼吸作用；另一方面是死的有机体经过非绿色植物细菌和真菌的作用发生分解，或称为非绿色植物的矿化作用，使复杂的有机物分解成简单的无机物，再回到自然界中，重新被绿色植物利用。

3. 植物界是植物种质保存的天然基因库

长期进化过程中形成的千姿百态、种类浩瀚的植物界，是一个天然庞大的基因库，是自然界留给人类的宝贵财富。据分类学家估计，全世界现有植物50多万种，高等植物23万多种。植物界所包含的极大种质资源，为人类驯化野生、改良新品种提供了广阔的遗传基础。

4. 植物对环境的保护作用

植物在调节气温、水土保持以及在净化生物圈的大气和水质等方面均有极其重要的作用。植物通过光合作用不断补充大气中的氧气。有些植物具有抗性及吸收累积污染物的能力，如银桦、桑树、垂柳等具有较高的吸收氟的能力，杨树和槐树具有较高的吸收镉的能力，植物还有降低和吸附粉尘、调节气候、减弱噪声等作用。另外水生植物能吸收和富集水中有毒物质；有些植物对污染物表现得相当敏感，可以用来检测环境污染的程度。植物具有水土保持的作用。植物的存在可减少雨水中地表的流失和对表土的冲刷，防止水土流失，防止水、旱、风、沙等灾害，进而改善人类的生活和生产环境。①

(二)让森林走进城市，让城市拥抱森林

2018年国务院政府工作报告提到，要坚持人与自然和谐发展。国家大力支持提高城市生态环境质量，而森林城市恰好可以发挥这一作用。森林城市是以城市及周边地区林木为重点的生命支持系统，是以建设稳定的森林生态系统为主体的生态功能稳定且结构完善的现代近自然型城市，是以经济发展、社会进步、城乡绿化、人与自然和谐共处为目标，为经济社会服务的复合系统。②

森林城市的建设是要建立一种人造环境下的森林生态运作系统。城市森林可以增加城市生态环境容量。森林在生态上可以使得城市成为一个空气清新、湿度适宜、温度可调、水土保持良好且适宜人类居住的场所；森林城市在精神健康方面可为居民提供一个能消除疲劳、增强自我调节能力

---

① 许玉凤，曲波. 植物学[M]. 北京：中国农业大学出版社，2008：5.

② 张英杰，李心斐，程宝栋. 国内森林城市研究进展评述[J]. 林业经济，2018(9)：92-96.

与场所认同感的森林休闲环境。

从全球视角来看，森林城市的建设还能够对维护物种多样性与应对气候变化作出积极的贡献。一方面，森林城市的建设和发展能够创造和增强有利于不同物种生存的综合生态环境，有助于维护生物多样性；另一方面，森林城市中高覆盖率的绿色植被和系列绿色基础设施有助于减少温室气体排放，节约能源消耗，并降低城市热岛效应的影响，从而降低城市发展对生态环境和气候变化的负外部性影响。

《全国森林城市发展规划(2018—2025年)》指出：按照山水林田湖草是一个有机生命共同体的战略思想，将发展森林作为森林城市建设的中心任务，充分发挥森林对维护山水林田湖草生命共同体的特殊作用。同时统筹兼顾湿地保护、河流治理、防沙治沙和野生动植物保护等方面，推进城市自然生态系统协调发展。

规划总体布局是构建"四区、三带、六群"的中国森林城市发展格局。"四区"为森林城市优化发展区、森林城市协同发展区、森林城市培育发展区、森林城市示范发展区。作为森林城市建设的主体区域，需要充分结合区域发展程度，分类侧重推进森林城市建设。主要目标是形成有区域特点的森林城市建设模式。"三带"为"丝绸之路经济带"森林城市防护带、"长江经济带"森林城市支撑带、"沿海经济带"森林城市承载带。作为我国重要的经济、城镇、城市发展带，需要提高生态支撑能力。主要目标是为国家发展战略提供生态支撑，通过城乡统筹发展提升城乡森林生态系统功能。"六群"为京津冀、长三角、珠三角、长株潭、中原、关中—天水六个国家级森林城市群，作为各区域的森林城市群建设示范，需要提高城市的生态承载能力，主要目标推动森林连城，加强城市间的生态空间一体化。

三、岩土与城市

陆地是人类栖息之地，鳞次栉比的城市建筑就矗立在岩土之上。岩石记录着地球的时光，重峦叠嶂刻画着万千地貌景象。从高大雄伟的喜马拉雅山到拔地而起、高耸入云、气势磅礴的乞力马扎罗山，从巍峨雄壮、云雾缭绕的阿尔卑斯山脉到峭壁林立的乌拉尔山脉，从科迪勒拉山脉到安第斯山脉，无不像威武雄壮的勇士日夜守卫着我们的家园。

岩土是人类最早接触的物质，也是古代人类最早使用的工具与武器，旧、中、新石器时代就是以人类使用岩土材料的水平来划分。古往今来，岩土与人类密不可分，人类在广袤深厚的地层上聚集繁衍，耕耘营造，生生不息，建造了宏伟的楼堂殿宇；大坝长堤，千里运河，万里长城，创造了璀璨夺目的古代与现代文明。巨大的岩土工程是人类给地球打上的印记。

岩与土都是不连续的介质，它们或者充满了裂隙与节理，或者根本就是碎散的颗粒集合。矿物成分，裂隙分布，颗粒的大小、形状与级配，状态与结构，使岩土的形态千差万别。岩土又都是由多相组成，其裂隙或孔隙中充填液相(水)和气相，三相间不同的比例关系以及相互作用，使岩土形成了极其复杂与丰富多彩的物理力学性质。岩土的变异性、不连续性和多相性造成岩土中的强度、变形和渗透三大工程问题，引发相应的地质灾害和工程事故。①

正如恩格斯所说：“一切僵硬的东西融化了，一切固定的东西消散了，一切被当作永远存在的东西变成了转瞬即逝的东西，整个自然界被证明是在永恒的流动和循环中运动着。”②岩土在漫长的地质历史进程中，处于不停地变化中，或者缓慢地固化，或者逐渐地风化；造成了岩与土之间的互相转化，这是一个漫长的生命过程。

在土木工程领域，有人说 19 世纪是大桥的世纪，20 世纪是大楼的世纪，21 世纪将是地下工程的世纪。城市地下空间作为一种资源，应当充分合理规划和利用。例如，城市地面以下 0~5m 为公用管线层，设置共同沟；5~20m 为城市地下交通层和市政设施；20m 以下为能源、水资源、粮食等

① 李广信. 岩土工程 50 讲——岩坛漫话[M]. 北京：人民交通出版社，2010.

② 恩格斯. 自然辩证法[M]. 北京：人民出版社，1971.

战备和存储空间。

“万物自生焉则曰土，以人所耕而树艺焉则曰壤。”土壤是地壳表面岩石风化体及其再搬运沉积体在地球表面环境作用下形成的疏松物质。在地球陆地上，从炎热的赤道到严寒的极地，从湿润的近海到干旱的内陆腹地，土壤像“皮肤”一样覆盖着整个地球陆地表面，维持着地球上多种生命的生息繁衍，支撑着地球的生命活力，使地球成为人类赖以生存的星球。

达·芬奇说：我们可以说地球是活的生灵，土壤是她的血肉之躯。土壤是生命之源。我们依赖土壤，民族的崛起与衰落取决于她的土壤。仔细观察，你会在土壤中发现许多我们赖以生存的生物。在城市中的大部分区域，土壤通常被硬化地表所覆盖，因此剩余的绿地对于众多的生命和我们就显得尤为重要。大多数对城市生态极为重要的物种，包括树木、灌丛、花草、野生动物和土壤动物、微生物以及我们自己，都有赖于这些残存的奇妙空间。

“百谷草木丽乎土。”(《易经·离》)土壤是五大圈层的纽带，是陆地生态系统的根基，是孕育世界万物的女神。“民以食为天，食以土为本”，精辟地概括了人类—农业—土壤间的关系。农业是人类生存的基础，而土壤是农业的基础。全球 70 亿人口每天消耗的资源是天文数字，其中所消耗 80%以上的热量、75%的蛋白质和植物纤维都直接来自土壤；一颗种子长成参天大树需要土壤，世界上有 35 万多种植物生长在土壤中。

人类文明的历史一定程度上就是利用土地的记载，四大文明古国——巴比伦、埃及、中国和印度的灿烂文化都是从河流沿岸的肥沃土壤上发展起来的，可以说人类的衣食住行都离不开土壤。

土壤对人类社会发展的直接影响包括两个方面：一是为绿色植物的光合作用提供并协调水分、养分、温度、空气等营养条件，向人类和陆生动物提供食物、纤维物质，故土壤是人类社会发展的重要自然资源；二是通过土壤形成发育过程分解和净化人类生存环境之中的污染物和废弃物，因而土壤既是陆地生态系统食物链的首端，又是维持生存环境质量的净化器。土壤中人类生态系统中的重要作用包括：保持生物的活性、多样性和生产性；调节水体和溶质的流动；过滤、缓冲、降解、固定并解毒无机和有机化合物；存储并使生物圈及地表养分和其他元素进行再循环；支撑社会经济构架并保护人类文明遗产。土壤的本质属性是具有肥力和自净能力。“民以食为天，食以地为本，万物土中生”，故创造良好的土壤环境，维护植物正常的生长发育，是提高人类物质文化生活水平的重要方面。

土壤还是森林生态系统的重要组成部分。森林生态系统是以林木为主体，包括乔灌木、动物、昆虫和微生物等森林生物为基础，与大气、土壤和水等环境因素相结合的生态系统。其中土壤作为重要环境因素之一，是森林植物的主要生活基质供体，并决定着生物的种类、数量和生长状况。作为一种最珍贵的自然资源和永恒的生产资料，土壤是一种可再生资源，“治之得宜”可“地力常新壮”，但同时还具有数量有限性和质量可变性的特点。在地球表面每形成 1cm 厚的土壤，至少需要 300 多年的时间，并且由于地球陆地的面积是有限的，因此不是取之不尽、用之不竭的资源。随着社会经济的发展，土壤资源的有限供应和人类对其总需求不断增加之间的矛盾日趋尖锐，出现了土壤荒漠化、水土流失、土壤盐碱化和土壤污染等破坏人类生存环境的问题。

城市土壤是各种化学物质的汇集地。本质上，各种各样的城市化学物质主要有四种来源。①矿物质：钙和碳酸盐来自石灰岩，硅来自几乎所有其他的岩石、沙子和砾石沉积物。②掩埋的人类制造物质：来源于砾石和沙质填充物的硅，来源于碎砖瓦砾填充物的钙和镁，来源于水体底部疏浚土的硫，添加在土壤表层的天然含碳混合物以及氮、磷、钙和镁，现有的结构和基础构建，废弃的人造构筑物，从倾倒的垃圾发酵释放出来的甲烷、二氧化硫和二氧化碳等。③大气的输入：来自酸雨的二氧化硫和氮氧化物，来自大气粉尘的重金属，来自水泥厂的钙和碳酸盐，来自工业区的众多化学物质，来自城市电厂的烃类物质。④人类施用于地表的物质：用于道路表面融雪的氯化钠，用于草坪与蔬菜管理的有机和无机农药，雨水淋溶建筑物产生的钙和碳酸盐，地面径流里的重金属和烃类，叶片凋落物和腐殖质分解产生的碳化合物、氮、磷和钾，木材有机堆肥中的碳化合物，来自人类废水处理的沉淀物中的碳化合物、氮、磷和重金属。

土壤被污染后，可表现为土壤的物理、化学和生物学性质的破坏或土壤肥力下降，这些都将影响到作物的产量或品质，更为严重的是，土壤中的污染物质通过食物链会在动物或人体内积累，直接危害动物或人体的健康和生命。土壤受到污染后，含重金属浓度较高的污染表土容易在风力和水力的作用下分别进入大气和水体，导致大气污染、地表水污染、地下水污染和生态系统退化等其他次生生态环境问题。凡是进入土壤并影响到土壤的理化性质和组成物而导致土壤的自然功能失调、土壤质量恶化，统称为土壤污染物。土壤污染物的来源广、种类多，大致可分为无机污染物、有机污染物和有害微生物三大类。根据污染源进行分类，分为工业污染源、交通运输污染源、农业污染源、生活污染源等。

植物修复/整治(phytoremediation)技术，即利用自然生长植物或遗传工程培育植物原地修复和消除由有机毒物和无机废弃物造成的土壤环境污染。种植对重金属富集能力强的植物，吸走土壤中的重金属，然后再还为农田种植农作物。如连续种植羊齿类铁角蕨类植物、苎麻及富镉苋科植物以吸走土壤中的镉，香蒲植物、绿肥植物无叶紫花苕子、白麻和普通豚草等以吸走土壤中的铅，苔藓能富集砷，但植物修复效果依赖于其生长的土壤的化学性质。近年来，发现了一小群超积累(富集)植物(Hyperaccumulator)，已发现 Cd、Co、Cu、Pb、Ni、Se、Mn、Zn 超积累植物 400 余钟，其中 73%为 Ni-超积累植物。植物修复技术具有节省成本，对场地的修复是“非侵害方式”等优点，但仍存在不少问题，如一种植物往往只作用于一种或两种重金属元素，对土壤中其他浓度较高的重金属则表现出某些中毒症状。

对于有机物污染土壤的生物措施包括微生物、植物和菌根修复。生物修复中可以用来接种的微生物从其来源可分为土著微生物、外来微生物和基因工程菌，从其微生物物种类型可分为细菌和真菌，能降解石油烃的微生物有 70 个属，200 多个种。

四、水与城市

水是万物的生命基础，人类生存的地球是一个大的水世界，正是因为水的存在，世界才如此丰富和美丽。在浩瀚的宇宙中，到目前为止地球人还没有发现第二个有水和生命的星球。地球表面积5.1亿平方千米，其中3.6亿平方千米为海洋所覆盖，约占地球表面积的71%。水能哺育万物，使世界生机盎然。或泉水叮咚，或溪流潺潺，或浩渺澄明，或汹涌澎湃，水令人心旷神怡，水给人美的体验。老子《道德经》中说："上善若水。水善利万物而不争，处众人之所恶，故几于道。"奥尔多·利奥波德(Aldo Leopold)在《沙乡年鉴》中写道："一条河流的歌一般都是指河水在石块、树根和险滩上所弹奏出来的旋律……这时，你就可能听见这种音乐——无边无际的起伏波动的和声，它的乐谱就刻在千百座山上，它的音符就是植物和动物的生和死，它的韵律就是分秒和世纪间的距离。"①正是因为水的存在，世界才如此丰富、美丽、悦耳、宜人。

如果说海洋是地球的血液，海水的循环更新促进了地球的演变，那么，大江、大河、大湖就是人类的血液，养育了人类的各个民族，孕育了灿烂的文化，哺育了世间万物。奔流不息的洋流对气候有着重要的影响，这一流动是由其巨大的热容量和惯性决定的。海水可被太阳辐射加热，这种加热作用在热带地区最显著，并使海水产生温跃层。风吹动海面，洋流也能驱动风。空气与水这两个流体的动能都是由太阳提供。但两者的流动又有很大的区别：洋流不能翻越海岸和浅滩，但对像射流这样的大气流动来说却是轻而易举。海水变冷或变咸引起的密度变化可使洋流下沉海面以下，因此洋流是一种三维流动结构。规模最大的洋流被称为温盐环流，它连接五大洋形成了非常稳定的流动结构。

儒勒·凡尔纳把大海比作"大自然最大的水库"。海洋也是生命的摇

① 奥尔多·利奥波德. 沙乡年鉴[M]. 南京：译林出版社，2019.

篮。河流和降水里含有各种悬浮物，淡水被蒸发后通过降水重新回到地面或海洋，形成水循环。海洋容纳了被汇聚到海洋里的污染物，其中一部分用于维持海洋动植物的生存，另一部分被溶解沉降，作为未来某个地质年代的土壤。海水从来都不是静止的，因为它存在规模庞大的洋流，虽然这种流动非常缓慢，尤其是温盐环流。这并不意味着大洋环流不会发挥重要的作用。尽管洋流的速度很慢，但巨大流量所造成的输运效应对大气环流和气象的影响确实可观。这个庞大的海洋环流表面，在重力的影响下既不是平的也不是圆的，而有它自己独特的外形。① 除了海洋外，还有一个面积广阔的水域即湖泊，由江河溪流汇聚而成，汇入的水流使湖泊水质快速更新。湖泊是陆地表面洼地中的水体，淡水湖为人类生产生活提供水源。

只有河流才能够在人类漫长的进化过程中，持续不断地提供充足的水源，直到孱弱的人类有能力走向更广阔的内陆空间，发展出游牧文明；驰骋于广阔的海洋，把整个地球当成人类的摇篮。水草肥美、灌溉方便的河流自然地成为人类文明的起点。大河文明诞生于大江大河流域，这些区域灌溉水源充足，地势平坦，土地相对肥沃，气候温和，适宜人类生存，利于农作物培植和生长，能够满足人们生存的基本需要，故农业往往很发达。大河文明以农耕经济为基本形态，对自然环境的依赖性较强。

“依山傍水”一直是古往今来人们内心深处理想的人居环境。“凡立国都，非于太山之下，必于广川之上；高毋近旱而水用足；下毋近水而沟防省；因天材，就地利，故城郭不必中规矩，道路不必中准绳。”(《管子·乘马第五》)“山水大聚之所必结为都会，山水中聚之所必结为市镇，山水小聚之所必结为村落。”山，性刚健耿直、挺拔威武，为阳。水，性守柔处弱、善利万物，为阴。山山水水为人类繁衍生息之所。

河水是人类赖以生存的最重要的淡水资源，城市和居民点多临河傍水而建。拥有一条流淌着活水元素的河流，对一座城市来说，是大自然最珍

① 勒内·莫罗. 大自然的礼物：关于空气和水的科学之旅[M]. 北京：科学出版社，2016：121.

贵的礼物和无上荣耀。巴黎与塞纳河，伦敦与泰晤士河、科隆与莱茵河，新加坡市与新加坡河，首尔与清溪川，东京与隅田川，上海与黄浦江，广州与珠江……河流是城市的生命源泉，千秋万代、灌溉、养殖、航运、饮用，书写出几多美丽与繁华。

陆地上分布了很多河流，它们的长度和流量差异很大，降水、地下水、蒸发与冷凝作用共同决定了河流的流量。泉水、溪流、小河、运河、江河和水库等各种规模的水体共同组成了水循环。江河最常用的衡量标准是从源头至入海口的总长度，沿用这一标准，表 3-1 列出了世界上 15 条最主要的河流。

表 3-1　以长度来划分的世界上主要的 15 条河流①

河流名称	流经国家	长度(km)	平均流量(m^3/s)
尼罗河	埃塞俄比亚、苏丹、埃及	6670	3100
密西西比河	美国	6260	17750
亚马孙河	巴西	6150	200000
长江	中国	5800	35000
叶尼塞河	俄罗斯、蒙古	5540	20000
欧倍德河	俄罗斯	5410	13000
黄河	中国	4830	20000
阿穆尔河	蒙古、中国、俄罗斯	4667	11300
刚果河	刚果民主共和国	4640	40000
麦肯锡河	加拿大	4600	15000
帕拉那河	巴西、巴拉圭、阿根廷	4400	16000
勒拿河	俄罗斯	4400	17000
额尔齐斯河	中国、俄罗斯、哈萨克斯坦	4228	2800
尼日尔河	马里、尼日尔、尼日利亚	4200	30000
澜沧江	中国、越南	4180	50000

① 勒内·莫罗. 大自然的礼物：关于空气和水的科学之旅[M]. 北京：科学出版社，2016：144.

"黄河之水天上来，奔流到海不复回。"黄河不仅仅是一条大河。黄河，黄土地，黄皮肤，这一切黄色表征，把这条流经中华心脏地区的河流升华为圣河。"汉族""汉语""汉人""汉朝""汉字""汉服"名称起源于另一条清澈浩瀚的河——汉水。印度河、恒河是古印度文明的发源地。底格里斯河和幼发拉底河所冲积而成的美索不达米亚平原创造了苏美尔文明、巴比伦文明和亚述文明。尼罗河——世界第一长河。很久以来，泛滥之后的尼罗河，会给河谷带来上游众多的泥沙和肥料，使得尼罗河两岸一直是棉田连绵，稻花飘香。在撒哈拉沙漠和阿拉伯沙漠的左右夹峙中，蜿蜒的尼罗河犹如一条绿色的走廊，充满着无限的生机，孕育了伟大的古埃及文明。

蜿蜒的河流总要串起一些天然或人工的水泊。这些呈现在不同海拔高度处的湖泊、池塘或湿地，就像大自然的镜子，映出大自然的美丽。湖水来自江河的发源地和降雨，这些水体向自然界的低洼处汇聚形成湖泊。有的湖泊是冰川消融形成的，有的则位于古老的火山口遗迹。决定湖水水位的因素包括：流进湖水的流量、流出的流量、蒸发的水量、通过土壤渗透到地下的水量。水库则是人工建造用于蓄存淡水，以备农业灌溉和能源之需。

贝加尔湖位于俄罗斯东西伯利亚南部，狭长弯曲，好像一轮弯月镶嵌在东西伯利亚南缘，是全世界最深、蓄水量最大的淡水湖，蓄水量占世界淡水总储量的1/5，湖水可供50亿人饮用半个世纪。俄国大作家契诃夫曾描写道："湖水清澈透明，透过水面就像透过空气一样，一切都历历在目，温柔碧绿的水色令人赏心悦目……"

水是城市支撑系统的关键组成，其一是供水系统；其二是水处理系统。供水包括将水从丰沛的河流、湖泊和地下含水层输送到城市需要的地方。水处理则包括将用过和受到污染的水从使用地经由城市排水系统回注到河流、湖泊和海洋。

(一) 城市水流和水循环

大概世界上一半的城市都有一条著名的河流与之相伴，而它们中的五分之一又位于两条河流的交汇处。城市河流提供船只运输功能，同时也携走雨水、生活污水以及工业污染物等废弃物。沿河流动的空气可以减缓城市的热量积聚，有助于清洁城市中的空气污染物。

在水循环或水文循环中，大气中的水蒸气冷却，并以降水的形式降落(以城市中暖空气的降雨为主)。部分降水被建筑、道路和土壤“截留”，这些水分直接蒸发返回到大气中。部分水通过裂缝渗透进入硬质表面，并进入绿地和小范围的植物生长点的土壤。这些渗透水可以被根系吸收，经由植物的汲取再蒸腾到大气中。蒸散发是非生物表面蒸发和植物蒸腾作用的总和，在城市地区通常与植被覆盖度的百分比以及植被大量的叶表面相关。

另外，渗透到土壤中的水分可以通过接近水平的潜流移动到溪流、河流或其他水体中。剩余的渗透水进一步向下流入地下水。然而，大多数的水分降落在城市的硬质表面，特别是下暴雨时，迅速以“地表径流”的形式通过地表，进入管道和沟渠组成的雨水排水系统流走。此地表径流的水分主要注入水体，有时会导致洪水。地面和水体的蒸散发作用将水分以水蒸气的形式传输，进而回到大气中。此外，我们通常用管道将不断流动的清洁饮用淡水输送到城市地区。城市居民接着迅速将大量管道运来的清洁水转化成废水冲入排水管和厕所。一些清洁的水用于灌溉公园、草坪和其他用途。在许多城市外围，废水经过净化系统或化粪池(如装满砾石的坑洞)直接排入土壤，这些液体在土壤中变成潜流。而密集的人口则使用污水管道系统，在此情况下废水迅速输送到污水处理设施。从处理设施出来的清洁水，再被输送到附近的水体。①

随着科学技术的进步，水资源的利用逐渐进入“智慧用水阶段”。智慧用水阶段的特点是：以丰富的水资源利用与保护经验为基础，充分利用信息通信技术和网络空间虚拟技术，使传统水资源利用和保护工作向智能化

① Richard T. T. Forman. 城市生态学——城市之科学[M]. 邬建国，刘志锋，等，译. 北京：高等教育出版社，2017：191-193.

转型。一方面，自20世纪中期以来，水资源利用与保护的理论、方法和应用实践取得了丰硕成果，积累了高质量的水文学、水资源、水环境、水安全、水工程、水生态、水经济、水法律、水文化科技成果，具备了必需的“丰富的水资源利用与保护经验知识”。另一方面，信息通信技术和网络虚拟技术可以实现水资源系统监测自动化、资料数据化、模型定量化、决策智能化、管理信息化、政策制度标准化，能够完成集“河湖水系连通的物理水网、空间立体信息连接的虚拟水网、供水—用水—排水调配相联系的调度水网”为一体的水联网基础平台，实现“水资源实时监测、信息快速传输、水情准确预报、服务优化决策、水量精准调配、水资源综合管理”为一体的功能集成体系。

(二)河流再生开始的城市再生

河流、运河和湾岸等水边的再生以及以此为中心的城市再生理念在全球范围内广泛推行。其中，在欧美具有代表性的再生事例包括：英国的默西河(曼彻斯特通海运河的船坞地区)水边的城市再生和伦敦泰晤士河、美国波士顿湾岸的水边开放和城市再生，德国科隆和杜塞尔多夫莱茵河的河畔和城市再生。在亚洲，有新加坡市的新加坡河河畔城市再生，首尔的清溪川、上海的苏州河、北京的转河(高梁河)再生，还有真正以河流再生为主轴进行城市再生的台湾高雄爱河。还有日本东京的隅田川、北九州的紫川、大阪的道顿堀川和德岛的新町川等再生事例。河流和运河是一个国家立足于历史、文化、环境甚至还包含经济的城市再生进程中重要的也是唯一的素材。①

东京首都圈从“二战”前就开始构思水和绿色网络化，但在经济高速增长时期和快速城市化进程中，很多绿地、河流和水路逐渐从城市消失。现在，东京东部的隅田川、荒川、中川、绫濑川、小名木川等，东京西部丘

① 吉川胜秀，伊藤一正. 城市与河流——全球从河流再生开始的城市再生[M]. 汤显强，等，译. 北京：中国环境科学出版社，2011：11.

陵地区的神田川、涩谷川、古川、目黑川、吞川等这些构成城市框架的河流和水路得以保存下来。于是，在消失的河流和水路及被覆盖于地下的河流开展了再生工程——修建亲水林荫小路，例如目黑川上游的北泽川林荫道和东部的小松川境川林荫道等。传统上背对河流的建筑物开始面向河流而建，这样就创造了河流与城市和谐的水边空间。河流从此不再是分离街道的阻碍，而是城市建设的主轴。或者说，在城市建设的舞台上，河流、道路和街道治理相互融合促进，进而创造出富有魅力和舒适的水景城市。

在道顿堀川，大阪府和大阪市分别在东横堀川和大川的交汇处附近，以及下游木津川交汇处附近设置了水闸，用于维持较为稳定的水位，这样既利于防止水害，还能净化水质。在邻近稳定水位的水面，道顿堀川通过在河流中间设置步道使河流再生。另外，还通过设置水闸等措施复兴了船运，使河流变得更加热闹。河流水质的改善、河流步道的整治、船运复兴等较小规模的河流再生，都是由政府和民间企业共同推进的，这也为大阪整个城市的再生作出了重要贡献。此外，被填埋的堀川以及上空被高架高速公路占据的堀川再生也会逐渐推进。

波士顿大约从 100 年前开始对被污染河流和河畔进行环境改善，可是到 20 世纪 80 年代才对污染依然严重的波士顿湾(以前的查尔斯河河口)进行净化，并对湾岸水边空间进行再生改造。在岸边再生工程推进的同时，还拆除了分割波士顿市中心和湾岸水边空间的高架高速公路。拆除这条 20 世纪 50 年代建造的高速公路后，波士顿修建了地下通道，减轻了交通堵塞的压力。与此同时，拆除了分隔城市和岸边的建筑物，达到了城市再生的目的。

波士顿的河流再生和从河流开始的城市再生是以政府为中心、民间开发者和市民为一体制定的城市规划，用于活化水和绿色。波士顿的水边在创造出独特城市风格的同时，在城市经济层面也被当作魅力素材而加以合理运用。譬如，现今波士顿的河流和海湾水边，与游船观光相结合，吸引了大量国内外观光客。

英国是工业革命的发源地。在 19 世纪之后，伴随工业革命的发展，英国大多数河流都被严重污染，泰晤士河也不例外。在这种背景下，伦敦引入了现代化自来水管道系统和下水道系统。2004 年 2 月，政府发表了新的综合城市规划和政策目标——伦敦计划。在伦敦计划中，政府提出了泰晤士河再生的水边战略城市规划。在这个规划中，把市内的河流、运河，湖泊等水边作为“蓝丝带网络”，目标就是提高水上交通、休闲观光和水运行业的潜力。此外，在帕丁顿车站周边重新开凿运河，进行水边城市的再生，这些也有助于美化伦敦的城市形象。

上海市区，是沿着长江支流黄浦江左岸(西岸)发展起来的。特别是在作为英租界地的黄浦江河畔——外滩，形成了领事馆、银行、酒店等鳞次栉比的独特景观。宏伟且细微处也体现出精致的西洋建筑风格，1949 年后得以保留原貌并继续使用。黄浦江滨江步道对岸是经济特区浦东新区，现在矗立着作为上海标志的东方明珠电视塔和高层建筑群。上海市区(老城区)里还流淌着一条孕育了这座城市的河流——苏州河(吴淞江)。在上海市中心地带、南京路北侧汇入黄浦江的苏州河，发源于太湖，全长 125km。其中超过 50km 流经上海市 9 个行政区，约 24km 流经市区，在郊外则形成海滩区域。伴随着经济增长和人口增加，无节制的生活排水和工厂排污等造成了苏州河的恶臭和污浊。上海市市政府采取的措施是：

第一阶段，1998—2002 年，对 855km 干流和支流河段实行水质改善、土地再生和包括邻近河流网在内的水质改善这三项措施，总投资达到了 70 亿元。

第二阶段，2003—2005 年，规划截断污水、恢复生态系统、促进水环境再生、开发水岸等。总投资额达到 40 亿元。

第三阶段，从 2006 年开始实施。在进一步治理苏州河的同时，规划了支流水边地带的再造和开发、河底泥沙疏浚、生态护岸、支流再生、绿化带完善和增大跌水流量等。再生后通过举办划船比赛等，逐步构建了上海市民同河流的新联系。就这样，在上海，伴随着河流再生的城市再生正在迅速推进中。

(三)雨洪内涝与海绵城市

地球绕太阳公转，同时绕与公转轴向呈23°26′的地轴自转，从而出现了两个周期现象，即四季和昼夜。这两种效应相互耦合共同决定了大气流动。但由于大气流动具有不稳定性，湍流总是存在的，其耦合效果也各有不同。我们期望适度的低压气旋，因为它能带来降雨，从而补充地下水以保护我们的淡水资源。然而，如果低压气旋出现过于频繁，则会导致洪水泛滥。

暴雨袭来，城市瞬间变成汪洋，“逢雨必涝”“旱涝急转”的现象经常发生，严重制约了我国城市的空间发展。城市雨洪处理的规划理论和实施效果无法适应城市快速发展的需要，难以形成有效的生态适应机制，且难以与其他城市空间设施协同工作，雨洪生态系统的改善迫在眉睫。面对有限的城市土地资源和资金投入，如何运用设计手段对空间进行复合化利用，在完善雨洪设施配置并实现“渗、滞、蓄、净、用、排”的海绵城市建设目标前提下，同时为市民营造高品质的城市公共空间，成为城市管理者和专业设计师面临的重要课题。

海绵城市既是一种城市形态的生动描述，也是一种关于雨、水及雨洪管理和治理的哲学、理论和方法体系。作为一种方法和技术体系，海绵城市通过建立生态基础设施(Ecological Infrastructure，EI)，即“海绵体”，以综合生态系统服务为导向，利用生态学的原理，运用景观设计学的途径和方法，通过“渗、蓄、净、用、排”等关键技术，来实现城市内涝和雨洪管理为主的，同时包括生态防洪、水质净化、地下水补给、土地生态修复、生物栖息地保护和恢复、公园绿地建设及城市微气候调节等综合目标。①以“自然积存、自然渗透、自然净化”为特征的海绵城市强调人与水的和谐共生，尤其是人对水的适应性。而生态基础设施是绿色的、综合的、系统

① 俞孔坚. 海绵城市——理论与实践[M]. 北京：中国建筑工业出版社，2016：87.

的、跨尺度的和跨边界的活的有机体。海绵城市工程是古今中外多种技术的集成。如将中国先民的造田、灌溉、种植和旱涝调节技术如陂塘技术、桑基鱼塘技术、梯田技术，加以科学的升华和艺术的提炼。实现水安全、水环境、水景观、水文化、水经济五位一体的综合功能。

数千年来，中华民族积累了丰富的对水的适应智慧，集中体现在其城市的选址、形态和建造与管理方式上。从“四水归明堂，财水不外流”的四合院和天井的雨水收集智慧，再到水中有城、城中有水的城水交融的景观格局，中国古代的海绵城市智慧作为生存的艺术，给当代海绵城市建设以丰富的智慧营养。国外传统城镇也创造了丰富的水适应性景观，如古玛雅城市遗址奇琴伊察，发展了一整套雨水收集和管理技术；马丘比丘上的山泉引渠及古印加帝国要塞上的引水系统，古罗马人为保障城市供水安全而用当时最先进的工程技术建造引水系统。

国外现代城市雨洪管理的实践及研究起步较早，全球40多个国家和地区相继开展了不同规模的雨水利用与管理的研究和实践。美国、德国、英国、澳大利亚、日本和以色列等国，已形成了相对成熟的雨洪利用技术，开发了多种雨洪管理的水文模型，并建立起了较为完善的保障体系，可为我国海绵城市建设提供参考和启示。作为海绵城市理念和实践的先行者，俞孔坚团队开展了一系列实践案例，如2000年北京中关村生命科学园，设计采用了人工湿地收集雨水和净化水的绿地系统，被称为大地生命的细胞。2002—2003年，在浙江台州永宁江的生态修复中，大胆地砸掉了水泥防洪堤，与洪水为友，并用更具适应性的生态防洪堤和乡土野草护坡取而代之，河床床底也恢复为深潭浅滩的动植物栖息地。

俞孔坚团队秉承着天人合一的水哲学，在《海绵城市——理论与实践》一书中写道“雨来雨去，大地因此不同，生命因此轮回，人文因此而繁盛。雨让大地充满生机，雨是人与其他生命的联系纽带，雨本身就是生命”；“因此，我要呼号，快让那来自天外的雨复活吧！不要再用钢管和水泥捆绑那柔软的雨水了，让她重见阳光和绿荫，给她留下可以回归土地的草滩、可以流向河湖的绿道、可以滞留与净化的洼地，还有那大大小小的湿地，接受她那滋润万物的善良和温存吧”。

规划建立(水)生态基础设施，即海绵系统，是建设海绵城市的第一步。水生态基础设施是一个生命的系统，是用来综合地、系统地、可持续地解决水问题。它提供了人类所需要的最基本的、关键的生态系统服务，因此，是城市发展的刚性骨架。从生态水安全格局到水生态基础设施，它不仅维护了城市雨涝调蓄、水源保护和涵养、地下水回补、雨污净化、生物栖息和迁徙等重要的生态过程的安全和健康，而且是可以在空间上被科学辨识并落地操作的具体景观载体。所以，“海绵”是实实在在的景观系统，构建海绵城市即是建立相应的水生态基础设施或景观系统。

荷兰地处欧洲大陆西北端北海沿岸，26%的国土面积低于海平面，是世界著名的低地之国，其名称“Netherland”的荷兰语原意便是“低洼之地”。由于地势较低且地形平坦，易于受到降水威胁(如雨水倒灌和内涝)，荷兰许多城市建设了大量水利基础设施，用于储存、滞留和排出雨水。然而，作为欧洲人口密度最高的国家之一，荷兰的土地资源尤其是可建设用地较为稀缺，城市发展、基础设施建设与有限用地之间的矛盾突出。荷兰人大胆思考并发展了多种创新的解决方案，在消除和缓解降水威胁的同时，有效提升了环境和公共空间品质，造就了海绵城市建设的“荷兰智慧”。“水城”鹿特丹，是荷兰第二大都市和最大的港口城市，有着与水抗争及共生的悠久历史。近年来随着全球性气候变暖，极端暴雨频现，导致了城市内涝现象经常发生，影响了公共安全并加重了城区排水负担。为此，城市决策者和专业设计机构集思广益，策划并实施了一系列针对城市水资源开发管理的创新型战略措施。

五、大气与城市

地球是一个两极稍扁平的球体。它的平均半径约为6370km，赤道周长近4万公里。地球被一种奇妙的混合气体——空气所组成的大气层包围着，人类与种类繁多的动植物生活于其中。我们呼吸着空气并穿行其间，我们的目光穿透其中，我们感受着天气的变幻莫测。大气层可分为均质层和非均质层。均质层的大气密度更大，更接近于地面，厚度为100km左右。如果把地球比喻成一个漂亮的苹果，均质层也就仅相当于薄薄的苹果皮。在均质层中的所有气体物质受地心引力的作用都紧紧地包围着陆地和海洋，根据主要物理属性的差异，均质层还可分成三个明显相互区别的亚层：最远的是中间层，它是到非均质层的过渡区域，靠近地面的是对流层，而平流层位于中间层与对流层之间。①

在海平面处，空气的组成为78.1%的氮气(N_2)、20.9%的氧气(O_2)、0.93%的氩气(Ar)和0.034%的二氧化碳(CO_2)。空气中还含有其他浓度非常低的气体(小于百万分之一)：氖气、氦气、甲烷、氪气、氢气、一氧化氮、氙气、臭氧、二氧化氮、一氧化碳(CO)和氨气(NH_3)。

在大气层内，水以气、液、固三种状态出现，状态变化对大气循环相当重要。云层里水分的液化能形成显著的低压，出现各种各样的变化，既有平静的露与雾，也有狂暴的雷电和龙卷风，还有风雨过后美丽的彩虹。

大气层是一个位于地面和外太空之间开放的系统，蕴含着巨大的能量。太阳表面上的任何变化，如太阳黑子的活动或物质释放量的变化都会影响到我们的大气层。幸运的是，地磁层和大气层起到了很好的缓冲作用，较好地保护了地球上的生命。任何地球本身的重大变化也会影响到大气层。例如，工业灾害、战争或火山爆发，特别是工业时代所产生的大量二氧化碳，对大气层造成了重大破坏，所波及的范围已经遍及各大洲，影响深远。②

大气圈的特点是：动力作用活跃，持续的水平运动和垂直对流形成了各种时间与空间尺度的天气现象，大气圈的底层是接近地球表面十几公里厚的对流层，它集中了整个大气圈中约3/4的质量和几乎全部的水汽，是

---

① 勒内·莫罗. 大自然的礼物：关于空气和水的科学之旅[M]. 王晓东，陶震，倪明玖，等，译. 北京：科学出版社，2016：3.

② 陈星，马开玉，黄樱. 现代气候学基础[M]. 南京：南京大学出版社，2014：7.

大气圈中最活跃、变化最剧烈和最复杂的部分，雷、电、风、云、雨及寒潮、台风等各种天气现象都在这一层中发生。

大气中的水汽对地球气候具有重要意义。大气中的水汽来自海洋、江河、湖泊和陆地表面的蒸发、植物的蒸腾，以及其他含水物质的蒸发。大气中的水汽随大气温度变化发生相变，形成云和降水，是地球上淡水的主要来源。水的相变和水分循环过程把大气圈同水圈、冰雪圈、岩石圈和生物圈紧密地联系在一起，对气候系统的大气环流，能量转换、输送及变化有重要影响。

(一)气候与城镇

世界主要气候类型有：热带雨林气候，气候特点是全年高温多雨；热带沙漠气候，特点是全年干旱少雨；热带季风气候，特点是全年气温高，雨季集中；热带草原气候，特点是终年高温，干、湿季明显交替；地中海气候，特点是冬季温和多雨，夏季炎热干燥；亚热带季风和亚热带湿润气候，特点是冬季温和少雨，夏季高温多雨；温带大陆性气候，特点是冬寒夏热，干旱少雨；温带季风气候，特点是冬季寒冷干燥，夏季高温多雨；温带海洋性气候，特点是全年温和多雨；高原山地气候，特点是气候垂直变化明显，气温随高度的增加而降低；亚寒带针叶林气候，特点是冬长严寒，夏短温暖；寒带苔原气候，特点是全年严寒；寒带冰原气候，特点是全年酷寒。

热带雨林气候分布在南北纬10°之间，典型地区如亚马孙河流域、刚果河流域和印度尼西亚地区，代表城市有亚洲的吉隆坡(马来西亚)、新加坡市(新加坡)、斯里巴加湾市(文莱)、雅加达(印尼)、万隆(印尼)、泗水(印尼)、宿务(菲律宾)、达沃(菲律宾)；非洲的科纳克里(几内亚)、蒙罗维亚(利比里亚)、阿比让(科特迪瓦)、阿克拉(加纳)、洛美(多哥)、拉各斯(尼日利亚)、雅温得(喀麦隆)、利伯维尔(加蓬)；大洋洲的汤斯维尔(澳大利亚)、莫尔兹比港(巴布亚新几内亚)、维拉港(瓦努阿图)、苏瓦(斐济)、阿加尼亚(关岛)、帕皮提(法属波利尼西亚)；北美洲的哈瓦那(古巴)、金斯敦(牙买加)、圣多明各(多米尼加)、圣胡安(波多黎各)、卡斯特里(圣卢西亚)、布里奇敦(巴巴多斯)、巴拿马城(巴拿马);南美洲的帕拉马里博(苏里南)、乔治敦(圭亚那)、马瑙斯(巴西)、贝伦(巴西)、萨尔瓦多(巴西)、伊基托斯(秘鲁)等。

热带沙漠气候主要分布在撒哈拉地区、阿拉伯半岛，代表城市如阿斯旺。阿斯旺是埃及最热、最干燥的城市之一，也是世界上最干燥的人类居住地之一。冬季短而温和，夏季长而炎热，全年无稳定降水，多年平均降水量为零。在古埃及时期，阿斯旺被认为是埃及民族的发源地。它位于尼罗河第一瀑布以北，是埃及和努比亚之间的贸易重镇。

热带季风气候主要分布在亚洲中南半岛、印度半岛，代表城市如孟买。孟买是印度人口最多的城市，人口约为1300万，也是世界人口最多的城市之一。孟买由于地处热带，濒临阿拉伯海，大体上可分为两个主要季节——湿季和干季。湿季介于5月和10月之间，特点是湿度很高，气温超过30℃。在6月和9月之间，季风给这座城市带来了丰沛的降雨，占该市年降雨量2200毫米的绝大部分。干季介于11月和次年4月之间，特点是湿度中等，气温温暖或炎热。①

热带草原气候主要分布在非洲中部、南美洲巴西、澳大利亚大陆北部和南部，代表城市如巴马科。巴马科是马里共和国首都，是该国的政治、经济、教育、交通和通信中心，也是该国最大的城市。巴马科为典型的热带草原气候，一年大致可分为旱季和雨季。5~10月为雨季，多暴雨；11月~次年4月为旱季，降水很少。全年高温炎热，最高温度可超过40℃。巴马科位于尼日尔河河畔，宁静的尼日尔河像一条墨绿色的彩带，从西向东将巴马科市区分成两部分。而1200米长的巴马科大桥横架南北，又把城市的两部分连成一体。

地中海气候主要分布在地中海沿岸，代表城市如罗马。罗马是意大利首都及全国政治、经济、文化和交通中心，是世界著名的历史文化名城，

① https://174.37.154.236.

古罗马文明的发祥地，因建城历史悠久并保存大量古迹而被称为“永恒之城”。罗马地处地中海沿岸，是典型的地中海气候，年平均气温 15.5℃，年降水量 880 毫米。每年 4~6 月气候最为宜人；7 月和 8 月是最热和最干燥的季节，平均气温 24.5~24.7℃，降水量 14~22 毫米，8 月的日最高气温可以超过 32℃；9 月中旬至 10 月是最为晴朗的季节，被称为“罗马的美丽十月天”；10~12 月是最潮湿的季节，降水量可达 106~128 毫米；12 月的平均最高气温约为 14℃；1 月最寒冷，平均气温为 6.9℃。罗马市中心面积有 1200 多平方千米。罗马同时是全世界天主教会的中枢，拥有 700 多座教堂与修道院、7 所天主教大学，市内的梵蒂冈城是罗马主教即天主教会教宗及圣座的驻地。罗马与佛罗伦萨同为意大利文艺复兴中心，现今仍保存有相当丰富的文艺复兴与巴洛克风貌；1980 年，罗马的历史城区被列为世界文化遗产。①

亚热带季风和亚热带湿润气候主要分布在我国秦岭—淮河以南地区、美国密西西比平原、南美洲拉普拉塔平原，代表城市如上海。上海四季分明，日照充分，雨量充沛。气候温和湿润，年平均气温 17.0℃。春(4~5 月)、秋(10~11 月)较短，冬(12~次年 3 月)、夏(6~9 月)较长。有春雨、梅雨、秋雨三个雨期，因而 5~9 月为上海的汛期，降水量达全年的 60% 左右。②

温带大陆性气候主要分布在欧亚大陆和北美大陆的内陆地区，代表城市如乌兰巴托。乌兰巴托，蒙古国首都，位于蒙古高原中部，面积 4704.4 平方千米，冬季最低气温达-40℃，夏季最高气温达 35℃，年平均气温-1.5℃。1 月平均气温-15~-22℃，夜间有时可达-39℃；夏季短而炎热，7 月平均气温 20~22℃，最高可达 39.5℃。年平均降水 280 毫米，一年中有 180 天为晴天，无霜期 109 天。

温带季风气候主要分布在我国华北、东北和日本、朝鲜半岛，代表城

① https://174.37.154.236.

② https://174.37.154.236.

市如北京。北京四季分明，春季多风和沙尘，夏季炎热多雨，秋季晴朗干燥，冬季寒冷且大风猛烈。其中春季和秋季很短，大概一个月出头左右；而夏季和冬季则很长，各接近五个月。北京季风性特征明显，全年60%的降水集中在夏季的7、8月份，而其他季节空气较为干燥。年平均气温约为12.9℃。最冷月（1月）平均气温为-3.1℃，最热月（7月）平均气温为26.7℃。最大年降水量为1404.6毫米，最大24小时降水量为404.2毫米，平均年最大积雪深度为7.5厘米，历史最大积雪深度为33.5厘米。①

温带海洋性气候主要分布在欧洲西部，代表城市如伦敦。伦敦夏季通常温暖，时而炎热，7月平均最高温度为24℃。冬季通常湿冷，气温变化较小。降雪时有发生，对交通会产生一定影响。春季和夏季气候相近，较为宜人。作为大城市，伦敦受热岛效应影响显著，市中心气温有时比郊区要高出5℃。

高原山地气候主要分布在青藏高原、南美洲安第斯山脉，代表城市如拉萨。拉萨海拔3650米，位于一个四面环山的小盆地，是青藏高原的中心。周围山地达5000米，一条雅鲁藏布江的支流——拉萨河（又称"吉曲"）贯穿该市，已知藏语称拉萨河为"蓝色欢乐之波"。它贯穿念青唐古拉山的雪域高峰和峡谷，延伸315公里。此河在曲水流入雅鲁藏布江，形成大面积景观。拉萨地势平坦且天气温和，日均温8℃，冬夏舒适。它享有每年3000小时、125天的阳光，比中国其他大多数城市多，所以有时被称为"日光城"。拉萨年均降水量500毫米。雨季主要在7~9月。夏天雨季和秋季被认为一年最佳的季节，下雨多在夜间，在白天大多是晴日。②

亚寒带针叶林气候主要分布在亚欧大陆和北美大陆的北部，代表城市如雅库茨克。雅库茨克属亚寒带针叶林气候，是世界上最寒冷的城市之一，冬季天气相当寒冷，1月平均气温接近-40℃，最低可降至-60℃以下，极端最低气温-64.4℃；夏季天气普遍凉爽，最高气温一般不超过

① https://174.37.154.236.
② https://174.37.154.236.

30℃，但有时气温也可以高至35~38℃，极端最高气温38.4℃。气温绝对年较差达102.8℃，是世界气温绝对年较差最大的城市，气候相当极端。①雅库茨克位于北纬62°，是俄罗斯萨哈(雅库特)自治共和国的首府，距北冰洋极近，是萨哈共和国的科学、文化和经济中心，建于1632年，从莫斯科到雅库茨克市距离为8468公里。由于雅库茨克市建于永久冻土层上，因此有“冰城”之称。

(二)城市空气

和城市中所有其他生物一样，我们每天都沐浴在城市的空气中。而城市空气的组成又极大地取决于由建筑环境决定的微气象环境和污染物。自然地表上方的空气中包含了很多种气体、气溶胶和颗粒物，其中有些是生物体和生物多样性重要的组成部分。空气的基本成分是：78%的氮气(N_2)、21%的O_2、0.039%的CO_2、1%的氩以及氖、氦、甲烷(CH_4)等各种微量气体。水汽的含量大约在0~4%。城市空气除了含有这些化学成分之外，还包含人类活动产生的污染物。如冶炼厂产生SO_2和重金属；裸露的路面上产生PM；造纸厂产生SO_2；炼油厂产生HCs；还有人类燃烧产生的CO_2、CO和PM。虽然来源于其他地方，风将这些物质大部分传送到城市地区，成为城市污染的重要组分。

简单说来，十大城市空气污染物及引起的生态环境影响包括：

(1)CO_2。在土壤中形成厌氧条件，导致根系生长停滞，土壤动物减少，出现厌氧细菌和分解。同时，也是一种主要的导致全球变暖的温室气体。

(2)CO。减少脊椎动物血液中氧气的输送，导致死亡。

(3)SO_2。损伤植物叶组织，导致植物死亡。降低pH值，形成酸雨腐蚀石灰石、混凝土、砖缝中的砂浆以及雕塑。

(4)NO_x。二氧化氮(NO_2)是主要的问题所在；一氧化氮(NO)带来的

① https://174.37.154.236.

问题不大；一氧化二氮(N_2O)主要来自生物燃料燃烧，包括薪柴做饭、取暖和森林及稀树草原的火灾。氮氧化物可能导致光化学烟雾。

(5)HCs。烃，或可挥发性化合物(VOCs)，包括多种石油衍生物，包括多环芳烃(polycyclic aromatic hydrocarbons)。烃可能导致光化学烟雾。

(6)O_3光化学烟雾。氮氧化物与烃在阳光、高温和O_2存在的条件下产生光化学烟雾，反应速度随温度上升迅速加快。

(7)Tox。有毒物质包括有机化合物，如苯、甲醛、氯仿、氯甲烷、多氯联苯(polychlorinated biphenyls)、农药(如敌敌畏)和含镉的化合物。人类经历的最严重的工业空气污染发生在1984年。在印度博帕尔市，一家大型工厂排放了大量甲基异氰酸酯，扩散至城市区域，导致4000人死亡，20万人受伤。

(8)HM。重金属阻碍很多微生物和分解过程，包括根系生长。

(9)PM。颗粒物损害叶片和植物生长。PM2.5(直径小于2.5μm)包括更小的煤颗粒物和飞灰颗粒，尤其会对呼吸系统造成危害。

(10)CFL。氯氟烃破坏平流层中的臭氧分子(是导致“臭氧空洞”的原因)，增加穿过大气层的紫外线辐射，对生物体产生伤害。①

(三)城市热岛

城市热岛效应是指城市气温比周边气温高的现象。由于城市的建筑物密集、道路集中、植被较少、居民的活动繁多等，同一时间点城市的气温普遍高于周边的郊区气温。相关研究表明，城市热岛中心的气温一般比周围郊区高1℃左右，最高可达6℃以上。②

通过处理环境中的自然和人为因素以及太阳能，创造适宜和健康的生活与工作场所，是自有记载的人类历史开始以来城市居民所关注的事情。

---

① Richard T. T. Forman. 城市生态学——城市之科学[M]. 邬建国，刘志锋，等，译. 北京：高度教育出版社，2017：184-186.

② 李玲秀. 城市热岛效应及其应对措施研究[J]. 城市建设理论研究，2018(5)：20-21.

在炎热的地中海气候下，城镇布局形式往往基于蜿蜒狭窄的小路紧密排布合院住宅，从而获得最大量的阴影。合院房屋、建筑物沿狭窄的街道聚集分布，是典型的中东和地中海城镇的特征，通过引导夜间凉风以及在白天使冷空气停驻而保持凉爽。在非洲和西班牙，许多城市使用凉棚或走廊，为街道遮挡中午火热的太阳。北非地中海沿岸的城市将街道与海岸线呈垂直布置，引导海风传入。

在拥有大广场和宽阔街道的城市，控制日照最有效的因素是植被，尤其是树。森林树冠吸收的热能是相当可观的。在晴朗的仲夏，枫树密实的树冠可减少日照中80%的短波辐射。森林还可以降低气温，比开放广场最多可以低6℃。在夏季和冬季遭受极端气温的地区，落叶树有很大的优势，其在炎热的夏季可提供遮阴，在寒冷的冬季则允许阳光直射地面。

在朝南向的建筑墙体表面，爬墙类藤本植物具有类似的功能。从生物学上看，植物叶片是一种高效的太阳能收集器：在夏季，叶子利用日照生长，通过烟囱效应以及叶片的蒸腾，使得植物和建筑之间产生空气流通，从而起到降温的作用；在冬季，层层叠叠的叶片形成了绝缘层，使得建筑周围有一层静止的空气层。由此，通常被视为建筑立面额外装饰的爬藤，在能源节约和生物作用方面具有了意义。

屋顶花园除了减少暴雨期径流排水量之外，还可以改善水质，创造鸟类栖息地，因此在气候控制方面具有多种功能。屋顶绿化的经济利益已被认识到，包括减少制冷和供热的消费并提供经济利益。芝加哥市的一项能源研究估计，如果城市中所有的屋顶都被绿化，高峰期能源需求的减少量将相当于一个小型核电站的发电量，每年可节约能源成本1亿美元左右。德国杜塞尔多夫市规定，要求大而平的屋顶设置屋顶花园，斯图加特积极鼓励这一规定的实施。

(四)城市雾霾的治理

治理雾霾需要加大对可吸入颗粒物、氮氧化物等污染气体排放控制。2013年我国启动了大气污染防治行动，到2019年，已经取得了巨大成绩。

北京平均细颗粒物($PM_{2.5}$)的浓度达到了42微克/立方米。尽管北京市各区大气污染健康损失在2015—2016年内已呈现降低的趋势，但这并不意味着大气污染治理可以懈怠。2016年北京市大气污染健康损失为2009年的1.10倍，大气污染情况仍然不容乐观。根据《北京市PM2.5来源解析》，机动车、燃煤、工业生产、扬尘等是本地PM2.5排放的主要来源。而氮氧化物方面，城市氮氧化物污染区则主要来源于机动车尾气、燃煤排放。因此，为了促进“健康中国”战略的实现，必须多管齐下，切实从全市机动车、燃煤、工业生产、扬尘以及区域联防联控等方面入手，采取多项有力措施治理北京市雾霾污染，尤其要严格管控机动车尾气排放。①

治理雾霾污染是一项系统性工程，需要合理规划布局城市人口，完善产业结构的优化升级、区城产业合理布局及产业承接转移平台建设，提高能源利用效率，促进煤炭等化石能源的清洁利用和新能源开发，推动绿色科技成果的转化，进一步提高FDI及绿色甄别。建立健全“政府—市场—公众”三位一体的治理监督体系。雾霾污染治理需要从科学的顶层设计入手，倒逼经济结构转型调整，将雾霾污染指标列入地方政府考核体系，建立污染治理负债表。加大公共投入，形成示范引领效应，盘活社会资金，为雾霾污染治理提供资金、技术保障。建立企业环保账户，对于环保、节能等行为给予正评价，对于浪费资源、破坏环境的行为给予负评价，环保账户与企业信誉、银行贷款挂钩，形成良性机制。加强社会监督，支持第三方监督，支持民间组织参与雾霾治理，鼓励以媒体、公益组织为代表的第三方力量进行监督，降低政府监督成本，提高社会监督效果。

六、生态基础设施结合自然

生态基础设施(Ecological infrastructure，EI)一词最早见于联合国教科

① 陈素梅．北京市雾霾污染健康损失评估：历史变化与现状[J]．城市与环境研究，2018(2)：84-96.

文组织的“人与生物圈计划”(MAB)，是生态城市规划的五项原则之一。生态基础设施作为城市可持续发展的自然支撑系统而存在，强调城市建设应充分考虑土地开发、城市增长以及市政基础设施规划的需求。它提供了一个保护与开发并重的框架，为城市发展设定控制性标准和要求，影响城市结构的形成和功能的可持续，对城市新型城镇化的建设具有重要意义。

城市生态基础设施规划，是将基于生态服务功能的城市绿地系统、林业及农业系统、自然保护地系统、以自然为背景的文化遗产网络等各种景观要素协调配合，体现人工与自然、历史与现代交相辉映、民族性和现代化共存、共兴的城市特色，创造生态友好的人居环境。城市生态基础设施规划作为一种特殊的物质遗产存在形式，其生态保护、景观观赏、科学研究、历史文化资源等多方面的价值不可忽视。生态基础设施规划的生态系统服务功能需要综合生物、水文、气候等学科知识，通过空间规划手段建立生态安全格局。

城市规划应尊重自然过程，以地球生命系统的安全和健康作为发展规划的前提，以自然系统的生态服务功能作为城市建设的基础。相对于城市和区域的市政基础设施为城市发展提供了必不可少的社会经济服务，城市的生态基础设施为城市及其居民提供持续的生态服务。从这个意义上说，生态学家所关注的自然系统的生态服务功能，通过生态基础设施这种景观和空间语言，变为在城市建设中可以被规划和控制的过程。生态基础设施这个概念中的三个关键词——生态、基础和设施，生动和全面地说明了：它是提供生态服务的、基础性的、战略性的景观体系，是需要规划加以保护和进行人工完善的系统。

作为生态基础设施的城市景观强调在一定的区域范围内，以自然生态服务为基础，用弹性的方式保护自然环境，维持和修复人工工程基础设施带来的生态破坏，从而成为解决城市蔓延问题和实现可持续发展的有效途径。

城市景观是城市的延伸和附属。它是自然景观和人工景观的综合体，同时也是一种开放的、动态的、脆弱的复合生态系统。城市景观属于一种耗散系统，对保护生物多样性，营造地域小气候，调节城市生态环境，保持良好的生态运作系统尤为重要。其中包括林地、草地、水体及农田等生态单元。

生态基础设施本质上讲是城市的可持续发展所依赖的自然系统，是城市及其居民能持续地获得自然服务(nature's services)的基础，这些生态服务包括提供新鲜空气、食物、体育、游憩、安全庇护以及审美和教育等。

建立城乡连续的山水格局是将城市内部的山水与城郊、乡村的山水连续起来。纵观世界城市的选址，无一不是或依山或傍水。我国古代便重视山水格局的连续：风水中的山龙、水龙绵延连续。城市是区域山水格局中的一个斑块，城市对于区域山水格局就如同果实对于大树。山水格局是大的框架与结构，城市只是结构上的一个附属物，二者的联系才能形成完整的生态格局。城市与乡村山水格局的连续是强化生态结构的重要措施，结构的强大才能促进城市健康发展。

绿色基础设施(Green Infrastructure，GI)是指从常规基础设施中分离出来的生态化绿色环境网络设施。在各个空间尺度上，所有建成的大都市区域都显示出分散的绿地和小型绿色斑块，以及绿色廊道和网络。但是它们真的如同一个系统一样起作用了吗？这些分散的元素如何被转变成能够有效运行的城市绿地系统？接下来通过考虑两个方面来探索这个问题：绿地群和构建有效绿地系统。

1. 绿地群

类比城市基础设施，绿地，尤其是植被廊道与小的绿地斑块，有时称为绿色基础设施或生态基础设施。五座北美城市的绿色通道系统提案，由于其各具特色而受到广泛关注：

(1)查塔努加市(田纳西州)：绿色通道总长度超过12km；大部分是沿着溪流的；有几条向外辐射的廊道；极少有环状通道。

(2)芝加哥市：现有1087km的绿色廊道并另有1477km廊道在规划建设；是非常密集的网络；有许多环状通道；有一些支线。

(3)明尼阿波利斯市(明尼苏达州)：有上百公里现有廊道与待建设廊道；沿河及许多溪流分布；连接分散的湖泊；有许多环状通道；有少数向外辐射的通道。

(4)波特兰市(俄勒冈州)：提案建设563km廊道；整个绿色网络形状介于芝加哥市及明尼阿波利斯市的网络之间。

(5)多伦多市(加拿大)：提案建设901km绿色廊道，外加沿着城市湖滨201km廊道；沿着西部及北部市区以外的山脊；有许多在河流峡谷中的短的相对平行的条带连接山脉与湖滨廊道。

在这些城市中，建设绿色通道是为了方便人们休闲与健身、保护野生生物、连接街区与公园、保护水质、实现经济价值以及构建非机动车交通网。

2. 构建有效绿地系统

从已有的模式和各种类型的证据来看，几乎所有的城市中都可以建立一个有效运行的城市绿地系统。系统内的流将各个斑块联系在一起。此外，这个系统可以使整个市区维持相对较高的生物多样性，而不仅限于一些主要的绿地。由连接大型绿色斑块的廊道形成的绿色网络仍然是都市地区的最佳框架。城市绿地也可以控制整个区域的雨洪径流和洪水。城市绿地可以减少地表径流；增强土壤渗透能力；增强蒸腾作用。

城市绿地还有其他环境功效：如多风处的树带能够过滤掉大气灰尘。道路两边的灌木丛或树木可以降低车辆移动造成的路面大气悬浮颗粒。绿地中的树木可以加湿空气并降低温度，它比灌木丛有更强的蒸腾作用，而灌木丛比草本植物的蒸腾作用更强。种植树带或灌木丛带，可以改善空气流通或降低风速。同时绿地树木可以减少或增加由建筑物引起的湍流和漩涡气流。

一个城市绿地系统可以直接造福人类，绿地系统还可以帮助界定和强化城市中的社区。应该通过建立城市绿地系统来实现和维持整个都市区一系列的生态和人类福祉。

城市绿地系统作为城市中唯一有生命的基础设施，在保持城市生态系统平衡、改造城市面貌方面具有其他设施不可替代的功效，是提高人民生活质量的一个必不可少的依托条件。

大力推广屋顶花园建设：发展屋顶花园项目是拓展绿地面积的手段之一。随着汽车保有量的加快，建设大型停车场是城市发展的必然趋势，屋顶花园的建设是解决绿色与基础设施相融合的好方法。一些开放式的屋顶花园，可以为游人提供一处相对独立的休闲空间，又可保证整个建筑空间的完整性，同时又增加了趣味性。还可实施屋顶农业建设。屋顶农业是利用建筑物的屋顶种植各种蔬菜，粮食、瓜果等作物，甚至还可进行家禽、水产等养殖。早在公元前600年，尼布甲尼撒二世就建造了世界七大奇迹之一的巴比伦空中花园，也开创了屋顶农业的先河。考古证据表明巴比伦空中花园的这些梯田被用来生产水果、蔬菜，甚至可能是鱼。从生态方面讲，屋顶农业一方面可缓解热岛效应，增加空气湿度；另一方面，屋顶农业可通过绿色植物吸收二氧化碳，释放氧气而减少环境污染，同时又增加了城市绿量，改善了城市居住环境，提升了城市环境质量。

城市人口密度的增大、土地资源的紧缺、绿地数量的急剧降迫使我们不得不将绿化上升为垂直绿化，而屋顶作为城市的消极空间，在其上建设花园是对建筑屋顶灰色空间的充分利用。而屋顶农场不仅仅是单纯将屋顶“变绿”，更多的意义在于它为人类营造了一种兼具“生产性”“生活型”“生态型”和“精神性”的风景园林地境。

七、韧性城市

韧性城市(Resilient Cities)从21世纪起，在以英美为代表的国际学术界成为城市规划和地理学研究的热门话题。“韧性城市”是指城市系统如同海绵一样能够通过一定的方式吸收、缓冲外界对其产生的影响，通过优化、协调和重组来抵抗不利条件，最终使系统恢复正常的运行状态。然而由于城市具有复杂的内部系统，同时受到多种外界因素影响，韧性城市的概念自2002年在美国生态学年会上提出以来，其明确的科学定义至今没有达成共识。韧性城市既表现为隐性城市问题的自我调整和优化能力，也表现为对突发自然灾害的抵御和自我修复水平。也有学者认为，韧性城市是指当灾害来临时，通过城市完善整体格局和持续的功能运行，可适应和化解这种灾害，基本维持相似的功能结构、系统，并能迅速实现灾后恢复。城市通过适应灾害的经验积累，增强学习，提升应对灾害能力，进而保持系统的活力。因而韧性城市也将灾害视为提升自身系统韧性的机遇，而非单纯的防御。

风险性(脆弱性)是现代城市一大特征，面临的自然灾害包括地震、火山、传染病、昆虫感染、干旱、极端温度、暴风雨、野火等，面临的技术灾害包括化学品泄漏、火灾、爆炸、坍塌、中毒、辐射、交通事故、系统故障等，面临的社会经济政治文化危机包括住房危机、能源危机、食物危机、用水危机、恐怖主义、大屠杀与战争、社会冲突、贪污腐败等。人类已经进入“风险社会”时代，存在着自然灾害、生态危机、公共卫生事件和全球化风险等多样化、全域性和复杂性风险。韧性城市建设势在必行。韧性城市作为一个系统，在灾害发生前，城市要有充分的应急准备。在灾害发生时需具备抵御外部冲击、适应变化及自我修复的能力。

具备韧性的城市特性归纳为：一是社会层面具备协同性，即城市政府部门在应急处置过程中需打破壁垒，互联互通，并引入“政府—市场—社会”的“三元共治”协同机制。二是环境层面具备适应力，即城市能够根据外部环境的变化而主动适应，做到自主调整、灵活变通。三是技术层面具备智慧性，即运用互联网、云计算、大数据等科技，建立城市综合防灾减灾智慧信息系统，提高风险预警、信息共享、趋势研判和应急决策的智能化水平。四是工程层面具备冗余性，即包括水、电、气等城市生命线工程和基础设施等具有一定的安全裕度和抗逆能力，在经历重大冲击后依然能够保持有效、正常运转，依然能够提供基本公共服务。五是组织层面具备自组织力，即市民个体、居民社区、社会组织具备自我行动力，对城市因灾受损部分进行主动局部修复，强化自力更生的能力。六是制度层面具备学习力，即城市能够从重大灾难中学习相关经验，分析致灾原因，快速调整自身结构和功能。①

韧性城市建设作为一项系统工程，必须处理好复杂系统内各子系统之间的关系，尊重城市发展规律。处理好应急管理与常态化社会运行治理之间的关系。公共安全是社会全面发展的系统工程，风险防控管理是人类社会的一项永恒且富有挑战的任务。需要重视系统的部分与整体的关系。“人法地、地法天、天法道、道法自然”，这是老子思想的核心，体现了人类永续发展的宇宙观方法论。我们生活在地球村，人类命运共同体是复杂的有机系统。建设韧性城市应尊重自然规律，完善城市风险管理机制，建立完善城市公共安全体系。怀特海指出：“结合体的这种社群秩序不仅仅在于它的所有成员显示出共同形式这个单纯事实。贯穿整个结合体的这种共同形式的复制是由结合体成员彼此之间的承传关系造成的，还由于这些承传关系包含着对共同形式的感觉这个事实。”城市可以看作一个结合体，是共生的活的生命体，建设韧性城市，需要进一步发展大数据、人工智能、云计算、物联网、5G 网络、可再生能源技术，使城市更智能、风险应急机制更灵敏，具有更强的灵活适应调整、修复、巩固的能力。

八、城市生态学的启示

“大风、烈日、冬夜、暴洪、虫灾和花开，都周期性地突显出自然的力量。同时，城市里每天的自然现象——宜人温度、瓢泼大雨、绿树浓荫、珍稀古树、鸟儿歌唱、昆虫飞舞、土育新苗、暴雨径流、白云飘移、微生物分解——贯穿整个城市。人与自然之城市中完全融为一体。”②整个

① 肖文涛，王鹭．韧性城市：现代城市安全发展的战略选择[J]．东南学术，2019(2)：89-99.

② Richard T. T. Forman. 城市生态学——城市之科学[M]．邬建国，刘志锋，黄甘霖，等，译．北京：高等教育出版社，2017：8.

城市可以看作是一个生态系统，需要将生态学知识和原理整合到城市管理与建设之中，以发展健康、宜居、可持续和有弹性的城市生态系统。生态学是研究生物之间及生物与环境之间相互影响、相互作用的科学。凡生命之所至，就有生态学的问题、现象和规律。生态学已不仅仅是生物科学中揭示生物与环境相互关系的一门分支学科，而且已经成为指导人类行为准则的一门科学。生态学(ecology)一词源于希腊文，oikos 表示住所和栖息地，logos 表示学科，原意是研究生物栖息环境的科学。生态学可理解为有关生物的管理的科学或创造一个美好的家园的理念。①

克里斯·里德认为生态学是"一个更刺激的、可读的、可变化的理念(和力量)，能够解释城市是如何形成、如何积极地发展、自我变更以及如何随着时间自我更新"。在新近的非平衡范式中，社会和自然系统是由过程驱动的(并不是朝向终点)，经常受外部力量控制。

生态学将生态系统功能看作地球过程在很长一段时间内维持生命的能力。生物多样性对一个生态系统的功能和可持续是必不可少的。不同的物种充当了特定的功能角色，物种组成、物种丰富度、功能类型的变化影响了生态系统内部资源处理的效率。城市生态学是对人类—生态系统的协同进化进行研究，而不是分别地研究人类栖居地和人类所依赖的生态系统。

唐纳德·沃斯特在《自然的经济体系》中写道："生态学于是强调说，大自然桀骜不驯，无法预测；其存在方式根深蒂固、变化多样，十分杂乱。大自然就是一种川流不息、丰富多彩的差异性展示。大自然，尽管拥有种种奇妙的令人不安的手段，具有为我们所不理解的持续不断的能力，但仍需要我们的热爱、我们的尊重和我们的帮助。"

被称为"现代景观生态学之父"的理查德·福尔曼(Richard T. T. Forman)认为城市生态学是研究人类聚集区内的生物、人工结构和物理环境之间相互作用的科学。这里生物指动植物和微生物。人工结构包括

① 李振基，陈小麟，郑海雷. 生态学[M]. 北京：科学出版社，2014：2.

建筑物、道路和其他人工建筑。物理环境指空气、水体和土壤。人类聚集区指城市、城郊和乡镇。具体而言，城市区域是各种空间格局的镶嵌体。生物、建筑结构和物理环境相互作用，能量和物质在镶嵌体间的流动转移，构成了一个动态的系统。城市区域随时间推移发生巨大的变化。

理查德·福尔曼还认为城市生态学中有三个梯度尤为重要。最为人熟知的是城市—乡村梯度。例如从城市中心向外辐射，经过近郊区、远郊区、城乡交错带、农田到自然区域。第二个重要的梯度是垂直梯度。例如从基岩依次经过地下设施、地表填埋或土壤(包括根系、微生物和土壤动物)、植被层(草类、灌木、林下植被、下冠层和冠层)或建筑物，以及向上通过大气层。第三个具有生态学意义的梯度，是目前研究较少的环状带。例如，在建筑密集的城市中心区外围的环带，可能会经过具有高度空间异质性的生物多样性丰富的大斑块，居民区和农田及呈放射状的交通带。这样的环状梯度可以刻画高度动态的土地利用变化。城市生态学的核心理念在于关注人口密度区域中的生物、建筑结构和物理环境，也探讨城市中的物质能量流动和变化。

城市生态学是“对生物体、建筑结构和人们聚集在市镇中的自然环境的研究”。核心问题是：生物体包括植物、动物、微生物；建筑结构包括房屋、道路；而自然环境包含的是土壤、水、空气。城市生态学可以应用到很多相关领域，包括社会学(研究人与人之间关系的学科)、娱乐和美学、建筑学和交通学。城市“斑块动力学”(patch dynamics)兴起并演变成一种在不同尺度上研究格局和过程耦合方法的框架，它提供了一个很有前途的途径以弥补理论与方法之间的差距，并对群落生态学和生态系统生态学进行有效的整合。斑块动力学承认生态系统是分层次的、非平衡的，在时间和空间两个方面处于变化之中。

城市生态学在未来将进一步聚焦城市生态系统和人类社会之间的复杂相互作用，利用大数据、人工智能、物联网等技术，为实现城市的可持续发展提供可行的解决方案。

九、城市生态系统

城市生态系统在结构上可分为三个亚系统，即自然生态亚系统、经济生态亚系统和社会生态亚系统，它们交织在一起，相辅相成，形成了一个复杂的综合体。自然生态亚系统以生物结构和物理结构为主线，包括植物、动物、微生物、人工设施和自然环境等，以生物与环境的协同共生及环境对城市活动的支持、容纳、缓冲及净化为特征。经济生态亚系统以资源为核心，由工业、农业、建筑、交通、贸易、金融、信息、科教等子系统组成，以物资从分散向集中高密度运转、能量从低质向高质高强度集聚、信息从低序向高序连续积累为特征。社会生态亚系统以人口为中心，包括基本人口、服务人口、抚养人口、流动人口等。该系统以满足城市居民的就业、居住、交通、供应、文娱、医疗、教育及生活环境等需求为目标，为经济系统提供劳力和智力。以高密度的人口和高强度的生活消费为特征。①

我们的住宅组成了街道，街道组成了城市，城市是有灵魂的个体，它感觉，它受苦，它赞美。建筑艺术能够多么融洽地存在于街道和整个城市中啊！② 关于“复杂系统”，梅拉妮·米歇尔在《复杂》一书中写道：“复杂系统是由大量组分组成的网络，不存在中央控制，通过简单运作规则产生出复杂的集体行为和复杂的信息处理，并通过学习和进化产生适应性。”③ 城市就是一个神奇的复杂系统、重要的生态系统。城市是一个复杂系统：有工厂、学校、医院；有供电、供水、提供数字网络；有垃圾处理、污水处理、资源回收等静脉系统，有道路、桥梁、绿化带、公园；人们生活、劳动、消费、休闲在城市里；人们呼吸、饮食、运动、休息在城市里，城市还是一个复杂的生态系统，一刻也不能停止生命服务功能。单个的人看

---

① 李振基，陈小麟，郑海雷．生态学[M]．北京：科学出版社，2014：271.

② 勒·柯布西耶．走向新建筑[M]北京：商务印书馆，2016.

③ 梅拉妮·米歇尔．复杂[M]．长沙：湖南科学技术出版社，2017.

起来是简单的，但数万、数十万、数百万甚至上千万人聚集在一起，却创造出了复杂的、惊人的城市结构。他们建筑出矗立在日月天地间的金字塔、埃菲尔铁塔或摩天大楼；他们修建出条条大路通罗马的纵横古道或地下穿城而过的地铁乃至连接数座城市的跨海大桥如港珠澳大桥；他们发明金融货币符号在全城、全国乃至世界融通资金调配资源；他们发明语言、文字和数字信号把世界联系在一起。

城市生态系统是复杂的、具有适应能力的动态系统。城市演进是个体选择与许多人类主体（如家庭、企业、开发商和政府）以及生物物理因素（如地方性的地形地貌、气候和自然干扰状况）行为之间的无数相互作用的结果。通过土地开发、资源耗用和污染排放，人们既对城市内部和邻近地区的生态系统过程产生了直接性的影响，也对其他地区的生态系统过程产生间接影响。环境力量——例如气候、地形地貌、水文、土地覆盖，以及人类所引起的环境质量变化——同样是城市生态系统重要的驱动力。

城市生态系统展现了产生于人类与生态复杂耦合过程中的独一无二的特征、模式和行为。[①] 人们会作出高度依赖生物物理因素的选择。各种土地开发和基础设施建设的决策受生物物理限制因素（如地形、地貌）和环境舒适性（如自然性栖居地）条件的强烈影响。这些主体之间的局部相互作用最终产生了都市圈格局，进而这些格局影响了人类和生物物理过程。城市生态系统是一种混合的、多元均衡的、具有层级特性的系统；是典型的具有“自适应性”的复杂系统；是开放的、非线性的和难以预测的。城市生态系统中的各种主体具有自治和自适应能力，会基于新的信息改变其行动规则。

城市生态系统是生物物理因素和人类因素的相互作用通过反馈回路、非线性动态、自组织机制的演进而形成的动态的复杂系统。在这样一个复杂系统范围内，因素间的相互作用产生了“涌现行为”和“涌现结构”（emer-

---

① 玛丽娜·阿尔贝蒂．城市生态学新发展[M]．沈清基，译．上海：同济大学出版社，2016：18.

gent behaviors and structures)。城市生态系统的自组织性驱使其向有序或紊乱方向发展。稳定的、非混沌的、趋同的现象与非稳定的、混沌的、发散的事例交互作用影响着城市生态系统的演进。临界性促进了达成稳定性和适应性之间最佳平衡的复杂聚合行为的产生。临界性系统最大限度地提升了系统运用其过去信息应对未来情景的能力。

城市生态系统特征的八个要素为：层级性、涌现性、多重平衡、非线性、非连续性、空间异质性、路径依赖性和弹性。城市生态系统可被描述为一个近可分解的和嵌套的空间层级，其层级水平与在不同的空间/时间尺度上运作的结构单元和功能单元相对应;① 在突生现象中，通过局部性的相互作用，少量的规则或准则可以产生复杂的系统和行为；多重平衡是人类—自然耦合系统的一种涌现特征；在城市生态系统中，当一个非稳定平衡的阈值被突破时，人类与生态系统之间的相互作用就可能导致系统行为的急剧变化；在生态系统中，变化既不是连续和渐进，也不是始终无秩序的；城市生态系统中遍布空间的各种事件的性质并非始终如一，而是分布景观斑块；路径依赖性是指复杂适应性系统的大部分变化会被局部偶发事件(如环境变异和环境突变)所强化，并导致了潜在的替代发展路径；弹性是系统围绕着一套新的结构和过程不进行重组的情况下，吸收冲击力的能力。

总的来说，城市生态系统是从人类与生物物理因素之间的局部相互作用中产生的具有动态的层级结构的斑块镶嵌体；城市生态系统的各种状态可能是由城市化程度和模式所驱动的；城市生态系统中的社会经济与生物物理模式和过程之间的空间相互作用导致了涌现现象(如蔓延)的出现；涌现的景观格局以非线性的方式(如中间干扰假说所描述的)影响了生态和社会经济过程；生态系统功能与人类功能是“移动目标”，具有复杂的和不可预测的未来；因此，需要实行有弹性目标的政策。

① 玛丽娜·阿尔贝蒂．城市生态学新发展[M]．沈清基，译．上海：同济大学出版社，2016：258.

十、大地伦理学的启发

广袤的地球表面，大大小小的城市与大地、河流、山脉、空气休戚与共，须臾不能分离。如何建设美好和谐的城市是一个迫切需要深思的问题。工业技术范式的思维方式是一种孤立而又割裂的思维方式，无法真正全面理解具有高度复杂性与整体性的自然生态系统，生态危机已俨然加剧成为社会危机。人类中心主义把征服自然、改造自然作为己任，肆意向大地索取、掠夺，生态环境、生物多样性惨遭破坏，人类站在了主宰大地的对立面。在谈到大地伦理时，奥尔多·利奥波德在《沙乡年鉴》一书中用了一个事例来做比喻："当尊严的奥德修斯从特洛伊战争中返回家园时，他在一根绳子上绞死了十二个女奴，因为他怀疑这些女奴在他离家时有不轨行为。这种绞刑是否正确，并不会引起质疑，因为女奴不过是一种财产，而财产的处置在当时和现在一样，只是一个划算不划算的问题，而无所谓正确与否。"①在荷马时代，将女奴视为一种财产，怀疑其有不轨行为就将其绞死，这在现代文明的今天是不可思议的罪行。同样，用孤立而又割裂的思维方式粗暴对待环抱我们的大自然同样有可能犯下违背大地伦理的不可思议的罪行。

以利奥波德和克利考特为代表的大地伦理学是以现代生态学为基础，强调从生态系整体的角度来处理人与自然之间的关系。他们将山川、岩石、土地等纳入道德共同体，赋予整体的物种和生态系以道德地位，而个体的道德地位要通过它在整体生态系统中的相对重要性来衡量。② 大地伦理学克服了人类中心主义在处理自然环境问题时遇到的一些难题，摒弃从人类利益出发的立场，将人类视为整体生态系统中的普通成员，剥夺了人类无限制开发利用自然的特权，为环境保护的实践提出了新的理论指导。

---

① 奥尔多·利奥波德. 沙乡年鉴[M]. 侯文蕙，译. 南京：译林出版社，2017.

② 孙丹. 大地的脉搏——对大地伦理学的哲学思考[J]. 中南林业科技大学学报，2008(1)：21-29.

利奥波德指出："至少应把土壤、高山、河流、大气圈等地球的各个组成部分，看成地球的各个器官、器官的零部件或动作协调的器官整体，其中每一部分都有确定的功能。"①因此，各种不同的生物和自然物，如动物、植物、微生物、土壤、空气、岩石、海洋、河流、高山、大气圈等，都是大地共同体的有机组成部分。每一生命物种和无机物，都对其他生命形式的进化和自然的整体功能的完善作出了自己的贡献。城市发展必须考虑生态伦理，才可能形成可持续发展的局面。首先，城市得以出现和发展的客观基础是那些有利的环境因素，如气候，适合动植物生长繁殖的土壤，水量充足，建筑取材方便，便于与外界人群交流沟通的区域。其次，城市的发展，必须有广阔的区域面积作为支撑。利奥波德还指出："我不能想象，在没有对土地的热爱、尊敬和赞美，以及高度认识它的价值的情况下，能有一种对土地的伦理关系。"在迅速城镇化的今天，对土地、大自然心怀热爱、尊敬和赞美，这对于营造和谐的人居环境是非常重要的。

大地伦理学认为地球自身不是僵死的，而是有生命的。大地伦理学视域中的土壤、山脉、河流、森林、气候、植物以及动物都属于同一个整体，它们彼此相互关联，都服务大地这一整体；应在人与共同体的其他组成部分以及整个大自然之间建立一种伦理关系。利奥波德扩大了共同体的边界，主张把道德权利扩大到动物、植物、土壤、水域和其他自然界的实体，同时改变了人在自然界的地位，使人从大地共同体的征服者转变为其中的普通一员和公民，帮助大地"从技术化了的现代人的控制下求得生存"。和谐、稳定和美丽是大地共同体的不可分割的三个要素，它们是三位一体的整体。

这个世界上的所有事物都是联系在一起的。就像树枝与树紧密相连一样，树与大地、空气、河水紧密相连，它们给树给养。肥沃的土质适合大树的生长，强壮笔直的橡树或榆树结出饱满的种子，树木的果实成为动物

① 赵光旭．华兹华斯"化身"诗学研究[M]．上海：上海大学出版社，2010.

的美餐；它们相互依赖，依赖于它们生存环境的各种因素，依赖于它所依赖的，或像翅膀依赖于空气，或像鱼鳍依赖于水，脚依赖于大地，或是以其他内在的更加令人好奇的形式相互依赖。因此，当我们沉思大地上所有存在时，我们理应把众多当作一，它们都系在同一个树桩上。① 在建设生态城市的今天，我们应秉承“伟大的统一”的哲学胸襟，爱惜与城乡息息相关的山川、土壤、森林、大气、蓝天乃至整个生物圈，因为我们是生命的共同体、地球大家庭的平等成员。

奥尔多·利奥波德的大地伦理的概念可以说受益于怀特海的启发。② 怀特海指出：“每一个现实实有都被都看作由材料产生的经验活动。它是一个过程，在这个过程中，它‘感觉’许多材料，从而把这些材料吸收到统一的个体性‘满足’之中。”③每一个现实实在都有“感觉”和“满足”的经验活动。因此，怀特海有机宇宙论是泛经验主义的：天下万物都由“感受”构成，宇宙有着深不可测的经验深度。宇宙由众机体构成一个充满价值、精神和生命的多层次、互通交流的大机体。我们把世界和宇宙作为我们的家园来经验，把一切造物视为共同的居民、共同的生命旅程。大自然是感受、价值和美的基本源泉。按照怀特海的生态美学，宇宙间的每一“现实实有”都具有内在的美的价值，都包含情感，蕴含着美，因此它们都是我们的同胞，与我们生死与共，值得我们去珍惜与呵护。把道德平等的维度扩展到宇宙的每一动物、植物和其他种类。从一种有机联系的视野出发，怀特海首先提出了“每一共同体都需要一个友好环境”，这是一切生态伦理的核心内容，也是它的基础。大地伦理学有助于人类远离现代商品文化，重新燃起对大自然存在的激情，有助于我们在美与生态系统的健康之间找到一个基础性的联系。

---

① 赵光旭．华兹华斯“化身”诗学研究[M]．上海：上海大学出版社，2010.

② Eugene C. Hargrove, “The Historical Foundations of American Environmental Attitudes”, in Allen Carlson and Sheila Lintott, eds. Nature, Aesthetics, and Environmentalism: From Beauty to Duty, New York: Columbia University Press, 2008.

③ 怀特海. 过程与实在[M]. 李步楼，译. 北京：商务印书馆，2012：66.

诗人是大地感觉的表达和颂吟者，如雪莱和华兹华斯就是自然的诗人。怀特海在《科学与近代世界》中评论道："17 世纪的文学，尤其是英国的诗歌，是人类的审美直觉和科学机械论之间不协调的见证者。雪莱生动地在我们面前描绘了永恒感觉对象的变幻莫测，当它们萦绕在基础机体变化之上的时候。华兹华斯是自然的诗人，他将自然作为持续不变的领地，并认为其中蕴含着巨大的意义。"正如华兹华斯《序曲》中描绘的："对每一个自然形式，岩石、水果和花朵，甚至是马路上凌乱的石子，我都给以道德生命，我看到它们的感觉，或是把它们同某种情感联系起来，万物如茂树，它们扎根于那给予它们生命的灵魂；眼前的一切都因内在的含义而存在。"

科学机械论带来的弊端在《失乐园》的诗文中有所体现，弥尔顿将破坏自然完美和谐的原因归咎于人类对于自然的干预：当夏娃摘下了智慧之果时，"大地感受到了创痛，造化也由衷哀恸/通过万物显露出愁容/惋惜全落空"。当夏娃再次折损智慧之树为亚当摘取果实时，"大地再次从内部发出痛苦的震颤，自然再度呻吟，空中乱云飞渡，闷雷轰响，为人间原罪的成立而痛洒泪雨"。在《失乐园》中的堕落天使是自然世界的掠夺者，他们对自然造成了恶劣的影响。比如，撒旦出场的时候，往往伴随着毒气、烈火和浓烟。甚至在堕落天使降落到地狱之前，撒旦的随从玛门就挖掘了大地追寻矿石财宝和建造材料，并由此开辟了采矿的实践。随后，人类也学着他们的样子在地球上进行了掠夺：由玛门教导，人类"用叛逆的手，搜索地球母亲的内脏，夺取其中珍贵的宝库"。① 这些描绘让我们联想到工业化以来科学技术的滥用对生态环境的破坏。人与大自然和谐，大自然才是人类的伊甸园；"人类中心主义"站在了掠夺大自然的对立面，人类破坏了生态环境，如同被逐出了伊甸园，自食其果。因此，生态批评家尼克·皮奇(Nick Pici)将弥尔顿作为生态环保主义者的典型。皮奇提出："有人甚至可能会推测，如果弥尔顿生活在当代，他会深切关注当今世界的环境危

① 吕子青. 生态批评视野下弥尔顿《失乐园》研究[J]. 英语广场，2019(2)：1-5.

机，并且会努力通过自己的作品，让人们意识到自身同自然和精神领域之间的联系，以帮助保护环境。”文艺复兴时期的诗人们的生态意识萌芽给我们带来了诸多启示。

尊重自然，爱惜环境，需要培养审美素养。审美素养的培养是建设生态城市所必需的。人类的审美直觉与大自然的生命息息相关，关于这一点，中外诗人学者都有过美妙的描绘。如朱自清的《荷塘月色》中描绘道："曲曲折折的荷塘上面，弥望的是田田的叶子。……塘中的月色并不均匀；但光与影有着和谐的旋律，如梵婀玲上奏着的名曲。”宇宙，从中国哲学看来，乃是一种价值的境界，其中包藏了无限的善性和美景。《老子》第三十九章曰："天得一以清，地得一以宁，神得一以灵，谷得一以盈，万物得一以生，侯王得一以为天下贞。”老子在这里用“一”来指称作为万物统一根源的道。

再如泰戈尔的诗：

> 爱在大地的每一砂粒中，快乐的绵延的天空里。
>
> 即使化为尘土，我也甘心，因为尘土被他的脚所触踏。
>
> 即使变成花朵我也愿意，因为花朵被他拈在手里。
>
> 他是在海中，在岸上，他是和负载一切的船儿同在。
>
> 无论我是什么，我都是有福的，这个可爱的尘土的大地是有福的。①

再如梭罗在《瓦尔登湖》中描绘道："这样的湖，再没有比这时候更平静的了；湖上的明净的空气自然很稀薄，而且给乌云映得很暗淡了，湖水却充满了光明和倒影，成为一个下界的天空，更加值得珍视。”②

何为审美直觉？1976 年 1 月 26 日的《纽约时代杂志》发表一篇调查报

① 泰戈尔. 生如夏花：泰戈尔经典诗选[M]. 南京：江苏凤凰文艺出版社，2016：20.

② 亨利·戴维·梭罗. 瓦尔登湖[M]. 北京：中国宇航出版社，2016：79.

告，显示至少有25%的人体验过“与万物融为一体的感觉”，“整个宇宙都充满活力的感觉”，“深信爱是万事万物的中心”，并说感觉包含着“一种至为深远的宁静”。“生物中心主义”认为世界是为生命而设计的，不仅是在原子的微观尺度，而且是在宇宙自身这个层面上。宇宙的96%是由暗物质和暗能量构成的，这种看不见的暗物质和暗能量也许是宇宙生命的传感系统和信息系统，维系着大千世界的勃勃生机。宇宙是什么？是一种以生命为基础的主动过程，宇宙是有生命的，生命创造了宇宙，而不是与之相反。人类的听觉难以欣赏到这宏大交响曲的音色范围。哲学家、诗人、音乐家、画家等用他们细腻的情感捕捉到大自然微妙的无穷无尽的美，袒露而无遮蔽，“天、地、神、人”四重整体。“美感起则审美，慧心生则求知”，审美素养的培养是实现人与自然和谐的基础，是建设生态城市所必需的。人们对美的追求的积淀形成了文化。正如《文心雕龙·原道第一》中说：“惟人参之，性灵所钟，是谓三才。为五行之秀气，实天地之心生。心生而言立，言立而文明，自然之道也。”

城市首先是一种文化现象。城市是文化发展的主阵地，也是文化发展的主要场所。在约翰·里德(John Reader)看来，“城市就是人类文明的明确产物。人类所有的成就和失败，都微缩进它的物质和社会结构——物质上的体现是建筑，而在文化上则体现了它的社会生活”①。建筑是城市的基本器官，大量的建筑群按照一定的功能定位排列组合，它们之间密切联系、相辅相成、纵横连贯而又富有变化，共同营造了城市发展的空间结构。城市文化精神是在城市漫长的历史演进中逐渐形成的，烙印着清晰的地域特点，是一种潜在的社会发展催化剂和推动力量。

美国人类学家克莱德·克鲁克洪(Clyde Kluckhohn)认为，所谓一种文化，它指的是某个人类群体独特的生活方式，他们整套的生存式样。参照这种说法，所谓城市文化，应当是指城市人群独特的生活方式和生存式样。与乡村文化相比，城市文化的独特性在于其远超前者之上的开放性、

① 约翰·里德. 城市[M]. 北京：清华大学出版社，2010：8.

多样性、集聚性和扩散性等特点。这些特点使得城市自诞生后便迅速成长为人类文化史上最重要的文化容器和新文明的孕育所。环顾世界历史，民族、国家、政治、宗教、艺术、科学……几乎无不发展壮大并紧紧依附于城市之中。斯宾格勒甚至由此结论性地认为所有伟大的文化都是城镇文化……世界历史便是市民的历史。①

城市文化是人性在城市之中的延伸，是人类对于自身和万物生命在城市之中存在关系和价值的一种系统解释。城市的生命力之所在，也正取决于城市文化能否积极响应天、地、人、我万物生命之和谐共生。保罗·索勒(Paolo Soleri)在“城市建筑生态学”理论中曾提出“两个太阳”的理论：一个太阳是物质的，是生命和能量的源泉；另一个太阳隐喻人类的精神和不断进化的意识。城市作为一类文化生命，体现了人类生命与万物生命复杂联系中的生存智慧与生活艺术，城市是吸引文化的磁场、传承文化的容器和淬炼文化的熔炉。城市文化应丰富多样，不同类型、不同时期文化之间的共生依存，文化间交往的弹性，化力为形，化能量为文化，化死的东西为活的艺术形象，化生物的繁衍为社会创造力。

① 潘飞．生生与共：城市生命的文化理解[D]．北京：中央民族大学，2012.

第四章　废墟的启示——人地和谐则盛，人地相忤则衰

一、怀特海“生命共同体”思想

为了超越传统实体自然观和机械唯物主义，怀特海创立了独特内涵的思辨形而上学体系。“现实实有”(actual entities)这一范畴是怀特海在量子力学、相对论等现代科学成果基础上，构建有机哲学的逻辑起点，是构成现实世界的终极单位。“现实实有”实际上就是有机体，分为微观单个现实实有构成的有机体和众多现实实有组成的宏观有机体，如山川河流、花草树木等。结合体分为有生命的社群和无生命的社群，二者的区别只是经验强度不同。无生命物同样有经验，只是经验强度非常弱，从无生命的事物、植物到动物，经验强度逐渐提升，顶点是人类的意识。“现实实有”能成为有机体，主要因为所有现实实有都具有两极性，即物质极和精神极，如同易经的阴阳二极。精神极赋予事物经验和生命特征，从而所有存在物都可视为有生命的存在。无数现实实有相互包容构成关联性统一结合体，结合体和社群相互联系、相互协同又构成更大的共同体，继而构成整个自然。整个自然就是无数现实实有相互包容构成的生命共同体。怀特海指出：“如果我们不把自然界和生命融合在一起，当作‘真正实在’的事物结构中的根本要素，那二者一样是不可理解的；而‘真正实在’的事物的相互

联系以及它们各自的特征构成了宇宙。”①

怀特海有机哲学认为：自然、城市、社会、人的思维乃至整个宇宙都是活生生的生命有机体，它们是由各种事件及各种现实实有的互相包容、互相连接而形成的，始终处于永恒的创造进化过程之中。因此，构成宇宙世界的基本单位，并非原初所认为的物质或物质实体，而是由各种关系共同构成的有机体。现实生活世界，无论在宏观层面还是在微观领域，都是一个活生生的、动态的、有机的世界。万事万物都不是孤立存在的也不是静止不动的，而是一个相互内在关联、不断自我生成的动态过程。城市是文明的结晶，是大自然的生命之果。城市需要依水而居，需要坚实的大地，需要蔚蓝的天空，一旦这些条件被破坏，居民可能付出生命的代价，城市可能被废弃。如巴比伦古城遗址、意大利庞贝古城、土耳其以弗所港口、中国楼兰古城、班达亚齐海啸等给予我们深刻启迪：人地和谐则盛，人地相忤则衰。怀特海曾指出：“进化机制的关键是这样一种必要性：在任何特殊种类的持续有机体进化的同时，进化出一个有利的环境。任何物理客体，如果其影响导致了环境的恶化，那么都是在自杀。”②自然环境的破坏，会毁灭人的生存之所。人与自然和谐，城市才能宜居美好。

习近平总书记指出：“人类发展活动必须尊重自然、顺应自然、保护自然，否则就会遭到大自然的报复。这个规律谁也无法抗拒。人因自然而生，人与自然是一种共生关系，对自然的伤害最终会伤及人类自身。”③

华兹华斯有诗云：“我一见彩虹高悬天上，心儿便跳荡不止：从前小时候就是这样；如今长大了还是这样；以后我老了也要这样，否则，不如死！儿童乃是成人的父亲；我可以指望：我一世光阴自始至终贯穿着对自然的虔敬。”④历史事件教育我们要保持对自然的虔敬，自然是我们的家园，

① 怀特海. 思维方式[M]. 刘放桐，译. 北京：商务印书馆，2010.

② 菲利浦·罗斯. 怀特海[M]. 李超杰，译. 北京：中华书局，2014：90.

③ 习近平谈治国理政·第二卷[M]. 北京：外文出版社，2017：394.

④ 威廉·华兹华斯. 华兹华斯诗选[M]. 杨德豫，译. 北京：外语教学与研究出版社，2004.

不是我们征服的对象。

泰戈尔诗云："就是这股生命的泉水，日夜流穿我的血管，也流穿过世界，又应节地跳舞。就是这同一的生命，从大地的尘土里快乐地伸放出无数片的芳草，迸发出繁花密叶的波纹。就是这同一的生命，在潮汐里摇动着生和死的大海的摇篮。我觉得我的四肢因受着生命世界的爱抚而光荣。我的骄傲，是因为时代的脉搏，此刻在我血液中跳动。"我们应该像呵护自己的生命一样，呵护自然与城乡的生命，让城乡受着生命世界的爱抚而光荣，随着时代的脉搏而跳动。否则城池废弃，生命流离失所，人们将失去栖居的家园。

二、巴比伦古城遗址

据考证，人类起源于非洲，文明起源于苏美尔。苏美尔文明是目前发现的人类最早的文明，主要位于美索不达米亚的南部，开端可以追溯至距今6000年前。在苏美尔人定居地考古遗址所发现的楔形文字，是世界上最古老的文字记录。西亚地区的两河文明涵盖苏美尔文明、赫梯文明和巴比伦文明，曾与古代中华文明和埃及文明比肩齐辉。① 苏美尔文明在距今约4000年前结束，被闪族人建立的巴比伦所代替。公元前2000年左右，苏美尔人建立的城邦，最终被阿摩利人所建立的巴比伦王国所毁灭，苏美尔文明无论实质上还是名义上，都被巴比伦文明所更替。

巴比伦古城遗址在今伊拉克首都巴格达以南90千米，坐落在底格里斯河和幼发拉底河之间的美索不达米亚平原上。约3800年前，这里出现了强大的巴比伦帝国。至城市毁灭为止，这个史称"两河流域文明"的中心城市，曾经创立过世界第一部成文法典，筑造了世界七大奇迹的城墙和空中花园。这片土地还是脍炙人口的阿拉伯名著《一千零一夜》的诞生地。公元前626年迦勒底人建立的新巴比伦王国遗址，它是20世纪初才被发现的，

① 白杉，周洁. 两河文明的奇迹[J]. 中国三峡建设，2005(5)：78-79.

此前一直被埋在沙漠中。而汉谟拉比(前 1792—前 1750 年)时代的古巴比伦王国遗址至今还被埋在 18 米深的地下。

被誉为世界七大奇迹之一的“空中花园”也属于巴比伦文明，它最令人称奇的是供水系统。空中花园实际上是一座筑造在人造石林之上，具有居住、游乐功能的园林式建筑体。它呈阶梯形，中央矗立一座城楼，有幽静的山间小道，上面栽满奇花异草，下面是潺潺流水，由于花园比宫墙还高，又被称为“悬苑”。

从亚历山大进入巴比伦到塞琉西王朝时期，巴比伦城开始沙漠化。至公元前 2 世纪，古巴比伦被沙漠彻底摧毁，在岁月无情的涤荡下，滚滚黄沙掩埋了昔日辉煌无比的巴比伦城。据考证，由于人口增长，加上连年战乱，当地人为了扩大耕地，两河流域发源地的森林遭到无情的砍伐，草地过度放牧，造成了严重的水土流失，河流夹带大量泥沙顺流而下，沟渠淤泥堆积如山，灌溉系统陷于瘫痪，伴随着荒漠化和盐渍化，农田荒芜，民不聊生。最终导致巴比伦王国的灭亡和美索不达米亚文明的消失。① 恩格斯在《自然辩证法》一书中曾指出：“美索不达米亚、希腊、小亚细亚等地的居民，为了得到耕地，砍光了森林，结果使这些地方成为荒芜之地。不仅毁坏了土地，也湮灭了人类文明。”1958 年，伊拉克政府开始对城址中的遗址进行修复。

三、楼兰古城

楼兰古城位于今天新疆巴音郭楞蒙古族自治州若羌县北境，西南距若羌县城 200 公里，东距罗布泊西岸 28 公里。丝绸之路的开通使它成为亚洲腹部的交通枢纽城镇。我国很多典籍载明：楼兰城濒临古罗布泊而建。它是当时闻名遐迩的丝路重镇，我国内地的丝绸、茶叶，西域的马、葡萄、珠宝，最早都是通过楼兰进行交易的，许多商队经过这一绿洲时，都要在

① 龚子同，陈鸿昭，张甘霖. 寂静的土壤[M]. 北京：科学出版社，2015：76.

那里暂时休憩。据《汉书·西域传》记载，直到汉代，仍有一部分楼兰人过着“随畜牧逐水草”的生活，人们在碧波上泛舟捕鱼，在茂密的胡杨林里狩猎，人们沐浴着大自然的恩赐，这里是人们生息繁衍的乐园。

出玉门、阳关西行的“楼兰道”，是早期丝绸之路的主要线路。楼兰古城是这条线路上最重要的军事设施，是丝绸之路西域段的门户、屯田中心和西域长史府的治所。可以说楼兰古城是丝绸之路发展史上最具有影响力的一座重镇，对于维护东西方交通，促进东西方经济、文化的交流与繁荣发挥过重要的作用。楼兰一名最早见于《史记》，为古代西域三十六国之一。秦汉时期，雄踞北方草原的匈奴在西域置僮仆都尉，赋税诸国。汉武帝派张骞出使西域，实施联合西域力量夹击匈奴的战略。之后，列亭障至玉门，开通了一条可通西域的“楼兰道”。《史记·大宛列传》记载：“楼兰、姑师邑有城郭，临盐泽。”盐泽就是指罗布泊。位于塔里木盆地东部的罗布泊区域的楼兰，东与甘肃敦煌相接，扼东西交通之咽喉，地理位置和战略地位十分重要，以至于成为汉匈争夺西域的焦点之地，然而楼兰国小兵弱，不得不采取“两属以自安”的政策。公元123年，西域长史班勇率部卒五百，屯田楼兰，保障西部的稳定和丝绸之路的畅通。魏晋时期(3—4世纪)，中央王朝在政治、军事上对西域的管理力量减弱，但仍在楼兰城设立西域长史府，屯田戍边，控制局势，维护丝绸之路交通。汉晋时期，西域政局的稳定、丝绸之路的畅通，均与楼兰息息相关。然而到了唐代，楼兰城在两汉魏晋时期的繁荣景象已被黄沙覆盖，如同唐初玄奘在《大唐西域记》中记载的楼兰城已被谓为“故国”，只见“城郭巍然，人烟断绝”。楼兰废弃于4世纪。

楼兰在4世纪左右迅速退出历史舞台，专家对其中的原因各执一词，诸如战争说、气候变迁说、冰川说、沙漠风暴说、河流改道说等。归纳起来大致有三个代表观点：第一，也是最早提出的“自然环境变化说”，认为冰山退缩导致河流流量减少，土地沙漠化，楼兰废弃。第二，“政治、经济中心转移说”，认为丝绸之路改道，楼兰失去优势衰败，最终废弃。第三，“人类活动破坏自然和谐说”，认为人类在创造高度文明的同时，也以惊人速度创造着沙漠化，楼兰的消失，与世界古文明消失的悲剧一样，因沙漠化的扩大而弃城。第三种观点在20世纪末期较为盛行，将楼兰现象视为人类破坏环境、毁灭古文明的典型，论述了人口增长，过度开发，破坏植被，干旱缺水沙漠化扩大，人类难以生存是绿洲古城迅速消失的直接原因。

还有观点认为，楼兰消失的直接原因是异常特大频发的沙尘暴。据《晋书》：从公元249年，即三国魏齐王曹芳嘉平元年，到公元402年即东晋安帝元兴元年，153年中记录了15次严重灾害性沙尘暴，其中有一年发生了两次。由此认为毁灭楼兰绿洲古城的直接原因，是4世纪多次出现的特大沙尘暴，祸首在蒙古国和我国西部大沙漠。

四、庞贝古城

庞贝，拉丁名为POMPEII，位于意大利南部那不勒斯附近。庞贝城始建于公元前6世纪，坐落在维苏威火山的南坡，富含矿物质的火山灰和水资源充沛的沿岸平原使得这里成为意大利半岛上最肥沃的土地之一。庞贝的气候宜人，温和的气候加上特产葡萄美酒让这片土地广受贵族们的欢迎。这座繁华的城市聚集了2万左右的居民，其中不乏地中海周边国家和城邦的富商、贵族们，他们在此建造庄园和庭院，开发娱乐场所，也吸引了不少手工艺人与画师于此挥洒才华和灵感。

庞贝最早由奥斯克人建立。公元前6世纪，希腊人因其地理环境而留下，以便于他们控制海上商道。此后，庞贝城先后又被艾特鲁斯坎人、希腊人和桑尼特人占领。直至公元前89年，苏拉所率领的罗马军队占领了庞贝，此后庞贝成为罗马城市。商人和贵族们纷纷在庞贝地区建立起了奢华的别墅。他们的到来使这座城市更为欣欣向荣，历史底蕴和艺术文化需求也日渐累积起来。

公元79年8月的一天，距离庞贝城约10公里的维苏威火山突然爆发了。附近的人们看到，先是有一片奇特的云彩从山顶冉冉升起，向四周扩散，接着传来震耳欲聋的爆炸声，维苏威山上红光四射，巨龙般的火柱随之冲天而起。转眼之间，天色昏黑，大地颤抖，平时宁静的那不勒斯湾也激荡起狂怒的浪涛。火山喷出的炽热熔岩，落地时已凝固成石块，大量的石块混合着火山灰，一下子覆盖了火山附近的地面。空气中弥漫着呛人的硫黄和浓烟味。火山喷出的大量热蒸汽形成暴雨，又引起山洪的爆发。山洪裹挟着大量的石块和火山灰，变成一股巨大无比的泥石流，顺着山谷奔涌而下……

维苏威火山的这次大爆发持续了 18 个小时，巨量的火山灰、熔岩和泥石流，将庞贝城埋入地下深达 6 米。在这次灾难中，大多数的居民及时逃离了，但仍有两千人遇难。他们有的是为了寻找亲人，有的可能是舍不得自己的财产，有的是因为年老体衰，还有的则是被镣铐牢牢锁住的奴隶。18 世纪初，几位意大利农民在维苏威火山东南地区修筑水渠时，从地下挖出了一些古罗马的钱币和大理石雕像碎块。1763 年，考古人员在这里发掘出一块刻有“庞贝”字样的石块。经过二百多年的发掘，沉睡在地下近两千年之久的古城才重见天日。在大自然突如其来的灾难面前，人类显得多么渺小，多么脆弱！

灼热的岩浆与火山灰的覆盖让庞贝的壁画以较为完整、鲜艳、真实的姿态留存下来，是灾难中的奇迹之光。“庞贝红”是庞贝壁画的特色之一。壁画内容多样，描绘了庞贝城社会生活的方方面面。创作这些壁画的艺术家们对光影、空间感和线条都有较好的把握，色彩鲜明且细节描绘深入，人物和画面生动活泼，不仅让原本冰冷暗淡的墙壁变得生机盎然，同时也栩栩如生地铺展开了时代的画卷。

庞贝的广场曾经是举行政治集会、朝拜神灵、洽谈生意、兜售小玩意的地方，可容纳 1 万人，是庞贝的心脏。广场上的长方形大会堂宽敞豁亮，主厅的侧廊用 28 根巨大而华美的柱子支撑。广场附近有许多体育场。庞贝至少有三个大浴场、一个竞技场、两家剧院。斯塔比大浴场是庞贝最古老的浴场，其间有健身器，可进行游泳等运动项目。广场浴场的建筑者是罗马建筑师维特鲁威，他将浴室建在东西方向的轴线上，分别有热水浴室、温水浴室和冷水浴室。热水浴室有采光天窗，内壁为金黄色，壁柱为红色。温水浴室的墙壁上则有许多凹进去的壁龛，壁龛之间有健美而性感的裸体男性柱。庞贝椭圆形竞技场开阔壮观，有35排阶梯，可容纳庞贝的全部人口。庞贝的大剧院始建于公元前200—前150年，依地势而起，外观具有浓郁的古希腊剧院风格，有5000个座位(小剧院有1200个座位)，比罗马第一座剧院还早100多年。剧场设有遮阳篷，一些特殊装置还可以喷射凉水来防暑降温。庞贝至少有38家纺织工厂，30多家面包房，畜牧业也十分发达。古老的庞贝，无论店铺、酒馆，还是银行、药店都昭示着逝去的繁华。

突发的灭顶之灾使庞贝的生命倏然终止，它在被毁灭的那一刻也同时被永远地凝固了。庞贝因此得以成为我们今天还能领略到的最伟大的古代文明遗址之一。奥地利城市规划师卡米诺·西特在游览庞贝遗址时曾说："穿过空旷的广场会身不由己地被吸引到通往丘比特神庙室外平台的纪念性阶梯的顶端。在这个统领整个空间的平台上，将感受到一种从内心深处升腾而起一阵阵和谐的感情波涛，犹如崇高的圆润而洪亮的音乐旋律一般。"庞贝无法躲过火山的劫难，但它被掩埋封存在渐渐冷却、凝固、变硬的火山灰中，最终竟躲过了上千年岁月的侵蚀。

五、土耳其以弗所

以弗所，《圣经》中的一座名城，也是目前世界上保存面积最大、最完整的古罗马城市遗址。早在5000年前的石器时代，以弗所一带就有人类活动的迹象，在公元前10世纪希腊人入侵之后，这里迎来了空前的繁盛。公元334年，亚历山大大帝占领以弗所。由于其位于爱琴海岸附近巴因德尔河口距离入海口不到1公里的地方，凭借着地理位置和便捷的海上通道，逐渐发展成地中海地区文化贸易经济最为繁荣的城市。在罗马统治期间，以弗所是罗马帝国中仅次于罗马城的第二大城市、亚细亚省的首府和罗马总督驻地，人口有 25 万之多。但是历史的兴衰不可避免，历经百年的变迁，其入海口逐渐被淤泥所填塞，这座辉煌的港口城市赖以生存的海上贸易就此终结。再加上地震和大火频发，以弗所最终难逃被废弃的厄运。直到 20 世纪初才被陆续挖掘，包括图书馆、露台剧场、神殿、街道、店铺、街心广场、公共浴室、卫生间等。虽然被挖掘的部分仅是旧址的百分之三十，也足以令世人震撼，以弗所古城被列为世界文化遗产。

以弗所早期是库柏勒大神母(安纳托利亚丰收女神)和阿尔忒弥斯的崇拜中心。当地的阿尔忒弥斯神庙是古代世界七大奇迹之一。考古清理发掘出来的以弗所遗址虽然多是断壁颓墙，但整个城市布局保存较为完整，残垣中依稀可见当时建筑的雄伟辉煌，人行走遗址之中仍可亲身感受其古城的原貌。1869 年，考古队移走 10 万立方米的泥土，挖出一个 152 米×92 米的大坑，阿尔忒弥斯神殿的台基在 4.5 米深的淤泥中被清理而出，消失了千年之久的神庙终于完整显露出来，这是特洛伊古城发现之前，东方世界最为重大的一次考古发现。现今阿尔忒弥斯神庙的部分柱子被存于大英博物馆内。

考古学家清理出的以弗所古城由一条宽阔的主干道贯穿全城，两旁建有市政厅、法院、哲学府等机构，图书馆、大剧院、神庙和教堂等公共建筑，以及市场集市、浴场和公共厕所等公共设施。来访者通常由海港入口进入，海港大道全长约 500 米，宽 11 米，从港口运来的货物都是从这里送到各个商铺的。由于罗马皇帝阿卡迪乌斯(Arcadius)曾重修此街道，因此这条街道也被称为阿卡迪乌斯大道。在以弗所全盛时期，50 余盏街灯设置在道路两边的廊柱上以供照明，堪称世界上最老的街灯。街道两旁商铺林立，至今大理石地面上的车辙印记仍清晰可观。

海港大道的一头连接着以弗所古城遗址中最为壮观的建筑之一——大剧院(The Amphitheater)。观众的席位是沿着南边的山势而建，北部的席位则被放置在加高的拱形廊柱内。观众可通过西边的纪念碑大门进入剧院内。大剧院始建于公元前 3 世纪，结合了古希腊和罗马的建筑艺术风格，采用了半圆形的结构整体和拱门式入口。最初剧院大多用于举行仪式庆典和体育比赛活动，公元1世纪罗马皇帝尼禄扩建了以弗所大剧院。大剧院直径154米，高38米，可容纳将近2.5万名观众同时观看演出。①

以弗所这个曾经容纳着25万人的罗马大都会，历经无数地震和战乱之后，一切都化为了断壁残垣，留下的只是千年的空旷清幽和满目的萧瑟，然而高耸的石柱、雄伟的石壁、壮观的拱门和精美的石雕却在残阳的辉映下依旧耀眼夺目，述说着昔日的辉煌和奇迹，告诉我们城市生活在大自然的怀抱中，一旦生存的条件不具备，人们只有舍弃并转而寻求其他安生之所。

六、班达亚齐之恸

北京时间2004年12月26日8时58分，在印度尼西亚苏门答腊北部班达亚齐市近海发生8.7级(美国地质调查局测定9.0级)地震。地震引起的巨大海啸，波及东南亚、南亚和东非多国，造成了重大人员伤亡。根据联合国人道主义事务办公室报告，截至2005年2月11日的统计结果，海啸共造成近30万人死亡，7966人失踪，超过100万人无家可归。海啸是一种具有巨大能量和超强破坏力的海浪。地震海啸是海底发生地震时由于海底地形急剧升降运动引起海水强烈扰动，海水先向突然变得低洼的地方涌去，随后翻回海面形成一种波长特别长的大浪，两个波峰之间的距离可达100公里以上，在开阔的深水大洋中运行时速度特别快，可达每小时700~800公里，但因为波峰之间距离过长，海水起落变化就不明显，波涛并不汹涌。当浪潮涌到岸边，一阵阵袭来的大浪挤在一起，激起浪头特别高、威力特别大的巨浪冲上海岸，这便是海啸。海啸以排山倒海之势，形成惊涛骇浪向陆地席卷而来，所到之处一片废墟。海啸在班达亚齐西南方登陆。成片住宅区仿佛被大风刮走了，偶尔露出地面的几寸高的水泥地

① 杨嫣然，阮永睿．土耳其的“庞贝古城”：以弗所考古遗址[J]．大众考古，2016(6)：55-66.

基，才让人确信，这里有过住户。沿路堆积着两米高的水泥块、木头条、枯树枝，裹着棕黑的泥浆，偶尔露出红色沙发或花色床垫的一角。阳光强烈照射后的路面，泥浆裂成瓦片状。湿润一些的泥土裹着街道，整个城市好似被人胡乱犁过的荒芜田地。来自海洋深处迸发的力量，相当于在印度洋投下了3000颗核弹。

面对这场突如其来的灾难，我们才明白，相对于广袤的天地，相对自然那能够席卷一切的力量，人类原来是这样脆弱、渺小和不堪一击，正是因为这恐怖的深蓝，让我们开始敬畏生命，开始尊重被我们忽视了太长时间的自然。

七、启示：人与自然是生命共同体

(一)荒漠化威胁城市生存

人类活动破坏了自然的和谐，任意砍伐树木，在创造高度发达的文明同时，也以惊人的速度制造着沙漠。埃及、美索不达米亚、巴比伦这些古文明的发祥地，如今都是盐碱泛滥、流沙纵横的不毛之地，青年考古学家林梅村认为这是“世界古文明的共同悲剧”。盲目乱砍滥伐致使水土流失，风沙侵袭，河流改道，气候反常，瘟疫流行，水分减少，盐碱日积，最后造成城市生命的必然消亡。楼兰的消亡，更多的原因是人类违背自然规律。对于罗布泊的游移，科学家们认为，除了地壳活动的因素外，最大的原因是河床中堆积了大量的泥沙。塔里木河和孔雀河中的泥沙汇聚在罗布泊的河口，日久月长，泥沙越积越多，淤塞了河道，塔里木河和孔雀河便另觅新道，流向低洼处，形成新湖。而旧湖在炎热的气候中，逐渐蒸发，成为沙漠。水是楼兰城的万物生命之源，罗布泊湖水的北移，使楼兰城水源枯竭，树木枯死，市民皆弃城出走，留下死城一座，在肆虐的沙漠风暴中，楼兰最终被沙丘淹没了。它的消失无疑跟人们破坏大自然的生态平衡有很大关系。造成荒漠化的不合理人类活动主要表现为滥牧、滥垦、滥伐、滥采、滥用水资源、滥开矿等。

荒漠化是当前全球最严重的生态问题之一。目前，全球荒漠化土地面积达3600万平方千米，占到整个地球陆地面积的1/4。其中，非洲的极端干旱区面积最大，其次是亚洲。更为严重的是荒漠化扩展速度异常惊人，全世界大约每年要扩大5万~7万平方千米。荒漠化是指包括气候变异和人类活动在内的种种因素造成的干旱、半干旱和半湿润、半干旱地区的土地退化。其结果是生物生产力持续下降，粮食、牧草减产以至绝收，被称为"地球的癌症"。

目前，全球约40%的陆地受到干旱侵袭，数亿人口受到土地退化的直接威胁。世界上的沙漠都分布于干旱地区。亚洲的极端干旱区主要分布于中国新疆南部和沙特阿拉伯南部；干旱区主要分布于以色列、伊拉克、也门、阿曼、伊朗、阿富汗、巴基斯坦以及中国西部和蒙古南部；非洲的极端干旱区主要处于阿尔及利亚、利比亚和埃及三国的中部和南部。干旱区主要分布于马里、尼日尔、乍得、苏丹等国中北部以及毛里塔尼亚的南部，还有阿尔及利亚、利比亚、埃及三国的北部和摩洛哥境内。大洋洲的干旱区主要分布于澳大利亚。北美洲的干旱区主要分布于美国西部、墨西哥中北部地区。南美洲的沙漠主要分布于秘鲁和智利的西海岸地区和阿根廷的南部地区。欧洲的大部分地区为湿润、半湿润地区，虽然也分布一些半干旱区，但极少有典型干旱区和极端干旱区分布。

中国国家林业局在《联合国防治荒漠化公约》第十三次缔约方大会开幕式致辞中谈道："到2050年，全球对粮食、水和能源的需求预计分别增长约70%、55%和80%，而不可持续地利用土地已导致超过25%的土地出现退化。到2040年，全球粮食产量预计下降12%；到2050年，可用农田预计减少8%~20%。在气候变暖背景下，全球荒漠化防治形势变得更加严峻，干旱和沙尘暴灾害肆虐，100多个国家和地区、15亿人口受到荒漠化影响，直接危及全球粮食安全和生态安全，导致饥饿和贫困，诱发冲突、阻碍发展。专家预计，未来几十年中，将有1.35亿人或因荒漠化加剧而被迫迁移，可能会对国际和平与安全构成威胁。国际社会必须进一步强化共同行动，采取更加有力和有效的措施，推进全球荒漠化防治取得新进展。”

荒漠化与气候变化、生物多样性减少并列为全球首要三大生态环境问题，是影响人类生存与可持续发展的全球性重大挑战之一。2005 年 3 月 30 日，联合国环境规划署(United Nations Environment Programme)在全世界范围内同时发布了由上千名知名科学家历经五年完成的“千年生态系统评估”(Millennium Ecosystem Assessment，MA)。千年生态系统评估报告指出，人类活动已经破坏了地球 60%的草地、森林、农耕地、河流和湖泊。在近几十年中，地球上 1/5 的珊瑚和 1/3 的红树森林遭到破坏，动物和植物的多样性迅速降低，1/3 的物种濒临灭绝。疾病、洪水和火灾爆发更为频繁，空气中的二氧化碳浓度不断上升。如果各国政府不采取更有利于环境的政策，地球的生态系统维持未来人类生活就不再是一件“理所当然”的事情。

中国是一个易受荒漠化和气候变化影响的国家，荒漠化土地占国土总面积 27%，全国共有 18 个省(区、市)受到荒漠化的侵害，影响超过 4 亿人口，荒漠化和土地退化是中国面临的最为严重的生态威胁，据估计每年因此造成的直接经济损失达 1200 多亿元。中国政府一直高度重视荒漠化和沙化防治，先后出台了一系列法律法规和规划政策推进荒漠化防治，加强科技创新支撑，逐年加大治理财政投入，鼓励各地因地制宜探索土地防退化、沙化的有效治理模式，荒漠化治理取得了显著成效。①

与 20 世纪末相比，中国目前荒漠化面积由每年扩展 1.04 万平方千米转变为每年缩减 2424 平方千米，沙化土地面积由每年扩展 3436 平方千米转变为每年缩减 1980 平方千米，实现了“沙进人退”到“绿进沙退”的历史性转变。因此荣获了由世界未来委员会与联合国防治荒漠化公约共同评选出的 2017 年“未来政策奖”银奖。

(二)人与自然是生命共同体

人与自然是生命的共同体，并具有天然的情感联系。恩格斯(Friedrich

---

① 李晓梅．中国荒漠化治理为全球提供范例[J]．国土绿化，2017(9)：11-13.

Engels)早在19世纪80年代就曾发出警告："我们不要过分陶醉于人类对自然界的胜利。对于每一次这样的胜利，自然界都会对我们进行报复。每一次胜利，起初确实取得了我们预期的结果，但是往后和再往后却发生完全不同的、出乎意料的影响，常常把最初的结果又消除了。美索不达米亚、希腊、小亚细亚以及其他各地的居民，为了得到耕地，毁灭了森林，但是他们做梦也想不到，这些地方今天竟因此而成为不毛之地，因为他们使这些地方失去了森林，也就失去了水分的积聚中心和储藏库。"①习近平总书记多次强调："人与自然是生命共同体，人类必须尊重自然、顺应自然、保护自然。人类只有遵循自然规律才能有效防止在开发利用自然上走弯路，人类对大自然的伤害最终会伤及人类自身，这是无法抗拒的规律。"②

早在中国古代，"天人合一""天人相关"等思想就反映了对人地关系的深入思考。中国古代地理学注重人地统一和互动特质，《山海经》《汉书·地理志》等古代典籍中，均蕴含了天时、地利、人和的因地制宜思想。③《山海经》想象奇特浪漫、大胆诡谲，表现了先人对天地山川的赤子情怀，如《山海经·大荒东经》中有言："东海之外，大荒之中，有山名曰大言，日月所出。"《汉书》则严谨宏大，内容精深，如《汉书·地理志》有言："书云'协和万国'，此之谓也。"

马什(Marsh)的《人与自然》(1864)一书揭开了人与自然关系研究的深层问题，认为人类活动已开始修改自然面貌，开启了地理综合论研究的先河。博物学家赫胥黎(Huxley)在1894年出版的《进化论与伦理学》中指出人类作为驱动力的作用，人类活动的强弱引发自然环境的变化。美国生态学家利奥波尔德(Leopold)、里根(Regen)等学者明确提出了伦理学任务，

---

① 马克思恩格斯选集：第4卷[M]. 北京：人民出版社，1995：383.

② 习近平在中国共产党第十九次全国代表大会上的报告，http://116.207.100.227.

③ 李小云，杨宇，刘毅. 中国人地关系演进及其资源环境基础研究进展[J]. 地理学报，2016(12)：2068-2088.

认为自然环境保护需要经济、法律和伦理学的变革，确立生物和自然界的价值和权利，保护地球上的物种和生态系统。1966年美国生态经济学家肯尼斯·波尔丁在《类宇宙飞船的地球经济学》中提出了宇宙飞船经济理论。“宇宙飞船经济”要求人类改变将自己看成自然界的征服者和占有者的态度，而是把人和自然环境视为有机联系的系统，即人—自然系统。吴传钧院士1991年在《论地理学的核心——人地关系地域系统》一文中提出人地关系地域系统是以地球表层一定地域为基础的人地关系系统，也就是人与地在特定的地域中相互联系、相互作用而形成的一种动态结构，研究人地关系地域系统的总目标是为探讨系统内各要素的相互作用及系统的整体行为与调控机理。①

生命与环境的关系是当代自然科学和社会科学领域最重大的基础科学问题之一，它涉及人与自然协调发展等基础理论和社会需求等诸方面。自20世纪80年代以来，地球科学开始进入一个新的发展时期。随着人类社会谋求可持续发展意愿的不断加强，地球科学的研究需要回答诸如地球资源还能为人类社会发展维持多久，人类生存环境对人类自身发展的极限承载力，全球环境在人类活动干预下的变化趋势，以及如何规范人类活动，达到人与自然协调发展的目的等问题。要回答这些问题，需要把地球的大气圈、水圈、生物圈、岩石圈、地幔和地核以及近地空间视作密切联系的整体，并关注人类活动的影响，理解它们相互作用的过程和机理。因而地球系统科学理念逐渐成为引领21世纪地球科学的发展方向。② 地球系统圈层相互联系和陆、海、气相互作用，生命支撑和人地关系，物质和能量的生物地球化学循环和物理传输系统在不同时空尺度上的过程，围绕区域独特性，是地球表层系统研究的战略选择。

人地关系即地球表层人与自然的相互影响和反馈作用，包括人对自然

① 程钰．人地关系地域系统演变与优化研究——以山东省为例[D]．济南：山东师范大学，2013.

② 马福臣，林海，黄鼎成，张志强，姚玉鹏．从地球过程到人地和谐——关于我国地球系统科学发展战略的思考[N]．中国矿业报，2018-07-17.

的依赖性和人的能动地位。人类是地球物质世界各要素共同作用的衍生物群体中的一员，自其出现到科技发达的今天都在不断进行着与资源环境基础开发利用相关的活动。人地关系是人类社会经济发展与资源环境相互依存和相互作用的关系总和。“地”是指人类生活的地理环境，既包括自然环境也包括人文环境。自然地理环境主要指人类赖以生存的自然界，由地质、地貌、土壤、水、植被、气候等自然要素组成。人文地理环境指人类社会所创造的一切社会财富的总和，由人口、民族、宗教、风俗、文化、经济、政治等人文要素组成。人地关系不仅包括人类与自然环境的关系，而且包括人与人之间的社会关系及彼此之间的关系。

自然环境可划分为大气圈、水圈、岩石圈、生物圈；人文环境则可划分为人类圈和技术圈。灾害则孕育于这些地球的不同圈层中。不同孕灾环境的物质与非物质运动的突变、渐变与混合，常常分别形成了自然、环境(生态)与人文(为)灾害。灾害系统是由孕灾环境、承灾体、致灾因子共同组成，是地球表层系统的重要组成部分，具有复杂系统的特性。①

人类对资源的掠夺、对生态的破坏、对空间的占有加剧了人地关系矛盾。人地关系紧张的历史渊源核心源自人对“地”的认知能力滞后于人对“地”的开发改造能力。人对“地”的认知能力和改造能力同步发展是保持人地和谐的关键。因而吸取历史教训，要从长远视角提升人对“地”的科学认知。人类经年累月盲目开荒活动最终可能毁灭赖以生存的环境，出现耕地减少、草场退化、淡水不足、优质能源短缺、雾霾频繁肆虐以及生态环境质量下降等。河西走廊沙漠化扩张、祁连山区植被水源涵养功能下降等现象自汉代大规模人为活动介入以来就开始出现，并持续至今且愈发严重。这启发我们一定要重视当下的人地不和谐现象，因地制宜，严格控制生态脆弱区的人类活动强度和类型。

人类的需求及自我实现能力提升是一个不断发展变化的过程，人与人

① 史培军，宋长青，程昌秀. 地理协同论——从理解“人—地关系”到设计“人—地协同”[J]. 地理学报，2019(1)：3-15.

之间(合作开发资源、竞争分配资源)、人与地之间(开发利用、支撑约束)、地与地之间(按比例搭配充分体现人对其开发利用的价值，如水土搭配生产粮食)均会发生不同程度的联系。长期以来，各种关系之间此消彼长，造就了人地关系的动态演变。尽管人的生存、生活以及发展条件从未能离开“大地”提供的生产资料和空间场所，但随着生产力发展，人类逐渐降低对“地”的依赖，增强主动性并不断压缩其他物种的活动空间，还不时触碰“地”的边界，导致人地关系紧张。尤其自20世纪末期以来，人地矛盾从局部扩展到全球。全球变暖、粮食危机、水污染、大气污染、荒漠化等威胁着人类的生存空间。人类需要主动调整其生产生活方式以寻求人地和谐相处的新模式，人地和谐共生的可持续发展观应成为现代人地关系的核心内涵。

人地关系地域系统包括由各种自然要素组成的自然环境综合子系统，以及由各种经济社会要素构成的人类社会综合子系统，具有整体性、开放性、地域性、结构性、层次性、功能性、动态性和复杂性等特征。其复杂性表现为“人”“地”内部各要素间、要素不同组合间，以及“人”和“地”间的相互作用多样，并且随着人类活动与地理环境之间融合深度的加深，相互作用的内生化趋势加剧，作用关系的复杂程度提高。人地关系相互统一，相互影响，具有共生机制；“人”系统和“地”系统在随着系统的演变过程中，表现出的是两者间相互竞争的关系，具有竞争机制；“突变”是指非连续突然变化的一种现象。系统变化可能是受到内部某一要素变化导致的，具有突变机制；反馈机制指的是人地关系系统中，自然资源环境受人类的生产生活活动的影响，从而使得资源环境系统产生的一种反馈现象。在区域范围内维持一个绿色环境，这对城市来说是极其重要的，一旦这个环境被损坏、被掠夺、被消灭，那么，城市也会随之而衰退甚至毁灭，因为这两者之间的关系是共存共亡的。

如今，人对“地”的改造利用能力得到了提高，智能化、计算机、“互联网+”、物联网、量子通信、人工智能、生物技术、新材料等一系列新兴技术增强了人的主动性和自我实现能力，不断推动整个社会生产和消费方式的变革，也为工业化生产生活方式向生态化方向转变奠定了技术基础。如，地理信息系统、遥感与网络技术的结合，增强了人类对未知区域的探索能力和数据收集能力。虚拟空间的构建一定程度上扩大了“人”和“地”实体要素空间相互作用的范围和力度；通过搭建资源共享的网络平台，人类能够通过便捷地址更大范围内寻求资源，凝聚和提升闲散资源利用价值（共享），以减轻“人”对“地”的压榨式开发。通过压缩时空的机制，促进资源的优化配置；太阳能、生物质能等清洁能源及纳米材料的开发利用也在一定程度上缓解了能源矿产资源危机；智能垃圾收集及处理系统的使用增添了垃圾分类处理的能力和效率；3D 打印等新兴制造技术也将缩减资源浪费。① 生态文明建设任重道远，人地关系演化将在可持续发展目标的指引下走向新的时代轨道。

怀特海说：“宇宙既是实在事物构成的多样性集合，同时又是实在事物构成的统一体。这种统一体本身是实在事物的宏观效应，体现了通过流逝而获得新颖性的无限永恒性原则。”②在人类社会发展的初级阶段，人类需要通过自己主体力量的对象化才能实现对自然的占有，但人最终还是要向自然回归。城市与自然和谐，重新把自然当作自己的家园和精神归宿，从情感上依赖自然，实现人的自由诗意的生存。马克思指出，自然界绝不是与人不同的东西，自然界在本质上与人具有同一性，正像人的存在应当被理解为感性的活动一样，自然也应当被理解为一个历史过程。在这一过程中，人的自然本质和自然的属人本质完美地统一起来了，而这种统一也就是共产主义和人的完整性的最终实现。③

① 李小云，杨宇，刘毅．中国人地关系的历史演变过程及影响机制[J]．地理研究，2018，37(8)：1495-1514.

② 怀特海．过程与实在[M]．李步楼，译．北京：商务印书馆，2012：261.

③ 赵金凤．马克思自然观对近代哲学的超越[J]．2018(9)：50-54.

第五章　城市的童年期——古文明的绚丽曙光

一、怀特海“过程原理”的历史内涵

怀特海认为他的哲学体系是有机哲学，是思辨哲学，是关于宇宙论的研究。怀特海的哲学也被称为过程哲学，在他看来，过程是宇宙中的客观事实，过程是世界万物固有的本性。怀特海指出：“过程是我们经验中的一个基本事实。我们处在现在，这个现在是变化不居的。它源于过去，孕育未来，而且正在通向未来。这就是过程。而在宇宙中，过程是一个无可辩驳的事实。”①怀特海的认识论是有机过程论，他指出：“在这种有机哲学中，构成世界过程的种种现实被看作是体现了其他事物的进入(或参与)，这些事物构成任何现实存在的潜在确定性。那些时间性事物由于参与永恒的事物而得以兴起。由于有一种事物把时间性的现实同潜在的永恒性结合起来，因而使这两种事物得以协调。把两者结合起来的最终的实有就是世界中的神圣因素，它使各种贫乏无效互相分离的抽象潜能从根源上达到理想性实现的有效结合。”②其描绘了一幅现实世界环环相扣、相互影响、紧密联系、动态发展过程的图景。

---

① 怀特海. 思维方式[M]. 刘放桐，译. 北京：商务印书馆，2010.

② 怀特海. 过程与实在[M]. 李步楼，译. 北京：商务印书馆，2012：64.

怀特海关于“过程原理”指出：“一个现实实有如何生成便构成该现实实有本身。所以对一个现实实有的这两种描述并不是互不相干的。它的‘生成’构成它的‘存在’，这就是‘过程原理’。”“过程”概念是怀特海有机哲学的基本范畴，是建立在相对论和量子力学等现代科学基础之上的一种新的过程——关系宇宙观。宇宙不是一种静态的物体，而是处于产生过程中的一种未完成的有机体。他指出：“永恒客体之流不断进入感觉的新颖的确定性，把现实世界吸收到新颖的现实之中，从而构成了这个生成过程。”①过程是世界万物本身固有的属性，过程就是现实事物本身。具有过程属性的存在才是真正的、实在的存在。即过程乃是实在，实在就是过程，同时是能动的主体。现实存在不仅是自己生成过程的主体，而且同世界总体一样，也是超主体，不断突破自身的有限性，走向无限。世界一方面富有创造性，另一方面是被创造物。过去是那些影响现在的事物的总体，未来则是将要受现在影响的事物的总体。宇宙的无限性正是无数个有限突破自身的有限而走向无限的过程。

事物的现在状态是由其直接的过去状态转化而来的。这正是历史研究的意义所在。过程原理启示我们用过程的观点、历史的观点看世界。如果坚持以“过程原理”看待世界，把世界上现实存在的“存在”看作“生成”，看作其自身的两个不可分割的方面，这样就从根本上解决了现实存在的生成、变化和发展的内在动因问题。正如柏拉图的《蒂迈欧篇》所启示的，这个世界的创造就是要确立宇宙新时期的秩序，是一定集合体秩序的到来。研究城市问题，我们不妨追溯历史，追溯城市的起源和城市早期的状态，探寻当下城镇化之路，推陈出新，继承发扬。从历史的趋势看，城市必将走向新的和谐与秩序。

怀特海在《观念的冒险》一书中写道：“无论我们在有记载的历史中回溯多远，我们都处于人类的高级活动时期，远离了动物的野性。同时，要证明在那个时期之内，人类与生俱来的智力已经得到长足的提高，这也是

① 怀特海. 过程与实在[M]. 李步楼，译. 北京：商务印书馆，2012：78.

很困难的。但是，毫无疑义，环境为服务于思想而提供的全套工具已大大扩展。……当然，这一套工具的大部分已在两千至三千年前积累而成。正是由于那千年间精英人物绝妙地利用了他们的种种机会，我们才竟然怀疑那以后人类固有的智力是否有任何提高。”确实，我们的祖先“筚路蓝缕，以启山林”，从远古一路走来，历经磨难也创造过无数辉煌。古苏美尔文明、古埃及文明、古华夏文明、古印度文明、古玛雅文明、希腊城邦时期、希腊化时期、罗马帝国时期、伊斯兰黄金时代等，这些远古的文明犹如江河的源头，至今滋养着我们的心灵和智慧。而古城遗址作为宝贵的文化遗产值得我们深切关注。古城遗址所表现出的美与和谐，启迪我们更好地创建我们现在栖息的城市，以求更和谐，更美好。

二、城市的起源

城市起源理论认为以下一些因素促进了城市的发展：农业剩余产品是城市产生的非常重要的因素；其次是水文学因素，很多早期城市通常处于依赖灌溉和受定期春季洪水控制的农业地区；人口压力因素是指人口密度增长而野生食物资源日趋匮乏促进了农业食品生产和城市生活的转变；贸易需求因素说则观察到无数的城市中心是围绕市场区域发展的；防卫需要说认为城市起源是因为人们需要聚集在安全的军事防御设施中得到保护；宗教缘由说认为寺庙和其他宗教建筑的存在反映出在最早期城市居民生活中宗教的重要性。宗教精英集团通过对圣坛祭品的控制得到了经济和政治权力，因而能够影响那些促进城市起源发展的社会变化，从而强化与早期城市增长涉及的经济、技术和军事变革相关的社会组织变化。

美索不达米亚(底格里斯河和幼发拉底河之间的土地)，位于现代伊拉克境内，拥有城市化的最早期遗迹，其时期是大约公元前3500年。这是所谓新月形沃地(Fertile Crescent)的东部。这个区域的河流泛滥，平原上淤积了肥袄的土壤，从公元前3000年左右开始，都分农业村庄的人口大量增加，形成了苏美尔帝国的众多城邦，包括位于现在伊拉克南部的乌尔城。

当地仍存留部分庙塔。庙塔地基为长方形，四个角正对着东西南北，墙面越高越向内倾，单调的表面装饰着不具功能的拱壁。在东北面的墙上有一道长直的阶梯，向上通往一道高过地面 12 米的大门，原先有两层舞台，最上方有一座庙。古代苏美尔(位于伊拉克南部)被称为“文明的摇篮”，因为那里的早期城市中有无数的发明。这些早期城市创新的遗产在后继的文明中留存下来，在当代城市中仍依稀可见——在书写、数学、车轮、以六十进制来计量时间等的使用中。①

美索不达米亚的另一个历史新阶段——巴比伦的卓越兴盛——开始于公元前 2000 年早期。公元前 1792 年至公元前 1750 年间，在汉谟拉比(Hammurabi)的统治下，巴比伦成为一个版图涵盖从马利(Mari)和尼尼微(Nineveh)到波斯湾的帝国的首都。汉谟拉比在历史上的重要性在于他是现存的最古老法典的创造人。②

印度河流域文明的伟大成就是哈拉帕(Harappa)和摩亨佐-达洛(Mohenjo-Daro)两座城市。这两个城市具有为交通便利且规划整齐的大道，还提供各种系统的公共服务，经过了清晰的规划，城市布局和配套设施都相当完善、合理。城市为当时的商业和政治中心，为印度河流域文明的起源和发展提供了一片沃土。

城市是生命创造、拼搏奋斗、延续至今的载体，是生命的外化的一部分。文明和城市在历史上就是珠联璧合的——拉丁文中的 civitas(城市)就是文明(civilization)的词源。从一开始，城市就一直是在人类进步中创造某些最不可思议的突破和发明的试验炉。

刘易斯・芒福德在《城市发展史：起源演变和前景》一书中写道：“虽然如此，城市的胚胎构造却已经存在于村庄之中了。房舍、圣祠、蓄水池、公共道路、集会场地——此时尚未形成专门化的集市——这一切最初

① 保罗・诺克斯，琳达・迈克卡西．城市化[M]．顾朝林，汤培源，等，译．北京：科学出版社，2009：23.

② 修・昂纳，约翰・弗莱明．世界艺术史[M]．吴介祯，等，译．北京：北京出版集团公司，2013：48.

都形成于村庄环境之中：各种发明和有机分化都从这里开始，后来才逐渐发展成为城市的复杂结构。”城市正是凭借这样的复杂多样性，创造出高度的统一体。而这种新型的城市综合体又能使人类创造能力向各个方向蓬勃发展。城市有效地动员了人力，组织了长途运输，克服空间和时间的阻隔，加强了社会交往。城市还在大规模发展市政工程的同时促进了发明创造，此外还促进了农业生产力的进一步提高。①

三、迈锡尼城

迈锡尼城存在的时间大约自公元前 14 世纪至前 11 纪(多丽斯人的征服)。据考，该都城之外有保护城市的城堡；环绕城堡便形成了一个由数个村落组成的城镇，城墙是由无数巨石砌成的。墙的一角是迈锡尼人建造的狮门，在一个巨大的门楣上由石块砌成了一个三角形，上面刻有一对狮子(狮头已经不见了)，似乎在守护和点缀着一派雄伟壮观的气势。在卫城之内可看到宫殿的遗迹，有王室、祭堂、储藏室、浴室和接待室等；还有绘有图画的地板、柱廊、壁画墙，以及可观的梯级等。② 在狮门附近发掘出戴有金冠的男子头骨，以及脸骨上的黄金面具；在女性骷髅的头部，也有黄金饰品；有绘有图画的花瓶、青铜锡、琥珀、象牙、彩陶，以及装饰富丽的刀剑匕首等；还有用黄金做成的各种东西，如图记、戎指、别针、饰钉、杯子、珠子、手镯、胸甲、清洗用具，以及用黄金小片装饰的衣服等。随着古城被挖掘出来，一切关于那个黄金帝国的伟大故事，特别是希腊史前最伟大的诗人荷马所写的两部巨著《伊利亚特》《奥德赛》中的场景，一点点呈现在人们面前。

文明一般以金属工具的使用、城镇的形成与较大建筑物的出现作为主

① 刘易斯·芒福德. 城市发展史：起源演变和前景[M]. 宋俊岭，倪文彦，等，译. 北京：中国建筑工业出版社，2005：22.

② 董延寿，史善刚. 商都西亳城与迈锡尼城文明之比较[J]. 中华文化论坛，2013(2)：30-35.

要标志。古希腊的文明史是从爱琴文明开始的。所谓爱琴文明就是指爱琴海地区的青铜文化。在青铜时代，这一地区的原始社会逐渐解体，产生了奴隶制城邦。爱琴文明的中心是克里特岛和迈锡尼城，因此又称迈锡尼-克里特文明。文字的产生是精神文明发展的一个重要尺度。迈锡尼线形文字是古希腊语的一支。

迈锡尼时代是希腊神话和荷马史诗的摇篮。迈锡尼时代是一个列国纷争、英雄辈出的时代。希腊神话讲述的诸王国间的战争或许有某些真实的历史影子。“七雄攻忒拜”的故事反映了迈锡尼时代南北两大强国——迈锡尼和忒拜——争霸的史实。迈锡尼时代也是海外扩张的时代，赫拉克勒斯的海外冒险表明迈锡尼王国的扩张足迹已延伸到色雷斯、小亚、北非甚至地中海西部地区。特洛伊战争则是希腊人记忆中迈锡尼人最大的海外军事冒险。考古证实，迈锡尼人确属开放的海上民族，他们的商业和殖民活动遍及地中海东岸地区，西向的商业开发也有迹可循。①

四、殷　　墟

在青铜时代的文明中，只有中国的青铜文明不曾中断而延续至今。殷墟遗址位于今河南省安阳市西北郊的洹河两岸，是我国历史上商王朝后期的都城，是由文献记录和甲骨文印证并经考古发掘证实的可以确定年代的我国最早的都城。这里地处华北平原南部辽阔的冲积扇平原上，发源于太行山麓的洹河穿流而过最终注入卫河，这一带土壤不仅湿润，而且富含腐殖质，土地十分肥沃，利于农作，地势呈西北高、东南低的特点，具备了得天独厚的建都条件。②

整个殷都的布局是围绕紧邻洹河的宫殿区展开的。以宫殿区为中心在其周围分布居民区、手工业作坊区及墓葬区等，殷墟布局的第一个特点是

① 王以欣. 迈锡尼——希腊英雄神话和史诗的摇篮[J]. 世界历史，1999(3)：56-63.

② 王元. 殷墟布局规划研究[D]. 石家庄：河北师范大学，2007.

以宫殿区作为整个都城布局的中心。第二个特点是独立的单元区拱卫宫殿区。商殷之时的城乡并未分化，还保有原始聚落的形态，形成了一个个具有综合功能的独立的单元区围绕在宫殿区周围。城市平面也呈现出以宫殿区为圆心的不规则同心圆，表达了一种“群体”的意念。殷墟遗址还有一个非常显著的特点：洹河横贯其中，文化遗存两岸皆有分布，也即殷墟王都是依洹河而建的。商王朝发展至盘庚之时已创造出了相当辉煌的文明，而作为其都城的殷墟应是这种辉煌文明的直接写照。发掘于此的青铜器铸造精美、工艺考究，甲骨文更是六书皆备、体系完整，而殷墟本身的布局规划所呈现出的与前代商都不同的特点也是商代灿烂文明的直接产物。

在20世纪初，殷墟因发掘出甲骨文而闻名于世，1928年正式开始考古发掘以来，殷墟出土了大量都城建筑遗址和以甲骨文、青铜器为代表的丰富的文化遗存，系统展现了中国商代晚期辉煌灿烂的青铜文明，确立了殷商社会作为信史的科学地位。被评为20世纪中国“100项重大考古发现”之首。自殷墟发现以来，先后出土有字甲骨约15万片。甲骨文中所记载的资料将中国有文字记载的可信历史提前到了商朝，也产生了一门新的学科——甲骨学。

甲骨文，是中国目前已知最早的成系统的文字形式，是世界四大古文字之一。它具备了象形、指事、会意、形声、转注、假借等造字方法，标志着已进入了成熟阶段。目前殷墟发现有大约15万片甲骨，4500多个单字。从甲骨文已识别的约1500个单字来看，甲骨文已具备了现代汉字结构的基本形式，其书体虽然又经历了金文、篆书、隶书、楷书等书体的演变，但是以形、音、义为特征的文字和基本语法保留下来，成为今天世界上五分之一的人口仍在使用的方块字，对中国人的思维方式、审美观产生了重要的影响，为中国书法艺术的产生与发展奠定了基础。甲骨文也因此成为世界四大古文字中唯一传承至今的文字。由甲骨文演变发展而来的汉字，在传播华夏文化、促成中国大一统国家的形成与巩固方面发挥了重要作用。

安阳殷墟在1978年的考古发掘中，出土青铜容器4000余件，这些青铜器中，后母戊鼎是殷墟出土的最大青铜器。殷墟出土遗物非常丰富，以陶器数量最多，还有较多的铜器和玉器以及石器、骨器、角器、蚌器、象牙器等。陶器主要为夹砂灰陶、红陶和泥质灰陶、红陶的日用器皿。还出土有刻纹白陶、硬陶和原始瓷器。妇好墓出土玉器 755 件，除礼器、兵器、工具、生活用品之外，还有玉人、龙、凤和 27 种玉雕动物，显示出商代晚期琢玉工艺和抛光技术的极高水平。①

1928 年以来，考古人员先后发现宫殿、宗庙等建筑基址 80 余座。这些建筑大多坐落在厚实高大的夯土台基上，以木料、黄土为主要建材，房架多以木柱支撑，墙用夯土版筑，屋顶覆盖茅草，造型庄重、质朴、典雅。主要建筑高大繁复并互相连属，整体院落左右对称，多重有序，开创了中国传统厅堂建筑规制的典范，总体风格为历代所沿袭。②

五、雅　　典

雅典是一个三面环山，一面傍海，距离蔚蓝的爱琴海仅一步之遥的城市。城内小山连绵起伏，美丽的基菲索斯河和伊利索斯河穿城而过，到处洋溢着古老、质朴和井然有序的气息。建于公元前 5 世纪的雅典卫城，是希腊强盛时期的产物，它既是城市的最高点，又是军事上的防卫中心，还是城市守护神的殿堂圣地。雅典卫城建筑群是雅典黄金般的古典时期的纪念碑，是其全面繁荣昌盛的见证。公元前 480 年，波斯大军一度攻占雅典城，彻底摧毁了卫城上的全部建筑。驱逐了侵略者之后，雅典人立即着手把它恢复，在胜利与欢乐的精神鼓舞下，他们把卫城建筑群建设得比原来更加雄伟壮丽。伯里克利任命大雕刻家菲迪亚斯(Phidias)主持卫城的建设，建筑师是伊克提诺和卡里克拉特。

雅典卫城和希腊的命运一样多灾多难，当年的帕特农神庙(Parthenon-

① 殷墟——商代后期都城遗址、世界文化遗产，https://36.110.234.91.
② 殷墟，https://174.37.154.236.

Temple)曾是希腊全盛时期建筑与雕刻的主要代表，有“希腊国宝”之称，也是人类艺术宝库中一颗璀璨的明珠。它是为了歌颂雅典战胜波斯侵略者的胜利而建，是供奉雅典娜女神的最大神殿。位于帕特农神庙左边的伊瑞克提翁神殿(The Erechtheion)，是一座建于悬崖边缘的石殿，传说这里是雅典娜女神和海神波塞东为争做雅典的保护神而斗智的地方。神殿南侧廊台的六尊女像柱组成的少女门廊最具特色，用六根大理石雕刻的少女像柱代替石柱顶起石顶，充分体现了建筑师的智慧，她们长裙束胸，轻盈飘忽，头顶千斤，亭亭玉立。由于石顶的分量很重，而六位少女为了顶起沉重的石顶，颈部必须设计得足够粗，于是建造师给每位少女颈后保留了一缕浓厚的秀发，再在头顶加上花篮，成功地解决了建筑美学上的难题，因而举世驰名。① (见图 5-1)其建筑艺术之美，直到约 2500 年后的今天，依然散发活力，展现美的光彩。

图 5-1　伊瑞克提翁神庙遗迹

(资料来源：http：//222. 243. 149. 225.)

① 白英. 神话中的古城雅典[J]. 神游，2017(3)：46-51.

地中海是一个商海，雅典是地中海的一颗明珠。雅典的海岸线曲折多良港，发达的海路交通、众多的岛屿、丰富的矿藏、优质的陶土、特产的橄榄和葡萄等经济作物，为雅典的对外贸易提供了天然的基础。位于希腊中部阿提卡半岛上的雅典有着拜里尤斯天然良港，同时雅典又处于落后的欧洲与先进的埃及和西亚的交接点上，其地理位置特别有利于发展海上贸易和工商业。公元前6—公元前4世纪，希腊世界的工业大有发展，尤其是在阿提卡地区，雅典城市及其外港拜里厄斯的工业特别活跃。手工行业更多，更有组织和更加专门化，出现了冶金业、造船业、制陶业、建筑业、纺织业、制鞋业等多种类型的手工业作坊。公元前5世纪，雅典的拜里厄斯港是爱琴海上著名的国际商港，运到这里的商品有埃及、西西里、黑海沿岸的谷物、牲畜和皮革，米利都的羊毛，波斯和迦太基的毛毯，阿拉伯的香水，马其顿和色雷斯的亚麻衣料和造船木材，此外，还从各地输入奴隶。小亚细亚的米利都则是联结东西方贸易的重要枢纽。当时，希腊商人的足迹已遍及北欧、西欧、英吉利海峡、北海和波罗的海，甚至到达欧亚交界处的未知地区和非洲的西海岸。

与其他地区相比，由于土地贫瘠，平原狭小，古代希腊的农耕经济并不占优势，雅典就是如此。而城市工商业经济的繁荣，是先前落后的雅典变为公民富足、国家强大的重要原因。国富民强才能进行大规模的智力投资和文化建设。伯里克利曾大规模兴建雅典卫城、帕特农神庙、赫维斯托斯神庙、苏尼昂海神庙、大剧场、音乐厅、街道和大型雕塑像等一大批规模宏大的公共文化工程，竭力使雅典成为全希腊最美丽的城市、“全希腊的学校”。据载，建造雅典娜神庙花费耗资7000塔兰特，相当于雅典城邦整整7个全年的预算。①

希腊古典文化长达200余年的繁荣在于拥有广泛的公民群众基础和城市活动空间，从而使古典文化具有广博的内涵、恒久的魅力和深远的影响。

---

① 解光云. 论希腊古典文化繁荣的城市因素[J]. 武汉大学学报(人文科学版), 2003(5): 289-294.

文化人、知识分子依托城市开办学园，进行全民性的戏剧演艺、宗教节庆、体育竞技等形式多样，内容丰富的文化活动，传播了知识，培育了人才，融通了思想，活跃了文化市场，从而使得对戏剧、雕刻、建筑、诗歌、论辩演说等古典文化的认知、理解、接纳和传扬，有了广泛的社会基础。

另外，雅典的银行众多，能够大量制造银币；雅典还盛产陶土，所产陶器远销埃及和意大利，这些都使雅典的商品经济迅速发展。商品是天生的平等派。由商品经济产生的商品关系只能是一种平等关系，平等必须自主，故体现价值根本属性的商品经济必然是平等、自主、竞争、开放的非平衡动态经济。这种经济造就了雅典奴隶制工商业比较发达，工商业贵族的政治势力比较雄厚，而商品经济的发展，必然要求产生体现自主、平等的民主制度。相对的另一方面是，由于雅典多山的地形，肥沃土壤的缺少和梭伦改革对土地集中的限制，使雅典掌握土地的氏族贵族势力较弱，极难形成君主专制。雅典在多次的政治革命和立法改革中，氏族贵族的权力受到削弱，工商业主的地位不断提高。从梭伦到伯里克利的四次改革，采取了一系列有利于发展工商经济、保护新兴工商业主和劳动群众利益的政策措施，并逐步构建、发展和完善民主制度。

雅典从苏格拉底开始，德谟克里特的自然派哲学理论开始演变，雅典哲学研究的方向主要在个人本身与每个人在社会的地位，这就给人民参与民主运作提供了哲学基础。希波战争的胜利，使希腊成为一个经济活动整体，其中心就在雅典。贸易中心的位置使雅典一跃成为希腊最大的城市和工商业中心，这必然会进一步巩固民主制度。雅典是一个城邦国家，始终没有形成统一中央集团制国家，祭司集团的影响也比较小，这必然会在极大程度上减少了雅典民主制度发展和完善的障碍。雅典的科学文化繁荣昌盛，在哲学、政治、美术、历史、雕塑、体育、法律、文学、音乐以及自然科学方面有着灿烂的成就，高度发达的社会文明也促进了雅典民主制度的进步和完善。

古希腊的城市国家被称为城邦(city-state)，通常是以一个城市为中心，加上周围村社组成。城市就是国家，国家就是城市，城市与国家是合二为一的。古希腊城市从功能上来说主要是作为政治实体而存在，创建城邦不仅仅是为了商业上和物质上的繁荣。城邦之间是相互竞争的关系，每个城邦都需要建立起一种制度，让自己能够在竞争的环境中生存和获得政治权力。① 古希腊城邦之间竞争激烈，不仅体现在常规的战争上，也体现在商业、艺术和体育各个领域。

希腊历史上的古典时期，既是其社会经济发展的“黄金时期”，也是与两大战争即希波战争(前494—前449年)和伯罗奔尼撒战争(前431—前404年)相连的。历时近50年之久的希波战争，希腊人最终取胜。雅典城邦逐渐成为希腊世界的主宰。雅典城市在雅典城邦乃至整个希腊世界的中心地位由此得到进一步的提升、加强和巩固。而在伯罗奔尼撒战争中，雅典失利，加剧城邦危机，维护和扩展雅典城市作为城邦政治、经济、文化中心的诸多因素逐渐失去，雅典城市不再是“全希腊人的学校”，随雅典城邦的衰落而式微。

六、古罗马城

古罗马城是古罗马历史的产物，古罗马城市建设的特点的深刻渊源在于古罗马历史进程的特点。世界文化遗产委员会对罗马城的评鉴是：“从传说的公元前753年建成之日起，罗马就同人类的历史紧密相连。它曾是统治地中海世界五个世纪之久的帝国的首都，后来又成为基督教世界的首都，今天仍然履行着这些重要的宗教和政治功能。”古罗马建筑是古希腊建筑的继承和发展，并在罗马帝国统治时代达到了顶峰，对后期欧洲建筑乃至世界建筑都产生了巨大影响。每一座罗马建筑遗迹都是一本人文发展的史书，它彰显出了帝国的强盛与繁荣，是罗马帝国威严与权力的象征。

古罗马文明是人类的骄傲，罗马是人类的“永恒之城”，古罗马建筑的

① 布克哈特. 希腊人和希腊文明[M]. 王大庆，译. 上海：上海人民出版社，2008：84.

风格、特色和建造技术影响了世界整整几个世纪，所以有些历史学家认为，西方历史的真正开端可以说发轫于古罗马。古罗马建筑是世界建筑史上辉煌的一章，是人类创造的建筑奇迹。古罗马建筑是古罗马人沿袭亚平宁半岛上伊特鲁里亚人的建筑技术，继承古希腊建筑成就，在建筑形制、技术和艺术方面创造的一种新的建筑形式。古罗马建筑一般以厚实的砖石墙、半圆形拱券、逐层挑出的门框装饰和交叉拱顶结构为主要特点。古罗马建筑的类型很多，有罗马万神庙等宗教建筑，也有剧场、角斗场、浴场等公共建筑。古罗马建筑的形制相当成熟，与功能结合得很好。例如，罗马帝国各地的大型剧场已与现代大型演出性建筑物的基本形制相似。古罗马建筑融合了各种复杂的功能，主要依靠水平很高的拱券结构获得宽阔的内部空间。古罗马建筑艺术成就很高，大型建筑物风格雄浑凝重，构图和谐统一，形式多样。罗马人开拓了新的建筑艺术领域，丰富了建筑艺术手法。古罗马建筑在公元1—3世纪达到西方古代建筑的高峰。

罗马人对建筑工程的重大贡献，是发明了一种被称为“黏浆”(Caementum)的万用材料，这是一种用火山灰岩、石灰和水拌成的石浆，再加上碎石或碎砖，用之于建筑业，非常坚固，又增添色彩。这就是世界上第一种足以支撑大跨度建筑的混凝土。罗马人发明了混凝土，从此大拱门、大圆顶、大拱顶就都能独立，而无须像古希腊建筑那样依靠许多柱子来支撑了，从而成为世界建筑史上划时代的创举。在建筑方面对拱券的钟爱正是罗马人从伊达拉里亚人那里学习和继承的。罗马人将其东面邻居希腊的柱式进行了继承和改造。再加上罗马人对天然混凝土的创造性应用，于是罗马建筑的外观特点便有了深厚的基础。①

古罗马城建筑的代表性遗址如下：

1. 古罗马的象征——大斗兽场

这座斗兽场，是为纪念征服耶路撒冷兴建的。全场可以容纳近五万名

---

① 刘海峰. 论帝国前期罗马城的建设及其特点[D]. 西安：陕西师范大学，2013.

观众。在汇集了众多人的智慧的庞大建筑造型中，我们依然可以看到外来文明对罗马建筑的影响，宏伟的古罗马斗兽场的建筑中希腊的建筑方式依然在被使用，在柱式结构的造型上继承了希腊的古典柱式结构，从这一点上我们同样也可以看到作为欧洲文明发源地之一的希腊文明伴随着战争、经济、商贸的向外传播，它的建筑造型的独创性也对后来的世界建筑造型起到了深远的影响。古罗马也在建筑应用表现上继承与发展了希腊的建筑方式。这座斗兽场，近看错落有致、虚实相间，远看给人气势磅礴之感，这又得益于建筑物的希腊柱式建筑风格与罗马拱门式建筑风格的完美结合设计，内部结构布局的精巧更是让现代建筑家都叹为观止。

2. 宏大而实用的高架供水系统

罗马人的高架水渠系统的修建起自共和时代，到帝国时期，罗马的高架水渠建设已经有了三百多年的历史。罗马人对高架水渠的工程质量有严格的要求，同时其在工程技术上取得的成就也是非常突出的。罗马人通常的做法是用连续的券拱结构将水渠高高托起，凌空架起的水渠有效地防止了污染和人为破坏。并且在建筑美学上实现了空灵和雄壮的完美调和。券拱的使用使整个渠道丝毫不显笨重，使人觉得建筑之所以能立在那里完全是由于技术的精巧。同时渠道多采用石材，又保证了建筑的厚重之感，再加上其绵延万里的规模，和顶上那条流淌着清澈泉水的人造河流，赋予了高架渠雄伟而灵秀的气质。

为了使水自流保证一定的速度，同时又不能使水流过分冲刷管道内壁，所以整个渠道必须保持合适的坡度。为了防止渗漏，罗马人使用植物和动物防水材料对管道进行处理。为了防止蒸发，管道往往带有弧形盖板。对于罗马人在高架水渠建设上的技术成就，古罗马百科全书式作家老普林尼有这样的看法："如果我们考虑到公共建筑、浴场、游泳池、开口水道、私人住宅、花园和近城区域的充足水源，如果我们考虑到把水运送到目的地前所穿越的遥远的距离，诸多拱门的建筑、开挖穿山险道的工程和跨越深谷的水平管道，那么我们就会由衷地赞叹：世界上已没有什么比这更雄伟壮观的了。”发达的供水系统每天将数十亿公升水源源不断地送到城市，通过城市的蓄水池，和管道系统分散到各个居民点供居民使用。

高架水渠对罗马城的发展和城市建设产生了巨大的影响。与公元前312年之前相比，高架水渠的修建使得图拉真时代的罗马城干净水的输入量增长了15倍。这不仅为罗马城市人口的膨胀奠定了基础，而且为罗马各公共浴场提供了用水，成为罗马城娱乐性建筑的基础性设施。

古罗马城的城市设施类型以其世俗性和公共福利性在古代社会中独树一帜。古代希腊的建筑虽然堪称美丽，但是让人称道的主要建筑类型大部分属于神庙建筑。罗马人在价值取向上与希腊人有着显著的区别。“希腊式伟大的理论家，崇高的思想方式的创造者，但罗马人和希腊人不同，他们是生活的伟大建设者。”①埃及的金字塔固然是古代建筑的奇迹，但它是陵墓，是用于供奉死去国王的神圣场所。金字塔是面向来世的一种建筑，而不是现世生活中的建筑。中国的皇宫固然是世俗建筑，但是它的华美仅仅属于皇室成员，它是帝王倾全国之力修建的私宅。而古罗马城却以其贴近普通民众的大型世俗建筑而著称于史。古罗马城的大量建筑是为人而且是为普通人而不是专为神或贵族修建的，比如广场、大角斗场、公共浴场，等等。共和的传统培养了罗马人对公共建筑的态度。他们将公共建筑视作人民主权，视作国家的尊严和人民的利益。因此他们不惜将大量的财富花在公共建筑上，以求其宏伟壮丽、激动人心。这样就自然而然地产生了罗马对公共建筑的重视，这种重视不仅仅是对其实用功能的重视，在罗马人眼里，公共建筑还具有象征意义，它们代表着共和的精神和人们的意志。

七、古长安

汉长安城是西汉王朝的首都，是西汉时期的政治、经济、文化中心。

① [俄]科瓦略夫. 古代罗马史[M]. 王以铸，译. 上海：上海世纪出版集团，2011：202.

自张骞通西域后，又成为著名的国际城市，与西方的历史名城罗马并称为当时世界上东、西方两大都会。汉长安城遗址位于西安市北郊。西汉初年，刘邦定都长安，首先以秦王朝的离宫——兴乐宫为基础，修建了长乐宫作为临时皇宫。与此同时，刘邦又让丞相萧何负责修建未央宫。当时未央宫的主要工程是营建大朝正殿——前殿和东阙、北阙。未央宫是作为正式皇宫建造的，自公元前 198 年，它一直作为西汉首都长安的皇宫。未央宫在我国古代宫城史上占有重要的位置，其对后代宫城建制的影响十分深远。萧何还在长乐宫与未央宫之间修筑了武库，在长安东南修建了中央粮库——太仓。汉长安城城墙的修筑晚于未央宫。汉惠帝刘盈即位后，开始修筑长安城城墙，至公元前 190 年，长安城修筑才告竣工。高祖和惠帝执政时期还修筑了东市、西市和北宫、社稷、高庙等重要建筑。这时的长安城已初具规模。西汉中期，汉武帝在长安城内修筑了桂宫和明光宫，在长安城西侧上林苑内营筑了建章宫。在都城西南角开凿了昆明池，充实了上林苑中的各种宫观建筑，大规模扩建了皇室避暑胜地——甘泉宫。汉长安城的建设，在此时达到了顶峰。①

柳宗元有述：“凡万国之会，四夷之来，天下之道毕出于邦畿之内。”②唐代的长安城(即隋大兴城)位于灞河以西、渭河南岸，具体选址在龙首原南区，龙首原南这块平原就是今天西安城及其郊区所在地，它相对于北区来说，地势相对起伏较大，愈向东南，地势愈高。选作都城更有回旋的余地。而且更便于从东西两面引水入城，解决城市用水的问题。同时原南依靠山原，将都城与渭河远远隔开，再无洪水没都的危险。唐代长安城接近河流、交通便利、有险可守，土壤肥沃、选址资源广阔、规划格局巨大、着眼宽广。当时的长安城面积达 84 平方千米，是汉长安城的 2.4 倍，是明清北京城的 1.4 倍。比同时期的拜占庭帝国都城君士坦丁堡大 7 倍，较公元 800 年所建的巴格达城大 6.2 倍，古罗马城也只是她的五分之

① 李毓芳. 汉长安城的布局与结构[J]. 考古与文物，1997(5)：71-74.

② 《柳宗元集》卷二六《馆释使壁记》.

一，此后几百年间，她一直是人类建造的最大都城，是当之无愧的“世界第一城”。①

在漫长的封建时代，中国的城市功能趋于多元化，逐步成为政治、经济和文化传播中心。春秋战国时期，随着生产力的发展，城市的经济功能大大强化，从而促进了完整意义上的城市的出现。特别是到北宋时期，产生了一次“城市革命”，城市商业空前发展，传统的坊市制被打破，新型的城市型聚落——镇、市开始显现，大中城市继续发展，首次出现百万人口的特大城市，长安、北京等一度成为当时全世界最大最繁华的城市。

八、佩特拉古城

佩特拉古城(公元前9年—公元3世纪)，是约旦南部沙漠中的神秘古城之一，也是约旦最负盛名的古迹区之一。2007年7月8日被评选为世界新七大奇迹。佩特拉古城位于距首都安曼约260公里、海拔1000米的高山峡谷中。它几乎全在岩石上雕琢而成，佩特拉遗址的岩石带有珊瑚宝石般的微红色调，在阳光照射下熠熠发亮。特殊的地貌使它呈现出绝美的颜色，所以又被称为“玫瑰古城”。佩特拉为纳巴泰人(古代阿拉伯部落)的王国首都，公元前1世纪时极其繁荣，公元106年被罗马帝国军队攻陷，沦为罗马帝国的一个行省，所以现在还能看到很多在古罗马文化中常有的建筑。古代的佩特拉以中东商业中心而著称，是埃及、叙利亚乃至希腊、罗马的贸易市场和中转站。公元3世纪起，因红海贸易兴起代替陆上商路，佩特拉开始衰落，公元363年发生的大地震，更使佩特拉城几近毁灭。7世纪被阿拉伯军队征服时，它已是一座废弃的空城。直到1812年为瑞士旅行家重新发现而重见天日，展现昔日的绚丽色彩。

佩特拉位于干燥的海拔1000米的高山上，几乎在岩石上雕刻而成，周

① 杨牧茏，孙丽云，王文静. 中国古代城市规划的布局艺术及规划研究[J]. 河南科技，2015(10)：67-69.

围悬崖绝壁环绕。其中有一座能容纳 2000 多人的罗马式露天剧场，舞台和观众席都是从岩石中雕琢出来的。佩特拉古城反映了纳巴特王国五百年繁荣时期的历史，古城多数建筑保留了罗马宫殿式的风格。依山崖而筑的佩特拉古城，是约旦乃至中东地区的文明奇观，人类建筑史上的奇迹，被誉为"峡谷玫瑰城"和"嵌在岩壁上的浮雕宝石"。佩特拉建筑融入了埃及、叙利亚、希腊以及罗马的建筑艺术风格，也展示了多国交流中心城市的风貌。他们把无与伦比的建筑艺术刻画在了峡谷砂岩上，也留给了今天的人类。

2017 年，约旦佩特拉古城与长城嘉峪关结为姊妹世界文化遗产地。长城嘉峪关和佩特拉古城都是著名的世界文化遗产地，是古丝绸之路的重要节点，有着深厚的文化积淀和魅力。双方分别于 1987 年和 1985 年入选联合国教科文组织世界遗产，并同时于 2007 年当选"世界奇迹"。长城嘉峪关和佩特拉拥有颇为相似的自然景观，双方都彰显了人类利用工具、因地制宜创造建筑并同时维护自然环境的高超技艺，是古老文明创造独特建筑遗迹的伟大范例(见图 5-2)。

图 5-2　佩特拉古城

（资料来源：http：//58. 58. 81. 217.）

九、特奥蒂瓦坎

特奥蒂瓦坎雄踞于今墨西哥城东北约40公里、海拔2300米的墨西哥高地中部，向世人展示着墨西哥古代文明全盛期的壮丽辉煌。这一宏伟的城市以“亡灵大道”为南北轴线，以太阳金字塔、月亮金字塔和羽蛇神金字塔三座神坛为核心，环绕着各类大型公共建筑和不同阶层的居住区，约始建于公元前100年，持续建设至大约公元450年，主要建筑在公元550年前后被焚毁。在公元2—6世纪的鼎盛时期，人口约10万~15万，面积超过20平方千米，是美洲最大的城市，与前古典期末段和古典期早段的玛雅文明东西对峙，共同开创了中美洲文明最灿烂的时代。

公元650—700年，特奥蒂瓦坎遭到了外族入侵，所有建筑均被毁坏，这座宏伟的古城成了废墟，只有遗址留给后人观瞻。所幸的是，特奥蒂瓦坎古城中心纵贯南北的大街“逝者街”(又称死亡大道)和太阳金字塔、月亮金字塔，以及大道两旁大大小小的寺庙、神坛、宫殿所构成的巨大建筑群遗址仍然保存着，能让参观者想象出其一千多年前的辉煌景象。南城6.7万平方米的城堡遗址是当年祭师和官员的住地，城堡中的羽蛇神庙，现在也仅存了庙基，其上遗留的石刻羽蛇神头像仍栩栩如生。据考古探测得知，在这些宫殿、神庙下面，有复杂的排水系统，密如蛛网，纵横交错，可见这座古城的城市建设水平之高(见图5-3)。

墨西哥诗人、诺贝尔文学奖获得者奥克塔维奥·帕斯有一首诗，题为《废墟间的颂歌》，诗作既是哀悼特奥蒂瓦坎废墟的挽歌，又是呼唤其再生的祭歌，是一曲二重奏，如同有着黑白木刻性质的油画。“废墟”所指的意义均与文化和传统、创造与毁灭、生命和社会有关，为读者展开一幅宏阔、深邃、繁复的审美画面。《废墟间的颂歌》最后呼吁“语言开花结果，化为行动”，描绘了一幅人类新的生存状态——“诗意地栖居”的至善至美的和谐境界。

图 5-3　墨西哥特奥蒂瓦坎古城遗迹

（资料来源：http：//119. 96. 200. 204.）

十、库斯科和马丘比丘

库斯科古城位于秘鲁海拔 3400 米之上的东安第斯山脉丰饶的山谷中。城市建于公元 1100 年，在印加统治者帕查库蒂之下发展成为一个复杂的城市的中心，具有独特的宗教和行政的职能。古城的四周是清晰可见的农业、手工业和工业区。当 16 世纪西班牙人占领这块土地时，入侵者保留了原有的建筑，但同时又在这衰落的印第安城内建造了巴洛克风格的教堂和宫殿。17 世纪，库斯科依赖于波托西的矿山而繁荣，却因 1650 年的地震而荒芜。1670 年城市按照巴洛克风格重建，并成为艺术中心。今天，科斯科的主要建筑物属于这一时期。1790 年，整座城市被占领。这以后，与波托西的矿山息息相关的利马，享受着经济发展所带来的繁荣，库斯科则随着利马的兴起而衰落。

距库斯科城 1.5 公里处，有举世闻名的举行“太阳祭”的萨克萨曼圆形古堡。古堡是古代印第安人最伟大的工程之一。它建筑在一个小山坡上，是俯瞰全城的巨大防御系统。据说其主堡是由印加王帕查库蒂于 15 世纪 70 年代动工修建的，持续了 50 多年，直到西班牙殖民者入侵之前还没完全竣工。这个巨大的建筑群，从上至下共有 3 层围墙。每一层墙高达 18 米，长达 540 米，均用巨石垒砌而成。古堡下层台阶用石板铺成，长达 800 米。古堡最高处是由 3 座塔楼围起来的一个非常整齐的三角形。圆柱体主塔基层呈放射状，句塔楼内有一眼温泉。这里也是印卡王的行宫。其他两座正方形塔楼为驻军之处。古堡底下有用石头砌成的网状地道，它和 3 座塔楼相通。这一宏伟壮观的建筑群显示了印加帝国的强大，从建筑艺术上，其结构新颖而复杂，建筑庞大而坚固，是美洲印第安人最伟大的古建筑之一。

马丘比丘(Machu Pichu)，又译麻丘比丘，是秘鲁著名的前哥伦布时期印加帝国建于约公元 1500 年的遗迹。马丘比丘位于现今的秘鲁(Peru)境内库斯科(Cuzco)西北 130 公里，整个遗址高耸在海拔约 2350 米的山脊上，俯瞰着乌鲁班巴河谷，为热带丛林所包围，缜密的建筑构思和与大自然融为一体的完美规划令人惊叹，是世界新七大奇迹之一。

马丘比丘在克丘亚语(Quechua)中意为“古老的山”，也被称作“失落的印加城市”，是保存完好的前哥伦布时期的印加遗迹。由于独特的位置、地理特点和发现时间较晚，马丘比丘成了印加帝国最为人所熟悉的标志。马丘比丘城内的主要遗迹包括太阳神庙、拴日石、老鹰神庙、中央广场等。太阳神庙是马丘比丘唯一的圆柱体建筑，是马丘比丘最精美的石造艺术品。马丘比丘还有一项功能是天文观测，这可以从拴日石上得到证明。拴日石有点像中国的日晷，在每年的春分、秋分正午时，太阳刚好处在拴日石柱的正上方。古印卡人相信这根柱子可以绑住太阳，在冬至时将太阳带回家。印卡人崇拜太阳。太阳神是他们最重要的神灵，印卡国王自称为“太阳之子”。

在 1983 年，马丘比丘被联合国教科文组织定为世界遗产，是世界上为数不多的文化与自然双重遗产之一。长期以来只是传说在秘鲁安第斯山脉的崇山峻岭中有座神秘古城。西班牙人在长达 300 多年的殖民统治期间对它一无所知，秘鲁独立后 100 年里也无人涉足。在 400 年的时光中，只有翱翔的山鹰目睹古城的雄姿。由于其圣洁、神秘、虔诚的氛围，马丘比丘被列入全球十大怀古圣地名单。古城海拔 2280 米，两侧都有高约 600 米的悬崖，峭壁下则是日夜奔流的乌鲁班巴河。在山顶上马丘比丘的悬崖边，人们可以欣赏到落差 600 米直到乌鲁班巴河的垂直峭壁(见图 5-4)。

图 5-4　马丘比丘遗迹

（资料来源：https：//219. 136. 245. 116.）

十一、蒂卡尔

蒂卡尔(Tikal)是玛雅文明中最大的遗弃都市之一。它坐落于危地马拉的佩腾省。蒂卡尔是玛雅文明的文化和人口中心之一。这里最早的纪念碑建造于公元前4世纪。城市在玛雅古典时期——大约公元200—850年，达到顶峰。外貌既惊且险的金字塔是蒂卡尔最主要的建筑成就。蓝宝石般明净的天空下，一座座拔地而起的金字塔刺破林莽的密网，在绚烂的热带阳光下遥遥相对，熠熠生辉。更令人叹为观止的是蒂卡尔金字塔斜度达70度的惊人设计，其外形有如欧洲的哥特式教堂般奇峭，因而有人称之为"丛林大教堂"。就是沿着这些陡峻得令人眩晕的石阶，玛雅祭司——通常也是玛雅王，一步步进入那金字塔顶端装饰着高耸"顶冠"的神庙，仿佛升入天际，他们观测星象，制定历法，成为千千万万玛雅人心目中的世间之神。

整座遗址的最高处是最西侧的4号"双蛇头神庙"，它高达64米，位于金字塔顶端，是到目前为止在中美洲所发现的最高的古代建筑。在蒂卡尔文明的极盛时代，蒂卡尔的金字塔神庙超过3000座，神庙之间是宫殿和贵族的住所，神庙前的平台上，矗立着一排排赞颂蒂卡尔诸王功绩的石碑和祭坛。

十二、廷巴克图

廷巴克图是西非历史上声名显赫的城市，也是马里、桑海帝国历史上最悠久的古城，廷巴克图的地缘位置极其优越，位于西非尼日尔河北岸，南北方向分别与撒哈拉以南非洲和地中海世界相接壤，东西方向毗邻加奥和杰内两大城市，是古代西非和北非骆驼商队的必经之地。跨撒哈拉商道是撒哈拉以南非洲，尤其是西非内陆联络北非以及欧洲的一条主要通道，在此通道上兴起了一系列的著名城市，廷巴克图便是其中之一。跨撒哈拉商道是连接撒哈拉以南的非洲和地中海世界的主要桥梁，它是公元8—16世纪末界于北非地中海沿岸国家及西非国家之间的重要的贸易路线，跨撒哈拉贸易更是串联了撒哈拉南北，促进了西非和地中海世界的交流与互动。

在廷巴克图交易的有来自塔加扎盐矿的食盐、地中海世界的贸易产品、来自尼日尔河的稻米、黍米、黄金、奴隶、象牙，来自马里境内桑桑丁和杰内的柯拉果。廷巴克图通过东线还可以到达埃及，该路线具体为廷巴克图到加特，最终可以到达罗马的加德米斯，廷巴克图对外贸易的地理广度和宽度是无可比拟的。①

15 世纪中期，廷巴克图成为西非乃至整个非洲的伊斯兰文化中心，其“黄金岁月”为 1493—1591 年。廷巴克图的城市规模建立在其强大的经济基础之上，并以文化和技能为标准分为不同的社会阶级，结果是书籍和图书馆成为知识、财富和能力的象征，故而有“盐来自北方，黄金来自南方，知识和文化来自廷巴克图”②之说。1549 年阿斯基亚王朝达乌德皇帝即位，此人勤于学问，励精图治，廷巴克图的盛名达到了历史的最高点。廷巴克图在 15 世纪末至 16 世纪初成为享誉世界的“全球城市”，不但对西非，还对地中海世界产生了重大影响。

随着阿拉伯商队的到来，阿拉伯文化和伊斯兰教也传入了廷巴克图，并传播开来。马里、塞内加尔、几内亚、上沃尔特、加纳北部、尼日尔以及尼日利亚、喀麦隆、乍得等国率先在西非竖起了伊斯兰的旗帜。当地的非洲居民也吸收、掌握了大量的阿拉伯语词汇，城中供人们观赏的“亭—布克图”水井，就是一例。“亭”在阿拉伯语中是土地的意思，“布克图”是人名，即“布克图之地”。随着日月的推移，这个名字演变成了“廷巴克图”。廷巴克图经济、文化、宗教的快速发展和繁荣离不开阿拉伯人的积极参与。阿拉伯帝国特殊的地理位置令其成为东西方交流的桥梁，有着十分发达的中介贸易。阿拉伯商人利用这种优势，使廷巴克图同外界建立了联系，带去了优秀的阿拉伯-伊斯兰文化，促进了廷巴克图城市文明的发展与廷巴克图文化的繁荣。此外，随着商队贸易的发展与伊斯兰教的传播，他们不但带来了先进的制度文化，还传入了一些科技成果，如火器、阿拉

---

① 占心磊. 廷巴克图：一个“全球城市”的兴衰[D]. 北京：首都师范大学，2011.

② BREND D S. African Bibliophiles：Books and Libraries in Medieval Timbuktu[M]. San Bernardino：California State University，2004：1-12.

伯历法、阿拉伯数字、字母和书写法，开设了伊斯兰教学校，这些措施极大地促进了廷巴克图当地居民的教育水平和科技水平。

今天的廷巴克图，可以见证其富庶的黄金早已消失了，但留下的萨赫勒-苏丹式清真寺和丰富的阿拉伯文手稿足以见证其在中世纪伊斯兰文化传播中的重要地位。廷巴克图城的遗产包括三大部分：3 座清真寺，16 座苏菲派穆斯林圣墓，以及 1 家公立图书馆和 20 多家私立图书馆所藏的近 20 万卷阿拉伯文手稿。其自 1988 年入选世界遗产名录以来，已经两度被列入濒危世界遗产名录：第一次是 1990—2005 年受沙漠化加剧的威胁，第二次是自 2012 年至今受恐怖主义与战争的威胁。

图 5-5 为雄伟的泥土清真寺。撒哈拉沙漠以南非洲的清真寺是世界上最为独特的，它们使用泥土砖作为最主要的建筑材质。这些“泥土清真寺”有着独特且显著的外观：厚墙，相对低矮，大的、塔状的伊斯兰教尖塔。墙壁和屋顶以木梁支撑，这些木梁还经常从外表面突出来；结合泥土和石膏混合的涂层，形成一种防御的、像堡垒一样的效果。这座古老的大清真

图 5-5　雄伟的泥土清真寺

（资料来源：http：//219. 138. 180. 22.）

寺1325年建于廷巴克图。这个图阿雷格部族(西撒哈拉和中撒哈拉的柏柏尔人)的聚居地从14世纪晚期就变成伊斯兰教的中心，这座宏伟的建筑被认为开创了这种风格的先河，并且是这片大陆上最古老的清真寺。

十三、吴哥王城

吴哥王城，又称大吴哥，雄踞在柬埔寨首都金边西北约310公里处的暹粒。吴哥古建筑群，是柬埔寨吴哥王朝的都城遗址，是真腊王国吴哥王朝的国都，也是柬埔寨的最后一座都城，是吴哥的“心脏”。现存古迹主要包括吴哥王城(大吴哥)、吴哥窟(小吴哥)、贝雍寺、女王宫等，古建筑全部用石头建构，石头结构和精美的浮雕是吴哥古迹的两大特点。吴哥王城的每一块石头都精雕细琢，遍布浮雕壁画，其技巧的娴熟、精湛，想象力的丰富、惊人，使人难以置信。吴哥王城呈正方形，坐落在东西长1400米，南北宽820米的院落之中，周围有长5600米、宽20米长的坚固城墙和护城河环绕城市，城墙高8米，有5个城门。吴哥王城南门(South Gate)外的护城河上架有石桥，桥的两侧栏杆上各有一排54尊石雕的半身像，左边代表神灵，右边代表恶魔，他们手上拉着眼镜蛇化身的巨蛇王。

吴哥王朝辉煌鼎盛于11世纪，是当时称雄中南半岛的大帝国，也是柬埔寨文化发展史上的一个高峰。吴哥王城前后建筑用了400余年，600余座大小各式建筑，分布在约45平方千米的丛林中。吴哥王城内有宫殿、图书馆、浴场、回廊等，精美的雕刻几乎完好无损。在城的中央，还有长约300米的著名建筑——象台，据说是当时国王检阅部队的阅兵台，一个大台，两个小台，大台左右两侧置有石象。阅兵台前方的广场上筑有12座红色小塔。

吴哥窟又称吴哥寺或小吴哥，梵语意为“寺之都”，吴哥窟是吴哥古迹的精华，也是柬埔寨早期建筑风格的代表，位于吴哥王城南部1000米处，是吴哥遗迹的重要组成部分，苏耶跋摩二世(1113—1150年在位)时为供奉印度婆罗门教主神毗湿奴而建，三十多年才完工，是世界上最大的庙宇。

吴哥窟既是国王生前的寝宫，又是国王死后的寝陵；既是王室的宫廷，又是王国的首都。吴哥窟的整体布局，从空中可以一目了然：一道明亮如镜的长方形护城河，围绕一个长方形的满是郁郁葱葱树木的绿洲，绿洲有一道寺庙围墙环绕，正中的建筑是印度教式的须弥山金字塔。吴哥窟坐东朝西，规模宏大，比例匀称，瑰丽精致。其整体的结构布局主要体现了柬埔寨古典寺庙建筑的特点，即祭坛和回廊。回廊环绕须弥台呈矩形，祭坛由三层须弥台组成。祭坛的高度逐层递增，象征着印度神话中位于世界中心的须弥山。在最高一层祭坛的顶部，是五座宝塔，其中四座较小的宝塔围绕着大宝塔呈五点梅花式排列，象征着须弥山的五座山峰。在吴哥窟的外围，是环绕一周的护城河，象征着环绕须弥山的咸海。

能够建成如此宏大规模的建筑群，吴哥王朝在当时一定是一个有着相当雄厚的物质基础和高度发达的科学技术的超级大国。在地理位置上，它处于中国和印度的交通要冲，在中国、印度、东罗马三大文明古国的经济和文化交流方面起到了桥梁的作用。国际上的交往和联系也就相应地促进了国内经济的发展，加之当地的农作物都是一年三熟、一年四熟，粮食也极度丰富。

近年来西方学者通过空中摄影、遥感和计算机分析等高科技方法，发现从市中心向北，田地、道路、土墩和灌溉渠构成了一个巨大的网络。整个吴哥城的面积超过 1000 平方千米。可以想见，在吴哥的鼎盛时期，当他们耗费巨大的人力物力修筑宫殿和寺庙的时候，也同时修建了一个庞大的水利灌溉系统。它保证雨季尽量储水，以便旱季使用。1000 平方千米的土地都被河渠分割成四方形的稻田，一年可以收获三造或四造。它有效地控制了洞里萨湖的水患，还为水上运输提供方便，包括修建吴哥城的巨石都是通过这些河渠从采石场运送到施工地点的。正是这个庞大的水利灌溉系统成为吴哥保持繁荣的基础。高度发展的农业经济，人和自然的和谐相处，使真腊成为东南亚地区的经济大国，获得“富贵真腊”的美誉。由于大规模的营建和对外征服汲尽了人民血汗，人民起义和被征服地区的反抗连绵不断。13 世纪中叶兴起的泰族诸王国多次打败吴哥王朝，并于 1431 年首次攻陷首都吴哥通。为避免泰人的威胁，1434 年索里约波王时迁都百囊奔(今译金边)，吴哥的建筑群成了茫茫森林淹没下的废墟。

十四、古代城市与金融的发祥

金融之于人类社会，如同血液之于人体。金融在过去 5000 年里一直是人类社会发展不可或缺的组成部分。金融对于城市文明的诞生、古典帝国的兴起以及世界的发展都起到了关键的作用。“金融是一种技术——一个工具和制度的网络，用以解决复杂的文明问题。这项技术关乎价值的跨时空流动，运用契约、制度和单据，来实现未来收益承诺这一本质上假想的东西。”①

金融是随着第一批城市的兴起而出现的，相应地，金融也对城市的兴起有促进作用。美索不达米亚产生了世界上第一种书面语言、第一部法律、第一份合同和最早的高等数学，其中许多都直接或间接来自金融技术。例如，楔形文字是古代会计制度和契约的一个意外副产品。公元前 3600 年左右，古代苏美尔城市兴起于底格里斯河和幼发拉底河的交汇处，即现在伊拉克所处的位置，那里很适合种植谷物和养殖畜牧，但缺乏其他必需品，如木材、铜和锡。它们越来越依赖跨时期的金融合约技术。金融的首次出现伴随着人类最伟大的发明——书写，即记录当下发生的某件事，使其能够在将来被明确地解读的能力。最古老的乌鲁克泥板大约是在公元前 3100 年由抄写员制成的，学者们现在断定那是人类最早的书写作品。在公元前 3000 年左右，从乌鲁克古城鼎盛时期的城市规模来看，有超过一万人居住在这里。我们今天所有的金融工具都是契约，苏美人的环形封套和陶筹可以说是有关契约的最早考古证据。耶鲁大学古巴比伦文物藏品中的恩美铁那铭文椎体是全世界最早的复利证据。

---

① 威廉·戈兹曼. 千年金融史：金融如何塑造文明，从 5000 年前到 21 世纪[M]. 张亚光，熊金武，译. 北京：中信出版社，2017：5.

明文契约、账簿档案以及对每个人付出和索取的记录，促进了古代城市的发展，也为更大规模的城市和政治实体奠定了基础。私人金融契约出现在古代美索不达米亚。公元前24世纪中叶的一份苏美尔记录可能是最早的个人借贷记录之一，而在此之前，所有这类契约都是与神庙签订的。个人借贷和债务记录已经无可争议地成为古代美索不达米亚金融架构的一部分。借贷行为普遍存在于公元前2000多年前的乌尔第三王朝的社会各阶层，从下层农民到政府显贵都是如此。借贷对象既有白银，也有大麦；而契约类型则包括有息贷款、无息贷款，以及使用劳力支付利息的借贷。这说明，即使在一个高度受控、层次分明的经济体系中，借贷也发挥着十分重要的作用。

公元前两千纪之初的古巴比伦时期最著名的统治者是汉谟拉比，他最著名的遗产是《汉谟拉比法典》，这是一部铭刻在黑色玄武岩柱上的法律，如今收藏于卢浮宫。《汉谟拉比法典》规定，白银的利率为20%，大麦为33.3%，明确了书面契据在契约债务中的作用，收据的必要性，以及在缺失这些文件时应如何处理。《汉谟拉比法典》是古代西亚地区金融架构的重要组成部分，在金融领域的重要性不亚于借贷泥板、租约、信用证和其他古巴比伦时代发明的一系列金融文件。它提供了一种制度环境，让越来越详细的契约得以发展。复杂的金融技术已经在古西亚文明中存续了3000年，即使城市变为废墟，过去的知识已经丢失，它们也会永久地流传下去，这些文献已经表明：金融在文明发展中所起的作用是巨大而不可估量的。

苏格拉底说“五谷不分，不可御民”。希腊罗马古文明孕育出了以货币与市场为基础的、十分成熟的金融经济。希腊人设立了银行、货币制度和商业法庭。罗马人则以此为基础，新创了公司企业，有限责任投资以及某种形式上的银行。与美索不达米亚那些以当地生产分配为主，长途贸易为辅的古代城市不同，雅典和罗马当地的农业不足以支撑城市的迅猛发展，必须代之以海外贸易。雅典的小麦大多进口自遥远的黑海地区，罗马则依赖肥沃的尼罗河三角洲供给谷物。

比雷埃夫斯是雅典的一个海港，它也曾经是古希腊的国际贸易中心，是商人、投资者和银行家进行黑海贸易的地方。雅典的金融体系不仅促进了远途贸易，海洋上的金融技术——契约、担保、合伙和外部融资工具——也同样适用于其他企业的融资。与海上航行的风险相似，矿山开采风险被分散在一个具有特殊的流动性和适应性的金融体系中进行管理。雅典这样的金融体系，能够促进投资和风险分散，对于这个伟大城市所需要的复杂的，依赖进口的经济也有很强的支持作用。

从公元前 7 世纪末的梭伦统治时期到公元前 5 世纪的伯里克利时期，演化了超过两个世纪的雅典体系从根本上调整了个人与国家之间的关系，这正是依靠一个容纳了众多崭新元素的公共金融体系实现的。没有金融创新和独一无二的金融资源，古雅典的民主实验可能不会成功。① 希腊文明有两个值得强调的方面：法律和货币。雅典法院的存在导致了强有力的财产权的产生，并吸引了大量的投资者。货币在雅典社会从初始阶段到拥有其最著名的民主过程中发挥了核心作用。货币成为共享雅典经济成功，凝聚个人对国家忠诚的工具。

罗马的金融系统比它之前的任何一个都要复杂。罗马的贸易网络包含了很多今天的欧洲和北非国家，它的远距离联系甚至延伸到了印度和中国。这个巨大的网络离开了金融是无法运作的，就像古代雅典那样，商人需要资本，贸易信贷以及对抗风险的保险。许多现存的金融工具自罗马时代起就已被采用，比如硬币、银行、海运合同、担保、抵押、公共财政和中央银行业务。然而，这些都是在罗马独特的背景下被采用的。罗马对金融最具创新意义的贡献之一，是创造了人类最早的股份公司。这些公司的投资者们被称为公众团体，他们参与包税制度、公共工程建设，并为罗马军队提供军需品。公众团体是世界上最早的大型公众持股公司，由罗马的公民广泛持有。

古代金融中最值得关注的一点是：几乎所有的基本金融工具包括金融

① 威廉·戈兹曼．千年金融史：金融如何塑造文明，从 5000 年前到 21 世纪[M]．张亚光，熊金武，译．北京：中信出版社，2017：50.

合同、抵押贷款、股票和债券工具、商业法庭、商人法律、私有企业、银行和银行系统，都是由西亚和地中海东部地区的早期社会发展而来。之后还出现了更复杂的概念工具，如财务规划、经济增长模型、复利计算以及用来回顾分析价格历史走势的实证记录。正是金融的不断创新发展，古代城市从一个辉煌走向另一个辉煌，从一种美的彰显迈向另一种美的表达。

十五、生命与文明自由跃动造就古城之美

何为“美”？美学家们说：“美是自由的象征”；“美是人的生命本质力量对象化”；“美是和谐”；“美是生命创造的自由表达”。以生命特征的视角看待文明起源时期的城市古迹，看到的是文明之美、生命之美。人类历史不是静态的供我们翻阅的典籍，而是由一个个鲜活的生命所交织出来的洪流，它裹挟着人的一切思考，认识、创造及完整的生活。文明的美感，在很大程度上是为了家园而存在的；人类为了更好地生存，创造出文明的美感；在时间与空间的积淀中，文明的美感创造总能发挥着特殊的生存力量与思想力量。人类通过建筑城市构建自己的文明，在城市中展示文明生活的全部自由美感。事实上，在世界文明生活中，美是城市文明的最集中的记忆与体现。城市是文明的象征物，最早的文明都是通过城市来显示。①其次，它们在对抗中形成了文明的独特形式，又在相互交融中吸收了文明创造最内在的生命精神力量。从这些古城遗址我们看到的是文明交融、碰撞、创造、跃动的生命力量之美。正如怀特海所说：“生命的目的就是追求环境所允许的尽善尽美，非如此不足以理解生命。”②

文明发展到一定程度，为了面对和适应自然的挑战，人们创造了城市，在城市里人们聚集财富和知识又进一步创造文明。文明的不断生长，

① 李咏吟. 论美是生命与文明自由跃动的力量[J]. 中北大学学报(社会科学版)，2018(2)：17-23.

② 阿尔弗雷德·诺思·怀特海. 观念的冒险[M]. 周邦宪，译. 南京：译林出版社，2015.

需要从一次成功到一个新的挑战，从解决一个问题到面临另一个问题，必须有始终活跃在一系列动荡之中的“生命冲动”。文明的不断发展还需要文明之间的碰撞、交流、融合。欧亚大陆的文明得以绵延至今得益于大陆相连，互相频繁交流、融合、竞争、挑战乃至学习。例如，埃及最早的阶梯式金字塔就显示出一种对苏美尔建筑有意识的借鉴，尽管埃及人使用的原料是石料而不是土坯，并且迅速地发展起了自己独特的技术和艺术风格。或许，象形文字也反映出某些对苏美尔楔形文字书写方式的有意模仿，因为埃及书写文字几乎一出现就发展成为一种完整的书写体系，这同苏美尔楔形文字缓慢的演化历程有着相当大的不同。

希腊古典文明和其他所有的文明一样，大量借用过去的文明如中东文明。不过，希腊人所借用的，无论是埃及的艺术形式还是美索不达米亚的数学和天文学，都烙上了希腊人所独有的智慧特征，那就是虚心、好奇多思、渴求学习、富有常识。理性主义和现实主义相结合，使希腊人能够自由地、富有想象力地思考有关人类和社会的各种问题，并在伟大的建筑、哲学和艺术创作中表达自己的思想和情感。这种不受束缚的自由思想是希腊人所独有的，他们的作品至今仍引人注目、意义重大。

在城市方面，罗马人的主要成就就是把城市文化连同它所带来的一切扩展到中欧和西欧。罗马人建立了许多城市，如不列颠的伦敦和科尔切斯特，高卢的奥顿和瓦依松，以及德意志的特里尔和科隆。这些城市还拥有使人身体舒适的公共澡堂、令人心情愉快的公共剧场，以及住宅区、公共市场和商店。这些城市不仅构成了帝国政治制度的基本细胞，而且还构成了帝国文化的基本细胞。

华夏文明不仅是最古老的，也是最独特的。在商朝废墟中发现的复杂的表意文字，对中国和整个东亚后来的历史极为重要。它是现代汉字的直系祖先，这一点也可用来说明中国文明的连续性。① 虽然东周时期政治不

---

① 斯塔夫里阿诺斯. 全球通史：从史前史到21世纪[M]. 吴象婴，梁赤民，等，译. 北京：北京大学出版社，2006：70.

稳定，但文化取得重大发展。在这个生机勃勃、富有创造性的时代里，人们写下了伟大的文学、哲学和社会理论著作。这也是中国古典文明形成的时代，在这一时代里，希腊古典文明和印度古典文明也大约同时发展起来。

古典文明时代最明显的特点，就是欧亚大陆趋于整体化。到公元1世纪，罗马帝国、安息帝国、贵霜帝国和汉帝国一起，连成了一条从苏格兰高地到中国海、横贯欧亚大陆的文明地带，从而使各帝国在一定程度上能相互影响。但仍处于初始阶段。这时的技术进步主要表现为铁的发现及其日益广泛的使用。农人们能利用坚固、锋利的铁斧和铁犁，将农业由中东向东，经伊朗高原，推广到中欧；向西经地中海地区，推广到北欧。同样，新来印度的雅利安人也向东推进，砍伐恒河流域的森林；而中国的农人则将他们的活动范围从黄河流域向南，扩展到伟大的长江流域。① 新的铁制工具也使人们能制造更大、性能更好的船舶，从而使航海的距离更远，贸易的规模更大，开拓的殖民地更多。除穿越欧亚大陆内地的商队路线外，还有环绕整个欧亚大陆的海上航线——从北海到地中海西部，再到地中海东部沿岸诸国和岛屿；从红海到印度，再到东南亚和中国。

玛雅文化孕育、兴起、发展于今墨西哥的尤卡坦半岛，恰帕斯和塔帕斯科两州与中美洲内的一些地方，它是美洲印第安人文化的摇篮。玛雅人拥有发达的农业技术，留下了把沼泽地和水淹地改造成田的遗迹。在严重缺水的地区，玛雅人还建立了大规模的灌溉体系。有一条宽广的运河把城市南部和附近的一条大河相连。在城市中心北端，七条星罗棋布的小运河把水输送到各个水库。玛雅的金字塔是祭塔。它用磨平的巨大石头筑成，雄伟壮观。塔四周有阶梯，塔顶是祭神的庙坛，通往金字塔的阶梯上装饰有浮雕。但玛雅文明突然衰亡的原因至今仍是千古难解之谜。古代玛雅人

① 斯塔夫里阿诺斯. 全球通史：从史前史到21世纪[M]. 吴象婴，梁赤民，等，译. 北京：北京大学出版社，2006：84.

在彩陶、壁画、雕刻、建筑、文字以及天文、历法、医学和数学等方面具有很高的水平。曾经有过如此辉煌过去的玛雅文化，在公元10世纪初期突然神秘地衰落了。同样的，佩特拉古城、特奥蒂瓦坎、马丘比丘、蒂卡尔、吴哥王城也相继被遗弃荒郊野外，或许由于孤立封闭，缺乏交流融合发展的天时地利人和，最终走向衰落。

随着时间的流逝，人类定居的这些地方兴旺繁荣，并且从饥馑、战争、火灾和洪水中生存下来，兴衰枯荣，轮回交替，经常产生一种历史、建筑和环境价值的积累。城市越来越多的部分具有层层叠加的重要意义。① 面对曾经无比璀璨的文明与遗迹，没有一个人会对于如此有魅力的世界无动于衷。历史对维系人类社会的重要性是无可怀疑的，人们不仅是生活在现实生活之中，而且也是生活在历史记忆之中，古城遗址是古人在宗教、人类学和空间等方面的世界观在时空中的具象化，是人类记忆和历史中诸多永恒价值的源泉。保护这些城市遗址体现着人们对祖先的尊重，对祖先所创造的伟业的敬仰，对祖先所追求"真、善、美"的肯定。这实际上也是在保护我们社会得以延续的十分重要的方面。②

美学家宗白华说："每一个伟大时代，伟大的文化，都欲在实用生活之余裕，或在社会的重要典礼，以庄严的建筑、崇高的音乐、闳丽的舞蹈，表达这生命的高潮，一代精神的最深节奏。（北平天坛及祈年殿是象征中国古代宇宙观最伟大的建筑）建筑形体的抽象结构、音乐的节律与和谐、舞蹈的线纹姿势，乃最能表现吾人深心的情调与律动。吾人借此返于'失去了的和谐，埋没了的节奏'，重新获得生命的中心，乃得真自由、真生命。"③此语精辟地论述了生命的自由跃动创造了美的规律。当今时代，和平与发展是时代主题，是人类历史上从未有过的辉煌时代。自1950年以来，世界城市人口增长迅速，已从7.51亿增加到2018年的42亿。预计到

---

① 安东尼·滕．世界伟大城市的保护，历史大都会的毁灭与重建[M]．郝笑丛，译．北京：清华大学出版社，2014：32.

② 林志宏．世界文化遗产与城市[M]．上海：同济大学出版社，2012：9.

③ 宗白华．美学散步[M]．上海：上海人民出版社，2015.

2050 年，全球城市人口将增加 25 亿。当今时代人类共同面对的最大挑战，是如何在满足城镇化发展的同时，彰显城市之美，凸显人与自然和谐之美，时代要求我们学习借鉴古代璀璨的文明，吸收古代留下的遗址蕴含丰富的美的滋养，从而创造新的辉煌与美。

第六章 城市的少年期——中世纪以来城市风貌演变

一、怀特海“对比”范畴演绎

宇宙是一个完整系统，它通过两个维度的相互作用而实现自身：一个维度是不可观察的，一个维度是可观察的并且是显而易见的。不可观察的深层维度简称为“A 维”，而可观察之维则是显现出来的维，简称为“M 维”①。A 维无形无限，反物质、暗物质蕴含其中，是宇宙生命体的神经系统和传感系统，A 维和 M 维共同为一个整体，共同维系着宇宙生命活力。对观察者来说，它们之中一个是基本维，一个是经验之维。经验之维中事件的多样性显现着基本维中支配着它们的各种相互作用的统一性。M 维中产生的粒子和粒子系统不仅彼此之间发生相互作用，而且与 A 维也发生相互作用。每个粒子和每个粒子系统都有怀特海所说的“物质极”，通过这种物质极，它们会受到 M 维中其他粒子和粒子系统的影响；同时它们还有怀特海所说的“精神极”，通过这种精神极，它们会受到 A 维的影响。怀特海把这些影响叫作“包容”——即世界的其他部分对时空中的粒子和粒子系统所起的作用。作为万物之灵的人类，沐浴在这个 A 维和 M 维的整体之中，

① 欧文·拉兹洛. 自我实现的宇宙：科学与人类意识的阿卡莎革命[M]. 杭州：浙江人民出版社，2015.

感受着宇宙丰富的生命信息，产生创作灵感，于是有了音乐、绘画、雕塑、建筑和城市。

关于“对比”范畴，怀特海说：“对比，或在一个包容中综合多种实有的方式，或模式化的实有。”指的是多个命题综合而成的有差异甚至对立的组合和结构。它不仅与复合统一体的内在结构相关，并且直接造成更为复杂的多样性，是多层次的不同非纯粹潜能的交织。他又说：“我们通常所说的‘关系’都是从对比中产生的抽象。一种关系可以在许多对比中发现，而当它这样被发现时，就可以说它把互相对比的事物联系起来。”这个范畴立足于各种实有彼此之间因不同的关系而在包容中形成不同的结构，或者形成某种模式。这主要是对包容中的实有的内在关联即结构的强调。由于对比，多样性呈现出更加复杂的差异和关联，以至呈现为网状多维关联的复合体。从命题的单维关联的多样性，到对比的多维关联的多样性，存在的多样性就具有了越来越复杂的结构形态，从而表现为世界的生态复杂性，这就为多样性注入了无比丰富的内容。① A 维和 M 维相互联系相互作用，构成日益对比丰富的世界，人类社会从古代进入中世纪后，各种建筑风格，城市风貌涌现出来，表现出多姿多彩的美和秩序。正如怀特海指出的：“一个持续的客体从承继物和新颖的结果之间的对比中获得感觉强度的增长，而且还从贯穿于整个生命历程结合起来的承继物的稳定节奏性质获得增长的强度。这个持续客体具有重复发生的影响力、对比的强度以及两个对比因素之间的平衡。”

中世纪的商业连接、技术连接和宗教连接使欧亚大陆文明实现整体化。技术的进一步提高，尤其是造船业和航海业的发展使欧亚大陆完全的统一成为可能。中世纪最早形成的伊斯兰教帝国，到 8 世纪中叶，已将国土从比利牛斯山脉扩展到印度洋，从摩洛哥延伸到中国边境。以后几个世纪，伊斯兰教进一步扩张到中亚、东南亚和非洲腹地。穆斯林征服统一了

① 曾永成. 从“范畴体系”看怀特海有机哲学的生态美学底蕴[J]. 鄱阳湖学刊, 2016(4): 30-46.

整个中东地区，而中东是所有横贯欧亚大陆的商路的枢纽；这里既有通往黑海和叙利亚各港口的陆路；又有穿过红海和波斯湾的水路。其中渡过阿拉伯海、同印度西南部马拉巴尔沿海地区的贸易尤为繁荣。大批穆斯林商人，多数为阿拉伯人和波斯人，在锡兰等港口定居下来，用船将马匹、白银、铁器、亚麻布、棉花和毛织品从西方运到东方，以换取丝绸、宝石、柚木和各种香料。

中世纪时期文化和技术激荡传播的城市有以“智慧之城”自誉的巴格达，当时巴格达拥有一批翻译家，一所图书馆，一座天文台和一所学校。那里的学者们除了翻译和研究波斯与印度的科学论文，还翻译和研究大量希腊科学家与哲学家的著作。

隋、唐继承了汉文化，使中国文明继续沿着传统的道路发展。随后1000年，对中国人来说，是一个伟大的黄金时代。早在汉代，中国已成功地赶上欧亚大陆其他文明，而到中世纪，中国则突飞猛进。中国仍是世界上最富饶、人口最多，在许多方面文化最先进的国家。唐朝最明显的成就是帝国扩张。通过一系列大的战役，它的疆域甚至超过汉朝。唐朝在中亚建立了中国的宗主权，控制整个塔里木盆地，并越过帕米尔高原，控制奥克苏斯河流域各国，以及今阿富汗印度河上游地区。当时世界上，只有中东穆斯林阿拉伯的帝国能与唐朝匹敌。唐朝首都长安是一座约百万人口的大城市，宽阔的大道纵横交错，大道上时常挤满了波斯人、印度人、犹太人、亚美尼亚人和各种中亚人。他们是作为商人、使节和雇佣军来到中国的。①

随着南宋的建立，越来越多的穆斯林商人和泰米尔商人被吸引到泉州，泉州成为中国最重要的国际港口。在与东南亚的贸易中，福建商人直接参与更多的是长期的进口贸易。瓷器仍是中国出口贸易的主要产品，瓷器生产集中在明州、温州、泉州和广州等港口附近。

---

①　斯塔夫里阿诺斯. 全球通史：从史前史到21世纪[M]. 吴象婴，梁赤民，等，译. 北京：北京大学出版社，2006：257.

13世纪的蒙古帝国版图包括朝鲜，整个中亚、俄国和中东大部分地区，历史上第一次也是唯一一次，一个政权横跨欧亚大陆——从波罗的海到太平洋，从西伯利亚到波斯湾，它是欧亚大陆有史以来最大的帝国。

阿拉伯帝国和蒙古帝国，不仅促进了欧亚大陆间的贸易，而且加速了技术的传播，三角帆船就是一个明显的例子。这是一种高大的三角形纵帆帆船，能够逆风航行，并能在河流和狭窄的水域里抢风转变航向。后来，这种帆船又从地中海传到大西洋。15世纪，葡萄牙和西班牙船舶设计师将横帆帆船的前桅和三角帆船的主桅及后桅相结合，制造出了三桅船，而使哥伦布和达·伽马的远洋航行成为可能。使远洋航行成为可能的发明还有指南针。除印刷术、火药和指南针这三大发明外，中国人传给欧亚大陆各邻邦的东西还有很多。105年，中国人发明了造纸术，为印刷术的发明提供了先决条件。传遍整个欧亚大陆，具有深远影响的中国发明还有船尾舵、马镫和胸戴挽具等。

郑和下西洋是明朝初年(1405—1433年)的一场海上远航活动。明成祖命郑和率领两百多艘海船、2.7万多人从南京出发，在江苏太仓的刘家港集结(今江苏太仓市浏河镇)，至福州闽江口五虎门内长乐太平港驻泊伺风开洋，远航西太平洋和印度洋，拜访了30多个包括印度洋沿岸的国家和地区，其中曾到达过爪哇、苏门答腊、苏禄、彭亨、真腊、古里、暹罗、榜葛剌、阿丹、天方、左法尔、忽鲁谟斯、木骨都束等地，目前已知最远到达过东非、红海。郑和的船队通过了马六甲海峡，向西穿过孟加拉湾，先后到达锡兰和古里，从南京到古里的航程约为4500英里。后四次远航(1413—1433年)中，船队到达了更远的地方，包括霍尔木兹海峡、亚丁及阿拉伯半岛的其他港口，还到达了东非港口木骨都束(今索马里摩加迪休)、卜喇哇(今索马里布拉瓦)和麻林(今肯尼亚马林迪)。在最后一次远航中，一支小分队被派往孟加拉国，一些回族船员(如马欢)乘一艘当地的船从亚丁驶往吉达后到访了麦加。

郑和的远航对区域经济、政治联盟甚至宗教发展都产生了巨大影响，在一定程度上刺激了区域商业的扩张，使印度洋吸引了欧洲商人关注的目光。铸币的引入对东南亚的经济增长而言是一个重要的影响因素。

二、欧洲中世纪城市的兴起

欧洲中世纪并非愚昧落后，黑暗无光。它既上承了古代希腊罗马的深厚底蕴，又承转了中世纪向近代的转型，成为近代欧洲文明的直接源头。欧洲中世纪是一个承上启下的阶段。中世纪城市的兴起是对古代希腊罗马时期城市的继承，同时也是近代城市建设的垫脚石。中世纪欧洲在经济方面的突出表现是城市的兴起，正是城市的兴起和发展，使欧洲中世纪城市成为封建社会经济的一种独特体系，将古代既已存在的商品经济、城市经济提高到了一个新的高度，加速了欧洲从传统农耕社会向近代工业社会的转变、从封建主义向资本主义乃至现代化进程的过渡。中世纪城市是一个自治团体，这种自治，一方面是相对于封建领主统治的自治，另一方面则是自我管理或自我统治。基于时代和地域的不同，中世纪城市有着许多与众不同的特征，这赋予了它浓厚的历史文化底蕴。从7—9世纪开始成型，到11、12世纪开始大规模兴起，再到13世纪凸显成熟形态，最终到14世纪达到饱和状态，中世纪城市经历了漫长的历史发展过程。在这一过程中，城市融合了宗教、军事、商业的发展，也出现了大学、市政厅、行会等新的城市元素。

同古代世界和现代世界的大都市相比，所有的中世纪城市都是很小的。一个繁盛的商业城市，包括长期定居的商人和足以吸引外国经商者的集市，通常只有5000左右的居民。许多住在这种城市的人还可在周围农村耕种土地或在城市周围的共有地上放牧牲畜。在西北欧，只有伦敦、布鲁日、根特这几个最大的商业中心，才有多至4万的居民。意大利的大城市——威尼斯、佛罗伦萨、热那亚、米兰和那不勒斯——有10万左右人口。整个中世纪(以及此后相当长时期)，欧洲人口主要分布在农村，但是，由于城市累积了巨大财富，开始对经济生活和政治生活施加影响，而这和它们的人口数量是极不成比例的。①

商业活动促进了欧洲中世纪城市的形成，正如皮雷纳在《中世纪的城市》一书中写道："显而易见，商业愈发展，城市愈增多。城市沿着商业传播所经过的一切天然道路出现。可以说，城市的诞生和商业的传播亦步亦趋。开始是城市仅仅出现在海边和河岸。而后，商业渗透的面扩大，另外一些城市沿着联系这些最早的商业活动中心的横断道路建立起来。"②

在商业复兴时期，欧洲的主要贸易路线是两条。第一条商路起自于地中海沿岸城市马赛，由这里经各河流系统(如罗讷河、莱茵河等)分数条支线深入欧洲大陆内部，实现地中海和内陆的贸易往来；第二条商路起自城市化发达的北意大利城市群，由阿尔卑斯山口进入德意志，经莱茵河到达各河流沿岸重要城市(如纽伦堡、美因茨、科隆等)，沟通阿尔卑斯山脉南北的城市群。商路的形成和贸易往来的发展，使得欧洲大陆的城市获得了发展的良机。一些商路上的重要地点(如河流交汇处、道路交叉口等)逐渐发展成为重要的城市。10—13世纪，中世纪城市蓬勃发展。在欧洲大陆上，中世纪城市如雨后春笋般发展起来。中世纪城市化最高的地区与商业发达的地区是一致的。有数量巨大的小城镇广泛散落在欧洲大陆上，但是作为中心地的城市大部分是沿河发展起来的。有的位于河流交汇处(Confuluences)，例如：根特(Ghent)、美因茨(Mainz)、科布伦茨(Coblenz)、多德雷赫特(Dordrecht)；位于河口位置，例如：比萨(Pisa)、马赛(Marseilles)、汉堡(Hamburg)、但泽(Danzig)；有小岛容易到达的地方：巴黎(Paris)、斯特拉斯堡(Strasboug)、里尔(Lille)、莱顿(Leiden)；有自然港口：南安普敦(Southampton)、威尼斯(Venezia)、热那亚(Genoa)、鲁昂(Rouen)、安特卫普(Antwerp)；浅滩布鲁日(Bruges)、乌特勒支(Utrecht)；还有一些河流和道路的交会处：法兰克福(Frankfurt)、马斯特里赫特(Maastricht)等。

---

① 布莱恩·蒂尔尼，西德尼·佩因特. 西欧中世纪史[M]. 袁传伟，译. 北京：北京大学出版社，2011：271.

② 亨利·皮雷纳. 中世纪的城市[M]. 陈国梁，译. 北京：商务印书馆，2009：90.

河流对中世纪城市的发展有着重要的影响。哈尔福克·麦金德在《历史的地理枢纽》一书中曾说道："人们发现，在那段时期，欧洲的城市建于河岸上，经常是在支流的汇合处或者潮软的源头，而且最自然的地方聚集地几乎与河谷所在地相吻合，它们的边疆大约在分水岭。举例来说，在欧洲中心的西里西亚、波希米亚和摩拉维亚，或者在英国的约克郡和莱斯特郡都有一批这样的地区。"中世纪时期水路运输较陆路运输具有优势。河流有利于加强各地区之间人员和物资的流动，为文化和经济跨地区交流提供了便利条件。因此，中世纪城市多兴起于河流沿岸，或者河流入海口处。特别是国际大都市位于河口位置，兼具了河运和海运的双重优势。而在欧洲内陆地区，河运对内陆城市的发展更为重要。"凡是在中世纪最重要的国际贸易城市，都是与海洋有联系的。或者位于海岸，或者离出海口很近或者在入海的大河之畔。因此，从某种意义上说，怎样利用大海这一天然通途发展商业贸易事业，是这些城市能否兴盛的关键性的，甚至决定性的作用。"①

位于河流入海口的港口城市占有很大的比例。有的城市在河流的一侧，例如英国的伦敦在泰晤士河的北岸，科隆位于莱茵河沿岸；河流穿过城市的中心区域，罗马地跨台伯河两岸；位于两河之间的城市有西班牙的巴塞罗那，洛布里加特河流经城市西南，巴索斯河流经城市北边。德国的纽伦堡在莱茵河和多瑙河之间。意大利的佛罗伦萨，其名字就是"两河之间"的意思。背山靠水的城市有意大利的米兰，位于阿尔卑斯山与波河之间。还有博洛尼亚，位于北部的波河和亚平宁山脉之间。位于河流交汇处的城市也数量众多，比如法国的里昂，位于索恩河和罗讷河的交汇处。低地国家的根特位于利斯河和斯海尔德河的交汇处。除此之外，还有位于河流入海口处的城市，比如葡萄牙的里斯本，位于特茹河注入大西洋的河口。德意志地区的吕贝克和低地国家的布鲁日也有河流经过，并且离海岸较近。但是需要运河将城市与海连接。②

① 刘景华. 西欧中世纪城市新论[M]. 长沙：湖南人民出版社，1999：155.

② 桑琳. 河流与欧洲中世纪城市的兴起——以城市选址为中心的考察[D]. 天津：天津师范大学，2016.

欧洲自中世纪以来是地球上城镇化水平最高的地区之一，欧洲的经济、社会、政治、文化和生活方式明显地烙上了城镇的印记。例如，亚德里亚海北岸的威尼斯城是欧洲中世纪一系列繁荣兴旺、光彩夺目的明星城市的杰出代表。这座城市在罗马和拜占庭帝国废墟上建立起来，得益于它同远东的长途贸易，贩运香料、丝绸及其他名贵商品，也得益于"十字军东征"的军事补给以及经阿尔卑斯山麓至西欧不断发展壮大的贸易。如意大利作家马蒂诺·达·卡拉莱在13世纪晚期说："商队商品经过这座城市，如泉水涌出泉源。"到15世纪，威尼斯将近十万众的人口就挤聚在亚德里亚海滨潟湖周围岛屿上。威尼斯城因它包容、接纳外国人——佛罗伦萨人、犹太人、希腊人、斯拉夫人、土耳其人、日耳曼人、弗拉芒人——不仅形成了丰富良好的社会环境，发展了自己手工艺、贸易、经济，还营造出一个文学艺术万花盛开的时代，把托斯卡纳文化、拜占庭文化，源自北欧的弗拉芒文化，都融会到一起，形成文艺复兴时期发达的威尼斯艺术风格。文化繁荣的背后，是新型区域自治政治制度的支撑，它发挥了灵活多样、推陈出新的管理效用，把全社会积极因素都包容进来。

法国学者布罗代尔指出：地中海城市林立是个老生常谈的事实，这并不是我们的新发现，但是，我们应该把这个事实同它的后果联系起来。道路纵横和城市林立是地中海典型的人文现象。这个现象统治一切。农业即使不发达，也以城市为归宿，并且受到城市的支配，更不用说城市成就了巨大的农业。由于有了城市，人们的生活节奏变得比自然条件所要求的更加急促。由于城市，交换活动比其他活动更受重视……地中海的历史和文明，都是城市的业绩……一切都以城市为终点。地中海的命运往往取决于一条道路、一个城市对另一条道路或另一个城市的胜利，甚至在16世纪也是如此。①

意大利港口城市的崛起，是中世纪欧洲商业革命早期阶段开始的标

① 费尔南·布罗代尔. 菲利普二世时代的地中海和地中海世界：上卷[M]. 唐家龙，曾培耿，等，译. 北京：商务印书馆，1998：414.

志，地中海地区从来没有哪个商业中心城市能像亚得里亚海沿岸的威尼斯、利古里亚海沿岸的热那亚以及第勒尼安海沿岸的比萨和阿尔马菲那样，使商人产生如此重要的影响。他们越过阿尔卑斯山脉到达法国香槟区的市场和德国的贸易中心，到13世纪之后，又经海路穿过直布罗陀海峡，到达佛兰德斯地区和英国。

拜占庭帝国、哈里发国家以及黎凡特港口的财富不断吸引着西方的商人和统治者。在横跨地中海的东西贸易扩张中，最大的受益者是来自西欧和西北欧的商人，波罗的海和北海地区也由此建立了全新的、充满活力的贸易制度。由于欧洲南北之间的贸易的增长，掌控地中海与西北欧之间的大西洋航线的重要性也随之提升。相应地，北欧和南欧不同的造船方法与航海技术不断融合，实现了进一步的发展，使欧洲水手得以探索未知的海域，并发现了全新的世界。

395年，罗马帝国正式分裂为东、西两部分。东罗马帝国以拜占庭为首都，因此又被称为拜占庭帝国。拜占庭文化融西欧古典文化、基督教文化、东方文化为一体，独具特色，形成文艺复兴之前欧洲文化的高峰。9世纪中期，一批强悍而又有远见的统治者，使拜占庭国运有所改观。大约在巴西尔一世创立的马其顿王朝统治时期，帝国进入了黄金时期。拜占庭在军事、政治和商业等方面，实力都达到了顶峰。它拥有强大的陆军和海军，贸易兴旺，学术和艺术发达，东正教的影响扩及欧洲的斯拉夫国家。在巴西尔二世的统治下，拜占庭帝国的疆域达到了帝国初期君士坦丁和查士丁尼统治下所未及的规模。

拜占庭帝国能够长期存在的一个重要原因，是其经济基础在11世纪之前一直非常坚固。正如历史学家所指出的那样：“如果说拜占庭的国力和安全得之于行政部门的效率，那么正是凭借帝国的商贸，它才得以供养这些部门。”在这几百年间，远距离贸易和城市生活在西欧几近绝迹。而在东方的拜占庭，贸易和城市依然很繁荣。在9世纪和10世纪，君士坦丁堡成了来自远东的奢侈品和西欧的原材料进行贸易的中心。到1180年，已有6万外国人在该城的商业区居住经商。仓库和市场上堆满了豪华丝绸、奇珍异宝、珐琅金属工艺品，雕刻精美的象牙、香水、香料、皮革制品以及各种各样的日用品。“人们简直不能相信世上竟有这等富饶的城市”，一位法国史学家曾发出这样的赞叹。此外，拜占庭帝国还培育并保护自己的工业，尤其是丝织业，同时在11世纪之前一直以其稳定的金银铸币著称。君士坦丁堡盛时常年人口可能高达100万。此外，帝国其他一些大的都市中心文化也都很繁荣。中世纪诗人但丁创作了名著《神曲》，《神曲》全长14000多行，分为《地狱》《炼狱》《天堂》三部分。《神曲》全面展示了中古文学领域的成就和贡献，广泛传播了哲学、科学、神学、历史、诗歌、绘画等多方面的知识，因此被后人誉为一部具有划时代历史意义的“中世纪百科全书”。但丁的故居便位于佛罗伦萨。

12—15世纪，欧洲经历了一次巨变。千百年来，地中海与北海和波罗的海一直被次大陆隔开。不过到了14世纪，海上航线和内河航线连接起了所有的欧洲海岸地带，形成了世界上最具活力的贸易网络。在公元一千纪后期，为了保障地中海与黑海、波罗的海之间贸易的持续进行，瓦兰吉人在东欧开辟了内河航线。13世纪时，热那亚和威尼斯的商人也开辟了从地中海到北海的航线。这推动了商品、思想以及疾病(尽管这是人们所不愿看到的)的传播。到15世纪，欧洲各地的商业联系已十分紧密，一个人可以在比利时的布鲁日买到俄罗斯的毛皮，从波罗的海的汉萨同盟商人或黑海沿岸的塔纳的威尼斯商人那里购买商品。中世纪欧洲的商业之所以最终出现了革命性的发展，主要是由于区域间交换及资源分配的步伐加快。同时，追求新市场的能力也不断增强，无论是在欧洲人熟悉的地中海与欧洲大陆还是在神奇而陌生的东方国度都是如此。①

到了启蒙运动时期，伦敦继威尼斯之后成为欧洲最著名、最成功的城市之一，它也令一批批外国游客倾倒陶醉，其中包括伏尔泰和海顿。伦敦城本系古罗马人建造，雄踞英国最大河流泰晤士河之上，扼守河口战略要

① 林肯·佩恩. 海洋与文明[M]. 陈建军，罗燚英，译. 天津：天津人民出版社，2017：352.

地。14 世纪 40 年代欧洲爆发可怕的黑死病时期，伦敦已经是欧洲主要城市和英国国都了。现代文明破晓时，伦敦幸运地享受到一段流星般飞升的时代。身为大西洋海港，兼欧洲强国之一的首都，伦敦到 1750 年已成为全欧洲——可能也是全世界——首屈一指的大都市了。尤重要的是，它那些极富活力、训练有素、素质不断提升的劳动力，都源源不断地注入商业、制造业、服务业构成的都市万花筒之中。伦敦，像威尼斯一样，也对外来人口敞开胸怀，不但欢迎汹涌而来的讲英语人口，也欢迎其余如法国人、日耳曼人、犹太人、爱尔兰人、黑人的到来。进入 19 世纪，伦敦一跃成为世界大港、帝国都城、商业制造业中心。①

三、中世纪城市的规划

如果把中世纪城市看成一个整体，我们很容易从规划层面上找出中世纪城市的标志性特征。城墙、主教堂、集市是中世纪城市必备的公共建筑。城墙是中世纪城市的显著特征，它是中世纪城市的标配，有着丰富的历史底蕴和实际功用，对中世纪城市的存在与发展起到了各种或正面或负面的作用。

西罗马帝国衰亡以后，西欧大陆陷入动荡，随之而来的是蛮族劫掠，群雄割据，战火纷争不断。在这种背景下，安全成为居民关注的核心要素，城墙作为古代传统的防御工事得到恢复。无论是罗马帝国时期的旧城，还是择址新建的新城，城墙的修复、新筑和维护总是当务之急。城墙的直接功用在于防御劫掠，间接结果是人口集聚。这里，我们仍然可以拿芒福德的“容器-磁体”论作形象的解释。城市之所以存在是因为它能满足人们的某种需求，作为城市一部分的城墙就满足了人们寻求安全庇护的需要，因而城市的容器功能激发城市的磁体效应，导致周边寻求安全的农民

---

① 彼得·克拉克. 欧洲城镇史 400—2000 年[M]. 宋一然，等，译. 北京：商务印书馆，2015：2.

纷纷进入有城墙保护的城市。这种人口集聚最终为许多中世纪城市的产生奠定了人力基础。

中世纪城市与其他时期、其他地区的大多数城市不同，它是先有居民住宅，后有的街道。房屋临街密集分布，间距过小在现在看来或许十分平常，但对于中世纪城市来说则存在严重的安全隐患。由于就地取材，中世纪城市民居基本都是木质结构，加上常用蜡烛照明，寒冬要用火取暖，很容易发生火灾。由于房屋密集，一旦火灾发生就会出现“火烧连营”的情况。但凡研究中世纪城市史的历史学家都会专门谈到中世纪城市的火灾问题。在经历许多次大火的摧残之后，直到13世纪，居民才开始利用石灰水刷墙隔火，并鼓励用石材建房。然而这种补救措施并不能从根本上解决中世纪城市居民区频频失火的问题。

主教堂是中世纪城市的标志性建筑之一，其对中世纪城市发展的影响丝毫不亚于城墙。一般而言，主教堂位于城市的市中心。这里的市中心概念并不是地理意义上的城市正中心，而是街道汇聚的中心焦点。把主教堂放在城市中心区的位置上体现了中世纪城市规划的特点和关键。在战火纷飞、物质匮乏的时期，基督教所能提供的精神指引显得弥足珍贵，这种精神上的依附直接体现在居民对基督教堂建造的慷慨上。人们会用核心地带的广阔区域建造主教堂，教堂正门前配有广场，这对于用地紧张的中世纪城市来说十分奢侈，也直接影响到了市场的布局。人们会用稀缺的石材建造教堂，技艺精湛的工匠会给教堂嵌以最华丽的装饰，以至于后人在考察中世纪城市的教堂时会将它当作艺术品一样来欣赏。人们会把主教堂建得很高，以至于在城市的任何角落都能看到主教堂的尖顶，这样的天际线满足了人们虔诚的朝敬需求。主教堂的建筑和布局体现出宗教是中世纪城市的核心功能之一，这使中世纪城市充满了宗教文化色彩。祷告、弥撒、盛装游行、宗教仪式、露天表演是城市生活的一部分，而教堂是这些城市生活的核心、起点和终点。因为教堂的存在，城市的社会生活才变得如此丰富多彩。

集市是中世纪城市的重要公共场所，它和教堂被莫里斯称为中世纪城市的两大核心。市场是商人聚居的原因。因为市场的存在才造就了城市里富贵的商人阶层。而又因为商人阶层的存在，中世纪城市才出现新修的教堂、救济院、医院、大学等一些公共机构。这使得中世纪城市的公共空间不再稀少，从而充满更多的人文魅力。不过中世纪的集市并不算固定设施，它位于主教堂附近的空地，而且空间布局受主教堂以及周边民居占地的影响，因而呈现出各种不规则的几何图形，包括椭圆、长方形、三角形、多边形等。中世纪城市的许多集市主要用于大规模的商品交易，而且并不是长年存在。集市是人们世俗生活必不可少的部分，城乡之间的货物交换主要通过集市来完成。

四、中世纪市民民主生活

市民社会促进民主进程。城市的空气使人自由，自由环境带来相应的民主气氛。城市中相对的自由、民主为生活在其中的人们依据新的现实生活提出新要求形成新思想提供了有利的环境，形成具有世俗性质的人本思想，核心是强调人的地位、价值和尊严。

14 世纪，西欧五千人以上的大城市占不到城市总数的百分之五，而最大的城市大多在意大利，都是工商业发达之地。随着城市及其工商业的繁荣，意大利市民阶级日益壮大，成为一股独立主宰诸城市国家政治舞台的社会力量。1266 年，佛罗伦萨由贵族与平民平分政权，一百名新兴工商业市民组成的“市民会议”拥有立法和监督行政大权。1293 年，佛罗伦萨工商业者行会推翻封建贵族统治，取得城市共和国政权。由市民上层制订的《正义法规》的颁布，确立了大工商业者对城市共和国的统治。13 世纪末，佛罗伦萨城市共和国以法律形式将贵族排斥出市议会，标志着市民阶级作为一支相对独立的政治力量正式形成。在市民阶级力量日益壮大、政治地位不断提高的同时，古典时代的政治传统和市民意识得到了复兴和发展，构成公民人文主义的一个重要内容。新兴市民阶级作为一支独立的政治力量登上历史舞台，成为体现着进一步发展生产、贸易、教育、社会制度和政治制度的阶级。城市的发展和市民民主生活的兴起，是资产阶级成长的前提。

五、历史名城伊斯坦布尔

历史文化环境是人类几千年智慧的结晶，也是只有通过人类的创造性活动才能产生的最宝贵的资源。历史文化资源的区域差异性是城市特色重要的构成部分，历史越悠久、历史文化资源越丰富的城市，其城市特色往往也越鲜明。历史是一个城市的记忆，每个城市的历史，都融入了那个城市代代相传的精神，历史与文化是一座城市永恒的魅力，每一个历史文化名城，都有着其灿烂的历史文化，丰富的文化遗产，众多的人文古迹，深厚的人文精神，这些文化元素构成了每个城市的文化独特性，城市独特的历史文化底蕴孕育着城市的独特气质和鲜明个性。

伊斯坦布尔位于伊斯坦布尔海峡，扼黑海咽喉，是土耳其最大的城市和港口。美丽的博斯普鲁斯海峡从南到北，把伊斯坦布尔分隔成东西两部分，东部在亚洲，西部在欧洲。历史上称之为拜占庭和君士坦丁堡，先后成为罗马帝国、拜占庭帝国和奥斯曼帝国三大帝国的首都。伊斯坦布尔市是土耳其最大的港口和工业、运输、经济、贸易、文化中心，也是古代“丝绸之路”的终点，人口约 1437 万，总面积 6220 平方千米，市区面积 1539 平方千米，工业、金融业、渔业、畜牧业、园艺业发达。工业门类主要有纺织、食品、电子、水泥、烟草、船舶修理等。

伊斯坦布尔曾是三大帝国的都城——罗马帝国、拜占庭帝国和奥斯曼帝国。公元前 660 年，希腊人在欧洲部分建立了拜占庭(Byzantium)城市。公元前 5 世纪波斯人(Persian)曾短暂占领此地，后又被希腊人重新夺回。公元 330 年，此地被君士坦丁大帝(Constantine the Great)征服，改名君士坦丁堡(Constantinople)，是君士坦丁大帝在博斯普鲁斯海峡古希腊殖民城市拜占庭的所在地建立的一座新都。这座不久被称为君士坦丁堡的新城由于海峡两端狭窄而易于防守，并为抵达地处边区的极其重要的多瑙河和幼发拉底河提供了便利的道路。君士坦丁堡成为当时世界上的一座伟大城市，成为罗马和西部帝国灭亡后的数世纪里，东罗马帝国即拜占庭帝国引以为自豪的首都。在那些世纪里，东罗马帝国发展起一种独特的文明，一种由希腊、罗马、基督教及东方诸成分混合而成的文明。东罗马帝国又被称为拜占庭帝国。

君士坦丁堡成为拜占庭帝国(Byzantine Empire)亦即东罗马帝国(Eastern Roman Empire)首都，是希腊文明和基督教文明的中心。君士坦丁堡先后经历了东罗马帝国的衰落、拉丁帝国(Latin Empire)的兴盛、东罗马帝国的再次崛起。后终因东罗马帝国气数已尽，于 1453 年为奥斯曼帝国(Ottoman Empire)的土耳其人所灭，君士坦丁堡改名伊斯坦布尔。伊斯坦布尔遂成为奥斯曼帝国首都和整个伊斯兰宗教(Islam)文明的中心。1453 年 5 月 29 日是东罗马帝国陨落之日，也是奥斯曼帝国年轻君主扬威之时。这一天，21 岁的突厥王子穆罕默德二世，带着八万突厥铁骑，攻克了君士坦丁堡。除了穆罕默德二世，还有一位奥斯曼帝国的帝王建立了伟大的功业，他使奥斯曼帝国扩张成为一个地跨欧、亚、非三大洲的伟大国家。他便是苏莱曼大帝，也是在位时间最长、最有权势、最富有的苏丹。他一生之中发动了 13 次大型战争，极大地扩张了国家的疆土，将大半个中东地区和西至阿尔及利亚的北非大部分地区，都纳入了奥斯曼帝国的版图。他还培养了纵横于地中海、红海和波斯湾的强大海军，作战能力无可匹敌。

横跨亚欧两大洲的土耳其最大城市伊斯坦布尔，全城有 450 多座清真寺，1000 多座宣礼塔，因此，被叫作圆顶和尖塔之城。苏丹艾哈迈德清真寺建成于 1616 年，位于伊斯坦布尔老城中心，已被列为世界文化遗产。它是全世界唯一拥有六座宣礼塔的清真寺，整座建筑由大石头叠建，没有使用一根钉子。因寺内四壁镶嵌着两万多块伊兹尼克蓝色花瓷砖，被称为“蓝色清真寺”(见图 6-1)。它是伊斯坦布尔最大的圆顶建筑，30 多座大小和形状都一样的小圆顶层层升高，向直径达 41 米的中央圆顶聚拢，层次分明，庞大而优雅。建于 1642 年的托普卡珀官，是一座富丽堂皇，恢宏雄伟的皇宫，它保存了奥斯曼时代的建筑风格，同时也吸收了哥特式的建筑特点，是一座东西合璧的建筑群，前后共有25位苏丹在此居住。托普卡珀宫现为博物馆，珍藏着各种著名的具有神秘东方色彩的艺术品。

图6-1　蓝色清真寺

（资料来源：http：//116.211.78.232.）

圣索菲亚大教堂是东西方文化结合的产物，一度是拜占庭帝国最为光辉的主教堂，而到奥斯曼帝国时期则被改建为有四座宣礼塔的清真寺。因此圣索菲亚大教堂是世界上唯一一座由教堂改为清真寺的建筑。圣索菲亚大教堂是力学和视觉审美的结合，浓缩了拜占庭建筑与艺术的精华。它占地面积近8000平方米，其中中央大厅5000多平方米，教堂前厅600多平方米。建筑是罗马式长方形教堂与中心式正方形教堂的结合，平面上采用希腊式十字架的造型，空间上则创造了巨型圆顶。巨型圆顶直径约33米，是世界“五大圆顶”之一。圆顶没有柱子支撑，这也是君士坦丁大帝的匠人们创造性的设计，他们利用负责的拱券结构平衡体系——以拱门、扶壁、小圆顶来支撑和分担穹顶的重量。

伊斯坦布尔市位于土耳其博斯普鲁斯海峡两岸，跨欧亚大陆，是黑海门户、连接欧亚两洲的枢纽要道，战略地位重要。博斯普鲁斯不仅累积着人类文明的发展成果，也见证了无数金戈铁马的战事。早在公元前5世纪，波斯帝国国王大流士一世就曾经率领军队来到这里。为了顺利进入欧洲，他们曾在博斯普鲁斯海峡上建造过一座浮桥；东罗马帝国时期，十字军东征也曾乘船渡过这里，直逼耶路撒冷；19世纪，欧洲大陆强国林立，纷纷向外扩张，海峡成为兵家必争之地。在第一次世界大战中，不可一世的奥斯曼帝国战败，围绕着海峡控制权，各国纷争不休，最后不得不交由国际委员会分管，到了1936年，才重归土耳其管理。几百年来，亚欧大陆群雄逐鹿，每一位崛起的霸主都觊觎着这条海峡。第二次世界大战之后，海峡远离了战争的硝烟，而成为沟通的桥梁。20世纪七八十年代，海峡南端的埡口处，架起了欧洲第一大吊桥——博斯普鲁斯海峡大桥。它横跨于海峡西岸的奥尔塔科伊和东岸的贝伊勒尔之间，将亚欧大陆两岸的人文景观串联成一个整体，让这座海峡真正变成了一条黄金水道。

《罗马帝国衰亡史》的作者英国人爱德华·吉本这样评价君士坦丁堡：“它仿佛正是大自然专为一个庞大的君主国家设计的中心点和都城。这座位于北纬41°线上的皇都正好可以从它的七座小山上俯瞰着欧、亚两大洲的海岸；这里气候温和宜人、土地肥沃、海港宽阔而安全，要往欧洲大陆距离也不远，而且易于防守。博斯普鲁斯和赫勒海峡可以被视为君士坦丁堡的两道大门，占有这两条水上重要通道的君主随时都可以在敌人的海军来犯时将它们关闭起来，而为前来贸易的商船敞开。”横跨海峡两岸的伊斯坦布尔其优越的自然地理环境，成为这个城市的特色和魅力所在，也带给了这个城市独特的历史文化经历。

城市的历史文化资源，能够保存到今天的，大多是设计精美、制作精良、特色鲜明的集大成之作，代表着不同时代的艺术风格，极大地丰富着城市的人文景观，使城市的形象丰富多彩，同时具备历史和文化的厚重感。在伊斯坦布尔的城市山中间矗立着罗马帝国时期的君士坦丁竞技场、拜占庭时期的圣索菲亚大教堂和奥斯曼帝国时期的苏丹艾哈迈德清真寺，这些历经岁月考验的建筑精品，正是伊斯坦布尔历史变迁的物质见证，也赋予这座城市历史与文化的厚重感。

六、圣城耶路撒冷

“世界若有十分美，九分在耶路撒冷；世界若有十分哀愁，九分在耶路撒冷。”这是犹太经典《塔木德》中的一句话。历史学家西蒙·蒙蒂菲奥里(Simon Sebag Montefiore)在其著作《耶路撒冷三千年》中这样写道：“耶路撒冷的历史不仅是一座城市的历史，更是整个世界的缩影。”根据现代考古发现，耶路撒冷的历史可以追溯到公元前4000年以前。千百年来，迦南人、非利士人、希伯来人、罗马人等不同民族、不同信仰、不同秉性的种群在耶路撒冷进进出出，战火与屠杀不断弥漫这个城市。城市建了毁，毁了建，围绕这片土地的战火从来没有停息。作为犹太教、基督教、伊斯兰教三大宗教的圣城，这里的一草一木却不是任何一个宗教能独享的。① 这里的每一块石头都有着复杂的历史，历史在耶路撒冷一层一层渲染。

今天的东耶路撒冷地区保存有始建于16世纪奥斯曼帝国时期的老城，总面积约1平方千米。城内分为犹太区、穆斯林区、基督徒区和亚美尼亚区四部分。1981年，耶路撒冷老城被联合国教科文组织列入世界文化遗产名录。徜徉在老城之内，如同步入远离凡尘的神秘世界。高耸的“哭墙”脚下，衣着肃穆的犹太教徒抚摸墙壁喃喃祷告；圣殿山顶的清真寺中，穆斯林每日五次虔诚礼拜；而在城中的苦路沿线与圣墓教堂内，又时常可见身着各色法袍的教士引领众多信徒缅怀耶稣基督的圣迹。②

---

① 王皓．战火中的美丽与哀愁：冷峻神秘以色列[J]．沪港经济，2015(11)：112-119.

② 陈博．最早的耶路撒冷[J]．大众考古，2017(6)：77-84.

“哭墙”是犹太人所建的第二圣殿被毁后仅存的一段石墙，长 48 米，高约 19 米，由 12 层巨石砌成，石块和石块之间不用粘连物，但墙体异常坚固。这里是犹太教最神圣的祈祷场所。祈祷时男人在南部，女人在北部。他们缅怀先人追忆民族苦难，并把自己的愿望写在纸条上，塞进石块的缝隙。圆顶(又名阿克萨)清真寺是伊斯兰教的第三圣地。建筑宏伟壮丽，穹顶用巨额黄金馏成，金碧辉煌。黄金是约旦已故国王侯赛因的祖父阿卜杜拉国王捐献的。基督教徒最感兴趣的是蜿蜒于老城市区的一条路。相传耶稣基督被判极刑，背着十字架走向法场时，走的就是这条路，故称“苦路”。

耶路撒冷(Jerusalem)，希伯来文由两个词 jerus(城市)和 salem(和平)构成，人们称它为“和平之城”。可是由于地处亚洲、非洲、欧洲的交通要塞，它一直是人们争夺的目标，成为世界上经受战争最多的地方。数千年的战火中，它曾 18 次变成废墟，但又 18 次被重建。城市的生命在于生活在那里的人民。历尽苦难顽强生存，创造着文明，创造着财富，创造着奇迹。

3000 年前犹太人在上帝的指引下来到这个“流淌着奶和蜜”的地方迦南，战胜了非利士人，建立了希伯来王国，建立了犹太教。2000 多年前在耶路撒冷的古罗马统治时期，犹太教的一支认为耶稣是上帝的使者，与传统犹太教产生了纷争，从而脱离了犹太教产生了基督教。新的宗教改变了西方的文明进程，古罗马帝国变身信奉基督教的新罗马帝国即拜占庭帝国。1400 年前伊斯兰教徒征服了这里，它又成为伊斯兰教的圣地。对于犹太教来说，这里是耶和华赐给他们祝福的土地。对基督徒来说，这里是主耶稣传道、受难和复活的地方。对伊斯兰教来说，这是穆罕默德夜行登霄的地方。耶路撒冷让全世界超过 35 亿的信徒魂牵梦萦，它是升往天堂的通道。① 以色列地处亚、非、欧三大洲结合处，是沟通大西洋和印度洋、东方和西方、欧洲经西亚到北非的重要交通枢纽，耶路撒冷如同亚欧非三大

① 冒宇峰．信仰的力量：耶路撒冷宗教之旅[D]．南京：南京师范大学，2015：3.

洲的十字路口。

七、汉萨同盟城市风格

汉萨同盟作为中世纪北欧最具影响力的联合组织，所展现出的一致性和认同感在各个成员城市的物质生活中——特别是城市建设中表现出来。汉萨城市与欧洲其他城市最大的不同就在于它们在市区设计与建造上的规划性。

汉萨城市以贸易为立市之本，因此城市内的交易中心——市区市场自然就成为整个城区的中心，可以说市场决定了城市共同体的形式和布局。在汉萨同盟的“母城”吕贝克，市区市场不仅是商人、市民、匠人和农民互通有无之地，同时也是居民庆祝娱乐之场所，也是市政命令颁布、罪犯公开惩处之地，可以说整个城市的经济、政治和社交活动都以城市市场为中心。随着城市的扩张，为满足长途贸易和地方贸易的肉市、鱼市、菜市、谷物市场、木材市场和红酒市场等新市场就会出现。这些市场的区位决定了街道的布局，城内的主要商业街都直达市场，其他街道则与之平行或垂直交错而过，建筑物则错落有致地分布于街道两旁，展现出非常清晰的规划布局，凸显了城市的商业功能。商人店铺大多面向市场或居于商业街两旁。吕贝克这种街道布局常被称之为“棋盘式城区”，在波罗的海沿岸城市中最为常见，即使在波兰腹地的克拉科夫至今仍可看到此类设计的遗迹。①与吕贝克相似，很多沿海城市同样依托设防港口及港口附近的市场建起哥特风格的红砖教堂和市政厅。教堂是中世纪欧洲城市最主要的地标之一，吕贝克圣玛利亚教堂的建筑风格在几个世纪内都是波罗的海城市汉萨身份的象征。另外，城市的其他公共建筑也打上了汉萨烙印。

14、15 世纪汉萨同盟最为繁荣时，富裕商人开始建造石质建筑、有狭窄山墙、上下双层的复合式住宅，阁楼用作堆放货物的储藏室。这种窄山

---

① 刘程．汉萨同盟文明遗产浅述[J]．人民论坛，2015(5)：208-210.

墙的建筑风格在整个波罗的海沿岸城市都极为常见，并持续了数个世纪，即使经历了从哥特风格到文艺复兴，再到巴洛克风格的多次转变之后，它作为基础性建筑风格也从未被动摇过，至今从吕贝克到格但斯克的旧宅中还可看到它的身影。

八、中世纪以来建筑美的追求

建筑是文明的支撑，公共建筑的出现意味着文明的开始。建筑是凝固的历史，随着社会的发展，人们赋予建筑艺术属性，也用建筑来表现思想观念。世界建筑舞台绚丽缤纷。由于地域、气候、信仰、生产生活方式的不同，每种文明都发展出属于自己的独特形态的建筑。在公元前近3000年的历史长河里，古埃及创造出金字塔、神殿等巨型建筑，开世界建筑之先河。当埃及古文明逐渐衰微，地中海另一端的古希腊文明开始露出曙光。爱琴海是欧洲文明的起源，接下来的2000多年的岁月里，欧洲建筑一脉相承。从古希腊、古罗马肇始，到基督教兴起，再到整个欧洲建筑的发展，呈现出清晰的发展脉络：古典时期、拜占庭时期、仿罗马式、哥特式、文艺复兴式、巴洛克式、洛可可式、古典主义、历史主义、新艺术、当代建筑……每个时期都有相对明确的风格。16世纪之后，随着殖民主义的到来，欧洲风格又传遍全球。直到现在，欧洲建筑仍然在世界建筑中占有重要地位。①

20世纪最重要的建筑师之一，法国的勒·柯布西耶在《走向新建筑》一书中写道："金字塔、巴比伦的塔、撒马尔罕的城门、帕提农神庙、大角斗场、万神庙、戛合河大桥、君士坦丁堡的圣索菲亚大教堂、伊斯坦布尔的清真寺、比萨斜塔、勃鲁乃列斯基和米开朗琪罗设计的穹顶、王家桥、残废军人院教堂，这些都是建筑。"

除了基督文明之外，与宗教信仰密切相关的还包括印度教、佛教、伊斯兰建筑艺术。佛教创始于公元前6世纪，伊斯兰教直到公元7世纪才诞

① 墨刻编辑部．全球最美的伟大建筑[M]．北京：人民邮电出版社，2013：4.

生。尽管二者都不如埃及历史悠久，但它们的建筑形式独具一格，丰富了人类文明的宝库。

中国建筑在世界建筑艺术中自成一体，木构框架承重、屋顶形式复杂多变是它的主要特点。中国建筑强调突出单体的同时，兼顾各个单体建筑之间的协调，讲究整体的完美和谐与对称。后来佛教传入中国，中国古代的工匠又吸收了佛教建筑的风格。中国古建筑的形式深深影响了日本的建筑，中国、日本和韩国的建筑一起构成东方建筑艺术体系。

在欧洲人到达美洲之前，美洲建筑是独立发展的。和埃及不约而同，美洲也产生了金字塔形状的建筑，只是一个是皇室的陵墓，一个则作为宗教祭祀的场所。

(一)哥特式风格的极致表现——米兰大教堂

米兰大教堂是哥特式风格的极致表现，屋顶丛林似的尖塔让人震撼，表现了人类对宗教虔诚的追求。哥特式建筑是位于罗马式建筑和文艺复兴建筑之间的，1140年左右产生于法国的欧洲建筑风格。它由罗马式建筑发展而来，为文艺复兴建筑所继承。哥特式建筑的特点是尖塔高耸、尖形拱门、大窗户及绘有圣经故事的花窗玻璃。在设计中利用尖肋拱顶、飞扶壁、修长的束柱，营造出轻盈修长的飞天感。新的框架结构以增加支撑顶部的力量，予以整个建筑直升线条、雄伟的外观和教堂内空阔空间，常结合镶着彩色玻璃的长窗，使教堂内产生一种浓厚的宗教气氛。哥德式建筑的整体风格为高耸削瘦，且带尖。其以卓越的建筑技艺表现了神秘、哀婉、崇高的强烈情感，对后世其他艺术均有重大影响。哥特式建筑以其高超的技术和艺术成就，在建筑史上占有重要地位。哥特式建筑最明显的建筑风格就是高耸入云的尖顶及窗户上巨大斑斓的玻璃画。哥特式建筑是以法国为中心发展起来的(见图6-2)。在12—15世纪，城市手工业和商业行会相当发达，城市内实行一定程度的民主政体，市民们以极高的热情建造教堂，以此相互争胜来表现自己的城市。另外，当时教堂已不再纯属宗教性建筑物，它已成为城市公共生活的中心，成为市民大会堂、公共礼堂，甚至可用作市场和剧场。在宗教节日时，教堂往往成为热闹的赛会场地。

图 6-2　米兰大教堂

（资料来源：https：//119. 96. 200. 204.）

(二) 文艺复兴建筑风格

13 世纪时，欧洲社会的生产力已经有很大的提高，资产阶级逐渐形成，他们寻求拥有政治权利、登上政治舞台的愿望十分迫切。随着资本主义经济的发展、科学技术的进步，人们与中世纪教会长期的思想禁锢进行了不懈的斗争，不愿再无助地面对上帝听从命运的安排，而是重新审视自己，认为个人应该有权决定自我的发展，可以通过自己的努力来改变命运并充分享受自己奋斗所得到的美好生活，他们用人权、自由、平等来对抗神权。这种政治主张使他们对古典文明重拾兴趣，特别是古希腊、古罗马文明中对人的重视，更是得到他们的热捧，这种复古的狂潮引领了一种人文主义思想，开创了文艺复兴运动。意大利是欧洲资本主义和文艺复兴运动的发源地，一大批建筑师开始研究古希腊、古罗马的建筑著作和建筑作品，从中汲取合理的成分，加以吸收、变化、发扬，形成了新的建筑风格——文艺复兴建筑。①

佛罗伦萨大教堂(Florence Cathedral)为意大利著名天主教堂，又名圣母百花大教堂。位于意大利佛罗伦萨，是意大利文艺复兴时期建筑的瑰宝。在世界五大教堂中位列第四。这座教堂大圆顶是世界上第一座大圆顶，是菲利浦·布鲁内莱斯基(1377—1446年)的杰作，设计并建造于1420—1434年，这位巨匠在完成这一空中巨构的过程中没有借助于拱架，而是用了一种新颖的相连的鱼骨结构和以椽固瓦的方法从下往上逐次砌成。圆顶呈双层薄壳形，双层之间留有空隙，上端略呈尖形。它高91米，最大直径45.52米。建筑和绘画闪耀着文艺复兴时代的光芒。世界上庄严雄伟的教堂很多，但很少有教堂能如此妩媚。这座用白色、粉红、绿色的大理石按几何图案装饰起来的美丽教堂将文艺复兴时代所推崇的古典、优雅、自由诠释得淋漓尽致(见图6-3)。

图6-3　佛罗伦萨大教堂

(资料来源：http：//203.107.47.102.)

① 张堃，任家瑜．国际大都市建筑文化比较研究[M]．上海：学林出版社，2010：31.

(三)巴洛克风格的圣彼得广场

巴洛克建筑风格是从文艺复兴时期的手法主义发展而来，注重建筑立面的设计和处理，在以往运用规则几何图形来设计处理建筑立面的基础上，增加了曲线、曲面涡卷等因素，使建筑的造型灵活、随意，具有动感，打破了之前建筑立面规整、刻板的建造风格；此外巴洛克建筑风格还特别注重建筑内部的装饰，无论是装饰材料、装饰手法，还是建筑色彩，全都向奢华的方向发展，向人们炫耀自己的财富，追求新奇的建筑形象和建造手法，并在装饰中添加了自然题材。

圣彼得大教堂，又译为梵蒂冈圣伯铎大殿，是罗马基督教的中心教堂，教堂最初是由君士坦丁大帝在圣彼得墓地上修建的，于公元 326 年落成。圣彼得大教堂是欧洲天主教徒的朝圣地与梵蒂冈罗马教皇的教廷，是全世界第一大教堂。16 世纪教皇朱利奥二世决定重建圣彼得教堂，并于 1506 年破土动工，重建过程长达 120 年，直到 1626 年 11 月 18 日才正式宣告落成。

圣彼得教堂是目前世界上最大的一座教堂，长 186. 35 米，宽 947. 5 米，面积达 2 万多平方米；主堂高 40 米，主圆顶高 132. 5 米，共有 44 个祭坛、11 个圆顶、778 根立柱、395 尊雕像、135 幅马赛克镶嵌画。整座教堂金碧辉煌，华美至极，无论是从宗教还是从世俗角度看，圣彼得大教堂都称得上是伟大的建筑。圣彼得大教堂是一座长方形的建筑，整栋建筑呈十字架的结构。在长达 120 年的建筑过程中，多位画家和建筑大师参与了设计、施工，其中有著名的拉斐尔、米开朗琪罗等。可以说，圣彼得大教堂集合了众多建筑和绘画天才的智慧，除了表现出宗教的神圣性之外，其艺术表现也堪称登峰造极。

米开朗琪罗著名的《圣殇像》就位于圣殇礼拜堂内。《圣殇像》表现了当基督的尸体从十字架卸下时，哀伤的圣母抱着基督尸体的情景。悲伤不是米开朗琪罗表现的主题，圣母的坚强才是作品的本意，这也是它的不朽之处。圣彼得大教堂最引人注意的是大圆顶，设计者是米开朗琪罗。正因为这个圆顶，圣彼得大教堂更稳固了它名列世界伟大建筑之林的地位。

教堂外的圣彼得广场是被称为“巴洛克艺术之父”的天才雕塑家贝尔尼尼一生中最伟大的建筑艺术品，完成于17世纪。拥有两个四排共284根德斯金式圆柱和88根方石柱组成的半圆长廊，上有40位圣人雕像，仿佛圣彼得大教堂伸出的两个巨大手臂(见图6-4)。

图6-4　圣彼得广场

（资料来源：http：//39.100.84.142.）

(四)美洲建筑脉络

欧洲人来到美洲时，美洲大陆从北极圈到离南极不远的火地岛，都有印第安人社会存在。但当时只有三个可以称之为国家的文明体：阿兹特克帝国、玛雅城邦国家和印加帝国。阿兹特克帝国位于中部美洲墨西哥中部墨西哥城一带。玛雅城邦国家也位于中部美洲。玛雅不是统一的国家，而是变化中的具有统一文明特征的城邦国家的统称，在今墨西哥南部、尤卡坦半岛和危地马拉、伯利兹、洪都拉斯、萨尔瓦多等地。印加帝国以南美洲秘鲁为中心，包括厄瓜多尔、玻利维亚和智利部分地区。此外，当时美洲大陆大多数地区未进入文明社会，包括现在加拿大、美国、巴西、阿根廷、加勒比群岛等地的广袤原野。美洲印第安文明仅在美洲大陆的一小部分地区闪光。

美洲有自成脉络的文化和文明；有爱斯基摩和印第安采集狩猎者定居点和农耕部落建筑遗址；有被建筑遗址所记载的奥尔梅克文明、特奥蒂瓦坎文明、玛雅文明、阿兹特克文明、安第斯山文明、印加文明；有与长城和罗马斗兽场齐名的世界新七大奇迹琴伊察金字塔和马丘比丘建筑群。美洲殖民地时期的建筑也非常丰富，包括文艺复兴、巴洛克、新古典主义、新哥特主义和折中主义风格。美洲现代建筑更有震撼力，有著名的20世纪世界四大建筑大师格罗皮乌斯、密斯、赖特和勒·柯布西耶的作品，有沙利文、阿尔托、路易斯·康、约翰逊、尼迈耶、小沙里宁、山崎实、贝聿铭、盖里、迈耶和扎哈等现代和当代著名的建筑大师的作品……①

九、中世纪以来造园艺术文脉

造园史也就是建设环境的历史，至少可追溯到公元前1500年的埃及壁画描绘的场景。公元前600年，巴比伦建造的“传奇空中花园”，据说是由一层层砌石拱顶支撑而起并铺着土壤的灌溉梯田形成的。中国和日本的景观园林目的是看起来像幅画，无论是从建筑或茶室内部看，还是在行走中体验到的一系列景色，就像看到一幅长长的山水画在不断地滚动和展开。②在风景如画的园林中创造了一系列精心设计的自然景色，能够随着观察者视点的变化而变化，这与作为建筑延续体的几何形景观相反。中国古典园林中的假山常常是以真山为摹本，对其抽象化、概括化后进行迁移，在有限的空间中，展现千岩万壑的磅礴气势，山水相济，以小见大。滴水寸石都源于古人内心的志趣与爱好，是寻求内心深处与自然的融合。“虽由人

① 郭学明. 旅途上的建筑——漫步美洲[M]. 北京：机械工业出版社，2017：1.

② BARNETT J. 城市设计——现代主义、传统、绿色和系统的观点[M]. 刘晨，黄彩萍，译. 北京：电子工业出版社，2014：119.

作，宛自天开”，“象外之象、景外之景”的造园理念，赋予了园中山水人性化的精神和人格化的情感。

《旧约全书·创世纪》里的“伊甸园”是“各样的树从地里长出来，可以悦人的眼目，其上的果子好做食物……”

《古兰经》中“所许给众敬慎者的天园情形是：诸河流于其中，果实常时不断；它的阴影也是这样”。

南朝梁文学家沈约在《阿弥陀佛铭》里据《阿弥陀经》描写净土宗的“极乐世界”是“于惟净土，既丽且庄，琪路异色，林沼焜煌……玲珑宝树，因风发响，愿游彼国，晨翘暮想”。在全世界，园林就是造在地上的天堂，是一处最理想的生活场所的模型。

欧洲人自古以来的思维习惯就倾向于穷究事物的内在规律性，喜欢用明确的方式提出问题和解释问题，形成清晰的认识。这种思维习惯表现在审美上，毕达哥拉斯和亚里士多德都把美看作是和谐，和谐有它的内部结构，这就是对称、均衡和秩序，而对称、均衡和秩序是可以用简单的数和几何关系来确定的。古罗马的建筑理论家维特鲁威(Marchs Vitruvius Pollio，约前90—前20)和文艺复兴时期的建筑理论家阿尔伯蒂都把这样的美学观点写进书里，当作建筑形式美的基本规律。花园既然是按建筑构图规律设计的，数和几何关系就控制了它的布局。意大利花园的美在于它所有要素本身以及它们之间比例的协调，总构图的明晰和匀称。修剪过的树木，砌筑的水池、台阶、植坛和道路等等，它们的形状和大小、位置和相互关系，都推敲得很精致。连道路节点上的喷泉、水池和被它们切断的道路段落的长短宽窄，都讲究良好的比例。要欣赏这种花园的美，必须一览无余地看清它的整体。①

跟思维习惯相适应，欧洲人在自然面前采取的是积极的进取态度。他们不怕改造自然。朗特别墅的花园以水景为主，表现泉水出自岩洞，到形成急湍、瀑布、河、湖、直泻入大海的全过程。但这一切都是在纵贯整个

① 陈志华. 外国造园艺术[M]. 郑州：河南科学技术出版社，2013：8.

花园的笔直的轴线上进行的，是在整整齐齐的花岗石工程里进行的，就像一个可控的模拟实验。

法国国王路易十四派到中国来的第一批耶稣会传教士之一李明(Louise le Comte，1655—1728)，把中国的城市和园林跟法国的城市和园林对比之后，敏锐地发现：中国的城市是方方正正的，而花园却是曲曲折折的；相反，法国的城市是曲曲折折的，而花园却是方方正正的。

中国城市的方正，是中央集权的君主专制制度的产物，反映着无所不在的君权和礼教的统治。一部分性灵未泯的士大夫们，要想逃出这张罗网，自在地喘一口气，就向往“帝力”所不及的自然中的生活。花园是这种生活的象征，所以模仿自然，造得曲曲折折。在中国园林里，花、草、树木不但本身的形态和颜色是美的，还有性格，有品德，人们对它们有或敬或爱的感情。这就更加丰富了中国园林的抒情性。正是这种抒情性，使得给园林题匾额、楹联和命名成了富有诗意的事。

法国城市的曲折，是封建分裂状态的产物，是长期内战和混乱的见证。新兴的资产阶级和一部分贵族，为了发展经济，渴望结束分裂和内战，争取国家统一，建立集中的、秩序严谨的君主专制政体。反映着他们的这种理想，花园就造得方方正正的。

可是，一进入18世纪，英国造园艺术开始追求自然，有意模仿克洛德和罗莎的风景画。到18世纪中叶，新的造园艺术成熟，叫作自然风致园。到18世纪下半叶，浪漫主义渐渐兴起，在中国造园艺术影响之下，不满足于自然风致园的过于平淡，开始追求更多的曲折，更深的层次，更浓郁的诗情画意。歌颂自然，就是歌颂自由。自然风致园是自由的象征。

对于如同“天园”般的阿拉伯园林，造园史家格罗莫尔评论道：“毫无疑问，阿拉伯人要求造园艺术具有细腻微妙的感觉，具有难以置信的精致完美，他们有本事从他们对自然的理解中提炼出造园艺术所需要的一切，而且好像一点都不费力气。”

20世纪50年代以来随着对生态环境的认识提高，城市公共园林和绿化开始考虑生态效应。公园更加重视绿化，配置植物，重视它的净化空气、调节小气候、降低噪音、提高舒适度等功能。园林的建设跟环境保护结合起来，提高了它的科学性。现代化城市里，人们更加热爱自然风光，英国式的自然风致园在现代造园艺术里始终占着优势。连高楼大厦的缝隙间，小小的一角绿地，也往往愿意仿造自然。近20年来，美国建筑师波特曼(J. Portman)推陈出新，发展了公共建筑物中央大厅的设计，它往往有六七层高，周围有重重叠叠的走廊、挑台和船形舱，种上攀援植物和悬垂植物，于是，室内创作出现了垂直绿化，还有各式的瀑布。

十、城市与空间：中世纪城市孕育近代文明

城市不仅是商业和市场的产物，也同劳动力、资本和技术一样都是生产力的产物，能够对空间进行生产，是生产力诸要素对比运动的产物。城市空间包括物质空间、精神空间和社会空间。中世纪和文艺复兴时代的欧洲城市是构成现代城市的关键时期。由于基督教的兴起，欧洲中世纪城市景观的一个重要特点是神圣空间——教堂的大量涌现，背后的原因是主教在城市中的地位进一步提升，成为控制城市的主宰。教堂、修道院成为欧洲中世纪城市不可分割的组成部分。中世纪的动态空间——庆典、仪式如比武大会、国王进城、狂欢节等基本上在城市中进行。从13世纪开始，市民空间——城市公共空间，如市政厅、市场、钟楼、市政广场、城门、大教堂等代表大量涌现。中世纪的城墙将城市和乡村截然分开，给予了城市市民不同于封建领地的优势地位。规划思想家布鲁尼、阿尔伯第和马蒂尼等借鉴古典传统的理论，纷纷提出“理想城市”理念，为后世的城市规划开启了一个新时代。“现代法国辩证法之父”列斐伏尔认为民族国家通过控制时间来塑造空间，而全球化则通过塑造空间来控制时间，消灭时间和历史造成的差异，代之以标准化和同质化，在全世界推广资本主义的城市化，这就是全球城市得以发展的逻辑。

中世纪最重要的转型是金钱、资源、技术和宗教热情的组织和整合。这些是知识在生产、使用、流传方面出现的首要变化。随着大教堂出现的

不仅有石匠、木匠、玻璃工、雕刻师，还有行会和巡回商人，他们将整个欧洲变成了自己的工作室。中世纪城市培育了商业意识、商品货币观念、市场观念和商业精神。

随着土地制度的变革，生产力的发展，货币走上了社会经济的舞台。恩格斯说："在这里，市民阶级有了一件对付封建主的有力武器——货币。"①在那里，一个截然不同的金融体系诞生于长期四分五裂、很少达成统一的众多城邦之中。1000 年以后，欧洲成为金融体系的大熔炉，这个熔炉利用时间和金钱重塑了欧洲的社会关系。②

1099 年，十字军第一次占领耶路撒冷。20 年后，圣殿骑士团被建立以保护来耶路撒冷朝圣的旅行者。后来，这个任务逐渐演变成为确保钱财由欧洲到东方的安全转移。圣殿骑士创建了一个系统，朝圣者可以在欧洲存钱，然后在圣地取出。这其实就是欧洲版的飞钱。出于对远距离汇款这个基本的经济功能的需求，一种全新的金融机构诞生了。从转移系统到账户记录，再到保管功能，最后到财产所有权的契约安排以及财产收益率的安排，可以说圣殿骑士金融安排的复杂性是欧洲首个资本市场发展的重要前奏。排在长途汇款业务之后，由圣殿骑士提供的最卓越的金融服务是一系列我们今天理解为银行业务的中介。伦敦和巴黎的圣殿武士修道院都承担了为国王和贵族存放贵族物品的皇家国库的职能。整个要塞都由训练有素的武士保卫，这些武士宣誓自身坚守清贫，而且还有一套监督个人存取款行为的会计制度。他们还在整个 13 世纪负责为英国王室征收税费和监督纳税，并且在英国和法国都经营着皇家债务账户。在大约一个世纪的时间里，圣殿骑士聚敛了成千上万的土地资产，编织了复杂的契约网络，这使他们成为欧洲的一支主要经济力量，也成为那些四处寻觅财富的君主们的首要目标。

即使圣殿骑士逐渐渗透到了欧洲的金融体系内部，他们在自己的根本

---

① 马克思，恩格斯. 马克思恩格斯全集：第 21 卷[M]. 中共中央马克思恩格斯列宁斯大林著作编译局，译. 北京：人民出版社，1979.

② 威廉·戈兹曼. 千年金融史——金融如何塑造文明，从 5000 年前到 21 世纪[M]. 张亚光，熊金武，译. 北京：中信出版社，2017：100.

使命上还是失败的。在整个13世纪，十字军国家逐渐失去对圣地的控制权。耶路撒冷在1244年被穆斯林控制，圣殿骑士节节败退，直到叙利亚共和国沿岸的最后一个圣殿骑士城堡于1302年被占领。讽刺的是，他们的没落是由于一个法国国王，而不是伊斯兰教。圣殿骑士团在欧洲的覆灭始于1307年法国国王菲力四世(Philip Ⅳ)对巴黎圣殿的突袭。骑士团成员被捕后，被关押在圣殿的地下城中，被指控为异端，并遭受了刑讯逼供。①

威尼斯的石质建筑保存着在中世纪早期充当国际银行的教会机构的痕迹。马可·波罗在威尼斯的生活则向我们展示了这座城市古老金融体系的另一部分。在马可·波罗生活的13世纪，威尼斯是一个拥有沿海殖民地的帝国，从达尔马提亚海岸直到克里特岛并穿过爱琴海。1204年，威尼斯军队洗劫了拜占庭，掠夺了古城的财宝。不过，威尼斯商人将他们的经商范围推进到了远超君士坦丁堡和圣地的地方。像古希腊人一样，他们建立了通过博斯普鲁斯海峡进入黑海的贸易航线。这使得他们能够进入古丝绸之路并与北方民族进行贸易往来。马可·波罗从中国回国后曾被囚禁在热那亚，1298年，他最终被释放，回到了威尼斯的家中。在他家附近有一座里亚尔托桥。里亚尔托汇聚了航海巨头、企业家、金融家、投资人、投机者、银行家、借款人、保险代理人、经纪人、货币兑换商、税务机构成员等。各种金融服务的空间集约化使得从事金融中介业务变得容易。威尼斯采取了一种相当新颖的方式来融资——发行公债。威尼斯债券及其在里亚尔托的二级市场代表了对国家乃至个人而言非常重要的新型金融技术。对于国家，它代表了一种能将未来资源转移到现在的工具。威尼斯是一个自治共和国，公民在政府债务的创建和维护上拥有发言权。对意大利早期的金融家来说，时间是一个重要维度。威尼斯里亚尔托的金融体系扩散到意大利的其他地区，最终扩展到欧洲的货币中心。

中世纪城市由对封建农本经济的补充和附庸演变为对封建制度的侵蚀

① 威廉·戈兹曼．千年金融史——金融如何塑造文明，从5000年前到21世纪[M]．张亚光，熊金武，译．北京：中信出版社，2017：120.

物和对立物。中世纪城市培育了商业意识、市场观念和货币金融等新的经济特征。中世纪城市工商业活动与农业活动不同，人们有上升的机会，可以靠技艺和勤奋进入富人行列。新的商业理念开始形成。城市工商业的基础是以货币为中介的商品交换。货币也是积累财富的手段，商品货币意识不断渗透。为了得到货币，贵族们也"屈尊"从事商业活动。商业活动逐渐从经济边缘走向社会中心，带动西欧从农业社会向商业社会转变。市场意识和冒险进取精神开始孕育。近代西欧的殖民扩张，正是城市工商业对市场的需求，终极目的是将产品市场从欧洲扩张至世界。随着商业的发展，在追求利润的行为下，人们逐渐养成理性计值意识，发明了借贷复式记账法，产生了新的财富观、消费观和时间观。在中世纪城市中还产生了许多近代经济方式和经营方式，如信用与汇票制度、钱币兑换商、保险业、对外贸易公司乃至现代股份公司的雏形——规约公司。

城市新经济方式的最高表现是出现了资本主义关系的萌芽。按照马克思的论述，资本主义关系的产生主要有两条道路：一条道路是"生产者变成商人"，出现了商人资本家；另一条道路是"商人直接控制生产"而变成了资本家。16世纪有一首歌谣，歌颂该世纪初纽伯里城呢绒制造商约翰·温奇库姆的呢绒工场，1000多人辛勤工作，梳毛、纺纱、织呢、浆洗、修剪、染色、扦制等重要工序一应俱全。① 中世纪的城市培育了新的社会力量即市民阶级，城市也最终变成了向封建主义进行革命性挑战的场所。市民阶级包括手工艺资本家、商人资本家、商人、律师、医生、公证人以及从事文化、教育和艺术事业的精神劳动者等。随着城市的兴起，除了教会学校，世俗教育也发展起来。城市学校主要有两类：一是为上层市民子弟开办的以提高人文修养为目的的学校，二是手工业行会创办并监督管理的职业技术学校。在城市学校发展的基础上，兴起了近代意义上的大学。大学则促进了文化的世俗化、高级化和专门化。随着商业和教育的发展，中

① 刘景华．中世纪城市对近代文明因素的孕育[J]．贵州社会科学，2012(6)：114-122.

世纪城市开始形成平等自由观念，甚至可以用“自由城市”代替“自治城市”，所有的中世纪城市都是一种社会共同体。“人人生而平等”“法律面前人人平等”的近代文明精髓在中世纪城市中得到最初体现。城市市民的平等法律，共同遵守法律法规的契约意识，城市政治运行中的民主程序，促进了民主机制和法治传统的形成，侵蚀着封建法统。

怀特海指出：“每一种现实本质上都是物质的和精神的两极性的，而物质性继承关系本质上伴随着一种概念性反应，部分地与之一致，部分地引入相关的新的对比，但常常是引入着重、评价和目的。把物质的和精神的方面结合成一种经验的统一体，这就是自我形成的过程，它是一种合生，依据客体的不朽性原则表现出超越它的创造力。”中世纪城市中封建体制下逐渐孕育出近代文明的元素：平等、自由、法治、契约、大学，是一个对比的过程，一个合生的过程，一个生产力发展引发生产关系发展的过程，是文明不断创造、超越奔向工业文明的过程。

第七章　城市的青年期——工业革命与城市设计思想脉络

一、怀特海的“和谐”范畴与美

怀特海的和谐范畴类似于中国传统易学的圆融观念：“《易》所言天、地、人三才之道，其取相也大；而以穷、通、变、久贯彻宇宙创化、历史兴废及文教通塞，是乃天人之际之圆融也。”①怀特海的和谐范畴是辩证的，“和谐—不和谐”相互结合、包容。和谐是人类追求的理想，但过程可能是不和谐乃至冲突。怀特海在《观念的冒险》中指出：“通往和谐之源的旅途是一个充满罪行、误解、渎神的过程。伟大的观念是连带着罪恶的附属物及讨厌的联结物走入现实的。但是，大浪淘沙，它们的伟大存留下来，激励着人类缓慢地攀高而行。”②人类在冲突、竞争中追求和谐与美。“美”与“和谐”之间有着必然的联系。美妙的音乐来自琴弦的和谐，建筑的美来自各维度的和谐，城市的美在于社会与自然之间的和谐，观念的美在于思想力度的宏大宽广与精深。怀特海指出：“美就是一个经验事态中诸因素之间的相互适应……换言之，完善的美可以定义为完善的和谐；完善的和谐即是在细节和最早合成方面均为完善的主观形式。同时，主观形式的完善

① 程石泉，俞懿娴，编．中西哲学合论[M]．上海：上海古籍出版社，2007.
② 怀特海．观念的冒险[M]．周邦宪，译．南京：译林出版社，2012.

程度要以‘力度’来定义。依此处所指的意义，力度包括两个因素：一是具有动人对比的繁多细节，即宏大性(massiveness)；二是强烈度本身，即与性质多样性无关的相对广大性(comparative magnitude)。但是，极端的强烈度本身最终是要依赖宏大性的。”①这种价值理论与中国传统思想非常相似。如果不基于整体的视角，就无法把握和谐；如果不能辨识和谐，就无以理解美；如果不能辨识美，就无以理解价值。这种美、和谐与统一如同老庄的蕴含在所有事物间的潜在统一性的“道”。

社会的进步在于既要展现个体的美与价值，又要各组成成分相互关系构成整体的和谐与美，还要不断追求真理，因为“真”有一种率直的力，支持着一个复合体的美所必需的稳定的个性，“假”是流蚀性的。和谐与真与美紧密相连，互相映衬，不可分割。“在最深邃的和谐中，‘真’被一种正确感伴随着。但是‘真’是在它发扬‘美’的活动中获得这种自证的能力的……艺术的完善只有一个目标，即‘真实的美’……有了‘美’，‘真’才显得重要……有了感受的和谐，现象的客观内容便是美的……当实在世界是美的时，它同时便是善的。”②因此，历史洪流大浪淘沙，留下的珍贵思想作品是和谐、善、美与真。精神的冒险超越生存的物质基础，具有揭示事物本质这一伟大作用的作品，是人类文明的精华。怀特海说：“一个社会，只要它的成员分享真、善、冒险精神、艺术、平和这五种性质，该社会便可称为文明的社会。”

对于真、善、美三者之间的关系，柏拉图认为，在理念世界所有的理念中，居最高层次的理念是“善”，因其存在于理念世界中，又是永恒的，最真的，自然也是最美的。柏拉图把善和美统一于本体论的真，把经验事实构成的思维空间放大到理念世界的思维空间，认为理性是永恒的，因而是最真实的、最有价值的，是至善，为理性主义哲学指明了发展方向。柏拉图的学生亚里士多德则是西方经验主义哲学的源头，他说“吾爱吾师，

① 怀特海. 观念的冒险[M]. 周邦宪，译. 南京：译林出版社，2012.
② 怀特海. 观念的冒险[M]. 周邦宪，译. 南京：译林出版社，2012.

但吾更爱真理”，他认为理念世界与经验世界是合一的，理念来源于经验事实，也只限于经验事实。亚里士多德的理论对于解释经验世界是正确的，但对于解释可能性世界却无能为力。柏拉图的真与亚里士多德的真之间的区别可以说是理性主义与经验主义之间的区别，也可以说是哲学与科学之间的区别。到了康德的三大批判，试图调和理性主义和经验主义，重新诠释真、善、美。经过认识论繁琐的论证，康德的本体论又回到了柏拉图的理念论。因此，怀特海说：“对构成欧洲哲学传统最可靠的一般描述就是，它是对柏拉图学说的一系列脚注。”①总的来说，西方哲学家是以真统一善美，认为，只要解决了本体论上的真，并把它贯彻于人类社会成为一种道德规范，就是善；把真的本体用艺术的形式表现出来，让人体会到真，就是美。可是统一善和美的真终究是来自理念还是经验，还是没有解决。而中国学问大体上可称为求善之学，讲究以善统一真和美。孔子所求的是社会人生而不是宇宙人生中最恒久的价值，这便是“仁”。老子则是追求更高的自然宇宙本体——道。他说：“人法地，地法天，天法道，道法自然。”“道生一，一生二，二生三，三生万物。”佛家的本体“真如”更纯粹，思维空间更大，如《起信论》中说：“真如自性，非有相，非无相，非非有相，非非无相，非有无俱相。”不论西方哲学还是中国的儒释道对真、善、美有差异性的解释，共同的是想寻求真、善、美的统一，是探寻自然与人类社会的和谐美好。

在怀特海看来，天地之美是有机世界的根本属性。他认为：“现实事实就是审美经验的事实，所有审美经验都是在同一中实现对比所形成的感觉。”②在有机哲学里，现实实有通过包容的合生而不断创造新颖性的过程，就是审美经验的过程。美不仅是原初世界客观存在的，而且是引领和推动这个世界不断创造自我生成——发展和进步的动力与理想。美是作为宇宙自然的真实本质而存在的普遍事实，是世界存在的基础。向美而生，是宇

① 怀特海. 过程与实在[M]. 李步楼，译. 北京：商务印书馆，2012：63.
② 怀特海. 过程与实在[M]. 李步楼，译. 北京：商务印书馆，2012：428.

宙自我生成过程的主旋律。怀特海在《观念的冒险》中论述了“美”与“真”的关系：“‘美’是牵涉实在中各组成成分相互的关系、现象中各组成成分相互的关系，以及现象与实在之间的关系。因此，经验的任何一部分都可能是美的。宇宙目的论就是指向美的产生。”“与‘真’比较起来，‘美’是一个更宽泛、更基础的概念。”因此，怀特海是将“美”统一“真”和“善”。美和和谐有着必然的联系，推动着宇宙的运动、变化、发展。怀特海指出：“事物的细节必须放在整个事物的系统之中，才能见其本来面目；这个系统包含逻辑理性的和谐和美学境界的和谐；逻辑的和谐在宇宙中仅作为一种不可更改的必然性而存在，美学的和谐则在宇宙中作为一种生动活泼的理想而存在，并把宇宙走向更细腻、更微妙的未来所经历的断裂过程连接起来。”①

在一个忽视审美维度的社会中必然导致个体心理失衡、社会畸形、道德扭曲，进而导致整体文明的湮灭。心理学家詹姆士·黑尔曼追问道：“一个压抑美、拒绝美的价值的社会，若想可持续发展可能吗？”美应该成为我们生活结构的一部分，成为我们文化生活的愿景，成为迈向生态文明的坦途。怀特海认为，工业文明导致物力滥用，压抑了审美创造性，即马克斯·韦伯所表达的“世界的祛魅”(the disenchantment of the world)。在生态文明的社会里高扬审美的重要性，用智慧和理性“复魅”，高扬审美的重要性，它不仅达致人与人的完美和谐，达致人与社会、人与自然的完美和谐，而且是人类迈向自由全面发展的必由之路。

工业革命以后城市化步入青年时期，这个时期既有躯体的日益壮大，也有困难与恶像山般横在面前，又有理想与现实之间的尖锐冲突，更有低头沉思改革道路的勇气，还有化解丑恶迎来美好的智慧，还有旺盛精力，勃勃生机、坚韧不拔实现理想家园的探索。工业革命是生产力发展的产物，极大地推动了城镇化进程，城镇化的进程中涌现出的各种问题激发了

① 怀特海. 科学与近代世界[M]. 黄振威，译. 北京：北京师范大学出版社，2017.

解决问题的各种理论，理论的运用为城镇化提供了新颖性和潜在可能性，理论与实践汇入生产力发展的洪流，为理想的实现提供源源不断的动力。

怀特海说："我们的精确的概念经验是强调的一种方式，它激活了那些使现实事件富有活力的理念，为感觉—经验的纯粹转变增添了价值和美的感知。正是由于这种概念激发，日落才展现了天空的壮丽。"①城市设计规划思想随着时代的前进而不断推陈出新、互相砥砺、交相辉映，城市设计思想史是一部探索秩序与美的求索交响曲，用对人类对自然的关怀与爱温暖世人，也用美激活了城市化前进的壮丽。

二、工业革命与城市化

城市化是指人类生产和生活方式由乡村型向城市型转化的历史进程，表现为乡村人口向城市人口转化以及城市不断发展和完善的过程。工业革命是城市发展史上的里程碑。是大规模城市化的发端。以蒸汽机的发明和广泛应用为重要标志的工业革命，创造了人类历史上前所未有的生产力，迅速地改变了资本、财产和人口等的分散状态而走向集中，使城市规模急剧扩大，人口数量明显增加。工业革命开始以后，世界城市人口占世界总人口的比重以每 50 年翻番的速度增长，1850 年为 6.4%、1900 年为 13.6%、1950 年为 28.2%，至 2000 年世界城市人口占世界总人口的比重已超过 50%。②

在工业革命的推动下，当时以英国为首的西方国家率先走上资本主义发展道路，社会生产力得到了巨大的飞跃，以机器生产的大工厂得到迅速发展，从而推动了城市化进程，产生了一批新兴的工业城市，掀起了城市化浪潮，其中以英国最具代表性。工业革命之前，城市只是作为统治阶级

---

① 怀特海. 科学与哲学论文集[M]. 王启超，徐治立，等，译. 北京：首都师范大学出版社，2017：97.

② 张淑平，周伟奇，刘俊华，杨锋. 城市的起源与发展[J]. 标准生活，2013(3)：10-13.

的政治中心或者是以重要战略地位而存在，规模有限，城市数量和人口也很少。工业革命之后，手工业生产不再适应生产力迅速发展的需要，大机器生产的工厂拔地而起，它需要更多的生产要素来满足工厂日常的生产。以英国伯明翰、曼彻斯特为例，伯明翰依靠丰富的煤炭资源迅速由原来的小村庄成为一个工业城市；而曼彻斯特在工业革命以前只是一个小镇，到1830年，棉纺织厂已经达到99家，在那时已成为世界棉纺织工业之都。① 随着工厂的集中，人口的大量繁衍，城市人口大幅增加。曼彻斯特在1685年时约有人口6000，在1760年时，发展到3万~4.5万之间。伯明翰在1685年时约有人口4000，而到1760年时，几乎增加到3万。1801年时，曼彻斯特人口为72275人，而1851年时达到303382人。② 如果说，以蒸汽机为动力，为世界各地市场生产商品的工厂是扩大城市拥挤地区的第一个因素，那么，新的铁路运输网在1830年之后则更是大大促进了城市的扩大和拥挤。③ 如巴黎、伦敦和纽约，在1800年城市人口分别为64万、80万和6万，到1900年则增加到300万、700万和450万。

生产的集中使城市人口的增加势不可挡。工业革命使生产方式发生彻底的改变，大机器生产代替工厂手工生产，生产效率得到了巨大提升，从而推动了城市化的进一步发展。从1760年产业革命开始到1851年，英国花了90年时间，成为世界上第一个城市人口超过总人口50%的国家，基本实现城市化。而当时，世界城市人口只占总人口比例的6.5%。

英国工业革命的成果传输引发了德国、美国、法国广泛的工业革命与城市的兴盛。进入19世纪以后，这些国家的城市化明显加快，农村人口沿村镇→城镇→城市路径开始大规模迁移，地区大城市则借助资本与商品的双重输出成为全球性的经济中心城市，如20世纪初的美国纽约，已取代伦敦

① 种涛．马克思恩格斯城乡关系思想及当代启示[D]．南宁：广西大学，2018.

② 刘易斯·芒福德．城市发展史——起源、演变和前景[M]．宋俊岭，倪文彦，译．北京：中国建筑工业出版社，2005：469.

③ 刘易斯·芒福德．城市发展史——起源、演变和前景[M]．宋俊岭，倪文彦，译．北京：中国建筑工业出版社，2005：471.

成为世界最大的经济中心。① 工业革命使资本主义工场手工业过渡到机器大工业阶段，商业资本占统治地位让位给工业资本居于主导地位，经济思想也由重商主义国家干预转到“看不见的手”的自由市场调节，城市化与工业革命的互动实现了产业结构、就业结构的双重推进。工业革命后生产力的发展使社会、政治、经济体制随之发生巨大变化。

但与此同时，这个环境的另一部分也在发生一种破坏，其速度常常是更快：森林被毁坏，土壤被破坏，有些动物如海狸、野牛、野鸽等被全部灭绝，而抹香鲸和露脊鲸等则被大批捕杀……这些制造商，由于缺少科学知识或利用废料的技术经验，常常将他们宝贵的副产品倒在河里。大批的炉渣、烟灰、废铁、乱七八糟的废料、垃圾，堆积如山，有时甚至堵死河道，高出河面。生产加速了，原料和产品的消耗也加速了，而在废金属利用有利可图之前，七歪八扭或是破烂的废料和固体垃圾堆满在地上，破坏了风景。无数的脏东西都在河里洗，整车整车从染坊和漂白工场里出来的有毒物质都往这条河里倒，蒸汽锅炉把沸腾的废水，连同它们发臭的杂质，全部排放到河里，让它们自由流去，东闯西撞，有时流经又黑又脏的河岸，有时流经红砂岩的悬崖峭壁之下，简直不是一条河，而是一条污水明沟。工人的住房和有些中产阶级的住房，就建在钢厂、印染厂、煤气厂旁边，或者建在铁路的路堑旁。这些住房常常建在灰末、破玻璃和垃圾等组成的土地上，这种土地连草也不长，也有些住房建在垃圾堆旁，或建在大的永久性的煤和煤渣堆旁。这样，垃圾堆发出的恶臭，烟筒冒出的黑烟、机器的吼声和叮叮当当的敲打声，都骚扰着附近的住户。即使设计的水平这样低，即使是如此的恶臭和污浊，在许多城市中，连这种住房也很缺乏，于是出现了更糟糕的情况，地窖也用来做住所。在利物浦，每6个人中有1个人住在“地窖”中，甚至在20世纪30年代，伦敦仍然有2万人住在地下室，这些地下室从健康方面说是不适合市民居住的。这种邋遢和

① 马先标，燕安. 世界城市化历程回顾——兼述英国城市化的特征与启示[J]. 中国名城，2014(11)：9-11.

拥挤情况还会带来传染病：老鼠会传染鼠疫；臭虫在床上大量繁殖，使人睡不好觉；虱子会传染斑疹伤寒；苍蝇一会儿飞往厕所，一会儿又叮住婴儿食品。此外，黑暗的房子加上阴湿的墙几乎成了繁殖细菌的温床，特别在过分拥挤的房子里格外能通过呼吸和接触而传染……①

随着工业的集聚和大发展，城市随处可见冒着黑烟的烟囱和排放工业废水的工厂。大量的炉渣、废料、垃圾四处堆积。化学工业、染织工业临河而建，把清澈的河流变成污水沟。机器噪声隆隆，城市上空漂浮着怪异的气体。垃圾横流、牲畜到处乱跑，城市成了传染病的温床，霍乱等瘟疫在城市中传播。工业城市的另一"景观"就是"拥挤"。中世纪狭小的城市街区已不能适应迅速增长的交通需要。传统住宅过于紧张、狭小，容纳不了持续涌入的居民。城市人口的急剧增加，导致住宅缺乏、交通阻塞、中心拥挤、建筑混乱、城市环境恶化等种种令人诅咒的"城市病"。恩格斯在1845年的《英国工人阶级状况》一书中曾详尽地揭露了英国工人阶级恶劣的生活环境，他写道："一切腐烂的肉类和蔬菜都散发着对健康绝对有害的臭气，而这些臭气又不能毫无阻挡地散出去，势必要造成空气污染。因此，大城市工人区的垃圾和死水洼对公共卫生造成最恶劣的后果，因为正是这些东西散发出制造疾病的毒气；至于被污染的河流，也散发出同样的气体。但是问题还远不止于此。"②

大自然被无情地破坏，被贪婪地剥削。犹如生命基础的双螺旋结构，工业革命使城市与大自然之间的双螺旋演进到严重对立的一面。工业革命在带来大发展、大变革的同时，仿佛同时也打开了潘多拉的魔盒，各种丑陋和污秽肆虐大地，只把清除这些污秽的希望留给后人。

恩格斯就曾在论述生态问题时告诫人类："我们每走一步都要记住：我们统治自然界，绝不像征服者统治异族人那样，绝不是像站在自然界之外的人似的，相反地，我们连同我们的肉、血和头脑都是属于自然界和存

① 刘易斯·芒福德. 城市发展史——起源、演变和前景[M]. 宋俊岭，倪文彦，译. 北京：中国建筑工业出版社，2005：466-476.

② 马克思，恩格斯. 马克思恩格斯文集：第1卷[M]. 北京：人民出版社，2015.

在于自然界之中的。”①马克思恩格斯在《德意志意识形态》中曾指出：“由此可见，一定的生产方式或一定的工业阶段始终是与一定的共同活动方式或一定的社会阶段联系着的，而这种共同活动方式本身就是‘生产力’；由此可见，人们所达到的生产力的总和决定着社会状况，因而，始终必须把‘人类的历史’同工业和交换的历史联系起来研究和探讨。”②产业技术是城市化的深刻基础。技术社会化形成社会技术，并催生技术产业化，是城市化的条件和动力。产业技术的本质内含其对城市化的决定作用，城市化的本质内含其与产业技术的互动性和关联性。产业技术与城市化之间存在一种历史对应关系。不同的产业技术链或产业链交替地成为主导链，产业技术网或产业网就会持续地扩张，城市化便持续地加速。

在过去的一个世纪，城市化速度增加了十倍。马克思恩格斯在《共产党宣言》中写道：“资产阶级使农村屈服于城市的统治。它创立了巨大的城市，使城市人口比农村人口大大增加起来，因而使很大一部分居民脱离了农村生活的愚昧状态。正像它使农村从属于城市一样，它使未开化和半开化的国家从属于文明的国家，使农民的民族从属于资产阶级的民族，使东方从属于西方。”③

马克思恩格斯在当时自然环境遭到破坏的背景下，以革命乐观主义精神预见共产主义的美好未来，阐述了共产主义社会人与自然的解放，指明了城市化演进的路径是城市与自然和谐，城乡融合。马克思《1844 年经济学哲学手稿》中指出：“共产主义是对私有财产即人的自我异化的积极的扬弃，因而是通过人并且为了人而对人的本质的真正占有；因此，它是人向自身、也就是向社会的即合乎人性的人的复归，这种复归是完全的复归，

① 马克思，恩格斯．马克思恩格斯选集：第 4 卷［M］．北京：人民出版社，1995.

② 马克思，恩格斯．马克思恩格斯文集：第 1 卷［M］．北京：人民出版社，2015.

③ 马克思，恩格斯．马克思恩格斯文集：第 2 卷［M］．北京：人民出版社，2015.

是自觉实现并在以往发展的全部财富的范围内实现的复归。这种共产主义，作为完成了的自然主义，等于人道主义，而作为完成了的人道主义，等于自然主义，它是人和自然界之间、人和人之间的矛盾的真正解决，是存在和本质、对象化和自我确证、自由和必然、个体和类之间的斗争的真正解决。它是历史之谜的解答，而且知道自己就是这种解答。"①

19世纪末开始的第二次工业革命实现了电气技术及生产的自动化，大大提高了劳动生产率，改善了劳动条件，促进社会生产力直线上升。电力技术使产业结构发生了深刻变化，发展出电力、电子、化学、汽车和航空等一大批技术密集型新兴产业。第三产业(包括运输、通信、商业、金融、行政和法律等服务业行业)也开始出现。生产部门和业务部门迅速走向集中，催生出城市工业区的繁荣。商品、劳务、资本以及生产过程和科学技术的跨国流动，导致国际贸易、跨国公司的迅速扩展和全球金融网络的形成。一些原为商业中心、工业中心的大城市凭借自身雄厚的经济实力、自然条件和历史条件，逐步形成了国际经济的中心，如伦敦、纽约、巴黎、东京、法兰克福、米兰、阿姆斯特丹、芝加哥、洛杉矶、香港、汉堡等。然而，交通工具的改善，使城市出现向乡村无序蔓延的倾向。人与自然的矛盾依然尖锐，20世纪十大环境公害事件大多发生在城市或工业区，如：1930年马斯河谷烟雾事件、1943年洛杉矶光化学烟雾事件、1953日本水俣病事件、1984年印度博帕尔事件、1986年切尔诺贝利核泄漏事件、1986年剧毒物污染莱茵河事件等都对生态环境和人身健康造成了严重破坏，震惊世界，至今仍须警醒世人。

第三次工业革命实现了信息化，20世纪电子技术为电子计算机的出现提供了技术前提，信息技术得到迅速发展。同时，生物工程、新材料技术、新能源技术、空间技术和海洋工程催生新兴产业迅速发展。网络技术把分散的计算机联成一体，移动通信适应了现代社会快节奏、人员流动性

① 马克思，恩格斯．马克思恩格斯文集：第1卷[M]．北京：人民出版社，2015.

强的需要，互联网促进了“地球村”的形成。国际上的生态与可持续发展城市普遍出现了产业结构的“非工业化”，城市的工业中心的地位不断下降，石油、煤炭、化工产品等对环境危害最为严重的工业逐步萎缩衰退，新兴的电子、通信、生物技术等高技术产业迅速发展。城市产业结构继续向信息化方向发展，信息化对城市化社会结构产生决定性影响。交通和商业都有着天然的默契，交通的发展也带来了商业的繁荣。从崎岖不平的城市小路发展到四通八达的交通网络，从单一的公交铁路到多样化的自由出行，从平面的地面交通到上天入地的多层次交通体系，快速公交、高铁、地铁展现了城市的速度、快捷、现代文明。人车分流、潮汐车道、循环交通，绿色出行不断创新和尝试打通着城市的“脉络”。

第四次工业革命正在推进智能化、机器人、基因技术、大数据、云计算、万物互联与物联网、机器学习与人工智能，是一个机器可能取代众多人类工作的世界，突出智能工厂、智能生产、智能物流及智能服务四大主题。第四次工业革命技术突破性创新领域集中在新一代信息技术、新能源及新交通技术领域，同时还在衍生的新材料、生物医疗等多个方面有所体现。物理、数字与生物世界的融合是第四次工业革命的核心内容，这样的融合为节约资源、提高资源效率提供了巨大机遇，使人口的聚集地城市发生深刻变革。“一个城市若拥有极速宽带，并在交通系统、能源消费、废物处理等领域采用数字技术，就会更高效、更宜居，也就比其他城市更有吸引力。”①物联网将人造环境与自然环境融合在了一个有序运转的网络中：所有人和所有事物为促进协同作用而互相沟通，为优化社会效率而促进互联，同时保证全球的公共福祉。② 随着科学技术的发展，城市公共交通呈现地面、天空、地下、海底的 4D 立体发展的格局。上天的飞机、立交、高架、轻轨等，地面的高铁公交、快速公交 BRT、有轨电车、中低速磁悬

① 克劳斯·施瓦布．第四次工业革命[M]．李菁，等，译．杭州：浙江出版集团，2016.

② 杰里米·里夫金．零边际成本社会：一个物联网、合作共赢的新经济时代[M]．赛迪研究院专家组，译．北京：中信出版社，2017.

浮、共享单车、机动灵活的潮汐车道等，入地的地铁、地下通道，以及应用真空磁悬浮技术的海底超级高铁让城市的交通空间不断地拓展，呈辐射状向外延伸，连接着城市与乡村、城市与城市、国家与国家、大陆与大陆、大洋与大洋，逐渐带动城市空间的立体革命。随着科学技术的进步和社会发展，历经艰难曲折的过程，城市逐渐转向与大自然和谐的一面。城市化演进各阶段的特征比较如表 7-1 所示。

表 7-1　城市化演进各阶段的特征比较

历史阶段	城市建设与功能	城市与乡村、自然关系
前工业社会城市化(B. C. 8000—工业革命)	城市中心为宗教神庙、市民广场、集会交易中心	城乡分离 城市与自然相对和谐
第一次工业革命	机器大工业中心、商业贸易中心。城市人口规模急剧增加，城市基础设施缺乏	城乡对立，差距拉大，城市与自然对立
第二次工业革命	电气技术及生产的自动化，逐步形成了国际经济的中心	城市出现无序蔓延的倾向，城市与自然的矛盾依然尖锐
第三次工业革命	基础设施逐渐完善。为商业、贸易、金融、证券、房地产和咨询等服务业中心	城乡逐渐融合，差距缩小，奉行绿色城市主义
第四次工业革命	功能多元化、多样化。信息流通、管理、服务中心	迈向城乡融合一体 力求城市与自然和谐

一方面，工业革命推动了城市化发展。工业革命的核心内容是机器大工业代替了以手工技术为基础的工场手工业。由于机器大工业导致社会分工不断深化，要求各企业和各部门间密切配合，使社会生产成为不可分割的统一的生产过程。各企业和各部门间日趋紧密，促进原有的城市不断扩

大，城市化的进程也由此而加快。工业革命的发展推动着城市化的进程，促进了城市的发展。① 另一方面，城市化为工业革命提供了保证。基础设施(工业基地、电、水、下水道、公路、铁路、电信、港口)的投入为生产的组织、市场的完善提供了成本的规模经济。城市劳动力和企业的聚集具有聚合经济效益。城市里的金融体系促进资金的循环资源的配置。工业化与城市化就紧密结合在一起，相互促进，共同发展，二者互为因果、互相推动。工业化有力地促进了初始城市化进程，城市化的发展反过来给经济增长注入强大的动力，工业化和城市化之间形成一种互相促进的机制。进入第四次工业革命以后，基础设施逐渐完善，产业逐渐由工业转为商业、贸易、金融、证券、房地产和咨询等服务业中心。人们的生态意识增强，奉行绿色城市主义，城乡逐渐融合，差距逐渐缩小。未来的信息社会城市化，城市功能多元化、多样化。随着大数据、人工智能的发展，产业以信息流通、管理、服务为中心，将更加集约化、信息化和节约化。人们的生态文明意识普遍提升，将逐渐实现城乡融合一体，城市与自然和谐。

工业革命不断迭代推动着城镇化的迅速推进，在当前，由于城市的过度过快膨胀，也出现了交通拥堵，房价高企，空气污染，环境破坏等诸多“城市病”，城市从规划到建设审美氛围的缺失，建筑与规划不能根据地形地貌和居民的需求有机协调，单调乏味的街区、“千城一面”市貌的现象比较严重。当前，一些城市存在片面强调经济效益而忽视社会和环境需要，土地使用不合理的问题；一些城市存在交通拥堵，人车不分，相互干扰和混杂，基础设施短缺简陋的问题；一些城市存在建筑布置得各自为政而忽视整体环境，杂乱无序，缺乏城市特有风貌的问题。在快速的城镇化进程中，城市需要理清城市设计与建设的关系，特别是城市土地、投资、现状、基础设施、交通等市政设施在建设中的相互协调和制约关系。如何建

① 高嵩. 工业革命与城市化发展[J]. 辽宁经济管理干部学院(辽宁经济职业技术学院学报)，2010(6)：51-52.

设美好的城市，是当前迫切需要回答的问题，也是一个不断演进的命题。工业革命后面对当时的困难和问题涌现了一批卓越的城市设计思想家，梳理城市设计思想脉络，将有利于启迪智慧，借鉴前行的方向。城市设计致力于研究城市空间形态的建构机理和场所营造，是一门在不断创新发展的学科。城市设计思想随着时代的发展，面对涌现的问题，探索创新，凝聚着一代代人的创造力和智慧，是我们当下建设美好的城市需要学习借鉴的宝贵财富。

三、卡米诺·西特的“艺术之城”

19世纪末工业化后，建筑被大量快速无序地建成，充斥在城市空间里。被公认为现代城市规划与城市设计理论的奠基人卡米诺·西特(Camillo Sitte，1843—1903，奥地利建筑师、城市规划师、画家及建筑理论家)，在1889年首次出版的《城市建设艺术：遵循艺术原则进行城市建设》一书中，考察了大量中世纪的欧洲城市与街道，通过平面图和透视图的相互参照，分析真正被大众喜爱的城市空间形成的原因——并不一定是宏伟的宫殿和大尺度的广场，而是错落有致、互相呼应、如画的市内风景。强调自由灵活的设计，建筑之间的相互协调，以及广场和街道组成围合而不是流动的空间，总结出适合城市建设的艺术原则。并批判了新建城市空间在品质和美学方面的贫瘠。他主张城市不仅要服务于实用目的，还要遵循艺术原则，具备艺术价值。他赞美古希腊、古罗马及欧洲南方的古代城市强化了大自然之美，对人类灵魂产生了不可抗拒的魅力，认为：“一座城市的建设应该能够给它的市民以安全感和幸福感。”英文版译者查尔斯·斯图尔特在序言中写道：《城市建设艺术：遵循艺术原则进行城市建设》一书于1889年出版，好似在欧洲的城市规划领域炸开了一颗爆破弹。它对单调而沉闷的城市布局的猛烈抨击促使了一场对于缺乏想象力的规划设计的反叛。对于以城市结构再生为标志的今天，它仍然如同及时雨一般。西特对于他那个时代毫无生气的实践的彻底蔑视，对于我们这个时代来说，仍然切中要害。①

西特的城市建设核心思想有三点：一是强调指出了古典及中世纪城市建设方式的自由灵活的性质。他把不拘程式的自由设计作为建造城镇的主导思想。二是强调指出这些城镇中和谐一致的有机体，是通过许多建筑单体恰当地相互协调而形成的。他研究发现古典及中世纪的城镇都是按当地条件和其居民的心理，土生土长地发展起来的。在所有的城镇建设中，一定有一种相互协调的普遍规律。三是强调指出广场和街道应当构成有机的围护空间。他认为应以深思熟虑的与创造性的方法，按"有机秩序"的基本原则，来通盘安排建筑方面的各种问题——技术的、人的和美学的，启迪我们用同样深思熟虑与创造性的本能，对所有的城市问题，通盘予以解决。因为房屋设计与城市设计都是为了人的需要，而从事空间的组织工作。西特抵制机械模仿，复兴自由灵活布局，提倡敢于进行创造性的探索，呼唤着一个新的创造时期的来临。

西特在书中写道："如果技术人员允许艺术家给他出主意，不时地调整他的罗盘和丁字尺的位置的话，即使矩形体系也能够形成令人愉快的广场和街道。甚至艺术家和技术人员可以进行明确的分工。艺术家可以通过设计一些主要街道和广场来实现他的艺术目标，余下的街道就可以以交通运输和其他实用性为目的。作为主要的设计依据，在城市中的工厂可以展现工厂区的面貌，主要街道和广场的布局，则应以使用者的兴奋和愉悦为目的。这样，这些卓越的街道和广场就能用来激发市民们的自豪感，并点燃成熟青年的理想之火。"②西特强调自由灵活和谐地解决城市空间问题的思想仍然具有现实意义，启示我们在所有的创造性活动的领域中遵循有机统一原则，创造出给人以美的陶冶的城市空间。西特研究古希腊、古罗马、中世纪及文艺复兴时期的优秀建筑群实例，提出的一些美化和谐的原

① 卡米诺·西特. 城市建设艺术：遵循艺术原则进行城市建设[M]. 仲德昆，译. 南京：江苏凤凰科学技术出版社，2017.

② 卡米诺·西特. 城市建设艺术：遵循艺术原则进行城市建设[M]. 仲德昆，译. 南京：江苏凤凰科学技术出版社，2017.

则仍有借鉴之处，如在人车分流后的步行空间中，人的视觉艺术规律的运用、建筑空间的连接和封闭，开敞空间与外景的交相融合。如在城市中合理组织，注重环境的尺度，使城市的街道广场有连续感、人情味、安全感和可识别性，使城市建设和环境艺术效果有机结合。

西特热情赞美古希腊、古罗马、中世纪经典城市作品的美的力量，如在描述古希腊的圣城奥林匹亚时写道，“在这里，建筑、绘画和雕刻杰作的组合，足以与最有力的悲剧和最庄严的交响乐相媲美，与它们同样的优美壮观，同样的动人心弦”；在描述雅典卫城时写道，“它们之中蕴含着最崇高的诗意和理想。它确实是这个重要城市的心脏，一个伟大的民族情感的集中表现”；在描述威尼斯圣马可广场时写道，“的的确确，这里是伟大力量的所在地，一种精神的、艺术的和工艺的力量，正是这些力量，将全世界的财富集中在这里，也正是这些力量，将圣马可广场至高无上的感染力强加给全世界”。随后批评现代城市规划的艺术贫乏和平庸无奇，“沉闷不堪的成排房屋和令人厌烦的方盒子”；呼唤城市设计的艺术性，“必须牢记：在城市布局中，艺术具有正统而极其重要的地位，这是一种每日每时影响广大人民大众的艺术”，“仍然可以在设计中获得真正的壮观和美”，可见西特对城市艺术与美的殷切期盼。

然而在19世纪末的工业革命时期，人口大量涌入城市，城市规模迅速扩大，住房短缺，解决城市中的居住、交通等现实问题在当时比西特所提倡的城市空间美学紧迫得多。如何大批量地提供住房，解决住房短缺、贫民窟蔓延的问题，仍是城市规划的头等大事。

四、埃比尼泽·霍华德的“田园城市”

霍华德提出的“田园城市”(Garden City)试图穿插城市空间和乡村空间，以综合城市和乡村的优点，使人们既能拥有城市的工作机会和娱乐等活动，又能享受乡村的优美风景和新鲜空气。正如刘易斯·芒福德(Lewis Mumford)指出的，“花园城市”不是郊区，相反是郊区的对立物，它不是向乡村撤退，而是与有效的城市生活融合。霍华德旗帜鲜明地主张城乡一体，文中写道："但是，城市磁铁和乡村磁铁都不能全面反映大自然的用心和意图。人类社会和自然美景本应兼而有之。两块磁铁必须合而为一。正如男人和女人互通才智一样，城市和乡村亦应如此。城市是人类社会的标志——父母、兄弟、姐妹以及人与人之间广泛交往、互助合作的标志，是彼此同情的标志，是科学、艺术、文化、宗教的标志。乡村是上帝爱世人的标志。我们以及我们的一切都来自乡村。我们的肉体赖之以形成，并以之为归宿。我们靠它吃穿，靠它遮风御寒，我们置身于它的怀抱。它的美是艺术、音乐、诗歌的启示。它的力推动着所有的工业机轮。它是健康、财富、知识的源泉。但是，它那丰富的欢乐与才智还没有展现给人类。这种该诅咒的社会和自然的畸形分隔再也不能继续下去了。城市和乡村必须成婚，这种愉快的结合将迸发出新的希望、新的生活、新的文明。"①在霍华德看来，城市有城市的优势与缺憾，乡村有乡村的美好与不足，城乡必须有机结合，互相补充，相得益彰，相互映衬形成优美的景象。

霍华德的"田园城市"理论的本质是要解决因人口涌向城市造成的城市拥挤、大量人员失业，以及乡村因缺乏劳动力而发展衰退的问题。霍华德构建了新型城市的优美蓝图并反映了他期待通过这条"真正改革的和平道路"实现为人们创造美好生活的社会改革理想。霍华德希望通过田园城市的建设为那些长年住在贫民窟中的人建设住宅，为失业者创造就业机会，为无地者提供耕地，使整个城市的劳动者都能在此安居乐业。他认为这样的新生活可以唤醒每个人的才智，从而使他们内心充满"新的自由、愉快感"。霍华德将建设美好社会理想融入现实的构思之中，不仅设计了田园城市的规划图，还有详细的规划实施的步骤，收入与支出预算，社区设施，行政管理，运营机制等。在谈到运营管理时他表明"并无把全部工业

---

① 埃比尼泽·霍华德. 明日的田园城市[M]. 金经元，译. 北京：商务印书馆，2016.

收归市有和消灭私营企业的意图”，而是“问题的关键必然是哪些事情社区能干得比私人好”，使《明日的田园城市》*Garden Cities of Tomorrow* 这部书类似为一个田园城市的可行性方案，并融入了作者的人格魅力和人文理想。正是这种美好的理想，激励着一代代规划师设计着、实践着、追求着心目中的美好城市。霍华德本人就倾尽毕生精力致力于将田园城市落地成为现实，他先后于 1903 年和 1919 年在英国建设了两座田园城市：莱奇沃思（Letchworth）和韦林（Welwyn）。随后田园城市理论在世界范围内广泛传播，涌现出一批以田园城市理论为规划蓝本的城市，如法国巴黎的卫星城马恩拉瓦雷新城（Marne-La-Vallee new town），德国的海勒瑙（HeUerau），以色列的特拉维夫（TelAviv），美国的马里蒙（Mariemont），巴西的马林加（Maringá），澳大利亚堪培拉（Canberra）等，不断丰富和拓展着田园城市理论。霍华德主张以城市中心为母星，在 30~60 公里处建造多个小型且功能与性质大致相同的卫星城，母星和卫星城之间，卫星城与卫星城之间是绿带、田野、灌木林或林地。他指出：“因为美丽的城市组群是建设在人民以集体身份拥有的土地上，所以将有规模宏伟的公共建筑、教堂、学校以及大学、图书馆、画廊、剧院等，那是世界上任何土地押在私人手中的城市无能为力的。”①这表达了他对建设一座宏大而无比美丽的城市及周边城市群的美好理想。

五、勒·柯布西耶的“光辉城市”

面对底层劳动人民居住条件恶劣、环境污染与水污染严重、城市公共设施的缺失现象，柯布西耶主张一种新的精神、新的建筑，认为解决住房问题的方法是工业化大批量生产且具有机械美感的住宅。他倡导“现代的建筑关心住宅，为普通而平常的人关心普通而平常的住宅，任凭宫殿倒

① 埃比尼泽·霍华德. 明日的田园城市［M］. 金经元，译. 北京：商务印书馆，2016：107.

塌。这是时代的一个标志”。柯布西耶对于工业革命所带来的功能主义、标准化、批量高效率生产等“机械美学”十分推崇，在他设计的多层住宅中，有一种被称作“多米诺”的钢筋混凝土框架体系可根据需要批量复制搭建。在他几乎所有的项目中都出现了能够进行批量复制的超高层摩天楼。他对建筑设计强调简单几何形态的美，认为任何东西，在人们心中引起了跟宇宙规律的共鸣时，它就是美的。他赞美远洋轮船的美、飞机的美和汽车的美。他歌颂现代工业带来的秩序之美、机器之美和效率之美。他在《走向新建筑》一书中写道：

> 一个伟大的时代刚刚开始。
>
> 存在着一个新精神。
>
> 工业像一条流向它的目的地的大河那样波浪滔天，它给我们带来了适合于这个被新精神激励着的新时代的新工具。
>
> ……
>
> 大工业应当从事建造房屋，并成批地制造住宅的构件。
>
> 必须树立大批量生产的精神面貌，
>
> 建造大批量生产的住宅的精神面貌，
>
> 住进大批量生产的住宅的精神面貌，
>
> 喜爱大批量生产的住宅的精神面貌。
>
> ……
>
> 艺术家的意识可能给这些精密而纯净的机件带来的那种活力也使它美。①

针对城市中的居住、噪声、交通等现实问题，柯布西耶提出用功能分区来合理安排设计城市。柯布西耶认为：为了促进商业活动，城市需要更加快捷的交通运输方式，减少市中心交通拥堵，应使用立体化交通

① 勒·柯布西耶. 走向新建筑[M]. 杨至德，译. 北京：商务印书馆，2018.

系统，充分利用地下和地上空间；提高土地人口密度；增加户外植被面积。他认为应大幅提高建筑高度，使大面积的城市用地被空余出来形成绿地、公园等景观空间。在他的规划项目中，城市中心区绿地率高达95%，摩天楼居住区绿地率达80%甚至90%，层高较低的板式居住区绿地率也接近50%。①

随着《明日之城及其规划》(*The City of Tomorrow and Its Planning*, 1929)和《光辉城市》(1933)的出版、(CIAM，国际现代建筑协会)会议召开和《雅典宪章》的通过，功能主义理论影响广泛，成为当时西方城市设计的主流理论。柯布西耶那些精心绘制的现代城市空间意象广为流传：城市中高楼耸立，城市道路和停车场包围着大尺度建筑,② 绿地向四方延伸。他呼吁推广高密度、高绿化率、内聚式、计划配给制的城市模型，并构思了一种能够促进城乡均衡的乡村规划。

柯布西耶认为集中的城市空间结构要比分散的更为合理，城市必须集中，只有集中的城市才有生命力。他提出解决城市过于集中问题的技术手段主要是两大类：一是采用大量高层建筑来提高城市中心的密度，同时满足绿化、阳光、空气等的需要；二是建立高效率的城市交通体系，交通节点均作立交处理。他富有远见地指出：用巨大建筑体型的垂直式田园城市取代水平式田园城市，高楼大厦以适当的距离相间布置，形成一种壮观的韵律景象。将自然环境重新植入交换型的城市中，并使其也成为一座绿色城市。

柯布西耶的城市规划中强调功能分区，在当代城市化实践中大尺度下过分明确的某些功能分区，过于宽阔的街道也引起居民生活的不便，出行时间成本增加，交通压力大，成为如今许多城市所面临的问题。但柯布西耶追求自由与细节的协调一致及整体上的丰富与多元，以精湛的技术和融会古典与现代的建筑美学，设计丰富多彩的建筑作品和城市规划经典，其

---

① 邓頔. 谈勒·柯布西耶与伊利尔·沙里宁的城市设计思想[J]. 山西建筑，2018(11)：28-29.

② 陈瑾羲. 20世纪西方城市设计理论的批判性发展回顾[J]. 建筑创作 2015(10)：218-222.

中有17件建筑作品入选世界文化遗产，留下了宝贵的精神财富。柯布西耶主张通过提高建筑高度并致力于建筑的标准化建造，运用理性、现代化的方式设计城市，对于高效率建设城市以及新技术在城市建设中的运用很有意义。

六、弗兰克·赖特的“广亩城市”

当柯布西耶传播他的思想时，另一个人弗兰克·赖特(Frank Lloyd Wright)也在探索适合美国机器和汽车时代的城市化道路。柯布西耶的主张是增加建筑密度和建筑高度，赖特的主张却是降低密度并向郊区发展。勒·柯布西耶的理想是让人们居住在统一的单元里，赖特却认为人们应该居住在各具特色的独立住宅中，并与自然环境相协调。他的经典理论——广亩城市(broadacre city)，产生于20世纪20年代中期，20年后得以完善。该理论建立在两大技术基础上：私人汽车的流行和采用高强度混凝土、胶合板和塑胶的大量生产技术。

赖特反对人口在大城市的聚集，倡导通过新的技术如小汽车等使人们回归自然。在“广亩城市”的现代城市空间形式构想中，人的居住与生活单元散布在广阔的田野和乡村中，每户家庭周围都有1英亩(约4000m^2)的土地，由遍布的汽车道路系统连接。他揭露了城市人口拥挤造成的人类道德败坏。这种完全分散的、低密度的城市形态，与柯布西耶将城市功能集中到高楼大厦中而留下大片开敞公园式绿地的城市形态是完全相反的。广亩城市引起了广泛的注意和批评，认为他倡导郊区的无序蔓延，导致资源浪费，缺乏精明的规划。

七、伊利尔·沙里宁的“有机疏散城市”

伊利尔·沙里宁(Eliel Saarinen，1873—1950)是芬兰裔美国城市规划师、建筑师和理论家。1917年沙里宁在着手赫尔辛基规划方案时，发现市中心拥挤，而卫星城仅仅承担居住功能，导致生活和就业不平衡，市中心与卫星城之间交通极为拥堵，并引发一系列社会问题。他主张在赫尔辛基附近建设一些可以解决一部分居民就业的“半独立”城镇，以缓解城市中心区的紧张。他的著作《城市：它的发展、衰败与未来》系统阐述了他的有机城市思想与有机疏散理论，至今对交通堵塞、房屋拥挤、城市体积急剧膨胀等“大城市病”的破解之道仍有指导和启发作用。沙里宁将城市比作生物的活的机体，把交通拥挤、贫民窟、无序扩张看成细胞组织坏死（癌细胞），需要对城市实施“手术”，切除内城中的衰败部分，建设新的城区。他指出：“往往占有城区最好位置的大片工业用地，将腾出来做其他急需之用。工业本身则因不再局限于拥挤的环境中，可以在伸缩性较大的地区，和在改善的运输条件下，更有效率地进行生产。”①在他的“有机疏散”模型中，不同城区之间以快速交通干道联系，在每个城区内部以就近集中原则布置，倾向于中世纪欧洲传统城市小尺度、不规则、更适宜步行的路网。面对城市的拥堵、疾病传染、环境污染，伊利尔·沙里宁提出了“有机疏散”的城市设计思想，主张将现有拥挤的大城市进行“分散”，形成一个个生活功能完备的城市新区，新区之间进行有机联系。他认为过度拥挤、贫民窟蔓延、趋向衰败的城市，需要有一个以合理的城市规划原则为基础的革命性的演变。使城市有机疏散，既要符合人类聚居的天性，感受城市的脉搏，又能享受乡村的宁静美好，使人们居住在一个兼具城乡优点的环境中。

沙里宁特别推崇城市布局的有机秩序，如同一株树木，“它的大树枝从树干上生长出来时，就会本能地预留出充分的空间，以便较小的分枝和细枝，将来能够生长。这样，树木的生长就有了灵活性，同时树木的生长中的每一部分，都不致阻碍其他部分的生长。”城市是一个有机体，建筑是这个有机体的细胞，城市片区是“细胞组织”。城市建筑应当在体量、比

① 伊利尔·沙里宁. 城市：它的发展、衰败与未来[M]. 顾启源，译. 北京：中国建筑工业出版社，1986：130.

例、尺度、高度等方面相互协调，不同城区之间设有大面积的城市绿化，构建城市的有机秩序。跟霍华德的“母星与卫星城”的彻底隔离模式不同，沙里宁主张城市采取一种“半独立城区联盟”模式，是一个更紧凑的布局，各城区之间以不到一公里的绿带进行隔离，新城与旧城、新城与新城之间彼此有联系，通过一个逐渐的过程离散，“有机”地进行分离。沙里宁主张将拥挤、衰败的城市“有机疏散”，模仿自然有机体的生长方式进行城市设计，强调不同城市间的差异性与内涵，体现了一种尊重自然、尊重生命的有机和谐理念。

八、凯文·林奇的“可意象城市”

美国城市规划学者凯文·林奇于1959年提出的城市意象理论开创了城市空间认知研究的先河，对其后的城市设计产生了深远的影响。在城市中每一个感官都会产生反应，综合之后就成为意象。意象是个体头脑对外部环境归纳出的图像，是直接感觉与过去经验记忆的共同产物，可以用来掌握信息进而指导行为。绝大多数人达成共识的意象称为群体意象。有形物体中蕴含的，对于任何观察者都很有可能唤起强烈意象的特性称为“可意象性”。凯文·林奇指出：一个高度可意象的城市应该看起来适宜、独特而不寻常，应该能够吸引视觉和听觉的注意和参与。环境应该给人以美感，并持续深入。

通用、标准化的建造方式一方面具有效率与功能优势，另一方面造成整体缺乏意象，“千城一面”。同时，城市形象的雷同和城市空间的乏味，造成了城市风貌特色的丧失。对于如何创造令人印象深刻美好的城市风貌，凯文·林奇在《城市意象》中进行了系统研究，归纳了构成城市意象的五种元素——道路、边界、区域、节点和标志物。道路是城市中的主导元素，特定的道路可以通过许多种方法变成重要的意象特征。一个城市的路网，就是城市空间的骨架，为每一个体验者提供感知城市的途径：高速公路系统的开阔与戏剧性；沿街景观秀美、建筑色调肌理协调、路旁花枝招展，脚下树影婆娑给人以亲切的“场所感”；那些沿街的特殊用途和活动的聚集处，会在观察者心目中留下生机勃勃的印象。边界是除道路以外的线性要素，它们通常是两个地区的边界，相互起侧面的参照作用。① 它可以表现为城墙、街道以及森林、山地、水体的边缘。区域是观察者能够想象进入的相对大一些的城市范围，人们可以在内部识别它，也能充当外部的参照。节点是观察者可以进入的战略性焦点，典型的如道路连接点或某些特征的集中点，甚至可以是整个市中心区。如著名节点，威尼斯圣马可广场，具有高度的个性、丰富多彩而又错综复杂，与城市的总体特征以及附近狭窄曲折的道路空间都形成了鲜明的对比，同时与大运河紧密联系。标志物是人们感知城市时重要的外部参照。它存在于从微观到宏观各种尺度的城市空间，可以是步行街上的雕塑、公交站台、园林景观，也可以体现为山体、天际线、建筑、纪念碑和桥梁等。不同元素组之间可能会互相呼应、互相强化，也可能相互矛盾，甚至相互破坏，它们只有共同构成图形时才能提供一个令人满意的形式。整体环境具有的并不是一个简单综合的意象，而是或多或少相互重叠、相互关联的一组意象。为了让市民保持对城市的亲切感和熟悉感，要把蕴含城市记忆的元素组织起来，营造宜人的氛围，保持城市独特的魅力。

凯文·林奇跳出了传统现代派理性设计观念，创造出一种新的侧重于研究城市面貌的城市思考方法。他把城市看作一个四维空间，体现时间的变化性，充分将人们的生活和心理感受作为城市设计的中心内容，认为市民的参与才体现城市的价值。凯文·林奇将城市环境置于丰富、生动、复杂、动态的人类场所内进行人文主义视角下的研究，体现了以人为本的人文主义精神。

九、简·雅各布斯的“生死之城”

简·雅各布斯(Jane Jacobs，1916—2006)是20世纪60年代集中主义

① 凯文·林奇．城市意象[M]．方益萍，何晓军，等，译．北京：华夏出版社，2017：47.

的代表。她主张提高城市密度，并且深信正是密度造就了城市的多样性，也正是这种多样性创造了像纽约那样多姿多彩的城市生活。她在《美国大城市的死与生》(*The Death and Life of Great American Cities*，1961)一书中写道："要融合建筑的高密度和多样化不是一件容易的事，但必须这样去做。""地区以及其尽可能多的内部区域多的主要功能必须要多于一个，最好是多于两个。这些功能必须要确保人流的存在，不管是按照不同的日程出门的人，还是因不同的目的来到此地的人，他们都应该能够使用很多共同的设施。"

城市区域(通常是半径70~100km，拥有超过25万人口的超大城市)具有建设完整的市中心区，周围是具有内外结构的各个环区。人们与自然共处的区域(或景观)应该是低密度还是高密度呢？低密度地区拥有大型斑块，而高密度景观是不同小型用地的混合。低密度支持特殊化，比如该城市拥有剧院、艺术博物馆或熊类及野生猫科类动物的保护区，但是获取不同多的资源需要更长的旅行时间和成本；高密度的城市消除了特色，却造就了周边土地利用多样化的多功能用地。为了保证两种景观类型的益处，混合高密度区域的低密度区域是对人与自然的最佳选择。这样的设计赋予了土地资源较大的灵活度，减少了交通时间和成本，减少了污染区域的面积，为多功能用地、多样化和城市特色等提供了便利。简·雅各布斯在《美国大城市的死与生》文中写道：

> 要想在城市的街道和地区生发丰富的多样性，四个条件不可缺少：
>
> 1. 地区以及其尽可能多的内部区域的主要功能必须要多于一个，最好是多于两个。这些功能必须要确保人流的存在，不管是按照不同的日程出门的人，还是因不同的目的来到此地的人，他们都应该能够使用很多共同的设施。
>
> 2. 大多数的街段必须要短，也就是说，在街道上能够很容易拐弯。

> 3. 一个地区的建筑物应该各色各样，年代和状况各不相同，应包括适当比例的老建筑，因此在经济效用方面可各不相同。这种各色不同建筑的混合必须相当均匀。
>
> 4. 人流的密度必须要达到足够高的程度，不管这些人是为什么目的来到这里的。这也包括本地居民的人流也要达到相等的密度。
>
> 这四个条件的必要性是本书一个最重要的观点。①

她还写道："没有一个强有力的、包容性的中心地带，城市就会变成一盒互不关联的收藏品。无论从社会、文化和经济的角度讲，它都很难产生一种整体的力量。"

1961年出版的《美国大城市的死与生》产生了广泛的影响。20世纪70年代，学者们提出了"混合功能区"的思想，1977年制定的《马丘比丘宪章》促进了功能混合理论的研究与发展。在1988年的东京国际讨论会及第三届城市规划史国际会议上，"混合开发的展望"被作为主题进行了广泛的讨论。90年代，紧凑城市的理论被提出，高密紧凑的城市形态得到多数国家的认可。学者开始将"高密度"与"功能混合"结合起来，作为解决城市问题的重要方法。到了21世纪，"可持续发展"已经从生态的可持续向社会可持续和文化可持续的方向发展，"高密度"与"功能混合"作为城市可持续发展的重要途径，得到了学者们更广泛的研究。

十、保罗·鲁道夫的"未来城市"

第二代现代主义建筑大师保罗·鲁道夫认为城市建筑应该相互关联、相互连接，新建建筑为未来建筑提供建议与指导，共同为城市的连续性与整体性做出贡献。鲁道夫同柯布西耶有着相似的野心与英雄主义，鲁道夫

① 简·雅各布斯. 美国大城市的死与生[M]. 金衡山，译. 南京：凤凰出版传媒集团，2006：136.

也想通过改变城市和建筑来解决社会问题、时代问题，实现世人的美好生活。现代主义带来了城市中独立的建筑，它们反映着高速发展的时代面貌，张扬着个性，却忽视了单体建筑是组成城市的一分子，各式各样的独立单体建筑使得城市杂乱无章，千城一面的现代城市空间，不能形成一个完整的城市面貌。鲁道夫呼吁建筑师在单体设计时应重视城市整体性原则，为城市的整体性做贡献。

鲁道夫于20世纪六七十年代创作了大量城市中的建筑群落和巨构建筑，试图通过这些建筑解决当时的社会矛盾。他认为在密集的城市环境中，拥有舒适的外部空间，拥有阳光、空气和绿色植物，是人性化的设计，能使人感到舒适与平等，解决社会矛盾。

汽车时代的到来，给城市和建筑带来不同的观赏速度与角度，使林荫大道、立体交通成为城市中的重要元素。同时，汽车所需的建筑和城市尺度与欧洲传统的人性化的广场有着不同的需求，“我们必须认识到，汽车使传统建筑和城市的解决方案无效。汽车给了我们一个新的尺度，因为现在我们必须从一个快速移动的车辆和步行中感受到我们的环境。我们必须找到自己的解决方案。”①他向往公路与建筑结合、公路融于城市的景象。鲁道夫提倡多功能混合建筑，他认为这能让城市循环流通起来，并且能有效地解决部分交通压力。因此，他将这个城市巨构建筑设计为一个多功能混合与交通运输系统结合的建筑综筑群。在曼哈顿下城高速公路规划中，鲁道夫绘制的那个线性的、充满韵律变化的巨构建筑群主要由两类建筑形式组成，一是“A 字形”的相对较矮的建筑；二是位于线性巨构建筑群交汇处和城市入口处的高塔建筑，它们是城市中重要的节点和视线焦点，扮演着城市中的焦点建筑角色，是巨构建筑群的“山峰”。结合鲁道夫对高速城市化、交通拥堵压力等时代问题的思考，这些城市巨构建筑是他的城市建筑思想在更大范围的综合思考实践。

---

① RUDOLPH P. Writings on Architecture Paul Rudolph [M]. New Haven: Yale School of Architecture, 2008: 15.

在鲁道夫的城市乌托邦的构想中，他拒绝国际式风格建筑，拒绝千城一面的城市街区景观，提倡学习欧洲历史城市美丽有吸引力的，丰富多样的外部空间。他提倡人性化的城市空间设计，这些人性化的空间涉及历史文化，不能把所有的东西拆除，它们给人们带来心理感受与思考，新时代人们真正需求的不仅仅是功能，更是精神世界的富足。

鲁道夫的建筑表达自我、人性化的追求，在更大范围的城市规划上的交通功能混合、丰富的城市空间的方面，这些卓越的建筑及外部空间理念适应着当时的时代并预言着未来，是世界建筑遗产的重要组成部分。鲁道夫的城市建筑思想对我们当代也有很大启发，从历史、视觉与情感的角度出发，思考建筑与城市，能避免形成千城一面、让人迷失的城市；建筑与外部空间立体设计手法能使城市中形成多层次、多性格的丰富城市空间，带来多样的心理变化与感受。①

十一、黑川纪章的“共生之城”

日本建筑大师黑川纪章是新陈代谢派的创始人之一。1960 年东京国际设计会议上，由于丹下健三的影响，黑川纪章和菊竹清训、川添登等人提出了“新陈代谢论”。这个理论是将生物学的进化论和再生过程引入建筑设计和城市设计，向机器时代宣战、宣告生命时代的到来。新陈代谢运动涉及广泛，主要主张用过渡空间来连接各个单元，使其成为生活的主轴。他认为，20 世纪前半叶是“机器时代”，20 世纪后半叶开始“生命时代”。提倡信息、循环、新陈代谢、共生、生态学、可持续这些基本概念均是“生命的原理”。认为当人类步入信息社会，起支配作用的是信息、文化、艺术的创造力，生命时代由此而生。生命时代是关系时代，是人类与信息、文化、传统、环境等环节的关系。这种关系随着时间的推移、事物的发展

① 刘姝含. 保罗·鲁道夫的城市建筑思想——对现代主义的发展[D]. 广州：华南理工大学，2018.

以及外部的变化而变化，是不确定因素的时代。生命的动态变化和新陈代谢的过程，是其内部条件与外部条件因素结合并和它所处环境互相适应的过程。其中的规则是维持动态平衡的原则。总而言之，黑川纪章的共生思想吸收了日本传统文化和自然哲学的内涵，又借鉴了当代西方哲学的最新思想，将生命与建筑相连。

黑川纪章在建筑创作和城市规划中始终遵循的命题是：用最新的材料、最先进的技术表达传统的思想、哲学、美学、信仰和生活方式，将不同的文化的同一性和当代建筑结合起来，并使这种表达能够被世人所理解。黑川纪章将其共生思想概括成几个基本组成部分：异质文化的共生、人类与技术的调和、部分与整体的统一，内与外的交融、历史与现代的共存、自然与建筑的连续。黑川将所有的建筑元素都看作是相互间能够产生意义和气氛的词汇或符号。他在《城市革命》序言中写道：

> 所谓“生命的时代”是克服西欧二元论的共生的时代。是经济与文化的共生，人与自然、城市与自然的共生，艺术与科学的共生，理性与感性的共生，年轻人与老年人的共生，健康人与残障人的共生，部分与整体的共生，异质文化(宗教)共生的时代。①

“共生”是大自然最普遍的现象，也是大自然演进和多样化的摇篮。地球上的万物生长无处不在发生着共生现象。无数的生物之间构成紧密无间的共生系统(symbiosis)，物种之间相互频繁地交换能量、信息和一切可利用的资源，从而形成高效利用有限的资源来获取生存和壮大自身的共生系统。生态学认为各种生命层次以及各类生态系统的整体特性、系统功能都是生物与环境长期共生、协同进化的产物。生物之间、生物与环境之间，既有竞争、又有共生；在某种情况下，共生占主导；而且，只有共生，生

① 黑川纪章. 城市革命——从公有到共有[M]. 徐苏宁，吕飞，译. 北京：中国建筑工业出版社，2011.

物才能生存。因此，共生及协同进化是生态系统普遍存在的现象。共生关系是生物种群构成有序组合的基础，也是生态系统形成具有一定功能的自组织结构的基础。①

共生城市必然是具有"自组织"特征的系统，从简单到复杂，从低级到高级，从不共生到高度共生，通过对这类演进规律的认识，我们才能领悟到大自然的智慧。生态城市的规划要为具有新陈代谢能力的城市空间结构自演进奠定良好基础，应考虑到如何有利于终极的共生关系的自演进，考虑到城市高度演进以后的复杂的共生体的形态，这样就有可能为城市未来的演化铺设一条正确的轨道。生态城市作为自组织系统的重要节点，其交通结构、可再生能源应用、水循环等这些节点越强大、越自主，系统整体就越能够应付外来的干扰，城市空间的复杂性和共生效益就越能够顺利地形成。这些自然的演进过程对整个系统的演进会共生系统演进的主体，主动力在于市民。市民、企业、社会团体和政府及由他们组成的能动性、创造性是城市朝着生态化方向演进的最基本动力。以著名的德国生态城"弗赖堡"为例，该市从可再生能源应用开始，到资源循环利用、再到绿色环保，一步一个脚印地推向前进，完全是基于共生理念。资源循环利用越微距化，共生系统的自组织特性和复杂性就越容易得到高度演化，越容易达成生态城市的目标。

十二、约翰·寇耿的"21世纪之城"

美国学者约翰·伦德·寇耿在《城市营造——21世纪城市设计的九项原则》一书中提出了城市设计的九项原则：可持续性、可达性、多样性、开放空间、兼容性、激励政策、适应性、开发强度、识别性。原则一是可持续性。可持续性是指对不可替代和不可再生自然资源的保存与保护。经

① 沈清基，安超，刘昌寿. 低碳生态城市的内涵、特征及规划建设的基本原理探讨[J]. 城市规划学刊，2010(5)：48-57.

过智慧型的环境管理，一个区域的人口承载力将随空气与水等必需元素质与量的保护而提升。原则二是可达性。可达性是指通过紧凑型开发、目的地集中、小型街区与街道、系统充足和多重模式等方法促进通行的便利性。原则三是保持多样性与选择性。宜居城市的本质是在住所、就业机会、服务、文化和宗教活动，视觉趣味、休闲娱乐元素以及就近、便利的医疗和教育设施等方面提供多种选择的机会。居民有机会享受到丰富多彩的生活体验。原则四是开放空间。旧金山有金门公园，芝加哥有湖滨公园，巴黎有香榭丽舍大道，纽约有中央公园等。开放空间的共通之处在于它们总是城市民众生活的自然中心。原则五是兼容性，注重保持和谐性和平衡性，包括三个方面：与周边环境的关系、建筑尺度和建筑特色。原则六是激励政策，注重更新衰退的城市及棕地改造开发。开发质量、美化和价值提升三种设计元素是至关重要的。原则七是适应性。面向未来的城市营造将形成一个充满吸引力的物质环境框架，在允许其中的物质元素和使用功能不断变化的同时，依然时刻保持整体的一致性。原则八是开发强度，开发强度是指建筑楼板面积与其所在地块面积的比值。可持续的，欣欣向荣的城市需要为生活和工作提供多样化且兼具高低不同开发强度的空间选择。原则九是识别性，识别性注重创造或保护一种独特而难忘的场所感。城市形象识别的一个重要来源是城市与自然资源的关系，比如，香港的高山与海港、上海的滨江地区、旧金山的山丘与海湾、斯德哥尔摩的群岛、德黑兰和盐湖城的背靠梦幻般的高耸山体，都个性鲜明，令人难忘。

十三、道格拉斯·法尔的“可持续城市化”

美国建筑师和城市设计师道格拉斯·法尔针对美国不合理的居民生活方式和城市布局带来的环境与身心健康问题，提出“可持续城市化——城市设计结合自然”思想，道格拉斯·法尔可持续城市化思想来源于20世纪末三项意义重大的城市改革运动：精明增长、新城市主义和绿色建筑运动，超越了伊恩·麦克哈格的《设计结合自然》。他对可持续城市化的定义是：整合了高性能建筑和基础设施，适于步行并且公共交通便利的城市化模式。它的核心体现在高度集中的整合性和亲近自然环境的特性。可持续城市化的原则是：紧凑性——提高可持续的效率；完整性——伴随日常生活的服务设施；互通性——交通与土地使用的整合；统筹发展——可持续廊道；亲近自然——将人与自然相连；关注——高性能基础设施与集成设计等。道格拉斯·法尔认为可持续城市化与当前许多重要趋势和热点话题密切相关，包括气候变化、生活质量、环境问题、社区建设、降低税收等。可持续城市化展现了人类聚居环境中设计和发展上划时代的转变。它涉及的社会准则要求社会各界团结协作，各司其职。①

可持续城市化的三步走策略为：第一步，对“度量衡”达成一致意见，为可持续城市化创造市场；第二步，踢开汽油时代中挡在可持续城市化前的障碍；第三步，全美总动员，努力实现可持续城市化。应对可持续城市化多方面的挑战，分为五个类别：通过改善密度提高可持续性，可持续廊道，可持续社区，亲近自然，高性能建筑和基础设施。

十四、俞孔坚的“反规划城市”

面对目标单一、利益局部、效益短缺的“灰色基础设施”造成的水资源短缺、大地碎片化，水质大面积污染、洪涝和缺水问题并发、生物栖息地丧失等问题，俞孔坚于2005年出版《“反规划”途径》一书，在书中他首先从哲学和土地伦理的高度，把自己提出的“反规划”途径和生态基础设施方法论隐喻为一个“寻找土地之神”的旅程，是再造秀美山川的必由之路。“反规划”不是不规划，也不是反对规划，而是强调通过优先进行不建设区域的控制，来进行城市空间规划的方法。不过分依赖于城市化和人口预测

① [美]道格拉斯·法尔. 可持续城市化——城市设计结合自然[M]. 黄靖，徐燊，译. 北京：中国建筑工业出版社，2013：64.

作为城市空间扩展的依据，而是以维护生态服务功能为前提，进行城市空间的布局。这意味着城市规划必须将“图—底”关系颠倒过来，先做一个底，即大地生命的健康而安全的格局，然后，再在此底上作图，即一个与大地的过程和格局相适应的城市。在区域和城市的尺度上来保全大地母亲的安全和健康，以便为城市和居民提供可持续的生态服务；让城市有完善的结构、和谐的功能，特别是应有一个安全健康和宜人的公共空间体系，实现真正宜居的城市；通过对自然与人文过程的认识，从人地关系入手，来理解和重建城市的特色。① 他认为城市的可持续发展不仅需要一个具有高容量的市政基础设施，如高速干道、水电管网等，而更重要的，城市的健康和可持续依赖于一个大地生命系统，必须有一个健康的生态系统，这个生命系统能经久不息地为城市居民提供免费的生态服务，如新鲜空气、干净的水和食物、安全和健康保障、艺术灵感、生理与心理的再生等。要有一张“反规划”的蓝图。

俞孔坚认为实现城市与自然和谐共生的途径和策略包括：

(1)通过生态优先的规划方法，重建城市与自然和谐的空间格局，维护水安全格局、地质灾害安全格局、生物保护安全格局、文化遗产安全格局、游憩安全格局、视觉安全格局。

(2)通过构建生态基础设施，维护山水林田湖草生命共同体的连续性和完整性，做到强健骨骼，强化整体山水格局的连续性；通经活络，修复城市生态网络；养肾健脾，修复城乡坑塘湿地；构建肌肤葱郁的绿色生态基质；从容气度，营造乡土生境、丰产景观；留住乡愁，建立文化遗产廊道。

(3)通过开展自然生态系统的修复和海绵城市建设，修复和重建被破坏的生态系统，使城市中的自然能生产干净的空气、水和食物，调节城市内涝和降解污染，缓解热岛和雾霾，承载多样化的生物，同时能为居民提供高品质的生态休憩和审美启智的机会。

---

① 俞孔坚，李迪华，刘海龙．“反规划”途径[M]．北京：中国建筑工业出版社，2005：15.

(4)通过倡导循环经济，践行绿色生产生活方式，减少对环境的干扰，维护碧水蓝天、鱼翔浅底的自然环境。①

俞孔坚及其团队开展了一系列基于自然的生态修复项目，遵循一些原则如保护优先，最少干预；自然为友，韧性适应；变灰为绿，去硬还生；返生修复，自然做功；天无废物，循环闭合；绿水青山就是金山银山。

十五、阿方索·维加拉的"未来之城"

西班牙城市设计师阿方索·维加拉等著的《未来之城——卓越城市规划与城市设计》为最近两个世纪以来在城市规划方面最具影响的理念和实践的潮流提供了一个规范的全景概貌，展望了未来之城。他们指出：地球变得越来越像一个城市，我们生活在一个城市的世界里。城市是连接和组织世界经济的节点，其领导作用日益彰显。没有城市的协助，地球上可持续发展原则和生活质量的延续将无法实现。因此，组织管理21世纪的城市将成为人类最重要的课题之一。城市是全球经济发展的引擎。在未来的世界里，城市之间的经济联系将更加紧密。智能场所编织城市网络所需要的链接并积极加入使城市具有战略地位的网络，城市网络可以建立在文化共振、地理定位、规模大小、城市形象等方面互补的基础之上。新的信息和通信技术的开发使全球各个层面的互动能力飞速发展。我们城市的居民身处一个全球化程度越来越高的环境中，这样的环境超越了地区界限，越来越多的市民需要与城市范围以外的思想、信息、区域和人们进行互动交流。

城市蕴含着前人的知识，城市正在给我们提供着设计和重新设计未来城市的智慧。同时，城市都不可避免地面临着气候变化、不平等和贫困等全球性问题，也面对着林林总总的特殊挑战，城市需要用从本土文化和历

① 全国市长研修学院系列培训教材编委会．城市与自然生态[M]．北京：中国建筑工业出版社，2019：53.

史中生长出来的那种智慧去建设出具有自身特色的地方。城市需要它的领导层有一个与全社会共享的、富有建设性的未来愿景，进而产生一种特殊的动力，推进有重大影响的创意和项目。种子内部孕育着它自身充满活力和繁荣的未来。每一个城市都有责任去发现自己的特色和优势，融合城市方方面面的合力，推进城市所有成员一起建设城市未来。未来更成功的城市，将是那些在城市三部曲即经济竞争力、社会凝聚力和环境可持续能力之间实现平衡的城市。

十六、生态城市美学，随历史不断探索的命题

生态城市美学是城市从古典文明、工业文明向生态文明转变的过程中所提出的历史性的学术命题，也是人类对自身生存环境的深刻思考，是从古典美学经现代性向后现代美学深入认识的重要体现。考察西方城市美学发展的历程，透过纷繁的城市表象，可以看到在任何城市规划思想和艺术追求的背后，都展现出一幅幅生动的城市生活的历史画卷——政治制度、经济情况、自然条件、宗教文化、民族性格以及社会习俗等等。大体而言，西方城市美学的发展是由感性向科学理性不断进化的过程，它经历了由远古、古希腊、古罗马、中世纪、文艺复兴、巴洛克直到近代、现代城市美学思想的演变，出现了以图腾美学、古典美学、机器美学、人文美学、生态美学为显著标志的阶段性变化。① 从原始社会后期到古希腊城邦产生之前，是图腾美学与生态自发时期，城市的“生态美”主要表现为对无法把握的大自然的顶礼膜拜；从古希腊城邦产生到文艺复兴时期，城市的“生态美”主要表现为人与自然的“相对”和谐；从文艺复兴到20世纪60年代后现代思潮兴起，伴随着科学理性无限膨胀的是机器美学与生态的沉沦；从20世纪60年代至今，为人文美学与生态觉醒时期。

① 李哲. 生态城市美学的理论建构与应用性前景研究［D］. 天津：天津大学，2005.

从美学的角度看，20 世纪以来现代性科学的发展不但不能促进人类审美活动的进步，反而对人类现实的审美资源构成了日益严重的掠夺，生态环境的破坏、钢筋混凝土的丛林使原本富有诗意的世界变得丑陋不堪。正如怀特海所说：当西方世界的城市化快速发展时，当对新的物质世界的审美性质进行最精微的、最迫切的研究必不可少时，认为这类观念没有考虑价值的说法达到了最高峰。在工业化最发达的国家中，艺术被当作一种儿戏对待。19 世纪中叶，在伦敦可以看到这种思想的一个显著实例。泰晤士河湾曲折地通过城区，其优美绝伦的美被查令十字铁路大桥肆意地损毁了。人们建造这座大桥时，根本没有考虑审美价值。① 怀特海认为世界的最深层的本质是审美的，世界作为有机整体具有本来的审美性质，要求哲学家有一种对世界的复杂性、模糊性和神秘性的执着的尊重。在他看来，“美是一个经验事态中诸因素之间的相互适应”。② 以现实实有作为最终的实在事物，“现实实有是经验之滴”③，这种“经验”在本质上是一种审美经验，是以宇宙中所有的存在作为审美主体而言的经验，从而在本体论的角度规定了过程之美的存在性特征。现实实有自我生成的过程是向美而生的创造性进展过程，从宏观角度而言，过去对现在、现在对将来提供着审美秩序性规定，是动态的过程之美。怀特海强调人与自然都是由现实实有所构成，人与自然在本体论意义上是平等的，万物齐一，都具有向美而生的创造本性。怀特海过程哲学思想及美学思想的形成正处于现代向后现代转变的时代。怀特海的过程美学思想，在现代人精神迷茫、信仰危机、人与自然二元对立的意识中寻求本体论意义之上扎根于“有机土壤”里的审美关怀。

从古今中外的城市建设实例中可以看出，优秀的城市无一不是人类对美的自主追求的结果，其城市布局、建筑风格、景观环境、人文氛围等无

---

① 怀特海. 科学与近代世界[M]. 黄振威，译. 北京：北京师范大学出版社，2017.

② 怀特海. 观念的冒险[M]. 周邦宪，译. 南京：译林出版社，2012：278.

③ 怀特海. 过程与实在[M]. 李步楼，译. 北京：商务印书馆，2012：18.

不渗透着人们对城市美的理解与体悟，并以美的价值为最高取向，以美的形式为最终表达。它不仅涵盖了城市的功能之美、技术之美、社会之美，还包括了城市生态之美的诸多方面，并呈现出以生态美为主导的发展趋势。在现代城市规划运动产生之前，城市美学的主要展现在于古典主义的城市设计手法，从古罗马的城市广场到文艺复兴的市民街道，从巴洛克的城市风格到后来的城市美化运动，人们一直在追求以形式美为目标的城市风貌，由此建立了关于城市与建筑美学的一系列法则。

吴良镛先生指出，“城市的美学与艺术，不仅着眼于单栋建筑和建筑群的组合，还要着眼于建筑物与自然的结合，而更重要的是着眼于人”①。城市美学不是一种相对孤立、自在的存在，它必然依存于城市与人、自然的现实关系当中，并在人的理解、感受、经验中呈现。对城市美学的理解因此应当超越视觉感受的范围，在对生存价值的追寻当中，最终表现为“形而上的关怀”。由于“生态学能科学地探索自然美中的各种关系，生态学可称为关于地球之美的科学”，生态城市美学观念作为当代城市美学观念发展的主导趋势，已经上升为一个全面整体的城市审美观照，从人、城市、自然三个方面艺术地再现了在生态学原则基础上建立的社会、经济、文化协调发展的新型社会关系，是环境资源得以有效利用并使可持续发展战略得以实现的美学表达。生态美学是研究人——自然系统或地球生态系统美的学科，是“一种人与自然和社会达到动态平衡、和谐一致的，并处于生态审美状态的崭新的生态存在论美学观”。生态美是“充沛的生命与其生存环境的协调所展现出来的美的形式”，它以生态系统内部各组成要素之间的相互依存，透露出旺盛的生命气息与和谐。生态美是天地之大美，也是人与自然和谐共处之大美。对于生态美的体验，要求人们亲身参与到生物多样性的繁荣及和谐的情境中去，与生命整体、生态过程亲密地融合，与天地万物融为一体，达到“天人合一”的崇高境界。

---

① 吴良镛，城市美的创造[J]. 建筑师，1987(27)：2.

以美学的角度观之，城市正是联系人与自然的纽带之一，是人与自然的共同体，它的本质就是“人与自然的中介”——而将“中介”误认为“终端”或金字塔顶，则导致了城市建设中“人类中心主义”的滥觞。在海德格尔的艺术哲学中，同样存在着这样的“中介论”。海德格尔曾对建筑的聚集意义做过如下论述：“单体房屋、村落和城镇都是建筑作品，它们在其内部和周围聚集了多种形式的空间。建筑物使人们接近了作为居住环境的大地，与此同时又将相邻的房屋置于广阔的天空之下。”①这是从哲学高度出发，对聚居、人与世界相互关系的宏观概括。城市是人与自然展开对话、相互融合的重要纽带，是实现人和自然环境乃至整个宇宙平衡与和谐的重要媒介。只有当人类从机械主义宇宙观向生态主义宇宙观转变，从人类中心论向生物共存共生思想转变之后，人类才能真正意识到人在自然当中的位置，在生态系统中的位置，从而在充分体现自然的权利、生物的权利和人的权利的前提下，重构一套有关人类和宇宙自然的秩序图，也只有在这种秩序图中，城市才能真正焕发出生态智慧的光辉。

生态城市美学所追求的是一种中和平正、从容睿智的审美哲学，是一种把宇宙、地球、自然、人平等对待的美学。它使人清醒地认识到，城市设计只有融合个性与共性、特殊与一般、地方性与全球性这样一些曾经对立的美学范畴，才既是个人的，又是群体的；既是民族的，又是世界的；既是人类的，又是自然的。生态城市美学观念认为，生态城市的美在外在展现的同时，也必然向人的内在情感生成；自然通过生态城市艺术追求而“向人生成”，人则透过理解性情感而“向自然生成”，因此，在生态城市艺术追求与人的理解性情感合一的同时，是人类通过城市美感体验与自然环境高度融合的理想境界，是建构生态城市美学观念的终极指向，呈现最高层次的和谐之美。生态城市美学将城市文明与自然彻底地融合起来，是人

① 海德格尔. 人，诗意地栖居[M]. 郜元宝，译. 桂林：广西师范大学出版社，2000：66.

类审美文化的继承与拓展。西特曾指出：那些有着良好愿望和足够热情及信仰的人们应该相信，我们自己的时代能够创造出美且有价值的作品。① 通过提高民众的审美修养和生态理念，相信我们这个时代能创造出属于我们这个时代的美和价值。我们生活在同一个地球上，而且现今也只能生活在这一个地球上。地球上的山山水水全是相连的，高空更是浑然一体，任何一个地方的生态状况都影响到全球。没有孤立的生态，只有全球的生态。生态无国界，这是生态城市审美应有的情怀。

正如陀思妥耶夫斯基(Fyodor Dostoyevsky)所言："美可以拯救人类。"城市美是以人的自由的理想实现为前提的，它表现为合规律与合目的、必然与自由的内在超越。它不是以悲天悯人的救世主身份俯瞰甚至鄙视人，而是深切关注着人，深切关注着人类及其他生物的生命活动。它无声无息地渗入城市的每个角落，与随手可得的感性快乐密不可分，直指人生的最高境界——超知识、超道德的审美本体境界，从而从知识(真)、道德(善)走向审美(美)。康德说："美是对无限的眺望。"城市美学在经历了20世纪的百年沧桑，在独立性与开放性同时并存的复杂状况当中，已经走出意识形态、理性主义、人类中心主义等的遮蔽，转向对生态文明的不尽探求。城市美学本身也已从"抽象美"的理性推论，经"人文美"的感性释放，进入"生态美"的平衡调适和澄明旷达之中，新的美学将倾听心灵深处的诗意呼唤，眺望天地之交的璀璨极光，致力于城市本体的当代重建。

---

① 卡米诺·西特. 城市建设艺术——遵循艺术原则进行城市建设[M]. 仲德崑，译. 南京：江苏凤凰科学技术出版社，2017.

第八章　城市的壮年期——超级城市和城市群

一、怀特海"秩序"论与城市化

怀特海相信自然中存在秩序，他说："首先，如果没有一个普遍的本能信念相信事物中存在秩序(Order of Things)，尤其是自然界中存在秩序(Order of Nature)，那么现代科学就不可能存在。"自然的秩序是指支配着那个有限部分宇宙的秩序，甚至是指我们的观察所及的地球表面那一部分的秩序。"秩序"这个词应用于形成一个社群的许多现实实有之间的种种关系。而所谓社群意指一个由许多现实实有组成的结合体，在它们之间是受"秩序"支配。"社群对于其中的每一个成员来说就是具有某种秩序因素的环境，这种秩序因素由于社群自身成员之间的亲缘关系而持续存在。这样一种秩序就是贯穿于社群之中的秩序。"①怀特海相信不仅自然存在秩序，还存在社会秩序和道德秩序。他指出："历史的转化也表示了秩序形式的转化。一个时代让位给另外一个时代。如果我们一定要根据前一个时代的秩序形式来解释一个新的时代，那我们所看到的就是一团混乱。鲜明的界限也是不存在的。秩序形式总是有些居于统治地位，有些受到破坏。秩序都从来不是完全的，破坏也从来不是完全的。在占统治地位的秩序内部存

---

① 怀特海. 过程与实在[M]. 李步楼，译. 北京：商务印书馆，2012：142.

在着转化，也存在着向新的居统治地位的秩序形式的转化。这种转化是对流行的统治状况的一种破坏。而这正是使生命振奋的那种显著的新事物的实现。”①生命的本质要到既定秩序的破坏中去寻找，不断达到新秩序的目标。进步的艺术乃是在于变化中保持秩序，秩序中保持变化。随着时代在旧秩序的破坏中衰退，过程的形式就会获得包含了新的秩序的新理想。世界包含着秩序性、协同性和统一性的永恒力量。秩序要不断更新，从而使宏大的秩序不致退化为单纯的重复，永远要反映出新颖性。怀特海指出：“如果要超出有限理想取得进步，那么作为逃脱限制的历史行程必须大胆地沿着混沌的边缘用更高类型的秩序代替较低类型的秩序。”②

城市可以视为一个“社群”，蕴含着秩序。城市化是一个秩序不断演进的过程。城市的演进展现了一个内在的自我超越过程，即不断地进行创造并超越过去和现在的状况，朝向一个新颖的、不确定的和可更改的将来的过程。城市生命体在破坏旧秩序创造新秩序的进程中不断成长。历史的洪流浩浩荡荡向前奔涌，每一个时代有每一个时代的特征和主题，在混乱与秩序中前进。裹挟着生命的冲动洪荒之力，城市肌体吐故纳新，不断成长壮大，并把触角伸向世界。伴随着从集市、城廓到城市、城市群、都市圈，人类从原始丛林步入古代文明进而阔步来到现代。

在工业革命之前的漫长的历史时期，城市发展缓慢，城市规模较小，城市化水平很低。在公元 100 年，当时的城市化率约为 4.7%，1850 年的城市化率也仅仅为 6.4%，在一千多年的时间里，城市化率仅提高了 1.7 个百分点。工业革命之后，城市成为工业生产中心，城市规模迅速扩大，城市化进程大大加快，城市化水平迅速提高。18 世纪中叶的工业革命，促进了生产的专业化和协作化，加深了地域分工，促使了工业和人口在地域上的集中。工业化的发展扩大了人们利用自然资源的深度和广度，出现了一大批新兴的工业城市。在此阶段，城市化在欧洲和北美等发达国家及地

① 怀特海. 思维方式[M]. 刘放桐，译. 北京：商务印书馆，2010.
② 怀特海. 过程与实在[M]. 李步楼，译. 北京：商务印书馆，2012：174.

区的推广与普及基本实现。

"二战"结束后，西方发达国家开始着重经济建设，逐步走上经济发展的快车道，同时促使城市化进程的加速。1960年，世界上有114个城市的人口在100万以上，其中62个城市在发达国家，52个在发展中国家。1980年，百万人口城市的总数增加到222个，其中103个在发达国家，119个在发展中国家。至20世纪末，全世界人口超过100万的大城市已达325个，超过1000万人口的超大城市有20多个。据估计，1800年世界城市人口为2930万，城市化水平为3%；1850年这一数字增加至8080万，城市化水平上升至6.4%；1900年增至2.44亿人，城市化水平为13.4%；1950年又增至7.34亿人，城市化水平上升到29.2%。①

2006年，地球跨过了一个引人注目的历史分水岭：全世界已经有超过一半的人口居住在城市中了。到2050年，城市人口比例有望超过75%，有超过20亿人口正在迁往城市，其中大多位于中国、印度、东南亚和非洲。未来20~25年中国将建设300座人口规模超过100万的新城市。紧随其后的是印度和非洲。这将是迄今为止地球上规模最大的人口迁移，而且很可能未来也不会再现。

全球的城市化进程已经历了三次大的浪潮。第一次是欧洲的城市化。它发端于英国，自1750年开始，历时近200年的时间，完成了英国和欧洲大多数国家的城市化。第二次是美国的城市化。由于世界工业中心的逐渐转移和欧洲移民的进入，美国城市化的速率比英国高出1倍，仅用100年左右的时间就完成了基本进程。第三次是拉美和正在进行中的中国城市化。②

由联合国经济和社会事务部人口司编制的《2018年版世界城镇化展望》显示：自1950年以来，世界城市人口增长迅速，已从7.51亿增加到2018

① 中国电信智慧城市研究组. 智慧城市之路[M]. 北京：电子工业出版社，2013：35.

② 理查德·T. 勒盖茨，弗雷德里克·斯托特. 城市读本[M]. 张庭伟，田莉，译. 北京：中国建筑工业出版社，2013：599.

年的42亿。尽管亚洲的城市化水平低于当今大多数其他地区，但亚洲城市人口仍占世界城市人口的54%，其次是欧洲和非洲，各占13%。如今，城市化程度最高的地区包括北美(2018年有82%的人口居住在城市地区)、拉丁美洲和加勒比地区(81%)、欧洲(74%)和大洋洲(68%)。目前，亚洲的城市化水平已接近50%。相比之下，非洲人仍主要生活在农村地区，仅有43%的人口生活在城市地区。综合两个要素，预计到2050年，全球城市人口将增加25亿，其中近90%的增长发生在亚洲和非洲。未来世界城市人口规模的增长预计将高度集中在少数几个国家，仅三个国家，印度、中国和尼日利亚，预计将在2018年至2050年期间占全球城市人口增长的35%。印度将增加4.16亿城市居民，中国2.55亿，尼日利亚1.89亿。① 近一半的世界城市人口居住在人口不到50万的城市中，而全球大约1/8的人口居住在33个拥有超过1000万居民的特大城市。至2030年，全世界预计将有43个特大城市，拥有超过1000万人口，其中大部分位于发展中国家和地区。从目前世界各国的发展水平来看，高城镇化率国家大体分为三个梯队：以挪威、瑞士、阿联酋等国为代表的第一梯队，表现为高城镇化率超高收入；以美国、德国、英国等传统发达国家为代表的第二梯队，表现为高城镇化率高收入；以阿根廷、巴西、墨西哥为代表的第三梯队，表现为高城镇化率低收入。2017年，中国城镇化率为58.5%，略高于世界平均水平54.8%，但人均GDP距世界平均水平尚有一定差距。

在城市演化过程中，人口由农村地区向城市区域迁移，同时城市区域人口集聚在中心城市；城市形态也沿着"小城镇—大城市—城市群—都市圈"的路径依次演变发展。此外，城市功能也相应地发生演变——集聚机制作用下城市区域表现为专业化分工，扩散机制作用下则体现为城市区域带动、引导外围农村区域发展，从而整体上表现为城市区域引领区域的全面发展。世界城市化进入空前发展、扩散和全面繁荣的时期。城市化加速

① 中国社会科学院城市发展与环境研究所. 世界城市化展望(2018年修订版)要点[EB/OL]. (2018-06-05). http://ine.cass.cn/xshd/201806/t20180605-4344725.shtml.

发展，城市人口急剧膨胀，城市数量剧增。

最近几十年，随着知识经济和网络信息社会的兴起，特别是进入20世纪90年代后，在一些发达国家和地区，以信息技术为代表的高新技术逐步取代了传统的工业动力，成为城市发展的重要动力，城市也随之由产品制造中心向服务中心、信息中心、商业商务中心转变。现代化交通运输网络的发展，以及信息网络对交通运输网络的补充，大大拓宽了城市的活动空间。电梯的广泛使用，使城市的空间不仅从宽度更向高度进行拓深。在最近的20年里，世界各国再一次掀起了大城市发展的浪潮，集中表现在大城市人口又一次快速增长，其发展的基础是以知识经济加速来促使产业结构的迅速升级、城市功能和聚集能力的增强等。随着生产性服务业的发展，空间经济结构由水平型向垂直型转变，出现了超级城市，城市发展空前成熟。

城市是人类最长久和最稳定的社会组织节点。尽管拜占庭和奥斯曼帝国都已经烟消云散，但君士坦丁堡(即现在的伊斯坦布尔)依然是欧亚商贸和文化交流的中心，城市是超越时光的全球化存在。21世纪的城市是人类最具深度的基础设施，也是从太空中可以看到的最明显的人类成果。最早的村落变成了城镇，然后又慢慢变成了超级城市和绵延数百公里的城市带。随着人口、财富和人才逐渐向全球最重要的城市集中，这些城市也慢慢成为世界上重要的影响力之源。

芒福德指出：如果说博物馆的产生和推广主要是大城市的缘故，那也意味着，大城市的主要作用之一是它本身也是一个博物馆，历史性城市，凭它本身的条件，由于它历史悠久，巨大而丰富，比任何别的地方保留着更多更大的文化标本珍品。人类的每一种功能作用，人类相互交往中的每一种实验，每一项技术上的进展，规划建筑方面的每一种风格形式，所有这些，都可以在它拥挤的市中心区找到。那种巨大浩瀚，那种对历史和珍品的保持力，也是大城市的最大价值之一……像我们复杂而又多种多样的文明需要这样一个稳定的城市机构，它能吸引几百万人在一起，大家合作，进行一切活动。城市有包容各种各样文化的能力，这种能力，通过必要的浓缩凝聚和储存保管，也能促进消化和选择。

随着生产要素在全球范围内自由流动和优化配置，各国、各地区之间的经济联系越来越紧密，国际分工和一体化程度也越来越高，全球城市化进程出现城市与区域的空间重构。在经济活动全球化过程中，那些跨国经济组织所在的城市即全球信息结点城市发展成为一种新的城市类型——全球城市(global cities)或世界城市(world city)，如纽约、东京、伦敦等，它们越来越多地控制和主宰着全球的经济命脉。在全球化信息时代，一个城市在全球城市体系中的地位和竞争力取决于该城市与其他城市的相互作用强度，特别是取决于该城市与那些居于世界城市网体系顶端的全球城市或世界城市的相互作用强度和协同作用程度。亨利·詹姆斯所说的关于伦敦的情况也同样适用于与伦敦相匹敌的其他大城市，那“是人类生活最大的集中，是世界的最完全的缩影。这里比任何别的地方更能代表和体现人类”。它的新的任务是把促使世界团结和合作的文化资源传递到最小的城市单位去。①

二、超大城市——21世纪的城市发展方式

2014年11月20日，国务院发布《关于调整城市规模划分标准的通知》，新标准的划分为：

(1)超大城市：城区常住人口1000万以上；

(2)特大城市：城区常住人口500万至1000万；

(3)大城市：城区常住人口100万至500万。

从人类文明进程来看，从聚居地，到村庄，到城镇，再到城市，有一个明显的发展轨迹。目前和未来，超大城市基本上是人类生活方式的下一个进化阶段。因为综合性的引领功能和吸引力，人们更加向往到超大城市创业居住，城市的接纳程度越高，就会创造越多的创新和增长机会。毫无

① 刘易斯·芒福德. 城市发展史——起源、演变和前景[M]. 宋俊岭，倪文彦，译. 北京：中国建筑工业出版社，2005：572.

疑问，超大城市对创新、工业和艺术等领域的推动，是其他城市无法比拟的，对国家的整体发展，自然发挥着支撑引领作用。超大城市的所有这些特质，都将构成一种文化，人们对超大城市的向往，其实是文化身份认同。虽然互联网和技术的发展使整个世界成为一体，但是真正置身于同一个经济、文化和金融中心时，其意义还是很不一样的。在一个引领性的超大城市，人们的身份认同感非常强烈，这为超大城市持续增长提供了非常重要的保障。

据联合国经社理事会的研究，未来有更多的城市人口居住在50万以上人口的大城市中，尤其是500万以上人口的城市占比将有一个较大的提高，从2007年的15.2%上升到2025年的17%，其中城市规模在500万~1000万的城市数目从30个上升到48个，城市人口规模超千万的城市由19个上升到46个，这些巨型城市将主要分布在亚洲、拉丁美洲和北美地区，如表8-1所示。城市化是21世纪最具变革性的趋势之一，超大城市由于人口规模巨大，城市发展基础设施、住房、基本服务、粮食安全、资源环境都面临巨大压力。

三、超大城市面临的挑战

(一)城市公共服务压力巨大

交通是超大城市的最大挑战。大城市中最大的挑战就是交通问题，其次可能就是垃圾处理和水问题。任何城市无论大小都需要良好的公共服务，但城市规模越大，其交通系统和其他基础设施供给问题就越复杂。如果把交通问题交给居民自己去处理，他们会自驾出行并制造拥堵和污染。因此，政府非常有必要提供高效和大运量的公共交通服务，这不仅低碳环保，也并不会太昂贵。这不是哪一个部门或机构可以独自完成的，因为他们无法应付如此广阔的区域。与住房问题相比，这是非常不同的，房屋的建造可以由单独部门或者企业完成，无论大小房屋，他们都可以自行决定

表 8-1 世界超大城市(2016 年统计数据)

序号	超大城市	国家	洲	人口	序号	超大城市	国家	洲	人口
1	东京	日本	亚洲	38140000	13	墨西哥城	墨西哥	北美洲	21157000
2	上海	中国	亚洲	34000000	14	拉哥斯	尼日利亚	非洲	21000000
3	雅加达	印度尼西亚	亚洲	31500000	15	京都-大阪-神户(京阪神)	日本	亚洲	20337000
4	德里	印度	亚洲	27200000	16	开罗	埃及	非洲	19128000
5	首尔	韩国	亚洲	25600000	17	武汉	中国	亚洲	19000000
6	广州	中国	亚洲	25000000	18	洛杉矶	美国	北美洲	18788800
7	北京	中国	亚洲	24900000	19	达卡	孟加拉国	亚洲	18237000
8	马尼拉	菲律宾	亚洲	24100000	20	成都	中国	亚洲	18100000
9	孟买	印度	亚洲	23900000	21	莫斯科	俄罗斯	欧洲	17100000
10	纽约	美国	北美洲	23876155	22	重庆	中国	亚洲	17000000
11	深圳	中国	亚洲	23300000	23	卡拉奇	巴基斯坦	亚洲	16900000
12	圣保罗	巴西	南美洲	21242939	24	曼谷	泰国	亚洲	15931300

续表

序号	超大城市	国家	洲	人口	序号	超大城市	国家	洲	人口
25	天津	中国	亚洲	15400000	36	金沙萨	刚果民主共和国	非洲	12350000
26	伊斯坦布尔	土耳其	亚洲 & 欧洲	14600000	37	拉合尔	巴基斯坦	亚洲	12200000
27	加尔各答	印度	亚洲	14423000	38	汕头	中国	亚洲	12000000
28	德黑兰	伊朗	亚洲	14000000	39	南京	中国	亚洲	11700000
29	伦敦	英国	欧洲	13842667	40	班加罗尔	印度	亚洲	11500000
30	布宜诺斯艾利斯	阿根廷	南美洲	13834000	41	济南	中国	亚洲	11000000
31	杭州	中国	亚洲	13400000	42	金奈	印度	亚洲	1070000
32	里约热内卢	巴西	南美洲	12981000	43	哈尔滨	中国	亚洲	10500000
33	西安	中国	亚洲	12900000	44	波哥大	哥伦比亚	南美洲	10350000
34	巴黎	法国	欧洲	12405426	45	名古屋	日本	亚洲	10105000
35	常州	中国	亚洲	12400000	46	利马	秘鲁	南美洲	10072000

资料来源:https://173.252.100.21.

建设。但是，要让交通系统实现城市内四通八达的通勤功能，就少不了整合与协调合作。交通是很难盈利的，因为价格上必须能让公众接受。由于这种种原因，公共部门必须介入其中，对超大城市的主政者而言，这是一个巨大挑战。

超大城市应有全面抗灾能力。人们向往超大城市，一个重要原因是追求更好的生活。满足人们更高生活水平的需要，公用事业、设施、安全、可持续发展和健康问题是最基本的，交通物流也非常重要。实际上，许多低收入社区都没有或者缺乏基本的政府服务比如清洁的水供给、雨水排水系统、人工污水系统、侵蚀控制、防洪设施、固体废物处理、公共交通等。毕竟，水是人体每日的基本需求。

(二)城市非正规住区(贫民窟)

拉美、南亚、非洲地区后工业化国家和发展中国家，城镇化发展速度较快，农村居民大规模涌入城市，导致贫民窟大规模存在。按照联合国人居署编著的《贫民窟的挑战——全球人类住区报告2003》，像巴西圣保罗和里约热内卢、阿根廷首都布宜诺斯艾利斯、墨西哥首都墨西哥城，都有大规模的“贫民窟”，外部人口不敢进，警察也不敢进，成为社会治安的毒瘤。目前，全球大约有10亿人生活在贫民窟中，拉美、南亚、非洲很多发展中国家的贫民窟居民人口超过城市人口的40%。为此，联合国“千年宣言”里提出，各国政府、民间机构和国际组织要采取措施，努力实现“到2020年显著改善至少1亿贫民窟居民的生活”这一目标。比如，巴西2009年启动的“我的家、我的生活”住房保障计划，都有为贫民窟改造提供支持的内容。①

“贫民窟”被描述为城里肮脏和破败的住宅区，或者那些在狭小并缺乏基础服务的空间中居住的居民点。非正规住区(棚户区、贫民区)是低收入区增长快速的一类，尤其是在发展中国家。这是由最近刚移居城市的移民占主导地位的住宅区，而这些移民几乎没有任何经济基础，也没有为他们

① 王刘辉．国外贫民窟改造的实践及经验[J]．城乡建设，2018(23)：67-69.

占用的土地或住宅付费。

在经费有限的情况下如何尽快治理贫民窟？南非的开普敦市在建筑师 Barbara Southworth 领导下从 2000 年开始实施的一项称为“有尊严的地方”的计划是一个可供效法的策略。计划首先进行的是在一些贫困地区修建给水排水设施，并且启动了一个专门建设优质城市空间的项目。这些城镇的一个特点是，在学校、车站、路口、运动场前面现有不少自由空间，起到了社会枢纽和城市空间的作用。虽然这些城市空间通常界定不够清晰，脏乱不堪，易被忽视，而且缺乏城市设施和景观设施，但是它们对当地人来说仍然很重要，是人们足迹常至的会面地点。很大一部分社区活动在这里进行。改造了这些空间，就能改善日常活动的整体框架，而且还能够向人们表明，在多年的压迫之后，现在终于又可以在城市公共空间里会面和交谈了。南非是 1994 年结束种族隔离统治的。

这个计划大规模地动员了当地的艺术家和手艺人，已经在多个地区实施了 40 多个项目，让人们获得了有尊严的、美丽而实用的城市空间。每个空间都根据具体场地专门设计，但是也有一些共同的特点，如良好的设施和路面，遮阳的大树，给街头商贩设置的棚架，等等。在人们最需要尊严，需要会面场所的地区，开展“有尊严的地方”计划当然是一个很好的出发点。

随着世界上一些最大、最穷的城市的快速发展，出现了大量综合性问题。住房、就业、健康、交通运输、教育和基础设施都处于急需之中。还需要治理污染，清除垃圾，改善总体生活条件。在非常短的时间内，借助非常有限的手段，就要面对如此众多的挑战，城市规划工作任重道远，与此同时还应该注意将城市的人性化维度与城市的发展相结合。在各种城市项目中，主要投资方都应该尊重和关注用于城市人性化维度上的投入。只需要动用很少的手段，就能够为很多居民的生活条件作出重要的改善，给他们带来幸福和尊严。①

① 扬·盖尔. 人性化的城市[M]. 欧阳文，徐哲文，译. 北京：中国建筑工业出版社，2010：227.

20世纪80年代末至90年代初，一个由世界银行资助的“贫民窟升级”项目帮助2万个孟买贫民窟家庭获得了土地使用权和基本的生活服务。联合国人居规划署的资料还显示，印度“全国贫民窟居民联合会”与“促进地区资源中心协会”一道，经向孟买市政府申请，在贫民窟地区建造了300套公厕，为1000户贫民窟居民提供卫生设施，与此同时动员周围地区的贫民窟居民采取一系列改造居住环境、公共卫生状况的举措。到目前为止，由印度中央政府资助的，旨在为贫民窟居住者提供基本生活服务(如供水、道路、排污、街灯等)的项目在孟买已经实施了近40年。此外，印度海德拉巴、赛孔德尔巴等城市，积极推进在贫民窟建设“综合性公民服务中心”的活动，在贫民窟设立商店、普及互联网；支付电费、水费和财产税；帮助申请许可证、执照和登记；发放出生或死亡证和抚养证；对财产进行估价等。总的来看，印度政府正在试图改变人们对于贫民窟的认识，了解政府将使贫民窟并入城市正式市区的办法。印度政府提出了立法和政策改革的建议，以确保形成一个国家指导下的政策体系，即，可持续的城市改造政策和明确各项政策的目标。① 印度2005年开始陆续出台了全国城市住房和人居政策、尼赫鲁全国市区重建计划等，旨在加快改造贫民窟，改善低收入群体住房困难问题。

可持续城市化是成功发展的关键。伴随着世界城市化持续发展，可持续发展越来越依赖于对城市增长的成功管理，特别是在城市化速度被预计为最快的低收入和中等收入水平的国家。许多国家在满足日益增长的城市人口需求方面将面临挑战，包括住房、交通、能源系统和其他基础设施，以及就业和教育、医疗等基本服务。以现有的经济、社会和环境关系为基础，加强城乡之间的联系的同时，整合相关政策改善城乡居民生活尤为必要。② 若要从根本上治理贫民窟，需要加强贫民窟社区内的基础设施建设，如供水、交通、电力、住宅、医疗卫生和教育，加强贫民窟与周围邻里的

① 王刘辉. 国外贫民窟改造的实践及经验[J]. 城乡建设，2018(23)：67-69.

② 中国社会科学院城市发展与环境研究所. 世界城市化展望(2018年修订版)要点[EB/OL]. (2018-06-05). http://ine.cass.cn/xshd/201806/t20180605-4344725.shtml.

有机融合，充分发挥国家、企业、社区和居民等多方面的积极性。

四、全球城市

全球城市(global city)又称世界级城市，指在财富、社会、经济、文化及政治层面直接影响全球事务的城市。1915年，苏格兰城市规划师格迪斯(Patrick Geddes)提出了世界城市(world city)或全球城市的概念。1966年，英国地理学家、规划师彼得·霍尔(Peter Hall)对这一概念作了进一步解释，认为世界城市专指对全世界城市或大多数国家发生全球性经济、政治、文化影响的国际第一流大都市。① 近年，基于全球化(即全球金融、电信和交通)的扩张，城市文明与软实力的影响达到鼎盛，全球城市渐渐为人熟悉。综合不同的评定方式，全球城市一般有以下特点：

经济特点是拥有国际性企业、金融机构、律师事务所、(跨企业)集团(综合企业)等总部进驻，并设有影响世界经济的证券交易所，如纽约、伦敦、新加坡市、香港、东京等；对城市本身、所在地区甚或整个国家的国内生产总值有重大经济贡献；主要证券指数所在地；提供多种国际金融服务，特别是金融、保险、房地产、银行、会计和市场方面的服务。

政治特点是对国际事件与全球事务有重大影响力和参与度，如属具有重大影响力的国家首都华盛顿、伦敦、巴黎、东京、莫斯科、北京、柏林等；设有国际机构总部，如联合国(纽约)、世界贸易组织(日内瓦)和欧洲联盟(布鲁塞尔)等。

文化特点是拥有蜚声国际的艺术机构或组织，博物馆、艺术馆、歌剧团、芭蕾舞蹈团、管弦乐团、电影中心、剧场等，例如卢浮宫和大都会博物馆；文化气息浓厚，不缺电影节(例如多伦多国际电影节)、首映、热闹的音乐或剧院场所、艺术中心、街头艺术表演和年度节目巡游等；响亮而

① 张堃，任家瑜．国际大都市建筑文化比较研究[M]．上海，学林出版社，2010：7.

有影响力的世界性媒体，如 BBC、CNN、《纽约时报》、《华尔街日报》、《泰晤士报》、《世界报》、《国际先驱论坛报》、美联社、法新社和路透社；强大的体育硬件、竞技社群，如拥有大型体育设施、本地联赛队伍，以及举办国际体育盛事诸如奥运会、世界杯足球赛或大满贯网球赛等的能力和经验；著名的教育机构，如拥有知名大学、国际学生人数多、研究设施完善等；各个宗教的朝圣中心，如麦加、耶路撒冷、梵蒂冈城等；因为移民者多，特别是市内异文化云集，所以造就多元而独特的城市文化；观光事业蓬勃，在文史丰富人才辈出的古城，闻讯远来的旅人众多；拥有重要历史和文化意义的世界文化遗产，如罗马、雅典、北京等；为艺术作品、社群网络传媒、电视、电影、电视游戏、音乐、文学、报刊、文献等所描绘或提及的次数多。

基建特点是拥有先进发达的交通系统，如高速公路及大型公共交通网络，提供多元化的运输模式(地下铁路、轻轨运输、区域铁路、渡轮或公车)，如台北捷运、东京地铁、纽约地铁、伦敦地铁、巴黎地铁、香港地铁、上海地铁、北京地铁等；规模庞大且使用率高的公共交通系统，铁路使用率高、汽车数目大并有重要港口(如属海岸城市)；一个作为国际航线中心的国际机场，并有航空公司以其作为枢纽，并拥有庞大的客运(包括国内及国际线)或货运量先进的通信设备，如光纤、无线网络、移动电话服务，以及其他高速电信线路，有助于跨国合作，如东京和首尔堪称世界电子和科技中心；完善的医疗配套，包括医院、医学研究所等；壮观的天际线和摩天大楼群，例如纽约、香港、上海、迪拜、新加坡市、芝加哥等。

东京是位于日本关东地方的都市，狭义上指东京都、或东京都区部(即东京市区)，亦可泛指东京都及周边卫星都市群相连而成的“首都圈”(东京都会区)。截至 2017 年 8 月，东京都区部人口数达 946 万，首都圈的人口数则达 3800 万，是目前全球规模最大的都会区，亦为亚洲最重要的世界级城市。东京是目前世界特大都市中城市管理秩序最好的城市之一，整体上安全、有序、整洁、便利、繁荣。

东京充分注重城市安全，提升城市应急防灾能力。东京将城市安全放在重中之重的战略位置。东京积累了丰富的防灾应急经验，逐渐发展成为比较成熟、先进的城市运行安全与危机管理体系。城市的精细化管理将城市安全作为第一目标。在东京街道，随处可见的应急避难场所指引、安全规章提示以及任何环节对安全的保护措施，都细致地体现出对安全的重视。东京通过法规明确确定政府、市民、防灾社会组织、企业机构的具体责任，通过教育、宣传和演练，加强地区、社区、单位、个人的防灾应急能力，通过安全设施的完善和质量保证提升城市安全的保障功能。①

五、国际金融中心格局

随着各国金融自由化以及金融深化的不断推进，国际金融市场的一体化进程也在逐步加速。金融系统的复杂化程度越来越高，各个金融机构高度关联形成了一个复杂的金融系统网络。

根据金融集聚理论，不同地区之间的金融资源在流动过程中会出现在空间上的集中。研究表明国际金融市场一体化程度正在逐年提升至非常高的水平，绝大部分的节点国家都参与到了全世界的金融投资活动中。2010—2014 年金融市场投资网络密度中，美国、英国和卢森堡三个国家的度数最高，如伞形向外辐射的结构也说明了纽约、伦敦和卢森堡与世界其他国家均保持了较频繁的金融市场投资联系。且美国的节点强度远超包括英国在内的其他节点，其在金融市场上的资金流动总量超过了世界总量的 1/5，是世界上投资活动最活跃的金融中心。从“富人俱乐部”(rich club)系数可以看出，在国际金融市场网络中，某些节点起着非常关键的作用，这些节点就是国际金融市场中重要的金融中心。②

① 徐存福，张永刚，钟颖．东京城市精细化管理的细节和借鉴[J]．上海城市发展，2018(5)：25-32.

② 巴曙松，左伟，朱元倩．国际金融网络及其结构特征[J]．海南金融，2015(9)：4-10.

在亚洲金融市场上，日本东京、中国香港和新加坡市是节点强度最大的三个地区，三者作为重要的区域金融中心，将整个亚洲金融市场连接在一起。相较于欧洲金融市场，亚洲国家之间的金融投资总额仅占这些国家总投资额的20.3%，远远低于欧洲国家之间82.2%的占比，这说明亚洲各国之间的金融投资关系并不十分深入，这一方面是因为欧洲国家整体的金融市场成熟度和国际化程度较高；另一方面也是因为亚洲市场的区域金融合作相对滞后，主要表现在合作机制较少且功能有限①。

到20世纪80年代，国际上基本形成了多元化、多层次的国际金融中心格局，并不断演进。伦敦金融城发布的全球金融中心指数（Global Financial Centers Ides，GFCI），是对全球范围内各大金融中心城市竞争力最为专业和权威的评价。截至2017年上半年已经发布21期，评价对象已扩充到106个金融中心城市（见表8-2）。

表8-2　GFCI指数国际金融中心城市分类②

	领军者（兼具深度广度）	多元化（相对有广度）	专业化（相对有深度）	新兴的竞争者
全球性	北京、迪拜、都柏林、法兰克福、日内瓦、香港、伦敦、纽约、巴黎、新加坡市、多伦多、华盛顿、苏黎世	阿姆斯特丹	阿布扎比、泽西岛、卢森堡、上海	莫斯科
国际性	波士顿、芝加哥、洛杉矶、首尔、马德里、蒙特利尔、旧金山、斯德哥尔摩、悉尼、温哥华	布鲁塞尔、哥本哈根、爱丁堡、伊斯坦布尔	维京群岛、卡萨布兰卡、青岛、深圳	巴哈马、直布罗陀、广州、孟买

① 吴晓灵. 东亚金融合作：成因、进展及发展方向[J]. 国际金融研究，2007(08)：4-8.

② 王力. 全球金融中心城市发展变化的新趋势[J]. 银行家，2018(8)：102-108.

续表

	领军者（兼具深度广度）	多元化（相对有广度）	专业化（相对有深度）	新兴的竞争者
本土性	布达佩斯、圣保罗	釜山、卡尔加里、格拉斯哥、赫尔辛基、里斯本、墨尔本、米兰、奥斯陆、罗马、维也纳	百慕大群岛、根西岛、马恩岛、列支敦士登、里加、里约热内卢、台北、塔林	阿拉木图、雅典、巴林、塞浦路斯、大连、巴拿马、雅加达、马耳他、马尼拉、毛里求斯、摩纳哥、多哈、雷克雅未克、利雅得、圣彼得堡

从表8-2中可以看出，最左侧第一行的13个城市，是目前全球范围内最具影响力、辐射力和竞争力的国际金融中心城市龙头。其中包括公认的欧美日发达经济体的老牌金融中心，如伦敦、纽约、巴黎、法兰克福和日内瓦等，也有新兴经济体中的区域金融中枢城市，如香港、新加坡市和迪拜。① 金融作为调配资金资源等生产要素的中介组织，开展金融活动必然和外界发生频繁的联系，而国际金融中心更是高度开放的载体。作为国际金融活动的参与主体——跨国金融机构，本身依靠地理空间分布的庞大网络开展业务活动，相应地催生了金融中心城市之间的网络构建。

六、六大都市圈

20世纪50年代，法国地理学家简·戈特曼提出了“都市圈”的概念，认为都市圈是城市群发展到成熟阶段的最高空间组织形式，以2500万人口规模和每平方千米250人的人口密度为下限。而城市群是城市发展到成熟阶段的最高空间组织形式，一般是由1个以上特大城市为核心，由至少3个以上大城市为构成单元，高度同城化和高度一体化的城市群体。戈特曼

① 王力. 全球金融中心城市发展变化的新趋势[J]. 银行家，2018(8)：102-108.

给出世界六大都市圈即：纽约都市圈、北美五大湖都市圈、巴黎都市圈、伦敦都市圈、东京都市圈和长江三角洲都市圈。

纽约大都市圈：该都市圈从波士顿到华盛顿，包括波士顿、纽约、费城、巴尔的摩、华盛顿等大城市共40个。该都市圈面积13.8万平方千米，占美国面积的1.5%，人口6500万，是美国人口密度最高的地区。该地区制造业占美国的30%以上。圈内的主要城市均将信息化发展重点放在基础设施建设、数字政府和数据开放等方面，着力在实现网络普及和数据共享的基础上提高信息化手段的应用水平。

北美五大湖大都市圈：该都市圈分布于五大湖沿岸，从芝加哥向东到底特律、克利夫兰、匹兹堡，并一直延伸到加拿大的多伦多和蒙特利尔。它与纽约都市圈共同构成了北美的制造业带。成员政府之间通过服务合同的方式进行协调管理，建立区域信息网络协调机制，组成了一个大型化、专业化、协作化的现代化经济运作的有机综合体。

东京大都市圈：一般指从千叶向西，经过东京、横滨、静冈、名古屋，到京都、大阪、神户的范围。这个区域面积3.5万平方千米，占日本全国的6%。人口将近7000万。这里集中了日本工业企业和工业就业人数的2/3，是日本政治、经济、文化、交通枢纽，分布着全日本80%以上的金融、出版、信息、教育和研究开发机构。

巴黎大都市圈：主要城市有巴黎、阿姆斯特丹、鹿特丹、海牙、安特卫普、布鲁塞尔、科隆等。这个城市带10万人口以上的城市有40座，总面积14.5万平方千米，总人口4600万。采用市(镇)联合体一体化协调模式，对基础设施、产业发展、城镇规划、环境保护以及科教文卫等一系列活动进行一体化协调。

伦敦大都市圈：该都市圈以伦敦—利物浦为轴线，包括大伦敦地区、伯明翰、谢菲尔德、利物浦、曼彻斯特等大城市，以及众多小城镇。该城市带面积为4.5万平方千米，人口3650万。采用行政架构协调模式，直接运用中央政府的行政力量，促进圈内城市群全局和长远发展战略的一体化协调。

长江三角洲都市圈：这个都市圈由苏州、无锡、常州、扬州、南京、南通、镇江、杭州、嘉兴、宁波、绍兴、舟山、湖州等城市与上海一起组成。面积近 10 万平方千米，人口超过 7240 万。积极推进都市圈内地理信息高精度数据全域覆盖和交换共享，建立统一的地理信息公共服务平台。

与经济聚集相伴的是人口，也呈现向城市群集中的趋势。围绕核心城市，都市圈内部城市之间沿着发展轴紧密相连，在进行着极强的功能依存和社会经济文化联系。应该说，都市的兴起和成熟将进一步促进区域经济的可持续发展。

其中以东京都市圈为例，注重中心城市的辐射，采取"环状多极"的发展结构，包括东京、横滨、川崎、横须贺、千叶、埼玉、筑波等城市。东京作为核心增长极，以第三产业为主，是全国金融、政治、文化、交通中心；中间环状地带主要是第二产业；外圈层则主要是第一产业。依靠发达的轨道交通体系，通过建设 1 个中心区、7 个副都心、多座卫星城，各个圈层之间形成了紧密联系的高度一体化经济区域，也是世界上规模最大的都市圈之一——东京都市圈，东京的城市功能也相应得到有效疏解。

东京都市圈内各城市根据自身的基础和特色，有不同的定位和功能，从而使城市群具有区域综合职能和产业协作优势，形成每个城市特色鲜明，却又和而不同的发展模式，促进了市场、产业和服务等要素的高效配置，提高了区域经济协同发展效率。

利用完善的轨道交通体系，东京都市圈将整个城市群串联起来。东京都市圈在规划之初就确定了以轨道交通连接整个城市群的方向，密集的轨道交通网络将城市群各个城市紧密有机地联系起来，轨道交通成了人们每天出行必须依赖的交通工具。东京都市圈除了东京两家地铁公司拥有的 400 多公里的地铁运营线路之外，还有不同轨道交通公司经营的数百公里的路面有轨电车，是世界上公交线路最密集的城市群之一。①

都市圈的工业化发展在带来巨大经济利益的同时，也给原有生态环境

① 刘悦，张力康，李白鹭．国际城市可持续发展经验与模式研究——2018 国际城市可持续发展高层论坛综述[J]．城市发展研究，2018(11)：c1-c6.

系统带来巨大冲击，以北美五大湖都市圈为例，20 世纪初，城市不断扩张、废水大量排放、森林砍伐殆尽、农药化肥大量使用、土壤严重侵蚀，导致五大湖的水质严重下降，生态环境恶化、野生动物被大批捕杀，导致许多物种灭绝。为了有针对性地保护五大湖的水环境，1972 年，美加两国政府签署了《大湖水质协议》(*The Great Lakes Water Quality Agreement*)。1985 年，美加两国签署《五大湖宪章》(*Great Lakes Charter*)。在签署环境合作条约的同时，也成立了专门的协调监督机构，共同推动湖区环境治理，主要包括国际航道委员会、国际联合委员会、大湖渔业委员会等。城市群环境污染实质上是一个结构型污染，从 20 世纪 80 年代以来，各个中心城市着力推动产业升级、经济转型，逐步淘汰污染严重的产业和企业，大力发展服务业，积极开展环境治理合作，从源头上减少废弃物对生态环境的破坏。多元主体积极参与环境治理，如各级政府、流域管理机构、企业、非营利组织和社会公众等。

怀特海说："有无数的包容互相重叠、互相再分、互相补充。"①每个城市圈互相包容、互相协调，在世界经济的海洋里，互相作用、互相影响、互相依存，协调组织模式趋于高效，城镇布局趋于紧凑，交通联系趋于便捷。城市群形成受自然地理、社会经济发展的影响，但其布局优化则有着持续更新的区域规划引导，区域空间战略具有明确的法定地位。城市组成城市群、都市圈代表着城市化的发展方向和趋势。

七、城市文明网络——构建世界秩序

正如怀特海所说："事物的流变是我们必须围绕它建构我们的哲学体系的一个终极性概括。"②城市的演进展现了人类从草莽未辟的蒙昧状态到繁衍扩展至全世界的历程。距今 1.2 万年左右，随着农业发明的发展，各

① 怀特海. 过程与实在[M]. 李步楼，译. 北京：商务印书馆，2012：362.
② 怀特海. 过程与实在[M]. 李步楼，译. 北京：商务印书馆，2012：208.

种新型的较为紧密的网络开始兴起。大约在6000年以前，某些网络变得愈发紧密，这应归因于各地城市的发展，从而形成各种都市网络。大约在2000年前，随着各种小网络逐渐合并，最大的旧大陆网络体系形成了，它涵盖了欧亚大陆和北非的绝大部分地域。晚近500年间，海路大通，将各个都市网络都连接成为一个唯一的世界性的网络。而在最近的160年间，世界性网络开始迅速地电子化，从而使得人类交往的内容越来越多，速度越来越快。这个全球性网络是一个将合作与竞争合为一体的巨大漩涡。这些人类网络的发展历程在塑造人类历史的同时也在塑造着地球的历史。① 其中最为重要的创新大概就是对语言的充分使用，使其具有了符号象征的意义。从此，我们人类以一种极为特殊的方式，彰显出自己独特的唯一性。它独立创造出一个符号象征意义的世界，使人类既具有杰出的迅速演化能力，又具有了将一定数量的个体，比如在我们这个时代就是将数十亿人的行为加以协同的能力。②

人类在全球范围内进行扩展的过程中，另一个更加常见的结果，就是各种各样更为复杂的工具、武器和其他设施的不断发展。人类的环球扩张既呼唤也促进了新技术的迅速增长，以便获取大地上多种多样的资源。而且随着人类群体开始享用更为精致的住所、衣着，使用各种新式的工具、武器、交通手段和装饰品，人类对周围环境所造成的影响就更为巨大。定居农业的发展将各种新信息引入到人类网络中。人们交换各种技术、知识、种子和饲养牲畜的经验。西南亚地区所驯养牲畜如山羊、绵羊、猪、牛、驴、马、骆驼传入欧洲，传遍亚洲大部分其他地区，也传到非洲的部分地区，较晚些时候传入了美洲和大洋洲。这种全球性农业大扩张之所以势不可挡，是因为人类同他们所牧养的牛、羊等牲畜之间紧密的关系。定居村社已开始取代狩猎者和采集者群体，成为人类社会的基本细胞。在每

① 约翰·R. 麦克尼尔，威廉·H. 麦克尼尔. 全球史：从史前到21世纪的人类网络[M]. 王晋新，宋保军，等，译. 北京：北京大学出版社，2017：27.

② 约翰·R. 麦克尼尔，威廉·H. 麦克尼尔. 全球史：从史前到21世纪的人类网络[M]. 王晋新，宋保军，等，译. 北京：北京大学出版社，2017(14).

一个乡村中，那种面对面的交际网络具有极强的效力，从而确保了习俗的连续性。人类和犍牛可以生产出比自己消费所需的更多数量的粮食，从而为城市和文明的形成创造出一个生态的开端。各个文明的兴起改变了人类交往的网络，并使其重要性得以加强。渐渐地，大约在6000年以前，这些地方性和地域性网络中某些网络变得愈发紧密，这应归因于各地城市的发展，这些城市对于各种信息、物品和各类传染病来说，具有汇集地和储藏库的功用。它们演变为各种都市网络（metropolitan webs），这类网络是以各个城市同其农业或牧业的腹地的联系以及各个城市之间的联系为根基的。①随着各种都市网络编织得越来越紧密，它们所传输的信息和物品的数量越来越多，速度也越来越快，从而在历史上发挥了更大的作用和影响。

城市总是存在于相互关联的环境中，其中包括物质的流动和信息传输。20世纪见证了发达经济体中显著的产业升级：经济增长由最初依赖于制造业而转变为越来越依赖于服务行业、第三产业。这一趋势也被大规模的信息技术发展所增强，信息技术的发展不仅有助于提供更加迅速的服务和实施高效的控制，而且更为关键的是能够在全球范围内实施这些运作。当代的世界城市是这些经济变化的结果，从太空看到的夜间巨大的光亮区域实际上是大量连接的信息流，是一种新型的功能空间，对于新时期的地理认知来说是至关重要的。网络是建立在全球城市之间的流动、联系、连接和相互关系。这种城市间的网络已经变得前所未有的重要。不仅应该关注全球城市的固定属性如跨国公司总部的数量，还要关注互联互通的全球城市中心之间的动态变化关系。

世界系统是由多个环环相扣的跨城市网络组成。例如，由华盛顿特区、日内瓦、布鲁塞尔、内罗毕及其他世界外交与非政府组织总部所构成的政治中心节点，以及由麦加、罗马和耶路撒冷等宗教中心构成的另一个网络。有些城市虽然表面上缺乏战略经济资本，但仍然通过它们在全球网

---

① 约翰·R. 麦克尼尔，威廉·H. 麦克尼尔. 全球史：从史前到21世纪的人类网络[M]. 王晋新，宋保军，等，译. 北京：北京大学出版社，2017：3.

络社会运动中的角色而获得影响力。如巴西的阿雷格里港已经成为世界社会论坛的举办地，瑞士的达沃斯每年 1 月份举行世界经济论坛。支撑世界城市体现的资本结构相互交织，城市间同样存在着复杂的网络联系，构成广泛而相互连接的体系。另外，随着 2008—2010 年全球金融危机的出现，基于市场机制的竞争导向的城市治理形式的局限和矛盾正在席卷整个世界范围内的城市网络，危机倾向和社会生态失调不仅仅发生在网络中的特定地方，而是迅速地遍布网络中的各个角落。世界已经通过一系列交互的全球城市网络更加紧密地连接在一起。纽约、香港、伦敦、温哥华不仅存在于有形的地图上，而且相互间复杂而扩展的家庭和商业关系跨越了三大洲。

在全球网络中，城市按照其影响力排名，按照其互联互通的程度，而不是土地面积大小。纽约、迪拜和香港都不是国家首都，但从物质和资金的吞吐量来看都排名全世界前五位。城市是文明体系集合中的突出成分，城市越是归属于世界，就越是可按全球模式重新配置基础设施和分配资源。伴随着经济全球化，各种跨国经济实体的作用正在慢慢地替代国家，未来将形成新的等级体系结构：地方级城市、区域级城市、国家级城市、跨国级城市、世界级城市，共同形成世界城市体系。① 规模较小的城市也可以通过联系网络，利用相互作用和相互协同，在特定的领域内依靠专业化优势获得更大的发展活力。这种通过信息和交通网络分享知识和技术的过程最终将促成多极、多层次的世界城市网络体系的形成，出现世界级城市、跨国级城市、国家级城市、区域级城市和地方级城市的分工协作。

伴随着城市化的加速发展，城市之间相互联系更加紧密，区域性、全国性、全球性的城市网络日益浮现。因此，应该在网络视角下研究城市，而非进行孤立的个案研究。各种网络塑造了城市化地域的空间形态及城市在网络中的位阶。中心城市的扩散及连接周边城市的网络化过程共同推动

① Friendman J. The World City Hypothesis [J]. Development and Changes, 1986 (17): 15-25.

大都市区的形成和发展。周边城市逐渐形成了专业化的次级中心，从而使城市区域结构多中心化。面对面接触仍然是信息化时代不可缺少和替代的方式，尤其是高端生产性服务业更是需要通过频繁的面对面接触来传递隐性知识。因此，高端生产性服务业仍然具有求心性，趋向于向全球城市、世界城市集聚。各种不同的网络塑造了不同类型的城市，全球金融网络塑造出纽约、伦敦、东京等金融中心，全球航运网络塑造出鹿特丹、宁波、上海等国际航运中心。一个城市可能具有多种地方化优势，可能在不同的全球网络中都占有一席之地。例如，上海同时定位为全球金融中心、航运中心、贸易中心。全球化、网络化、城市化三者相互渗透，构成了信息时代城市空间最为重要的发展动力。①

全球化的过程形成了全球生产网络和世界城市网络。21 世纪是一个城市的世纪，更是一个城市网络的世纪。流动空间、网络模式、全球地方化等新的空间组织逻辑塑造了不同的生产和城市景观。尺度体现出邻里、区域、国家、全球之间的相互嵌套；空间体现出大都市区相互连接成巨大的并且嵌入到世界城市网络之中的区域性城市网络。在国际分工协作的作用下，全球资本通过空间配置、生产与市场中各个环节组合关系产生关联，这种关联使得世界城市参与到复杂空间体系的构成中，形成具有内在逻辑的世界城市网络体系。城市网络系统是由不同级别的子系统组成的，可分为全球级、洲际级、重要的国家和区域级的城市网络。随着交通和通信网络、企业和组织网络等日益增强，全球级、洲际级等国际性城市的未来，更多地取决于其在实现竞争战略、增强实力和增进与地方中心合作方面的能力；而对于地方中心，更多依赖于与全球经济网络的联结性。②

在现代化、全球化和网络化的过程中，现代科学技术带来了生活的便利，社会福利的提高，同时也面临着一些全球性问题如全球气候问题、环境污染、能源问题、资源环境问题、生态破坏问题，人类陷入最基本生存

① 李仙德. 城市网络结构与演变[M]. 北京：科学出版社，2015：3.

② 郑伯红. 现代世界城市网络化模式研究[D]. 上海：华东师范大学，2003.

条件面临危机的困境。面对现代性和国家主导的范式在全球化时代面临的危机，学界众多学者都在进行反思。解构性后现代主义对现代性进行了深刻批判，然而只重解构而没有提出解决办法。而建设性后现代主义欣赏现代化给人们带来的物质和精神方面的进步，同时又对现代化的负面影响深恶痛绝，提出建设性向度包括倡导创造性、鼓励多元的思维风格、倡导对世界的关爱、重视性别平等等。建设性后现代主义正是在继承和发展怀特海有机哲学的基础上兴起的。早在1925年，怀特海在《科学与现代世界》中就正确评价了现代世界的成就，指出了其局限性，认为“现代世界”已经不再适用于理解他所处的那个时代的自然和人类，应该超越它。正是基于这种认识，1929年怀特海出版了《过程与实在》，明确提出他的有机宇宙论：宇宙是活生生的、有生命的机体，它处在永恒的创造进化过程之中。有机体的根本特征是活动，活动表现为过程，过程则是构成有机体的各元素之间具有内在联系的、持续的创造过程，新颖性是新旧事物转化的必不可少的环节。建设性后现代主义就是在怀特海有机哲学的基础上发展起来的，代表人物有哈茨霍恩、科布、格里芬、罗蒂、霍伊等人。建设性后现代主义认为，生态危机的源头是现代性。以机械主义自然观、人类中心论和主客体二元论为核心的现代世界观，是以忽视和牺牲自然为特征的世界观。世界秩序学派的理论旗手福尔克被广泛视为建设性后现代主义的代表人物，该学派主张对现有世界秩序进行根本变革，走向一个以和平、公正、富足、生态平衡为目标的世界。世界秩序学派致力于价值、整体主义、未来主义、人道主义和社会变革，努力建立一种基于地球是整体、有限的观念之上的全新的世界观。世界秩序学派还开展了声势浩大的教育、思想和社会运动。

世界秩序行为主体包括领土行为体(主权国家)、国际组织、非政府组织、跨国社会运动(全球公民社会)、次国家行为体(如城市)。当前，城市被认为是除主权国家之外的第二大气候治理主体：全球气候治理的实际引领者，全球气候治理规范的潜在创新者与积极扩散者，国家自主贡献预案(Intended Nationally Determined Contributions，INDC)的主要实现者。在城市气候环境治理网络领域，有如下重要的平台：国际地方政府环境行动理事会、C40世界大都市气候先导集团、美国市长会议组织、世界低碳城市联盟、欧洲城市网络、气候联盟、能源城市网络、率先达峰城市联盟、世界气候变化市长委员会。随着全球性气候危机日益严峻，在全球治理主体多元化和地方政府地位凸显的双重背景下，以上组织从不同地区、不同层面对全球气候或者能源问题开展一系列的国际城市多层次的合作，这些已建立的一系列的对话和共同行动平台对城市间开展合作以及城市外交的发展起到了极大的推动作用。同时，这些组织活动的开展及其今后达成的共识可能会形成具有约束力的框架，从而进一步规范国家行为，城市层面的合作通过全球治理多层次框架推动了国家在全球气候问题上的发展与进步。① 世界经济日益网络化，城市在广袤的大地上，日益互相联系，紧密联络，在夜幕中，如同璀璨的钻石织成的生命之网，在浩渺无垠的宇宙中温柔地闪亮。正是这些活动的中心使各国和各族人民第一次集合到一个合作和相互影响的共同领域中来。城市文明网络正在构建新的世界秩序。

---

① 于宏源. 城市在全球气候治理中的作用[J]. 国际观察，2017(1)：40-52.

第九章　产、城、乡、荒野融合城市生命力

一、怀特海的“有机体与环境论”

怀特海在论述“有机体与环境”时，指出了知觉的两种方式：因果效验方式和表象直接性方式，以及这两种方式之间的相互作用——符号性指涉。怀特海根据爱因斯坦关于物理连续体的基本公式提出“同时性事件的发生没有相互的因果关系”这一原则。表象的直接性表明，通过感觉质，在世界的一个横截面上的潜在细分，以这种方式显示实现对感知机缘 M 的客体化。这个截面是 M 的直接现在。它只是表现出呈现的绵延的明示部分，但它本身并没有确定过去在哪里，未来在哪里。而通过因果效验，我们所知觉到的并非实体，而是当下之前所发生过的“事件”，并且知觉到它对我们当下的经验产生了影响。所以，通过因果效验，我们知觉到“世界的压力”，它使得“那些活机体懂得它们所出自的命运，也懂得它们所奔向的命运”，但通过因果效验，我们不可能知觉到精确的观念，也不可能对世界形成具体的图像。联系因果效验和表象直接性的方式是符号性指涉。符号是一种信息，通过这种信息，因果效验和表象直接性紧密地联系在一起。怀特海说：“在每一套有效的符号中，都存在着人所共享的某些审美特征。意义获得了符号直接激发起的情感和感觉。这便是文学艺术的整个基础，也就是说，直接由词语激发起的情感和感觉，应恰当地加强我们在

思考该意义时所产生的情感和感觉。再者，在语言中，存在着符号的某种模糊性。一个词在符号意义上同它自己的历史、它的其他意义以及它在当前文献中的一般情况有关联。因此，一个词从它过去的情感历史聚集了情感含义。这一含义被符号转移进了它当前的使用意义。"①基于符号对深层情感的指涉功能，它就能够转移主体的情感。正是通过因果效验方式、表象直接性方式以及联系二者的符号性指涉方式，有机体与环境紧密联系在一起，须臾不可分离。而这个宏大的世界也就是一个统一的不可分离、互相感应的有机整体。

怀特海指出："有机哲学认为，'有机体'概念有两种相互联系而在理智上又可以分开的意义，那就是微观的意义和宏观的意义。微观的意义是有关一个现实机缘的形式构成的，它被看作实现个体的经验统一的过程。宏观的意义是有关现实世界的既定性，它被看作顽强事实，对现实机缘给以限制同时又提供机遇。在社群性结合体整体性的再造活动中体现出对创造性冲动的引导，对常识来说这是顽强事实力量的最终表现。"②我们是由顽强事实支配着，这充分说明我们要敬畏自然、尊重自然，在自然规律的引导下进行创造性劳动。

中国古代哲学以天地万物的感知为尺度，崇尚生命的整体性和有机性。庄子说："道者，德之钦也；生者，德之光也；性者，生之质也。"③《周易·系辞》曰："乾，阳物也；坤，阴物也。阴阳合德而刚柔有体。以体天地之撰，以通神明之德。"希腊哲学家泰勒斯用流动的水来解释万物；赫拉克利特把整个世界看作燃烧着的一团活火；德谟克利特用原子解释万物；柏拉图的理念论在自然观方面的表现是宇宙生成说；古希腊自然哲学集大成者亚里士多德提出四因说，这些学说和信仰说明古人的宇宙观是一个有机浑融的整体。在生命文化的浸润下，古人经常将城市与人体、有机

---

① 怀特海. 宗教的形成·符号的意义及效果[M]. 周邦宪，译. 南京：译林出版社，2012.

② 怀特海. 过程与实在[M]. 李步楼，译. 北京：商务印书馆，2012：202.

③ 《庄子·杂篇·庚桑楚》.

体、生态系统相比拟，借助生物有机体的现象和研究方法来看待城市。

17 世纪商业、技术的发展催生出的机械唯物主义把一切运动归结为机械运动，试图用力学的观点解释一切现象，甚至把人和动物都看成受力学规律支配的机器。自然界也就成了一个由相互分离的物质点所构成的无声、无色、无目的和意义的机械宇宙。既然自然是一种没有任何目的和意义的机械物，那我们就可以任意对其进行处置。这种哲学上的实体自然观导致自然成了人们获取物质暴利的牺牲品，人类开始向大自然无情地剥夺和索取。

机械论的世界观也影响到城市理论和建筑理论，认为“房屋是住人的机器”，形成了功能主义城市与建筑理论的基本价值取向。城市被理解为是一架高度精密、高效运转的机器，出现了城市机械论。如苏里亚·伊·马泰提出的一种城市平面布局呈狭长带状发展的规划理论，“带形城市”是以交通干线作为城市布局的主脊骨骼的规划原则。1933 年的《雅典宪章》，提出了城市功能分区和以人为本的思想，集中反映了“现代建筑学派”的观点，形成了城市各功能分区间机械联系的观点。在对待城市发展问题上，机械论过于强调稳定、有序、均匀和平衡，排除偶然性因素，忽视了城市发展的动态特征，在一定程度上造成城市机能的分裂，生命活力的丧失。

20 世纪 70 年代以后，系统论、协同学、超循环、混沌学、分形理论等非线性学科的出现，科学逐渐放弃了机械论世界观，转而正视科学研究对象的复杂性和整体性，以及演化过程的不可逆性和不确定性。这些关于系统自发运动、自我组织理论，比较系统地刻画复杂系统演化的前提条件、契机诱因、道路选择、动力源泉、组织形式、过程途径和发展前途，并对发展演化的统一性和循环性等系统演化的机理有了一个比较清楚的认识。非线性相关成为世界的本质。非线性科学向人们展示了一幅多元、多层次统一的世界图景。以往一系列对立范畴，如偶然性与必然性、概率论与决定论、复杂性与简单性、无序性与有序性、继承性与创新性、稳定性与非稳定性、自相似性与非自相似性等，都在更高的认识层次上得到动态的统一。① 分子生物学、量子力学、量子生命科学的研究进展向人们展示了生命和量子世界的神奇与魅力。

20 世纪的相对论和量子论则是为机体论的建构提供了科学的支撑，柏格森的生命哲学为怀特海机体本体论建构奠定了理论基石。在怀特海看来，传统自然概念犯了一个重大错误就是将自然界肢解成一个没有任何生机的物质碎片，从而扼杀了自然的生命。然而，自然界与生命从来都是不可分离的。怀特海认为自己的机体自然观与实体自然观的根本性不同就在于主张自然界是有生命的。实体自然观所导致的生态问题的一个根本原因就是无视自然的生命性。在怀特海的生命概念中，生命的特征就是“绝对的自我享受”“创造活动”和“目的”，而自然界就是拥有这样特征的生命体。②

美国科学家霍兰和几位诺贝尔物理学奖获得者共同推出了第三代系统论，即复杂适应理论(CAS)。复杂适应理论把主体对环境的主动适应性、学习能力、应对能力、挑战能力看成是整个系统演变的动力源。③ 城市既有物质构成的复杂系统，又越来越多地表现出对外界刺激的反应、价值观、精神、能动性等生命特征。这些科学理论为解读城市的复杂现象，把握城市的未来发展提供了重要的思想方法，为建立新的城市理想提供了理论基础。

从《雅典宪章》中对于城市的机械认识，将城市分成了若干组成部分，到《马丘比丘宪章》将各部分有机整合，强调人与人的关系以及城市的动态性，再到《北京宪章》倡导“新陈代谢”的客观，强调“把建设的物质对象看作是一个循环的体系，将生命周期作为设计要素之一”，城市的复杂多样与自组织生命特性普遍为人们所接受。

---

① 朱勍. 从生命特征视角认识城市及其演进规律的研究[D]. 上海：同济大学，2007.

② 吴兴华. 从“实体”到“机体”——论怀特海对自然观的拯救[J]. 中北大学学报(社会科学版)，2019(2)：45.

③ 仇保兴. 复杂适应理论(CAS)视角的特色小镇评价[J]. 浙江经济，2017(10)：20-21.

二、产城包容，赋能城市生长

我国城市经过近40年大规模扩张，由于产城分离，出现了“钟摆通勤”城市病，比如，北京上班一族，在燕郊居住；深圳上班一族，在东莞、惠州居住等。同时产业上表现出宏观层面的“东中西三级梯度差异”，在中观上则表现出“大小城市两级梯度差异”，在微观上则表现出“城乡两级梯度差异”。产业和人居生活在空间上的配置不均衡不利于城市活力和健康发展，也影响了均衡、协调、可持续的城镇化目标实现。城镇与产业融合不佳，居民生活环境与工作环境相互割裂，生活服务业等依靠居民生活环境的服务业产业发展将受到阻碍，导致生活成本升高、生活质量下降以及服务产业效益低下等城镇化问题，城镇化要素的集聚效应很难发挥。

为了避免这种产城割裂的城市病，各个城市纷纷开始注重“产城融合”。产城融合是现代产业和现代城市发展的必然趋势。产城融合要求产业与城市功能融合、空间整合，“以产促城，以城兴产，产城融合”。产城融合是寻求产业与城市良性发展的路径，是功能主义向人本主义导向的一种回归。产城融合的人本主义体现在生产功能与生活功能之间的融合，是解决工作与生活平衡的路径，满足城市居民的生活居住与工作的需求。

从产业发展的角度来说，产城融合式发展让城镇能及时加入产业的发展链条，利用自身资源加入产业生产和服务环节，为产业的发展提供了推动力，也为产业的转型升级提供了一个重要的途径。同时，产业发展带来的技术、资本、人才的聚集，又能反哺城镇，在经济上提高城镇的竞争力，进一步激发城市的传统产业，吸引新兴产业的加入，实现以城兴产，以产促城，产城互动。树立“产城共荣”理念，实行先进制造业与现代服务业“双轮驱动”，围绕产业链部署创新链，创新链优化服务链，实现以产兴城、以城聚产。壮大新兴产业与提升传统产业相结合，推广应用新技术、新装备，致力于打造智能产业高地。

产城融合不单是实现职住平衡，而是要实现城市生产、生活、生态的平衡与融合。产业与城市的融合发展蕴藏着巨大的潜力，既包含了产业业态的融合，又包含了城市形态的融合，互为渗透复合发展，创造出新的更大生产力的一种新的经济社会复合体。产城融合是产业发展与城市建设有机结合、协调共促，包括空间融合、定位融合、功能融合、配套完善、结构耦合以及人文融合等。产城融合既有利于城市功能的发挥，强化了城市发展对创新活动的促进作用，又有利于产业发展，巩固城市产业对创新活动的基础功能。

城市是人类文明发展到一定阶段的产物，纵观城市发展历程，各个城市都经历着从无到有、从简单到复杂、从低级到高级的发展过程。① 城市的发展是有规律的，这种规律在产业层面上，与工业化的演进轨迹切合。“城市发展阶段理论”最初由霍尔在 1971 年提出。他认为城市发展具有生命周期的特点，“在这个生命周期中，一个城市从‘年轻的’增长阶段发展到‘年老的’稳定和衰落阶段，然后进入到下一个新的发展周期”。城市生命周期从本质上来讲，是主导产业群自身周期性深化的表现。因此，城市要保持平稳发展，就不能被动地受产业周期的影响，而是可以为之准备先决条件，使之尽早地实现产业的升级与转换，这就需要城市的转型。而转型的实现，通过产业升级调整产业周期，通过经济质变调整经济周期，从而使经济保持持续快速的发展，最终使人们可以享受更高质量的生活。城市首先是一个经济实体，是社会经济活动即生产、交换、分配和消费相对集中的场所。经济转型有利于培植新的主导产业，减少城市的发展振荡，产业升级更新是城市可持续发展的基础。

产业为城市增长提供经济动力和物质支撑，产业结构的调整和梯次升级通过发挥规模化、专业化和集聚经济作用，在优化资源要素配置的同时，大幅提高其利用效率，扩大城市就业需求，极大地增强了城市自身的承载能力和对资源要素的吸纳能力。城市中知识的交流和外溢，有助于企业的创新活动，提升产品和服务的创新能力，通过提供高端技术、高质量

① 李彦军. 产业长波、城市生命周期与城市转型[J]. 发展研究，2009(11)：4-8.

人力资本和公共设施等要素基础，推动城市的繁荣扩张，加速企业和人口的集中。产业和产业群竞争优势的形成，将会进一步提升城市的整体质量和经济实力，增进居民享有的福利，加快城市化发展进程。①

三、新经济引领城市未来

推动经济高质量发展需要把握全球新一轮科技革命和产业革命，抢占产业发展的制高点。研究表明，数字经济、智能经济、生物经济、海洋经济和绿色经济将成为五大新经济。

(一)数字经济

大数据、物联网、移动互联网、工业互联网、云计算等新一代信息技术正加速重构全球经济新版图。2017 年，全球数字经济规模达到 12.9 万亿美元，占全球 GDP 比重约 16%。未来 5~10 年，随着信息基础设施持续升温，5G 等网络信息技术的快速突破、信息通信技术与传统产业的加速融合、居民消费对数字技术和经济需求的持续增加，数字经济对经济发展的推动作用仍将进一步拓展。②

(二)智能经济

机器人与智能制造、虚拟(增强)现实、智能终端、智能网联汽车、3D 打印等技术的突破，促使智慧家居、智慧城市成为发展的热点。智能经济在制造教育、环境保护、交通、商业、健康医疗、网络安全社会治理等领域的应用程度越来越深，智能经济和高端装备制造、航空航天、卫星及应用、轨道交通、海洋工程装备、高端新材料等新兴产业融合程度不断加

① 李晓斌. 产业升级与城市增长的双向驱动——基于中国数据的理论和实证研究[J]. 城市规划，2017(5)：94-111.

② 盛朝迅. 五大新经济将引领“十四五”产业发展[N]. 中国经济时报，2019-04-02.

深，智能经济相关产业规模庞大。据全球信息技术研究和顾问公司 Gartner 估计，2018 年人工智能行业总产值为 1.2 万亿美元，同比增长 70%以上，到 2022 年全球人工智能市场规模有望达到 3.9 万亿美元。到 2030 年，人工智能将推动全球 GDP 增长 14%，对世界经济贡献达 15.7 万亿美元，中国和北美有望成为人工智能的最大受益者。

（三）生物经济

美国著名趋势学者杰里米·里夫金曾指出，21 世纪是生物学的世纪。经过十余年的概念进化、战略推进与行动实践，生物经济已涵盖生物质相关众多领域，包括食品与营养、生物制药与健康、生物炼制、生物能源、生物酶、生物化学品、生物材料、环保与生态服务等八大领域。① 生物经济与联合国可持续发展目标（SDGs）、应对全球气候变化的《巴黎协定》有着越来越密切的内在联系与相互关系。

目前，生物技术进入产业化阶段，基因检测、基因编辑技术正以比“摩尔定律”更快的速度发展，细胞和基因疗法技术日益成熟，生物产业已成为世界经济中增长最快、技术创新最活跃的产业之一，正在引发农业生产、工业制造、医疗健康等领域的深刻变革。2013—2017 年，全球生物产业产值持续保持 20%以上的增长速度，世界许多国家都不约而同地把生物产业作为新经济增长点来培育，加速抢占“生物经济”制高点。根据大观研究（Grand View Research）测算，2016 年全球生物技术产值为 3696 亿美元，到 2025 年将达到 7271 亿美元。

（四）海洋经济

伴随全球陆地经济增长乏力，海洋经济的重要性逐步凸显，海洋开发方式逐步由传统的单向开发向现代的综合开发转变。海洋是支撑未来发展的战略空间，也是经济增长的重要引擎。根据联合国数据，现在全球海洋

① 邓心安. 生物经济：挑战与对策[J]. 科技中国，2018(10)：48-51.

经济规模已可排到全球第七大经济体，约为2.6万亿美元，预计到2030年全球海洋经济价值将达7万亿~8万亿美元。

（五）绿色经济

高质量发展的重要途径是大力发展绿色经济，推动产业绿色发展。绿色经济主要包括新能源、节能环保、新能源汽车等行业。近年来，绿色发展深入人心，绿色经济发展驶上快车道。据国际能源署统计，2017年全球可再生能源装机容量达到2179GW，离网可再生能源使用人数达到1.46亿，新能源占全球能源消费的比重已达到15%左右。同期，全球节能环保产业规模约为1.2万亿美元，新能源汽车总销量超过142万辆，保有量突破340万辆。①

后工业社会时代，城市是集各种知识、信息、金融、文化娱乐和其他服务业的综合体，是人才、新产业、创新要素的聚集地。数字经济、智能经济、生物经济、海洋经济、绿色经济为代表的新经济，在城市这个创新的熔炉，将通过对生产要素、生产模式的革新，催生出新产业、新工作、新产品、新业态、新生活方式，从而推动城市整体的迭代创新升级，从传统的工业城市向绿色城市迈进。与传统工业经济相比，新经济在生产要素、产品形态、产业业态、商业模式、发展模式、经济驱动力、核心活动、空间组织、发展红利等方面均带来颠覆性变革。在生产要素上从以土地、原材料、劳动力和资本为主变为以人才、技术、数据和金融资本为主；发展模式由高投入、高耗能、粗放式变为高技术、高人才、集约式；核心活动从加工与生产为主变为研发与消费为主；产品形态出现虚拟产品；产业业态变为用户驱动的多产融合；商业模式变为平台经济和共享经济；空间结构趋于网络经济和扁平化；经济驱动力从要素与投资驱动走向创新驱动；发展红利是知识红利；劳资关系是复合、合作关系。从而全方

① 盛朝迅．五大新经济将引领“十四五”产业发展[N]．中国经济时报，2019-04-02.

位深入改变城市竞争机制、重塑城市空间格局。新经济已成为城市竞争格局弯道取直的典范，如新经济城市以杭州、贵阳、珠海等为代表，对传统城市空间格局发起了明显冲击。

四、城乡融合，打造美丽家园

新型城镇化是以城乡统筹、城乡一体、产城互动、节约集约、生态宜居、和谐发展为基本特征的城镇化，顾名思义，区别于传统城镇化，是指资源节约、环境友好、经济高效、社会和谐、城乡互促共进、大中小城市和小城镇协调发展、个性鲜明的生态城镇化。

城乡融合是城乡关系的最终归宿。16 世纪初期英国著名的政治学家托马斯·摩尔的城乡和谐思想；19 世纪初期法国空想社会主义者沙利·傅立叶的城乡协作思想；19 世纪初期英国空想社会主义者罗伯特·欧文的城乡结合思想；尤斯图斯·冯·李比希是德意志著名的化学家，其农业还原理论等都对城乡关系和谐做了论述。马克思恩格斯批判性地吸收了他们理论中的有益观点，最终形成了自己的城乡关系思想。马克思恩格斯认为，城乡关系演化是伴随生产力发展的一个漫长而必然的历史过程，城乡对立是一个历史范畴，它将随着生产力的发展而消失，城乡融合是城乡关系的最终归宿。通过城乡融合互动，促进工业与农业的结合，促使城乡之间的差别逐步消灭。城市与乡村由对立走向融合，是未来社会发展的必然趋势，是生产力发展的必然结果。城乡关系是人类社会的一个最基本的关系，人的全面发展是人类社会的发展目标，城乡融合与人的自由全面发展存在着紧密的对应关系。

（一）城市的聚集创新效应

恩格斯在《英国工人阶级状况》中曾描述伦敦当时迅速发展的工业化使 250 万人集聚在一个地方，而其力量增加了 100 倍的现象。这说明在城市里，科学技术、人才、思想的碰撞交流，人口的聚集带来了巨大的能量，推动生产力进一步发展。列宁指出："城市是经济、政治和人民精神生活的中心，是前进的主要动力。这种动力使资产阶级在它的不到一百年的阶级统治中所创造的生产力，比过去一切世代创造的全部生产力还要多，还要大。"①

(二)农村的生存环境基础地位

在马克思恩格斯看来，没有农业的发展，便没有工业和城市的更好发展，农业在整个国民经济体系中都具有基础性的地位。重视农业的基础地位，把农业发展好，用工业来促进农业的发展，成为每一个现代化国家的必然选择。马克思在《资本论》中，对农业的基础地位有过系统的论述，他认为农业生产劳动是其他一切生产劳动的基础，只有先解决了吃、穿等基本需求，人们才能获得生存与发展，才能从事其他的活动，农业提供了满足这些需求的条件。

习近平总书记指出，"全面建成小康社会，最艰巨最繁重的任务是做农村"②，"中国要强，农业必须强；中国要美，农村必须美；中国要富，农民必须富"③。

以色列前总统西蒙·佩雷斯为《创业的国度》一书亲自作的序中写道：基布兹(Kibbutz，集体农场)成了孵化器，农民成了科学家，高科技在以色列萌发于农业。尽管土地面积小，水源有限，但是以色列仍然成了农业领头羊。在许多人仍旧错误地认为农业就意味着科技含量低的同时，以色列却有着令人惊叹的农业生产力，其中科技的贡献率达到了95%。④

---

① 列宁. 列宁全集：第2卷[M]. 北京：人民出版社，1985. 196-197.

② 习近平在河北慰问困难群众并考察扶贫开发工作[OL]. 中国政府网，2012-12-30.

③ 中共中央宣传部，习近平总书记系列重要讲话读本[M]. 北京：学习出版社，人民出版社，2016：157.

④ 丹·塞诺，索尔·辛格. 创业的国度：以色列经济奇迹的启示[M]. 王跃红，韩君宜，译. 北京：中信出版社，2010. X.

(三)城乡融合为一个生命体

“乡村是具有自然、社会、经济特征的地域综合体，兼具生产、生活、生态、文化等多重功能，与城镇互促互进、共生共存，共同构成人类活动的主要空间。”①

经济学家费孝通在《中国城镇化道路》中生动地写道：震泽通过航船与其周围一定区域的农村连成了一片。到震泽来的几百条航船有或长或短的航线。这几百条航线的一头都落在震泽镇这一点上，另一头则牵着周围一片农村。当地人把这一片滋养着震泽镇同时又受到震泽镇反哺的农村称之为“乡脚”。没有乡脚，镇的经济就会因营养无源而枯竭；没有镇，乡脚经济也会因流通阻塞而僵死。两者之间的关系好比是细胞核与细胞质，相辅相成，结合成为同一个细胞体。②

对于霍华德的著名的“明日的田园城市”，芒福德在《城市发展史——起源、演变和前景》一书中写道：“因为霍华德不像帕特里克·格迪斯那样是一位生物学家，然而他却把动态平衡和有机平衡这种重要的生物标准引用到城市中来，就是：城市与乡村在范围更大的生物环境中取得平衡，城市内部各种各样功能的平衡，尤其是通过限制城市的面积、人口数目、居住密度等积极控制发展而取得平衡，而一旦这个社区受到过分增长的威胁以致功能失调时，就能另行繁殖(开拓)新社区。如果一个城市要维持它居民的不可缺少的功能，这个城市必须能显示出自己有机的控制和对任何别的有机体的遏制。”这种动态平衡和有机平衡说明了城乡统筹的重要意义。

破解城乡二元发展的难题，既要从根本上靠科技进步生产力的发展，也要从体制机制上进行各方面改革，破解阻碍生产力发展的障碍和因素，释放生产力发展的动力，解放生产力。只有建立城乡的信任与联系，才能

---

① 中共中央国务院. 乡村振兴战略规划(2018—2022年)[EB/OL](2018-09-26). http://www.gov.cn/zhengce/2018-09/26/content-5325534.htm.

② 费孝通. 费孝通中国城镇化道路[M]. 呼和浩特：内蒙古人民出版社，2010：10.

在城乡一体化发展的基础上，调动农民的积极性，发挥城市带动乡村与乡村支援城市相互促进作用。只有尽快解决三农问题，同时推进城乡的信任与融合，才能尽快缩小三大差别，走向城乡一体共同富裕的社会主义本质要求。①

五、特色小城镇建设

我国农村人口规模庞大，目前有近 6 亿人口生活在农村，按照国家新型城镇化战略和乡村振兴战略的发展目标，即使未来我国城镇化率达到 70%~80%时，仍还将有 3 亿~4 亿农民生活在农村，但这也意味着仍将有 2 亿~3 亿农村人口需要转移到城镇。因此，实施乡村振兴战略不能单纯就乡村论乡村，要同新型城镇化有机结合，通过城镇化带动农村人口向城镇转移；同时，也应发挥城镇在区域发展中对乡村的辐射带动作用，实现双轮驱动，进而促进乡村振兴战略实施。② 很多偏远农村地区的小城镇的作用更加突出，费孝通曾在《小城镇大问题》中写道："如果我们的国家只有大城市、中城市没有小城镇，农村里的政治中心、经济中心、文化中心就没有腿。"

根据《乡村振兴战略规划(2018—2022 年)》，我国目前行政村可分为四种类型：集聚提升类、城郊融合类、特色保护类、搬迁撤并类。"乡村是具有自然、社会、经济特征的地域综合体，兼具生产、生活、生态、文化等多重功能，与城镇互促互进、共生共存，共同构成人类活动的主要空间。"全面建成小康社会和全面建设社会主义现代化强国，最艰巨最繁重的任务在农村，最广泛最深厚的基础在农村，最大的潜力和后劲也在农村。实施乡村振兴战略是建设美丽中国的关键举措。农业是生态产品的重要供

① 周学良. 马克思恩格斯城乡关系理论及其在当代中国的发展研究[D]. 南昌：江西农业大学，2017.

② 杨传开，朱建江. 乡村振兴战略下的中小城市和小城镇发展困境与路径研究[J]. 城市发展研究，2018(11)：1-7.

给者，乡村是生态涵养的主体区，生态是乡村最大的发展优势。乡村振兴，生态宜居是关键。实施乡村振兴战略，统筹山水林田湖草系统治理，加快推行乡村绿色发展方式，加强农村人居环境整治，有利于构建人与自然和谐共生的乡村发展新格局，实现百姓富、生态美的统一。中华文明根植于农耕文化，乡村是中华文明的基本载体。坚持城乡融合发展。坚决破除体制机制弊端，使市场在资源配置中起决定性作用，更好发挥政府作用，推动城乡要素自由流动、平等交换，推动新型工业化、信息化、城镇化、农业现代化同步发展，加快形成工农互促、城乡互补、全面融合、共同繁荣的新型工农城乡关系。

坚持人与自然和谐共生。牢固树立和践行绿水青山就是金山银山的理念，落实节约优先、保护优先、自然恢复为主的方针，统筹山水林田湖草系统治理，严守生态保护红线，以绿色发展引领乡村振兴。

坚持乡村振兴和新型城镇化双轮驱动，统筹城乡国土空间开发格局，优化乡村生产生活生态空间，分类推进乡村振兴，打造各具特色的现代版“富春山居图”。按照主体功能定位，对国土空间的开发、保护和整治进行全面安排和总体布局，推进“多规合一”，加快形成城乡融合发展的空间格局。通盘考虑城镇和乡村发展，统筹谋划产业发展、基础设施、公共服务、资源能源、生态环境保护等主要布局，形成田园乡村与现代城镇各具特色、交相辉映的城乡发展形态。坚持人口资源环境相均衡、经济社会生态效益相统一，打造集约高效生产空间，营造宜居适度生活空间，保护山清水秀生态空间，延续人和自然有机融合的乡村空间关系。

(一)智慧型特色小镇——iTown

iTown的内涵：从苹果公司的iPhone，特斯拉的iCar，到海尔公司的iHouse，都旨在通过智慧化手段提升产品本身的价值。iTown中的i表示智慧(intelligent)、网络(internet)、互联(interconnected)和创新(innovation)。iTown是具有产城融合性质的智慧型特色小镇，是社会、产业、自然、科技协调发展的整体生态化的人工复合生态系统。释放小镇中大数据的智慧红利，赋能小镇业主，促进小镇产业的有机生长，构建友好生态环境，从而实现整个小镇的智能运营，提升小镇的经济价值，带动区域化经济转型升级。

智慧型特色小镇的建设是一个不断探索与发展的过程，不可能一蹴而就，应注重以下三方面：

系统性：抓住产城融合的重点，突出以产业为核心，以人为本的特征进行系统设计，避免数据碎片化、系统孤立化、功能华而无用的现象发生。

生态性：以节能、减污、增效为目标，在小镇需求、环境友好和经济繁荣之间寻求平衡，改善生态环境，提高资源利用效率，增强可持续发展能力。

前瞻性：特色小镇的大数据是智慧化的直接和重要体现，利用云计算、大数据、物联网、移动互联网、人工智能等新一代信息技术，打造数据决策中心，成为小镇运营中枢，通过大数据资源收集、整理、学习、智能化小镇运营，使得小镇利用大数据方法如同人类大脑一般自组织、自学习、自决策式智慧化运营。①

(二)主要农作物生产全程机械化

建设主要农作物生产全程机械化示范县，推动装备、品种、栽培及经营规模、信息化技术等集成配套，构建全程机械化技术体系，促进农业技术集成化、劳动过程机械化、生产经营信息化。

(三)数字农业农村和智慧农业

制定实施数字农业农村规划纲要，发展数字田园、智慧养殖、智能农机，推进电子化交易。开展农业物联网应用示范县和农业物联网应用示范

① 于飞，俞璐，陈劲. 城市互联网在中国发展的典型模式：智慧型特色小镇iTown的内涵及智慧架构标准[J]. 城市发展研究，2018(11)：65-72.

基地建设，全面推进村级益农信息社建设，改造升级国家农业数据中心。加强智慧农业技术与装备研发，建设基于卫星遥感、航空无人机、田间观测一体化的农业遥感应用体系。牢固树立和践行绿水青山就是金山银山的理念，坚持尊重自然、顺应自然、保护自然，统筹山水林田湖草系统治理，加快转变生产生活方式，推动乡村生态振兴，建设生活环境整洁优美、生态系统稳定健康、人与自然和谐共生的生态宜居美丽乡村。顺应城乡融合发展趋势，重塑城乡关系，更好地激发农村内部发展活力、优化农村外部发展环境，推动人才、土地、资本等要素双向流动，为乡村振兴注入新动能。统筹城乡发展，可以推动实现工业化与城镇化的有机协作，推进城乡要素良性互动的有效途径，以增强居民的幸福感为出发点和落脚点。

六、基于生命理念的城市治理方式

诺贝尔经济学奖获得者斯蒂格利茨曾说：“在21世纪初期，影响世界最大的两件事，一是新技术革命，二是中国的城市化。”城市要合理发展，就必须有科学的城市治理，要把握时代发展的脉搏，必须让新技术革命和城市化发展趋势相结合，实现城市的可持续繁荣发展的目标，就迫切需要找出一条遵循城市发展客观规律的综合解决之道。

(一)新型政府的内涵

新型政府是一种整体政府、智慧政府、互联政府、开放政府为主要特征的服务型政府。其中整体政府是一种通过横向和纵向的协调来实现预期行政效果的政府改革模式，着眼于政府部门间、政府间的整体性运作，主张行政管理“从分散走向集中，从部分走向整体，从破碎走向整合”。改变“行政碎片化”造成政府部门之间的“信息不对称”，进而导致“监管漏洞”的局面。

“行政碎片化”和“政务信息碎片化”是制约政府办事效率和公共服务水

平提高的重要原因。李克强总理在2016年政府工作报告中提出大力推行“互联网+政务服务”，实现部门间数据共享，让居民和企业少跑腿、好办事、不添堵。构建整体政府必须依靠“制度+技术”。通过制定行政程序法使整体政府有法可依。通过综合运用物联网、云计算、移动互联网和大数据等新一代信息通信技术，推行“互联网+政务”，使整体政府真正落地。对行政相对人的生命周期管理和服务，把产品生命周期管理原理应用到电子政务领域，强化行政管理，提升公共服务水平。例如，依托法人单位基础信息库，梳理政府各部门掌握的企业信息，建立企业数据库，以组织机构代码为唯一标识，把分散在政府各部门的某个企业的所有相关信息串起来，实现企业全生命周期管理(Enterprise Life-Cycle Management，ELM)和全生命周期服务(Enterprise Life-Cycle Service，ELS)。依托人口基础信息库，梳理政府各部门掌握的个人信息，建立个人数据库，以居民身份证号为唯一标识，把分散在政府各部门的某个个人的所有相关信息串起来，实现个人全生命周期管理(Citizen Life-Cycle Management，CLM)和全生命周期服务(Citizen life-Cycle Service，CLS)。

(二)政府从市场监管走向市场治理

现代政府是一个有限政府。政府部门不能大包大揽。维护社会主义市场经济秩序，必须联合消费者、社会组织、新闻媒体、专业机构等社会力量。

管理和治理的区别在于：管理主体是一元的，治理主体是多元的。市场管理的主体是市场监管部门，而市场治理的主体除了市场监管部门，还包括社会组织、新闻媒体和消费者等。管理是垂直的，治理是扁平化的。管理是上级部门对下级部门、政府对市场主体发号施令，而治理是政府部门与政府部门之间相互配合，政府部门与社会组织、新闻媒体和消费者之间相互协作，共同应对公共事务。管理是制度化的，治理是法治化的。管理是某个政府部门自己制定规章制度，发布红头文件，有一定的随意性。治理则体现依法治国、依法行政，法无授权不可为。

(三)基于复杂适应系统理论的城市治理模式

基于复杂适应系统理论的城市治理认为，金字塔式的城市统治机器，作为一种少数人强加于城市秩序的人造干预，不仅不能保障城市的秩序，还是城市混乱无序和公共管理成本居高不下的根源。因此，有必要变强力型统治为柔性善治，即在城市社区这一新型互动空间网络内，利益相关者减少甚至去除对外部权力强制性干预的依赖，而是以自我管理方式，通过对话和民主议事原则，消除分歧，取得基本共识，采取合作行为。柔性善治还意味着城市应当是一个爱的器官……城市最好的经济模式应是关怀人和陶冶人。唯有此，城市才能真正成为改造人类提高人类的场所，人类也才能凭借城市发展这一阶梯逐步提高自己、丰富自己。① 城市善治对文化多样性采取高度包容的态度，强调传统与现代的对话、文化与文化的对话。善治之于个人的意义则在于将人从对规则的机械服从之中解放出来，使人在城市多元文化的生动环境中，创造性地思考和实践，从而实现个人的真正自由。

七、城市高质量发展的逻辑

经济发展有其客观规律，它必将经历数量扩张到质量提升的历史性跃迁，这种跃迁符合质量互变的唯物辩证法逻辑、质量并重的古典经济学逻辑以及先量后质的后发国追赶逻辑。② 马克思主义唯物辩证法质量互变规律和矛盾对立统一规律启示我们既需要重视“量”的积累，又需要不失时机地促成“质”的飞跃，将事物的发展推向一个新的更高的阶段；古典经济学从李嘉图到马克思都强调质和量是任何事物不可剥离的两重属性。追根溯源，质量并重是古典经济学看待问题的基本态度；而先量后质是绝大多数

---

① 潘飞. 生生与共：城市生命的文化理解[D]. 北京：中央民族大学，2012.

② 胡鞍钢，谢宜泽，任皓. 高质量发展：历史、逻辑与战略布局[J]. 行政管理改革，2019(1)：19-27.

后发国家跨越“贫困陷阱”实现经济起飞，继而实现工业化和现代化接力追赶的一般性历史经验。

托马斯·皮凯蒂认为，高速经济增长只是工业化时期发生的一段特殊历史现象，当工业化完成后，这种高速增长将不复存在。在中国进入工业化中后期提出高质量发展，是理论演变与现实发展相结合的必然结果。微观层面，高质量发展要求高的产品质量。中观层面，高质量发展就是要保持供需、产业、市场等方面的结构平衡和有效。宏观层面，高质量发展要求高的生产力质量。生产力是衡量一个社会发展水平的基本尺度。

根据赛迪智库规划研究所的成果，目前全球正进入第五次产业国际转移，是以中国为输出地，以发达地区和欠发达地区为目的地，呈双路线转移的特征，即劳动密集型的产业转移至中国中西部以及东南亚等地区，部分高技术产业与产业链高端环节回流至美国、欧洲等发达地区。一个例子是2017年中国纺织机械出口前五位的国家分别为印度、越南、孟加拉国、印度尼西亚和美国，占全部纺织机械出口额一半以上。中国提出高质量发展的要求，是对短期阵痛与长期有利的预判，将倒逼制造业创新和价值链提升。

作为推动经济发展的主体，城市发展也由高速增长进入高质量发展阶段，需要从数量型、速度型扩张转变为高质量发展。城市的建设与发展，已经日益成为营造投资环境、促进经济发展的有效途径；成为构建和谐社会、促进协调发展的必要载体；成为造福于民、惠泽于众的可靠抓手。一座城市品质的提升、格局的拓展，已经成为推动引领区域经济社会向前发展的重要动力来源。城市高质量发展需要提高城市的开放度和包容性；需要加快农村转移人口的市民化；需要增强城市科学规划，特别是在空间布局上，无论是产业、交通网络、生态空间、社会人文布局等方面，多规合一，给城市赋能，增加城市密度。合理进行城市规划，改善交通状况，提升交通便利性。建设各种服务机构以及居民公共场所的娱乐项目等基础设施；需要推动城市治理理念、治理模式和治理手段的现代化；需要改善空气质量，严格把关废气废水排放，积极改善居民的居住环境，提升城市的环境质量；需要完善信息惠民服务体系。建设城市服务、智慧健康、智慧养老、智慧旅游、智慧教育、智慧文体、智慧交通、数字社区、数字社保、数字乡村等应用系统，实施云医院建设，不断提升民众幸福感。

八、脱贫攻坚，易地搬迁，修复大自然

易地搬迁脱贫，指将生活在生存及发展条件非常匮乏的地区的贫困人口搬迁至其他地区，并通过改善生活生产条件、发展特色产业等帮助他们脱贫发展。迁出地为包含981万贫困人口的资源承载力严重不足、地质灾害频发高发、公共基础设施和基本公共服务严重滞后且建设成本高、国家禁止及限制开发等“一方水土养不起一方人”地区。① 迁入地为生活生产条件良好、公共基础设施、基本公共服务比较齐备的地区，靠近城镇，在创新思维中走上了脱贫奔康之路。易地扶贫搬迁作为脱贫攻坚最长远、最有效的措施，在解决各地由地理位置、生态环境、历史背景所导致的“顽固性贫困”方面，具有很好的协调改善作用。相关数据显示：易地扶贫搬迁工程改善了将近930万人的居住条件，有将近920万人通过搬迁实现了脱贫。②

生态修复指依靠生态系统的自我修复和人工辅助修复，使迁出地生态系统免遭人为干扰或遭到破坏的生态系统逐步恢复。对于位于禁止开发区的迁出地，严格依据相关法律、法规和规定，采取强制性生态保护，实行退耕还林、退牧还草、退人还山，消除人为因素对生态系统的干扰。对于位于生态脆弱区、限制开发区等地区的迁出地，坚持保护优先，适度开发的原则，通过实施水土保持、石漠化治理、牧区治理等工程措施，对其进行生态修复和保护。同时，依据迁出地生态系统可承载能力，因

① 姚星星．基于协同视角的易地搬迁脱贫分析[J]．延边党校学报，2017(2)：66-69.

② 张婕．易地扶贫搬迁助力乡村振兴的衔接效应[J]．产业创新研究，2020(6)：73-75.

地制宜地发展花卉种植、林木培育、生态观光等生态产业。易地扶贫迁出区在地理上与深山、高寒、荒漠化、地方病多发、地质灾害频发等自然环境恶劣或生态环境脆弱的地区叠合，生态修复任务艰巨。贵州扎实做好易地扶贫搬迁，以“宜林则林、宜草则草”原则，推进宅基地复垦，加快迁出地区生态修复。如贵州毕节市赫章县狠抓退耕还林，加强天然林保护、封山育林、生态修复、石漠化综合治理、水土保持小流域综合治理等生态工程建设。大力实施 25° 以上陡坡耕地退耕还林工程，完善国家补助直补造林主体机制，让部分有劳动能力的群众就地转成护林员，通过生态补偿脱贫 730 人。云南怒江州是一个贫困人口多，生态环境极其脆弱，土地贫瘠，水土流失严重，地质灾害频繁的自治州。由于易地搬迁项目迁出区域人多地少，人地矛盾突出，人口超过了土地的承载能力，生产方式主要是刀耕火种，对生态资源的破坏性很大，水体流失严重。实行易地扶贫搬迁后，使迁出地人口减少，极大地缓解了人地矛盾，减轻了迁出地的土地承载压力，很大程度上减轻了人为因素对生态环境的破坏，避开了随时发生的滑坡、泥石流等地质灾害的威胁。同时，迁出地通过种植经济林，增加了森林覆盖面积，使生态环境得到有效恢复和保护，水土流失、滑坡等自然灾害的危害得到了有效遏制。搬迁群众逐渐从长期形成的“越穷越垦、越垦越穷”的恶性循环和传统的毁林开荒、广种薄收生产方式中解放出来，缓解了人口对资源的压力。在安置区，由于实施了村间道路硬化、厩舍改造、卫生厕所项目，配套建设了沼气池，推广使用了节能灶，缓解了人口对环境资源的压力。安置点还建立了幼儿园、医务室、活动室、扶贫车间等。另外，还培育发展绿色香料，推进旅游文化产业。

九、城市、乡村、荒野与荒漠的遐思

怀特海的有机哲学认为：“结合体是由一组现实实有的互相包容构成的关联性统一体，或者反过来说也是一样——是由这些现实实有互相客体化所构成的。”①城市、乡村、荒野与荒漠正是这样一组互相包容的关联性统一体。城市是创新与财富的聚集地，亚里士多德认为“人是政治的动物”，是能构筑城镇、栖居于城邦的动物。乡村是农业与人居生态环境的孕育地，而荒野和荒漠也有其独特的价值。

“大漠孤烟直，长河落日圆”，这是荒漠之美。沙漠即沙质荒漠，是荒漠中面积最广的一种类型。沙漠地面覆盖大片流沙，广布各种沙丘。目前全世界沙漠面积约 3140 万平方千米，约占全球陆地总面积的 21%。沙漠不仅地域辽阔，而且还千姿百态，蕴含丰富的资源。其中撒哈拉沙漠是世界上最大的沙漠，几乎占整个非洲大陆的 1/3。撒哈拉大沙漠正处于回归荒漠带上，环境极端严酷。但蕴藏着丰富的石油、天然气、铁、铀、锰等，许多国家都在注视这块荒凉的宝地。撒哈拉沙漠的漫天黄沙来自何方？美国航天飞机利用遥感技术，发现了漫漫黄沙下埋藏着古代山谷与河流。因此有观点认为千里黄沙是远古时代无节制地伐林烧木，过度放牧的结果。也有观点认为是地质历史大周期，降水减少造成。② 随着人类治沙能力的提高，局部沙漠之地有望重新披上绿装，成为未来希望的绿洲。

荒漠化土地辽阔，有着极为充沛的土地资源，可以利用荒漠土地生产绿色能源植物。荒漠里生长的植物有着顽强的生命力，如麻风树、黄连木、石栗树、文冠果、油桐和光皮树等木本油料植物。木本能源植物可选用生长快、适应性和抗逆性强、热能高、同时兼有良好的生态功能的树种。阔叶树矮林型如栎、栲树、石栎、刺槐等树种；灌木型有沙棘、小叶锦鸡儿、柽柳、梭梭等树种；树生乔木型如柳树、桉树、铁刀木、马尾松、麻栎等树种。灌木能源植物：灌木具有耐干旱贫瘠和抗风沙，防风固沙，同时也是能质较好的能源植物，如柠条、火棘、沙棘、胡颓子、沙枣、悬钩子、刺梨、杜鹃、蔷薇、余甘子、山楂、灌木柳等。

中国著名科学家钱学森曾预言：“农、林、沙、草、海”五大产业将在

---

① 怀特海. 过程与实在[M]. 李步楼，译. 北京：商务印书馆，2012：40.

② 吴时舫，苏宇轩. 互联互通的世界[M]. 北京：经济管理出版社，2018：56.

21 世纪掀起第六次产业革命。其中，沙产业理论是专门针对广大沙漠干旱地区提出的。钱学森认为，沙产业要充分利用沙漠戈壁上的日照和温差等有利条件，推广使用节水生产技术，搞知识密集型的现代化农业。他预言：中国西部 16 亿亩的沙漠戈壁将会为国人每年生长出几千亿元！沙漠戈壁在中国大约有 16 亿亩，与东部南部的农田总面积相近。

沙漠戈壁并非绝对的“不毛”之地，只有极少数的地域干旱不长植物，只要有些降水，沙漠戈壁就有植物生长，甚至有大量多年生植物。正是这种特殊的地理环境因素，造就了沙漠戈壁植物的独特性和难以复制性，如特殊药材，各种习性特别、品质特别的沙生植物等，这些为沙漠生“金”提供了可能。而事实上，在西北沙区，有着充足的太阳能资源，有着无可比拟的天然、无污染的绿色环境，只需要转变沙区的常规思维定式，就可以寻找出新型农业的有利条件。中国 18.2%的国土是沙化土地，每年还在以 3436 平方千米的速度扩展，直接受沙化影响的人口有 4 亿多。沙产业使沙区资源“变害为宝”，黄沙产“黄金”，为创业者提供了一个大有作为的天地。我国沙漠治理技术已处于国际先进水平，最新成功研发出了沙漠变土壤技术，为沙产业的发展提供助推力。

曹湘洪院士曾指出：我国国土面积广阔，边缘性土地有 1 亿公顷左右，其中荒草地 4925 万公顷，不宜垦为农田而可种植如麻疯树、黄连木一类的油料林木等能源专用植物的，可人工造林土地 4667 万顷，新森林 445 万公顷。平均每公顷油料林木出油 1.5 吨，将给生物柴油带来非常可观的原料。广阔的亚热带和热带低山丘陵是一座生物资源宝库，按利用率 20%计算，可年产 10 亿吨生物质(折合 5 亿吨标准煤)。我国还有近 333.3 万公顷可开垦的沿海滩涂和大量内陆水域，可用于培育工程微藻，这又是一处非常丰富的生物柴油资源。“长恨春归无觅处，不知转入此中来。”广袤无垠的沙漠及荒地，种植绿色能源植物，对于应对全球气候问题，解决能源转型都具有重要意义。

对于荒野，罗尔斯顿特别推崇其价值，认为“荒野历史上和现在都是我们的‘根’之所在”。他说：“我要跟苏格拉底争论，因为我认为森林和自然景观能教给我们很多城市的哲学家所不能教的东西……生命是在永恒的由生到死的过程中繁茂地生长着的。每一种生命体都以其独特的方式表示其对生命的珍视……哲学家应该不仅仅是考察城邦、考察文化，而必须把有活力的生命也纳入哲学思考的范围。"①罗尔斯顿将荒野地价值的类型分为：市场价值、生命支撑价值、消遣价值、科学价值、遗传多样性价值、审美价值、文化象征价值、历史价值、性格塑造价值、治疗价值、宗教价值和内在的自然价值。

奥尔多·利奥波德(Aldo Leopold)认为："荒野是人类从中锤炼出那种被称为'文明'成品的原材料。"利奥波德认为荒野的价值在于："为休闲而用的荒野"；"为科学而用的荒野"；"为野生动物而用的荒野"。针对荒野正在迅速地消失，利奥波德呼吁保护荒野、珍惜荒野。他认为："荒野是一种只能减少不能增加的资源。侵犯可以在某种程度上受到阻挡或减弱，以便维护荒野为休闲、为科学、为野生动物而用的能力；但从总的意义上来说，要创造新的荒野是不可能的。"②

城市与乡村由于具有生命的主体人的活动，使得城市与乡村也具有了生命的特征。在生命的长河中也有着"过去、现在与未来"，是一种奔涌向前的逆熵流。德国哲学家奥斯瓦尔德·斯宾格勒(Oswald Spengler)在《西方的没落》一书中写道："世界史就是人类城市的发展史，国家、政府、宗教等无一不是从人类生存的这一基本形式——城市中发展起来并附着其上的。"因此，说未来的城市决定了地球和人类的命运并不为过。

生态系统被公认为是开放的、动态的、很难预测的、多相平衡的系统："干扰"是生态系统的一种常见的固有系统；"自然演替"具有多重途径，很大程度上取决于历史背景；"弹性"取决于各种时空尺度上的物种在分布、丰度、动态方面的相互作用。对于城市、乡村、荒野、荒漠组成的生态系统，我们需要施加有利于全球气候变化改善的"绿色干扰"，努力绿

---

① 罗尔斯顿．哲学走向荒野[M]．刘耳，叶平，译．长春：吉林人民出版社，2000：9.

② 奥尔多·利奥波德．沙乡年鉴[M]．侯文蕙，译．南京：译林出版社，2019.

化荒山、荒漠，增强人居环境抵御自然灾害的“弹性”。干扰能在这两个方面缓和生物多样性和生态系统功能之间的关系：干扰可以增加多样性产生独特的系统特征(如涌现特征)的机会；干扰或能遏抑生态系统被一个单一的类别控制的几率。随着城镇化的推进，在城市成长进程中，我们需要让乡村变得美丽，要维护好荒野，要征服并绿化荒漠。让城市、乡村、荒野和荒漠有机协调起来。

第十章　创建美好的城市

一、怀特海“创造性”范畴的意蕴

作为终极性范畴，怀特海多次对创造性进行了深刻描述。他指出：“创造性”是表征终极事实普遍性中的普遍性。正是通过这种终极原则使得“析取”的世界之“多”变成“合取”的世界的“一”个现实机缘。创造性存在于事物本性之中，使“多”进入复合统一体。“创造性进展”是把创造性这个终极原则运用于它所产生的每一个新的情境。① 创新性是新旧事物转化必不可少的环节。与传统观念中秩序是预先给予的和永恒不变的不同，在怀特海“思辨形而上学”中，秩序和结构本身都是在进化中得以规定的——特殊形式的秩序是一个创造性自我展开的进化过程的一部分，而这个过程从本质上说来是无限的和未完成的。②

创造性是怀特海哲学的终极范畴：多种既有事物生成一种新颖事物，过去由此转变为现在并通向未来，呈现出世界脉络的有机生长。怀特海本人就指出：“肌体哲学的终极是‘创造性’。”③创造性是怀特海有机哲学的

---

① 怀特海. 过程与实在[M]. 李步楼，译. 北京：商务印书馆，2012：36.

② 菲利普·罗斯. 怀特海[M]. 李超杰，译. 北京：中华书局，2014：19.

③ Alfred North Whitehead. Process and Reality：An Essay in Cosmology[M]. New York：The Free Press，1978.

核心价值。创造性"正是我们在阐明各种存在类型彼此关涉性的努力中必须预设的最高形而上学原理"。创造性是宇宙万物的本性，是宇宙生生不息、相互关联的重要源泉。现实实有是创造性的体现，永恒客体是创造性的前提，创造性不断使事物从可能性成为现实性。创造性是宇宙活动的原初能量，促使现实实有的合生与转化，即"多生成一"与"由一而长"。创造性是新颖性的原理，表现为创新。

生命体是具有"活的秩序"的社会，组成生命体的现实事态"从其前件中通过物质摄入继承了同一形式的元素，通过概念摄入获得在前件中没有的信息。后续的现实事态利用了这种新信息"①。正是因为创造性，城市生命有机体不断超越自我，创新发展。创新继承历史，突破传统，实现新颖性的飞跃，如同传统之"翼"，从过去飞向现在，飞往未来。创新扎根于现在，"创新应该立足于现在，基于过去经验加上现在判断以塑造事件的未来进程"②。现在蕴涵着过去与未来，是创新之"根"，一切知识之源。在城镇化的进程中，新的城镇不断地创造，问题不断出现，解决问题的思想和实践不断被创造出来。

怀特海在《教育的目的》一书中写道："当下包含一切，它继往开来，犹如一片圣地。"深刻理解当下，才能眺望并掌控未来。洞悉迅速城镇化的今天的现状与问题，未来发展主要有四个方向：一是让城镇更生态更宜居，这就需要修复城镇与大自然的关系，让城镇与大自然有机融合。二是让城镇更智慧，更具统筹协调治理能力，这需要数字技术、智能科技的发展。三是让城镇更包容更有活力。这需要产业不断升级优化。四是跨区域跨部门协同，具有灵敏有效的应急能力。"智慧城市"是信息技术、网络技术渗透到城市生活各个方面的具体体现。

---

① 黄铭．怀特海的创造性哲学对观念创新的启示[J]．自然辩证法研究，2010(9)：107-111.

② John E. Smith. The Spirit of American Philosophy[M]. Revised Edition, Albany: State University of New York Press, 1983.

二、山水城市

中国的营城智慧博大精深，可以概括为哲学与美学层面的"道法自然、和谐平衡、辨方正位、形意相生、永续发展"等。山水城市是中国古代城市的主要特点，其模式经历古代、近代的发展，后经钱学森院士提出"山水城市"理念。1990 年钱学森院士在给吴良镛院士的信中写道："能不能把中国的山水诗词、中国古典园林建筑和中国的山水画融合在一起，创造'山水城市'的概念。"①1992 年他再次明确山水城市的概念，"所谓'山水城市'即将我国山水画移植到中国现在已经开始、将来更应发展的，把中国园林构造艺术应用到城市大区域建设，我称为'山水城市'"②。专家、学者对钱学森院士的山水城市理念进行了阐述和发展。吴良镛院士认为："山水城市"有山水文化、山水美学的意义，中国传统城市选址依山傍水，山、水与城市浑然一体，山水的特色构成城市环境的特征，成为一种特有的环境意境，"山水城市"要注意保持城市特色，保护山水景观与自然和人文生态。③ 在城市设计发展前沿高端论坛上，住房和城乡建设部原副部长仇保兴作了题为《园林建筑与山水城市》的报告。报告针对现代化城市钢筋混凝土建筑呈现出的压抑与单调，提出注重城市与山水的互动关系，通过"立体园林"的方式造就具有生物智慧的现代楼宇，将"师法自然、天人合一"的中国传统人文境界融入现代城市空间中去，并通过现代微循环技术和信息化智慧技术，减少城市对自然能源的消耗，削减空气污染，改善城市空间微气候，实现生态环境与建成环境的共生。

受诗词书画的影响，中国古典园林到处透露着诗意美。意境是意与境、情与景、神与物互渗互融所构成的艺术整体，被奉为评价园林审美价

---

① 钱学森．中国杰出科学家钱学森院士对建设"山水城市"的论述(摘要)[J]．广东园林，2001(4)：21-23.

② 钱学森．钱学森关于美术的一封信[J]．美术，1992(11)：4.

③ 吴良镛．关于山水城市[J]．城市发展研究，2001(2)：17-18.

值的主要标志。曾为江南三大名园之一的安澜园“池甚广，桥作六曲形，石满藤萝，凿痕全掩，古木千章，皆有参天之势，鸟啼花落，如入深山”。在追求“和而不同”与“天人合一”的极致中使经济性、人文性和生态性融合起来。

台湾半亩塘生态开发设计团队近年来以“若山”为名，持续进行了都市造山运动的建筑计划，深耕于新竹的周边城市竹北市，《若山I》(2013)以垂直立体绿化的方式创造高达150%的绿覆率，《若山Ⅱ》(2018)进一步创造了超过220%的绿覆率，做到“开发一块土地，还给地球更多的绿”的目标，并且在树种的选择、树木移植、树穴设计等相关绿技术方面都持续地优化与提升。《若山Ⅱ》由许多的路径串联起不同的场域及生活空间，创造连续的空间情境，让人在建筑中散步犹如游走在山林之间，人可以穿梭于食堂、讲堂、梅园茶屋等公共空间，体察到光影、季节、植栽、生态，甚至与邻里相遇，创造和谐邻里关系，将一座山的美好串联起来。《若山Ⅱ》采取多元栖地的策略，创造了复育生态的空间，以复层概念进行良好的规划，让生态的栖息空间与人类的活动空间互不干扰，又可以交织在一起，创造生态与人类皆宜居的环境。①

三、生态城市

最早提出生态城市(eco-city)的人是城市生态学家亚尼茨基(O. Yanitsky)，他认为生态城市是一种理想城市，是一个自然、技术、人文充分融合，物质、能量、信息高效利用，人的创造力和生产力得到最大限度的发挥，居民的身心健康和环境质量得到保护，生态、高效、和谐、可持续发展的人类聚居新环境。而生态城市的“集体意象”就是由一套渗透着“生态文明”价值标准和人与自然和谐共生伦理观的整体发展规划及其执行框架，一套体现了环境保护、资源节约和可持续发展等生态愿景的城市生产制度

① 江文渊. 若山Ⅱ[J]. 建筑学报，2018(11)：38-45.

与消费规约，以及足以满足人们各种生理和心理需求的生态物理环境、生态文化等“个别意象”重叠而成的整体性图景。①

自联合国倡导MAB计划(1972)以来，特别是在1992年联合国环境与发展大会后，生态城市的理论已经得到了不断的丰富和发展。如今，生态城市的建设已经得到了规划领域的专家以及各个国家政府团体的普遍关注和接受。生态城市已经成为继国际上倡导的第三代城市后的第四代城市发展目标。

建设生态城市，需要认识到地球是一个活的“女神”，田园和草原是她的躯体，山川是她的筋骨，湿地系统是她的肾脏，江河水系是她的血脉，林地和各种栖息地是她的肺。她博大慷慨而又娇弱可爱，需要倍加呵护；她无私大度，也会严厉任性，需要理解顺应。我们在进行城市规划的时候，不能以眼前的利益和发展的需要出发，而应该以土地的健康和安全、社会与生态可持续发展出发。尽量避免对自然系统造成更多的人为干扰，恢复和增强土地与自然系统的自我调节能力及全面的生态系统服务功能，让自然做功。

四、人性化的城市

人性化维度是必要的新的规划尺度。强调以人性化维度为更深远目标有着重要性。对成功获得充满活力的、安全的、可持续的且健康的城市的憧憬已成为一种普遍的、迫在眉睫的理想。所有这四个重要目标——充满活力的、安全的、可持续的、健康的——能够通过引起对步行人群的、骑车人和城市生活的总体关注，而达到不可估量的巩固与加强。哥本哈根在这几十年间重新构建了它的街道网络，按照精心考虑的步骤将机动车路和停车场移走，从而创造了更好和更安全的骑车交通环境。年复一年，骑车

① 李异平. 生态城市意象的建构与传播[J]. 中国环境管理干部学院学报，2019(2)：22-24.

的城市居民越来越多。整座城市现在被高效、便利的自行车交通系统服务着，并且与步行道和机动车道有道牙分隔。独特的自行车文化的发展是哥本哈根多年来努力邀请民众骑车出行而得到的具有重要意义的结果。骑车出行已成为社会各界日常活动模式的重要部分。每日超过50%的哥本哈根人骑车出行。

大尺度层面上的规划，是对整体城市布局的规划，其中包括不同区划、功能以及交通设施的设置。这也就是我们从远距离或者航拍角度看到的城市。中等尺度，也就是开发尺度，描述的是城市的各个部分或区划的设计，以及建筑与城市空间的组织原则。小尺度也就是人性化景观的规划。这也就是使用城市空间的市民们走到的那个视平层面的城市。

好的城市需要在视平层面为人们的行走、停留、会面、自我表现提供机会，这也就意味着城市应该具备好的尺度和好的气候。① 城市空间中的所有重要因素必须交织成一个和谐的整体。意大利锡耶纳的市政广场之所以全球闻名，也许正是因为它所有的实用功能需求都很好地得到了满足。在这里行走、站立、坐下、倾听、交谈都很安全舒适。而且，所有的元素融合为一个令人信服的建筑整体，比例、材料、色彩和细节无不尽善尽美，为空间中的其他元素增色不少。作为城市空间，市政广场集实用与美观于一身，700年来一直被当成最佳的会面场所，是锡耶纳的主要广场。对人性化维度的关注从不会过时。

基于人性化维度的城市规划应该首先关注生活和空间，其次才是建筑。简言之，基于预期的步行和骑车线路，进行城市空间与结构的规划。而在城市空间和连接线布局确定之后，规划师就可以安排建筑的位置，确保生活、空间和建筑处在最佳的共存格局之中。从这个步骤之后，规划工作就扩展到大型开发区域层面上。遵循上述“生活、空间、建筑”的次序，就给规划师提供了很好的机会，让他们从规划的早期阶段开始就能够总结对建筑的需求，确保其功能和设计能够支持并丰富城市空间与城市生活。

① 扬·盖尔. 人性化的城市[M]. 北京：中国建筑工业出版社，2010：176.

为了设计出伟大的人性化城市，只有一条成功之道，那就是以城市生活和城市空间为出发点。要始于视平层面，止于鸟瞰视角。当然，十全十美的做法是以整体的、全面的、令人信服的态度同时关注所有的三种尺度。①

作为一个制定城市生活政策和城市空间规划的工具，城市生活系统调研方法是哥本哈根首先在1968年开始使用的。作为一项规划工具，它被广泛应用于世界各地的城市改造项目中。最近20年来应用过这个方法的城市名单就能体现出极大的地理与文化多样性：欧洲（挪威奥斯陆、瑞典斯德哥尔摩、拉脱维亚里加、荷兰鹿特丹）、非洲（南非开普敦）、中东（约旦安曼）、大洋洲（澳大利亚的珀斯、阿德莱德、墨尔本、悉尼和布里斯班，新西兰的惠灵顿和克赖斯特彻奇）、北美洲（华盛顿州西雅图和加利福尼亚州旧金山）。调研工作描绘出了当地城市生活的细致图景，为城市规划提供了决策支持。这些调研工作对世界不同地区的文化模式和发展趋势作出了很有价值的概观。而且从不同城市取得数据，就能够让我们进行横向对比，能够使城市之间交流知识、灵感和解决方案。

城市生活调研方法经历了逐步发展、细化的过程。在很多城市中，系统化调研城市生活信息的各种做法现在已经发展为一些固定步骤，讨论城市政策、设定新的发展目标时，就会进行相应的城市生活发展调研。在经过多年的忽视之后，城市政策的人性化维度终于得到了各种调研工具和规划实践的有力支持。

在发展中国家快速发展的城市中，尤其应该给居民们提供良好的步行和骑车条件，让他们能够安全舒适地出行。发展步行和自行车交通并不是针对贫困阶层的一种临时措施。相反，它是一项长期、广泛的投入，能够改善居民生活条件，建设可持续发展的交通系统，降低污染和交通风险，满足社会所有阶层的需求。在这些城市中，对于发展高效的交通系统来说，良好的步行和骑车环境也是一个重要前提条件。巴西的库里蒂巴和哥伦比亚的波哥大就是成功的范例。哥伦比亚波哥大的城市改造计划中，重

① 扬·盖尔. 人性化的城市[M]. 北京：中国建筑工业出版社，2010：198.

要的一个环节就是确保步行与骑车的良好环境条件。为此改造了很多街道的人行便道，沿城市的绿化带和新建住宅区设立了新的步行道和自行车道。

城市规划不能局限于标准的规划师们的定义，仅仅规划“居住、工作、文娱和交通”，而必须把整个城市规划成一座舞台，供人们进行积极的市民活动、教育学习和进行生动而自治的个人生活。①

五、疫情背景下的智慧城市实现路径

新冠肺炎疫情给人民生命健康和城市运营管理带来了前所未有的挑战，然而，大数据、人工智能、5G、物联网、云计算等技术在疫情中的应用也使数字化和智能化技术赋予城市智慧化以巨大潜力。面对挑战再次激发建设智慧共生城市的创造力。数字智慧城市是应对疫情、带动经济增长的对冲器，加强产业结构的优化器，灵活工作降低就业压力的缓解器。疫情防控为智慧城市技术突破带来新场景，为产业数字化融合发展开辟新机遇，为数字消费兴起提供新动能。物联网、5G、人工智能、区块链、边缘计算、“数字孪生”等技术不断推陈出新，推动着智慧城市迭代超越。在疫情背景下，可以通过建设智能楼宇、运用区块链技术、改造智能社区、开发“城市大脑”，发展城市新型基础设施建设(新基建)，推进智慧城市进程。

(一)智能楼宇

应用数字化孪生技术捕获建筑的静态数据，然后用可视化和仿真的方式，设计最佳的疏散路线、空间布局和能耗方案，提高建筑工程效率。应用数字化孪生技术动态调整楼宇功能，能对火灾进行检测与预警。通过部

① 刘易斯·芒福德. 城市发展史——起源、演变和前景[M]. 宋俊岭，倪文彦，译. 北京：中国建筑工业出版社，2005：448.

署物联网设备，能监测温度、湿度和外部天气情况实现自主优化，提供最适宜的室温和最理想的空气质量。智能楼宇通过最小化能源消化来降低能源需求，可以根据房间的实际使用、光照条件和温度自动调整照明与暖通空调解决方案，比普通建筑减少高达80%的生态足迹。智能楼宇将嵌入包括新软件架构、新连接技术、人工智能、数字孪生、AR和VR、敏感事件适应，将使城市更安全、更宜居、更智慧。

(二)区块链赋能公共服务领域

如果说当前的互联网是“信息的互联网”，那么区块链可以说是“经济价值的互联网”，它让互联网世界建立信任模型成为可能。它的优越性体现在：区块链中记录的数据不能篡改；抗攻击能力强；无须管理者，可降低成本。区块链意味着人类发现了重塑社会结构的新方式。从本质上讲，区块链是一个建立在点对点传输、共识机制、加密算法和智能合约之上的分布式信息基础设施或开放的分布式数据库，具有去中心化、网络健壮、灵活性、安全可信等特点。① 区块链与物联网、大数据、人工智能的融合将成为趋势。区块链应用前景广阔，如在虚拟商品的转移、汇兑、支付等结算领域；在股票、债券、期货、贷款、按揭和产权等金融领域；在政府、健康、司法、科学、文化、艺术等社会生活领域；在电力物联网、智能制造等物联网领域。美国、中国、英国、俄罗斯，加拿大、日本、新加坡、澳大利亚等国纷纷设计国家区块链战略和路线图，促进区块链产业发展。跨国企业如谷歌、微软、甲骨文、IBM等纷纷推出技术解决方案和应用。全球区块链迎来爆发式发展。

对于政务服务而言，区块链技术提供了一种新的发展路径和技术方案，能够推动政府数据的公开与信息共享；提供安全可靠的个人身份验证；促进电子证照和电子票据的有效管理；实现更加高效的政民互动；有

---

① 郭俊华．区块链技术如何赋能“互联网+政务服务”[J]．人民论坛，2020(3)：1-8.

利于社会信用体系的构建；确保数据安全。同时，地方政府以行政辖区为单元发展区域经济，彼此封闭分割，易形成行政壁垒、信息孤岛，影响了治理效率。应用区块链技术，建立在“真”之上的“道”，通过去中心化自治组织，将系列公开、公正且获得共识的制度通过智能合约代码化，保证其可信、可靠，为数据跨区域流动、数据主权的界定、数据隐私安全及区域协同治理中的信任问题奠定坚实的数据基础和信用基础，从而提高协同治理效率。

在公共教育服务领域，根据区块链分布式账本技术，数字账本无法随意篡改信息，可以开发数字学位证书，能够快速验证数字学位证书和简历。在医疗卫生服务领域，区块链技术因其数据分布式记录、可追溯、匿名化的特点，可以解决医疗卫生领域如医疗记录被篡改、病例被泄露等问题。在劳动就业创业和社会保险服务领域运用区块链技术将进一步提高政府在劳动就业和社会保险领域的工作效率。在社会服务和残疾人服务领域，探索区块链技术在慈善捐助、捐款追踪、透明管理等方面的运用，构建防篡改的慈善组织信息查询体系，提升信息发布与查询服务的权威性、透明性与公众信任度。在公共文化体育领域，基于区块链的分布式账本特征，建立数据共享机制，使得版权等一系列知识产权申请更为规范和便利。在住房保障领域，基于区块链技术的分布式方式，构建了一套信任机制，将所有公积金账户信息精准地记录在区块链数据层的“时间戳”上，形成账户数据，提升服务效率。

(三)智能社区

社区是社会治理的基本单元，是保证疫情防控阻击战胜利的第一线战斗堡垒。智能社区是运用5G技术、物联网、大数据、云计算和人工智能等前沿技术，基于海量信息和智能处理的全新社区形态，是具备开放、协同、共享、互动、共建等特征的新型基层社会治理信息化系统。智能技术的具体运用场景丰富多彩，在社区管理、社区服务、社区产业、社区生态领域都大有可为。如：运用大数据、人工智能，把社区居民的生活需求、健康特征、流动情况、活动轨迹、接触人群等数据信息录入系统，提供网上服务预约、电话健康咨询和定点定时社区准入等多种便民服务。小区出入口人脸识别无感通行，车牌识别系统，车辆无感通行。辅助物业智能监管垃圾分类。财产安全、人身安全、电气安全等家庭安全监管服务。智能家居对空气中的颗粒物、异味、细菌病毒，水中的微生物、超标的化学物质和重金属元素等，食物中的农药残留，不适当的食品添加剂等进行监控和净化。在疫情防控常态化形势下，采用智能安防机器人在小区巡逻监控，减少人员接触。应急平台与5G、物联网、AI技术融合，极大地提高社区管理人员对各种突发事件的快速响应能力与远程应急指挥能力等。

(四)城市大脑

城市大脑是将城市视为一个智能的复杂的生命体系统，以数据、AI算法、算力(边云端计算)为核心，充分带动物联网、5G网络、数字孪生、行业技术发展和场景变现。利用人机协作和群体智慧实现对城市复杂运行规律的挖掘，协调和管理城市中数据和资源，促进数据共享和资源配置，支撑城市管理、民生服务和产业发展的智能应用蓬勃发展，打造城市开放生态，形成自我学习、深度思考、自我优化的智能之城。技术方面，通过整合摄像头、传感器等先进技术设备实现实时感知，同时引入AI、大数据等先进技术，精准地发现问题、诊断问题和预测风险，提高城市治理的能力和效率，引入边缘计算、云计算提供不同类型的计算服务，引入三维重建、数字孪生建模仿真等技术实现三维模拟，可视化呈现。① 服务于城市各方面的建设：绿色优美的生态环境、融合创新的产业经济、畅通有序的交通服务、高效便捷的便民服务、精准有序的城市治理。阿里巴巴将“城市大脑”云计算技术运用到杭州市的城市管理方面，对优化城市交通管理、

① 魏勇，吕聪敏．以疫情为出发点探讨基于AI的城市大脑的建设思路和方法[J]．通讯世界，2020(3)：186-187.

全域旅游、疫情防控、社区服务等方面起到积极作用。“城市大脑”不仅是技术创新的体现，更是治理能力现代化的体现。有利于破除信息壁垒、利益藩篱，从分散的“数据大”走向集中的“大数据”，优化公共服务、产业布局，加强政务、医疗、教育、交通、治安、环保、市场监管、社区管理等公共职能的协同支撑，形成全覆盖、网格化、共享、安全、敏捷的数字化治理系统。

(五)城市新型基础设施建设(新基建)

新基建与传统基建主要指铁路、公路、桥梁、水利工程等不同，新基建更强调5G、物联网、人工智能、工业互联网等信息化技术，是以新发展理念为引领，以技术创新为驱动，以信息网络为基础，面向高质量发展，提供数字转型、智能升级、融合创新等服务的基础设施体系。包括三个方面的内容：信息基础设施、融合基础设施和创新基础设施。信息基础设施主要是指基于新一代信息技术演化生成的基础设施，比如，以5G、物联网、工业互联网、卫星互联网为代表的通信网络基础设施，以人工智能、云计算、区块链等为代表的新技术基础设施，以数据中心、智能计算中心为代表的算力基础设施。融合基础设施主要是指深度应用互联网、大数据、人工智能等技术，支撑传统基础设施转型升级，进而形成的融合基础设施，比如，智能交通基础设施、智慧能源基础设施等。创新基础设施主要是指支撑科学研究、技术开发、产品研制的具有公益属性的基础设施，比如，重大科技基础设施、科教基础设施、产业技术创新基础设施等。新基建布下“四张网”：以5G、大数据、人工智能、工业互联网、卫星互联网等为核心的基础信息网；以城际高速铁路和城际轨道交通为核心的枢纽交通网；以特高压、新能源充电桩等为核心的智慧能源网；以产业基础高级化和产业链现代化等为核心的科创产业网。

如果把智慧城市拟人化，那么城市大脑是由技术、理念、制度等集成并自适应形成的城市治理中枢。城市骨骼是由云、物联网等技术基础设施构筑起的智慧城市的基本架构。城市血液是由数据、人力资本、环境三要素构成的城市健康有序运行的能量来源。城市器官由智慧政府、智慧交通、智慧经济、智慧金融、智慧商业、智慧零售、智慧园区、智慧校区等各类业务场景组成。芯片作为纽带连接着数字城市与物理世界，连接着智能设备、人类、人机混合体组成的智联网，并服务现实世界里的人类生活。算法、芯片、大数据三者结合成一个万物互联的生态链，推动人工智能的逐步成熟，服务于安全、愉悦、便利的城市未来。

智慧城市建设需要打通区域间、行业间的数据壁垒、破除“数据孤岛”；需要加大对5G通信、物联网、工业互联网等配套的新基建投入力度，提高地方财务资金、政府引导基金的投入。需要加快推动人工智能、大数据等相关领域的立法工作，强化关于无人车、无人机等智能化新产品、新模式、新业态的相关法律保障。明确数据收集、使用的主体与权限，厘清信息化治理边界、推动信息化治理工作法制化、规范化。规避医药产业在疫情影响下大起大落的震荡式发展，加强对疫情期间新增应急产能消化的政策安排。运用智慧城市建设解决能源、环境共生、城市安全、健康医疗、产业振兴等方面的问题，以社区为主体，搭建政府、企业、学校、居民等多元主体的社会网络，推进可持续发展。“智慧城市”意味着城市管理和运行体制的一次大变革，能更好地促进城市人居环境的改善和可持续发展，随着城市信息化进程的推进，“智慧城市”已开始步入我们的生活。

六、智慧共生城市案例

在1900年，世界上10%的人口居住在城市中；100年之后，世界上60亿人中，已有50%居住在城市中。预计到2050年，世界100亿人口中会有70%的人居住在城市中。支撑如此庞大的人群，社会、科技以及生态机构将会面临更大的挑战。以高密度、混合功能、智慧包容、生态共生的城市建设来应对挑战，一些城市积累了成功经验。通过全民普及教育，推进科学事业的发展，人类通过自己的才智和创造力造就了一个更清洁、更远离灾害的地球。更开放、更包容、更全面的智慧城市被寄予厚望。1990年，在美国旧金山以“智慧城市、全球网络”为主题的国际议会中，智慧城市思想首次被提出。2008年，IBM公司推出“智慧地球”概念，首次提出“智慧地球以城市为基准”的思想。自“智慧地球”提出起，与城市智能化相关的概念已经先后经历了智慧城市、新型智慧城市等，其内涵和复杂程度也在不断提升。作为现代城市发展的一种新模式，智慧城市的实质，是利用先进的信息技术，实现城市管理运行的智能化。德勤发布的《超级智能城市》管理咨询报告显示，目前全球已启动或在建的智慧城市有1000多个。从在建数量来看，中国以超过500个城市而居于首位，占全球数量的一半，成为全球智慧城市建设的最大试验场。智慧城市的概念千人千解，但都指向智慧城市的核心特征——以人为本。智慧城市不只是钢筋水泥的堆砌，也不仅仅是办事柜台的线上化，更重要的是以人为本，有情怀、有温度地服务社会。现代智慧信息网络是各自系统的协同整合的纽带。它用赛博(cyber)空间把各个子系统的空间整合在一起，使得它们能够共生。这种虚拟空间和实体空间共生的关系是智慧城市建设的主要思路。

(一)香港的生态建设

香港特别行政区地处中国华南，珠江口以东，南海沿岸，北接广东省深圳市、西接珠江，与澳门特别行政区隔着珠江口相望，其余两面与南海邻接。香港是全球高度繁荣的国际大都会之一，全境由香港岛、九龙半岛、新界等三大区域组成。管辖陆地总面积1104.32平方千米，截至2014年末，总人口约726.4万人。香港是全世界人口最密集的城市之一，2016年香港人口密度(人口/城市面积)为6619人/平方千米，而从城市建设区人口密度来看，香港以25600人/平方千米位居中国城市之首，世界第三。香港庞大的公营房屋供给、公共交通引导开发、土地混合利用、自然保育等措施和政策，使市民住有所居，出行便利，休憩有道，保障了高密度城市的城市功能和职能的多样化与多元化。在建设多而有序，密而不堵，紧凑、便捷、高效、富有活力的城市之路上，不断探索，形成了其特有的城市形态和发展模式。在海洋和群山的环抱之下，香港就像一个有着特定密度的多姿多彩的结晶，超高密度的中心和占土地面积三分之二以上的自然景观得以共存。

香港在人口密度高，发展空间小的限制下，注重生态环境的保护和营造。水是生命不可或缺的基本要素，能够获取水是一项基本人权。香港作为"海洋之岛"，试图把水结构融入城市社区，以形成一个富有生命力的有机组织。为降低高层高密度的负面效应，改善居民生活环境，香港在高密度城市风环境、步行和邻里设计、垂直绿化及天空花园、室内公共空间设计、公共空间与人口老龄化等规划领域已取得了较好的实践成果，为高密度城市的可持续发展和精细管理提供了新的技术与思路。

高密度宜居城市主要依赖于有效的、高效的和公平的管理制度和管治体系，并以稳健的公民社会来支撑和发展。高密度、有活力的城市是通过鼓励居民步行，促进邻里互动，营造以人为本的，怡人尺度的步行社区。城市为居民的幸福感创造了条件，同时也激发着幸福市民促进城市活力的提升。宜居的城市和社区往往是紧凑、高密度、通达性好、混合利用和易于步行的，以就业为导向(活力就业中心)或以居住为导向(活力居住社区)，能够吸引高技能年轻人、企业家和创业者。产生更高的生产效率和更多的创新机会，并具有环境友好性。①

(二)澳门的"微绿地网"

澳门特别行政区北邻广东省珠海市，西与珠海市的湾仔和横琴对望，东与香港隔海相望，相距60公里，南临南中国海。澳门属典型的南亚热带季风气候类型，市域由澳门半岛和氹仔、路环两个离岛组成。2014年底，

① 陈汉云，陈婷婷．紧凑而富有活力的香港城市发展模式[J]．国际城市规划，2017(3)：1-5.

全澳门陆地总面积 30.3km²，常住人口 63.62 万人，平均人口密度达 2.05 万人/km²。其中，大部分常住人口集中在澳门半岛(澳门统计暨普查，DSEC，2014)。根据世界银行 WDI 数据库的统计，澳门的城市化率为 100%。澳门半岛面积仅 9.3km²，目前人口密度达到 5.49 万人/km²，是世界上人口密度最高的城市之一。

高密度城市常会发生自然景观资源紧缺、生态绿地空间不足、居民生活环境质量恶化等问题，澳门也不例外。澳门重视公众参与，积极引导居民主动参与，充分发挥公众智慧美化家园，充分利用建筑间、道路旁、桥墩边和天桥上等边角隙地实施绿化，结合运用容器栽植和立体绿化构成花园街巷景观。在澳门半岛南部填海区，居住人口密度相对较低，有条件规划建设面积较大的城市公园、花园、滨水绿道、生态湿地等。尤其是尚有一些城市空置地(vacant lot)政府采取置换、租赁、延期开发等方式辟为绿地，并沿海岸开辟绿道串联各类微绿地，形成连续的生活绿廊空间。

采用“嵌入式绿化”，即用新研发的高密度特制营养土，将预制种植箱部分埋入地下(约 10cm)，这样既能有效减少树木根系对地下密集管网的影响，又能依托道路街巷空间构建“微绿地网”，增加地表雨水收集效率和改善街景。对于高密度城区里无条件拓展绿地的地方，还通过立体绿化的方法增加空间绿量以改善街区绿视率，提高居民的心理绿量。具体措施有：①对人行天桥、电杆灯柱等进行立体绿化；②抬高街旁、墙边砌槽种植攀缘植物等进行绿化；③对垃圾房等市政设施屋顶进行绿化；④鼓励居民在阳台、窗台摆设花木盆景等增绿添彩；⑤在山体护坡和挡土墙边坡处增加绿化等。街区道路绿化在不影响交通的前提下，优先选用冠大荫浓的乔木树种以提高街道绿视率。此外。还尽可能地采用复层植物配置，最大限度发挥其生态功能并增加绿视率，提高居民感知街区的心理绿量。① 这些做法和经验值得我国内地城市借鉴。

① 肖希，李敏. 澳门半岛高密度城市微绿空间增量研究[J]. 城市规划学刊，2015(5)：105-110.

(三)伦敦的智慧城市建设

伦敦和布里斯托尔是英国智慧城市的“领跑者”；伯明翰位列第三，与格拉斯哥、曼彻斯特、米尔顿凯恩斯、利兹和彼得伯勒是“加速者”；诺丁汉和谢菲尔德是“挑战者”。伦敦和布里斯托尔之所以能成为智慧城市的领跑者，是因为它们在众多城市创新领域都领先一步。例如，伦敦推出交通拥挤收费等交通创新项目并建立了伦敦数据仓库(London data warehouse)。布里斯托尔推出独特的“Bristol Is Open”项目，联合布里斯托尔大学、布里斯托尔市议会和行业伙伴，共建全市创新网络。此外，其他城市也推出了创新项目，如伯明翰将东伯明翰地区打造为智慧技术的试验床、曼彻斯特建立物联网城市示范区、格拉斯哥的“未来城市示范”项目以及米尔顿凯恩斯的智慧项目(MK：Smart)，旨在与公开大学和其他合作伙伴联合开展物联网项目。伦敦交通局建立智能交通指挥系统(SCOOT)，不仅能有效分散车流，最近还研发新技术，让红绿灯检测行人多少，自动调整秒数。除了智能交通，最近伦敦东南部的格林威治皇家自治区，还被评为智慧城市系统的示范区。这里将建立300个智慧停车位、共享电动自行车，利用泰晤士河来提升住宅温度，并安装太阳能板，运用能源管理系统，减少碳排放量。

英国政府通过英国贸易和投资的支撑来促进节能和绿色建筑、智慧电网、物联网和足以支撑城市交通的技术和网络。上述种种都需要依靠英国的ICT(Information and Communications Technology)和智慧技术、环境专业知识以及如何能够支持未来城市的低碳运行。高等教育机构需要高度重视对“数字”和“智慧”的教育与研究。比如说，伦敦帝国学院和ARUP工作合作开设了一门关于智慧城市的执行教育课程，而且主持数字城市向智慧城市转化的研究课题。伦敦政治经济学院建立搜索引擎城市研究，这是一种关注城市设计如何影响社会、文化以及环境的国际性研究。此外，伦敦近来出现很多的技术集群地，比如伦敦科技城。

伦敦十分关注低碳生活的建设，比如它创建了“贝丁顿零化石能源发展”生态社区。贝丁顿社区是英国最大的低碳可持续发展社区，其建筑构造是从提高能源利用角度考虑，是真正的“绿色”建筑。该社区的楼顶风帽是一种自然通风装置，设有进气和出气两套管道，室外冷空气进入和室内热空气排出时会在其中发生热交换，这样可以节约供暖所需的能源。由于采取了建筑隔热、智能供热、天然采光等设计，综合使用太阳能、风能、生物质能等可再生能源，该小区与周围普通住宅区相比可节约81%的供热能耗以及45%的电力消耗。①

(四)迪拜——区块链之都

迪拜位于阿拉伯半岛中部、波斯湾南岸，是阿拉伯联合酋长国七个酋长国之一迪拜酋长国的首府，与南亚次大陆隔海相望，与卡塔尔为邻、与沙特阿拉伯交界、与阿曼毗连。迪拜常住人口约280万人，本地人口占15%左右，外籍人士来自全球200多个国家和地区。常住迪拜的华人有约34万，其他外籍人士来自诸如埃及、黎巴嫩、约旦、伊朗、印度、巴基斯坦、菲律宾等。迪拜是现代化的国际大都市，阿联酋人口最多的城市，中东最富裕的城市，中东地区的经济和金融中心，被称为中东北非地区的“贸易之都”。

迪拜是全球性国际金融中心之一，成为东、西方各资本市场之间的桥梁，同时也成为重要的物流、贸易、交通运输、旅游和购物中心。拥有世界上第一家七星级酒店(帆船酒店)、世界最高的摩天大楼(哈利法塔)、全球最大的购物中心、世界最大的室内滑雪场等，以活跃的房地产、赛事、会谈等近乎世界纪录的特色吸引了全世界的目光。迪拜凭借优越的地理位置，实行自由和稳定的经济政策，大力发展转口贸易业、房地产业、旅游业等非石油产业，还着重发展现代高科技产业，建成了一系列现代化配套基础设施。

区块链技术对于迪拜而言，不仅仅是第四次工业革命，更是另一个巨

① https://101.226.211.51.

大的“油田”。在实现智慧城市梦想的过程中，迪拜希望创建一个平台，使其公民能够与公共交通保持联系、减少能耗，为学生创造在线图书馆和资源，并使企业能够共享资源。“区块链之都”的发展战略推动创建了emCash——迪拜的首个国家级数字货币。这种加密货币将被用于支付政府和非政府服务费用，以及咖啡、儿童学费、公共事业、资金转移等各种应用，未来还可能向整个阿联酋推广。对于emCash，政府的愿景是希望它能改变人们在迪拜生活和做生意的方式。它的出现标志着这座城市已经朝着利用改变游戏规则的创新、提高商业便利和改善生活质量的方向迈出了重大一步。有了emCash，emPay用户就可以选择使用这种更加安全的数字货币，而商户也可实时收款，无须中间商经手。

RTA(迪拜道路交通管理局)宣布，计划在2020年推出基于区块链的车辆生命周期管理系统，该系统将为客户提供从“制造商一路到废品场”的历史记录。DTCM(迪拜旅游局)宣布将在迪拜设立一个以区块链为技术基础的在线交易平台，用于订购酒店客房。该交易平台将在两年内推出，将提供一个安全、透明和实时的交易环境。并且会扩展至酒店之外，将旅游景点和活动等更广泛的旅游生态系统中的要素纳入进来。KHDA(迪拜教育监管部门)与区块链初创公司Educhain合作，推出一项在区块链上记录学术证书的举措。该项目将使学生能够通过区块链网络向学术机构申请并获得证书。文件可以在学校和机构之间相互分享，可用于转校、大学申请和工作申请。

RTA公布了区块链车辆管理系统的计划，车主可以在车辆的使用过程中跟踪他们的车辆——从制造商一路到废品场。该平台使许多利益相关者受益，包括汽车制造商、经销商、监管机构、保险公司、购买者、销售商甚至车库，在车辆交易中提供透明度和信任，防止纠纷和降低服务成本。它跟踪所有权、销售和事故历史，以创建更智能、更高效的供应链系统。迪拜交通管理局也将与美国跨国技术巨头IBM合作，后者将对该项目的战略进行磋商。根据阿拉伯商业、迪拜海关、迪拜警察、迪拜经济发展部、阿联酋标准化和计量局、阿联酋ID和内政部也将与车辆跟踪平台合作。

Dubai 10X 计划的目标在于使迪拜政府领先其他城市 10 年，X 代表勇于实验、打破常规、着眼未来以及指数思维。无疑，迪拜 10X 正在顺利实施并且得到了很好的应用，在第四次工业革命的区块链技术时代，迪拜的区块链应用正在飞速发展。

(五)5G 技术为天津生态城“添翼”

作为未来“万物互联”的关键载体，5G 技术被业内誉为智慧城市的“基石”，对智慧城市构建起到了突破性作用。天津生态城计划于 2020 年年底前建成 12 座 5G 基站，初步实现利用 5G 网络进行智慧城市图像高清视频采集回传及监控功能。截至目前，和风路与中新大道交口、国家动漫园楼顶两处基站已经建成并完成网络及业务演示，实现中新大道部分区域的 5G 网络连续覆盖。

建设试验基站和开展相应业务应用示范项目，将为未来 5G 商用后的基站以及相关应用在生态城的快速部署提供铺垫，相关创新实验也将积极提升 5G 以及无人机创新在城市管理、环境监控、地理测绘、执法指挥等方面的领先应用，提升城市感知管理和服务能力。未来，生态城还将在此基础上积极推进探索无人机城市管理应用的运营服务模式，拉动区域 5G、无人机和科技相关产业链企业的发展。①

目前，已经在区域内完成了 88 个基站的 NB-IoT(Narrow Band Internet of Things)系统升级和测试工作，2020 年将完成全部相关智能管理设施的部署及应用工作。从而推动窄带物联网技术在城市公共设施管理的创新应用实践，将为后续更为全面地普及至城市感知管理提供经验。生态城也将结合相关经验，不断梳理并提出新的思路和解决方案。加大物联网技术在智慧城市运营中的应用，逐步增加城市智慧感知触点，提升城市管理决策数据支持能力，进一步推动智慧生态城建设。

① 郭海涛．天津生态城：5G 技术为智慧城市“添翼”[N]．中国经济时报，2019-03-06.

七、创意城市：文化的力量

虽然创意城市没有统一定义，但是学界一致认同：创意城市以文化创意产业为支撑，是创意人才和创意经济的空间载体，是推动城市产业升级、提高城市发展质量、提升城市核心竞争力的可持续发展新范式。其中，文化创意产业是知识经济时代的一种高级产业形态，具有文化性、原创性、创新性、高科技性、高增值性和集聚辐射性等特征。① 简·雅各布斯认为，那些特别擅长工业创新和革新的城市就是“创意城市”。创意城市强调人的创造力及创意因素在城市社会发展中的主导性作用，其背后蕴含着城市发展的新理念，是一种推动城市复兴和重生的模式。随着以知识经济为基础的创意经济时代的到来，建设创意城市成为未来城市发展的新方向。以创意经济推动城市经济发展、以文创产业促进城市产业升级、以创意氛围激发旧区活力成为城市再生的崭新方向。核心动能由有形、物质性的自然客体资源转向无形、文化性的人类主体资源，知识和创意取代区位、自然资源和市场成为城市经济活力的核心驱动力。

无论是北京的798和宋庄、上海的M50和田子坊、深圳的大芬村、成都的宽窄巷子，还是杭州的南宋御街，它们在短短几年的时间内迅速崛起，并因为艺术、文化、工业遗产、历史传统等之间的有机融合，成为大众津津乐道的去处。文化创意创业(CCI)让城市变得更宜居，提供了许多活动中心，让市民在这些活动中发展友谊，建立地方认同感并找到成就感。

创意城市的先驱威尼斯，一座不可思议的城市，是全世界诗人、小说家、绘画家、建筑师们的第二故乡。它多元的性格、无与伦比的创造性似乎都萦绕在20世纪那如画般的深刻城市印象之中。威尼斯是世界上最著名的城市之一，被奉为人类创造力的圣殿。独一无二的纪念性与文化性遗产使整座城市连同它的湖泊水系当之无愧地入选联合国世界文化遗产之列。

① 代兵兵. 创意城市路径下的城市再生行动研究——以台北市都市再生前进基地计划为例[J]. 现代城市研究，2018(1)：17-24.

从罗马帝国到现在，包括中世纪、文艺复兴、巴洛克到新古典主义时期，威尼斯的艺术性生产从未间断过。而正是这不间断的艺术性生产，使得威尼斯城的居民与企业已习惯于在每天都接触到美的创造。①

财富、贸易实力以及港口城市的便利造就了威尼斯的非凡与伟大，它以“艺术与文化的生产车间”闻名于世，时至今日依然吸引了大批游客前往。创造性产业构成了城市经济的基础。延续百年的创造性产业如今依然活跃于威尼斯的城市经济领域。工匠们将传统的手工生产活动转化为可持续的现代企业生产模式，并在开拓国际市场的同时依然保有传统的精髓，抵御仿古产品的渗透与侵袭。

毕尔巴鄂是西班牙北部重要的经济和文化中心。过去20多年中，毕尔巴鄂成功转型，从工业港口城市转变为服务导向的旅游目的地。毕尔巴鄂已变为一座创意城市。古根海姆博物馆(Guggenheim Museum)的建设创造了逾100个全职工作岗位，自那以来游客数量增长了8倍。2008年毕尔巴鄂就拥有2038家文化和创意企业，约占其企业总数的5%。其中建筑和广告类产业所占比例大约为60%，其他相关产业为艺术、音乐、手工艺、平面媒体、影视、设计、时尚、动漫、出版和信息与通信技术服务等。

文化是使城市具有吸引力、创造性和可持续性的关键。历史表明，文化是城市发展的核心，通过文化地标、历史遗产和传统可以证明这一点。没有文化，城市就不存在充满活力的生活空间；它们仅仅是混凝土和钢结构的建筑，容易发生社会退化和断裂。是文化造成了多样性，正是文化将这座城市定义为古罗马人所说的“civitas”，一个连贯的社会综合体，所有公民的集体。文化产品日益成为跨界创作，可以通过媒体和互联网在世界各地进行交流，这为城市在灾害风险预防、保护、遗产测绘和存档方面创造了新的可能性。

尼日利亚的瑙莱坞并非“好莱坞”的简单翻版。这种生产模式是将所

① 唐燕，克劳斯·昆兹曼．创意城市实践[M]．北京：清华大学出版社，2013：23.

有生产的电影和电视剧直接拍成DVD格式，拷贝后，最终出现在各大主要城市的市场中。尼日利亚目前每年出品1500~2000部影视作品，涵盖了社会各个阶层，讲述了男女老少、穷人、富人以及不同信仰的人群的故事，拥有非常广泛的收视人群。它拍摄的电影虽然多数投资较少，却让成千上万的影迷爱之不舍。相较于好莱坞电影，非洲人更喜欢尼日利亚人拍的电影。①

文化和创意产业是工业化和发展中经济体里发展最快的经济部门，可以成为帮助减贫的有力手段。文化创造了促进经济和社会发展的条件，并为处于社会边缘的个人和群体提供了为其社会发展作出贡献的空间和发言权。同样，可持续规划、设计和建筑实践可以支持有利于穷人的战略，这些战略可以大大改善城市地区，确保获得资源和提高生活质量。

生态学主要关注生物与环境之间的相互关系，其最终目的是运用系统、整体的方法来研究一个有生命体的系统在一定的环境条件下如何表现生命的形态与功能。如果把特定环境下产生的各种文化看作是一个个动态的生命体，那么在不同环境下形成的各种文化聚集在一起，便形成了文化生态系统。因此，文化生态学就是一门将生态学的理论方法和系统论的思想应用于文化学研究的新兴交叉学科，研究文化的生成和发展与环境(包括自然环境、社会环境、经济环境)的关系。

文化生态学的观点包括共生观、多样平衡观、动态开放观、层次结构观。文化生态学理论强调系统内部各文化因子之间的多样共生以求平衡，强调各文化因子之间的整体协调以求和谐，强调系统的动态开放、循环更新以求持续发展。所以，在此基础上文化生态的基本法则是“文化共生”“文化协调”与“文化再生”，文化共生是基础，文化协调是过程，文化再生是方法，可持续发展是结果。

“城市文化”的研究范围包括人类社会的精神文化、观念文化等意识形

① 韩史．现代服务业的追赶清单——文化，可持续发展的创造者和推动者[J]．经济管理文摘，2019(1)：4-43.

态方面的内容，以及这些因素对人类生存状态、生活方式和价值准则以及城市的精神气质、文化面貌等诸多方面所产生的影响。城市文化生态学主要研究城市文化环境中各种文化的相互关系，以及城市文化对环境的适应性，以促进城市文化的共生、协调和再生。

美国人类学家克莱德·克鲁克洪(Clyde Kluckhohn)认为，所谓一种文化，它指的是某个人类群体独特的生活方式，他们整套的生存式样。参照这种说法，所谓城市文化，应当是指城市人群独特的生活方式和生存式样。与乡村文化相比，城市文化的独特性在于其远超前者之上的开放性、多样性、集聚性和扩散性等特点。这些特点使得城市自诞生后便迅速成长为人类文化史上最重要的文化容器和新文明的孕育所。环顾世界历史，民族、国家、政治、宗教、艺术、科学……几乎无不发展壮大并紧紧依附于城市之中。斯宾格勒甚至由此结论性地认为所有伟大的文化都是城镇文化……世界历史便是市民的历史。①

城市文化是人性在城市之中的延伸，是人类对于自身和万物生命在城市之中存在关系和价值的一种系统解释。城市的生命力之所在，也正取决于城市文化能否积极响应天、地、人、我万物生命之和谐共生。保罗·索勒(Paolo Soleri)在“城市建筑生态学”理论中曾提出“两个太阳”的理论：一个太阳是物质的，是生命和能量的源泉；另一个太阳隐喻人类的精神和不断进化的意识。城市作为一类文化生命，体现了人类生命与万物生命复杂联系中的生存智慧和生活艺术，城市是吸引文化的磁场、传承文化的容器和淬炼文化的熔炉。城市文化应丰富多样，不同类型、不同时期文化之间的共生依存，文化间交往的弹性，化力为形，化能量为文化，化死的东西为活的艺术形象，化生物的繁衍为社会创造力。

城市首先是一种文化现象。城市是文化发展的主阵地，也是文化发展的主要场所。在约翰·里德(John Reader)看来，“城市就是人类文明的明

① 潘飞．生生与共：城市生命的文化理解[D]．中央民族大学博士学位论文，2012.

确产物。人类所有的成就和失败，都微缩进它的物质和社会结构——物质上的体现是建筑，而在文化上则体现了它的社会生活”①。建筑是城市的基本器官，大量的建筑群按照一定的功能定位排列组合，它们之间密切联系、相辅相成、纵横连贯而又富有变化，共同营造了城市发展的空间结构。城市文化精神是在城市漫长的历史演进中逐渐形成的，烙印着清晰的地域特点，是一种潜在的社会发展催化剂和推动力量。

(一)音乐之都——美国的奥斯汀

奥斯汀(Austin)，美国得克萨斯州的首府，也是得州的教育中心。市区面积约704平方千米，人口约84万，华人华侨约1.2万。20世纪中期以来，奥斯汀市半导体和计算机产业发展较快，加之住房成本远低于硅谷，吸引了大批高科技人才和企业，成为知名的高新技术中心，被誉为“硅山”(Silicon Hill)，是飞思卡尔(Freescale)半导体公司、戴尔公司总部所在地。此外，IBM、苹果、谷歌、英特尔、思科、3M、eBay等也在当地设有分部。

奥斯汀享有“世界现场音乐之都”的美誉，有许多著名音乐人、音乐场所和音乐盛事，该市人均音乐场所占有率在美国位居榜首。此外，奥斯汀市还具有众多先进的剧院、博物馆等文化设施。1888年建成的州议会大厦，是当时世界第七大建筑，也是该市著名景点。得州大学系统的旗舰学校——得州大学奥斯汀分校位于该市，该校约有本科生3.8万名，研究生1.2万名。该校教师中有多名诺贝尔奖和普利策奖获得者。得州大学橄榄球队和棒球队也具有一定实力。

(二)马来西亚多媒体超级走廊

多媒体超级走廊(Multimedia Super Corridor，简称MSC)是马来西亚政府的唯一促使国家科技的发展计划。多媒体超级走廊15公里宽，50公里

① 约翰·里德. 城市[M]. 赫笑丛，译. 北京：清华大学出版社，2010，8.

长，坐落于南下 30 公里的吉隆坡市中心。两座智慧型城市——赛博加亚（Cyberjaya）和布特拉加亚（Putrajaya）坐落于这多媒体超级走廊范围内。多媒体超级走廊是由马来西亚政规划，从吉隆坡国际机场至国油双峰塔总面积 750 平方千米的科技园区。

多媒体超级走廊是一项从 1996 年至 2020 年的长期计划。分成三个实施阶段：第一阶段：1996 年至 2003 年，以美国硅谷为蓝本建立多媒体超级走廊，配备了世界顶尖级的软硬件基础设施，通过光纤将电子信息城、国际机场、新政府行政中心等大型基建设施联结起来，为区域内外市场提供多媒体产品和服务，该阶段目标已成功实现。第二阶段：2003 年至 2010 年，陆续将多媒体超级走廊与国内外的其他智能城市相连，创建新的“数字城市”。在槟州和吉打州的居林高技术园区创建“小型多媒体超级走廊”。建立以电子信息城赛博加亚为中心，所有数码城市和数码中心相连的信息走廊。第三阶段：到 2020 年，将整个马来西亚转型为一个大型信息走廊，届时将拥有 12 座“数字城市”，与全球的信息高速公路连接。该阶段目标是到 2020 年吸引约 500 家国际性多媒体公司在马来西亚经营、发展及研发。计划中的“多媒体超级走廊”预计需约 400 亿美元。主要包括：吉隆坡国际机场；吉隆坡市中心即国油双峰塔所在地；距吉隆坡 25 公里的新政府行政中心；电子信息城，是“多媒体超级走廊”的核心工程，马来西亚政府计划在 2020 年前将其建成“世界芯片生产中心”，开发多媒体产品，将多媒体广泛应用于教育、市场开拓、医疗及医学研究等领域。电子信息城内建有多媒体大学、智能学校、遥控医院和医疗中心、国际学校、购物中心、居住区等，最多可容纳 24 万人。全部工程完工后，上述四部分将可通过光纤电缆网络相互联通。

马来西亚大力发展信息通信产业，是基于其国内自然资源和经济结构相对单一的国情；首先，马来西亚“电子政务”建设带动了多媒体行业乃至整个 IT 行业的发展。一方面，电子政务建设创造了大量电子设施及服务需求，而且是由政府买单，收益稳定且安全，不但为多媒体公司提供了广阔的商机，而且更能激发中小型多媒体公司的积极性。另一方面，电子政务启用后，将使人们在日常工作中加深对多媒体技术的了解和认知，为将来商业性的多媒体服务应用铺平道路。其次，多媒体超级走廊邀请由 IT 业巨子组成的国际咨询小组（International Advisory Panel），为公司和政府建立了一个沟通平台，公司可以更好地对政府施加影响来争取优惠政策，而政府则可以通过国际咨询小组来寻求更多跨国公司投资，对于多媒体行业的发展起较大的推动作用。再次，多媒体超级走廊较好地运用了区域整合和优势互补，在中央政府主导下全国统一规划，形成了可观的规模效应。

八、世界著名的“科创中心”案例

（一）美国硅谷的崛起

硅谷位于美国加利福尼亚州北部，旧金山湾区的南部，最早以研究和生产以硅为基础的半导体芯片而闻名，是全球信息技术革命最早的产业核心，并在今天成为世界高科技企业聚集地的代名词，在人类科技发展历史上具有无可争辩的崇高地位。自 20 世纪 50 年代以来，硅谷虽然历经多次低谷与经济衰退，但每次都能凭借着技术革新重获繁荣，并持续引领了半导体、个人电脑、互联网及绿色科技等革命性技术与新兴产业的交替呈现，是全球新技术、新产品、新工艺的最为重要创新源地，在以技术研发与产业创新推动区域经济迅速增长方面堪称全球典范。①

硅谷的起步与发展，在很大程度上得益于以斯坦福大学为代表的研究型大学所孕育出的鼎盛的研究与创新风气。作为硅谷的知识生产中心，研究型大学持续不断地向硅谷输送着最新的技术研发成果，许多日后被硅谷高科技企业广泛运用并产生重大影响的关键性技术发明，如喷墨印刷术、光盘记录仪、鼠标输入器和计算机用户界面等皆诞生于斯坦福研究院。同

① 黄亮. 国际研发城市的特征、网络与形成机制研究[D]. 上海：华东师范大学，2014.

时，斯坦福大学还成功探索出一条技术研发成果的商业转化之路。

硅谷技术创新所创造出的广阔市场与巨额收益吸引外来风险资本的进入，并推动本地风险投资公司的兴起与壮大。风险资本在孵化创业公司，为研发活动提供金融支持方面起了关键作用，而创业公司的成功也为风险资本带来更多的机会。天使投资的出现代表了社会对于原创性与前瞻性技术研发成果价值的高度认可，这引发了硅谷的科技创业风潮。风险投资与技术创新之间的互动在硅谷形成了良性循环，使之成为硅谷研发与创新发展的催化剂。

(二)森林掩映下的日本筑波科学城

日本政府于1963年决定在距离东京市中心北部约60公里处的筑波建设一座国际级科学城，这就是筑波科学城。截至2015年，筑波科学城面积264平方千米，人口不到23万人，研究领域包括教育、建筑、物理科学、生物、农业、环境、安全等，培养出6位诺贝尔奖获得者。目前，筑波集聚约300家企业，设立研究所、学术教育机构、高新企业的数量超过了200家，是首都城市圈的重要组成部分，是根据日本有关法律建设的主要从事科研与教学研究的城市，是日本最大的科研集群地。

1996年日本制定了《科学技术基本规划》，将筑波科学城定位为信息、研究、交流的核心，并致力于筑波科学城的转型与再发展。2001年国家级研究机构均转型为独立的管理机构，健全了机构的创新机制，消除了国有科研机构的制度惰性。在新的管理制度与科技政策的支持下，科研机构拥有了更多的自主权，并积极研发先进技术，推动技术的产业化应用。

筑波科学城从建设之初，就以建立人与自然协调发展的生态型城市为目标。由筑波町、大穗町、丰里町、谷田部町、樱村町和茎崎町6村町组成。目前，人均绿地水平达59.58hm^2，城市森林可划分为：山地天然林、平地人工林、研究和教育机构敷地林、公园片林和廊道林，可以说筑波是一座名副其实的森林城市。

(三)德国的慕尼黑科学园

慕尼黑是德国第三大城市，巴伐利亚州的州府和最大城市。它不仅是德国的主要金融城市，同时也是德国乃至欧洲高科技中心城市。现拥有百家电子工业公司，其中闻名于世的西门子公司就设在这里，仅西门子公司一家所生产的电子表、集成电路产品就占世界的百分之三十。慕尼黑高科技工业园区，始创于1984年，是德国最为突出的鼓励高科技创业发展的科技园区。由慕尼黑市政府和慕尼黑商会共投资成立。园区面积当时为2平方千米，由于符合支助高科技企业的发展形势，受到企业界普遍欢迎。园区建设主要集中于工业产业、激光技术、纳米技术、生物技术等。作为全国高科技产业的孵化中心，在这里能以最快的速度反映当前的信息技术。一般情况下，在德国一个新的企业、新的领域开始时，首先是在这里进行试验，成功后，移植到其他地区，再创一个工业园区。如慕尼黑生态科技园(1.4平方千米)、绿色食品科技园(1.4平方千米)、信息产业科技园以及宝马汽车公司、西门子电器产业等，都与慕尼黑高科技工业园区有密切关系。慕尼黑市高科技工业园区除了重视现代科技开发之外，十分重视提升传统产业和扶持传统产业的发展。

(四)俄罗斯新西伯利亚科学城

名闻遐迩的新西伯利亚科学城坐落在俄罗斯西伯利亚的新西伯利亚市郊一片莽莽的林海之中。新西伯利亚科学城是俄罗斯科学院西伯利亚分院的通称，始建于1957年，目前拥有30个包括自然科学、技术科学等在内的综合科研实体。修建科学城过程中的重要任务是保持自然风貌，正因为如此，科学城才保留了大片的森林。近50年来，它在俄罗斯东部地区的科技经济发展中发挥了巨大的作用。

新西伯利亚科学城是俄罗斯东部地区最大的科研中心。它是世界各国进行学术交流、学者见习的国际活动中心之一。位于俄罗斯中部的新西伯利亚市，是继莫斯科和圣彼得堡之后俄人口数量第三多的城市。20世纪50

年代末，随着俄科学院西伯利亚分院的建立，这里逐渐成为全俄重要的科研中心之一。

新西伯利亚科学城科技园是俄目前最大的科技产业园。2005 年 1 月，俄总统普京访问新西伯利亚时，确定在科学城建立高新技术产业园。园区目前设有信息技术、仪器制造、生物技术与医学、纳米技术与新材料等 4 个企业孵化器。利用孵化器提供的集群优势，企业足不出户就可以获得研发新产品所需的配套服务，大大缩短了从提出设计构想到制作出原型样机的时间。新西伯利亚科技园是唯一由俄罗斯联邦总统签署命令成立的科学技术园区。科技园总经理由世界著名科学家、科学院院士担任。园区主要承担着帮助新西伯利亚科学城的科学家创办企业，为他们寻找国际合作伙伴、扩大国际合作范围，让企业走向国际市场提供服务。

信息技术企业孵化器则为初创公司提供了极为优厚的条件。专家委员会负责评估初创项目的潜力，通过评估的初创公司可以获得园区提供的资金、办公场所、技术设备等保障，每月仅需向园区支付 1000 卢布(约合 120 元人民币)的租金。

新西伯利亚医学科技园是俄第一个专门定位于医疗产品研发的全产业链园区，通过整合科研、生产、投资、教学和临床资源，有效地加快了科技成果转化。

农业是新西伯利亚州的支柱产业之一，新西伯利亚市是该州首府。近年来，得益于新技术的使用和科学管理，该州的农业生产率不断提高。位于新西伯利亚州奥尔登斯基区的伊尔缅育种场成立于 1958 年，目前，其奶制品产量占全俄总产量的四分之一。育种场负责人布加科夫介绍，通过持续 20 年的育种工作，农场培育出了自己的黑白花奶牛品种，产奶量逐年提高。日常管理方面，牛舍的通风、喷淋、排水及奶牛的清洗实现全自动化，挤奶由机器人完成。2016 年，该场平均每头奶牛产奶 11412 公斤，仅次于以色列，位居世界第二位。

除日常科研工作外，新西伯利亚市的主要科技园区和科研机构定期举办参观、公开课、竞赛等社会公益活动，吸引各年龄段人群广泛参与科技创新实践。位于科学城科技园的 Zoomer 青少年创新创造中心，为热衷参与科技创新的青少年提供必需的场地及 3D 打印机、机床等设备，帮助他们将创意变为现实。依托园区丰富的专家资源，中心定期举办课程，安排专家同青少年进行面对面交流，帮助他们优化创意设计，迅速提高相关知识水平。

俄罗斯科学院西伯利亚分院是一个多点分布的大规模综合性科学研究系统中心。分院包括设在新西伯利亚市、伊尔库茨克市、克拉斯诺亚尔斯克市、托木斯克市、乌兰乌德市和雅库茨克市的各个科学中心，还包括设在其他城市的一些研究所、研究室。新西伯利亚科学城亦称新西伯利亚科学中心，是西伯利亚分院下属几个中心中最大的一个，也是西伯利亚分院总部所在地。新西伯利亚科学中心也是科学家们公认的学术交流与合作中心。此间经常举办全国的、国际的大型学术会议。

新西伯利亚科学院的顾问阿历山大说，中俄两国的科学技术交流非常频繁，各类科学合作也很多，现在，每年有 500 多中国学者到新西伯利亚科学院访问，同时俄方也有 300 多人每年到中国交流。目前，中俄已经打算在中国的长春、大连、上海等地建立科学技术园区，其中，长春的技术园区已经建立，中俄双方的合作将会有更大的发展。

(五)印度硅谷：班加罗尔

班加罗尔(Bengaluru，2006 年英文名称由 Bangalore 改为现名)是印度南部城市，卡纳塔克邦的首府，印度第三大城市，人口约 520 万人。班加罗尔海拔 922 米，由一城堡发展成印度南部经济、文化中心之一。班加罗尔的电子城从 20 世纪 80 年代开始兴建，逐渐发展成为全球第五大信息科技中心，班加罗尔也由此成为“印度的硅谷”。在印度“硅谷”创立的高科技企业达到 4500 家，其中 1000 多家有外资参与。

自 1947 年印度获得独立以来，印度软件科技中心、国家太空研究机构等科研机构就落户班加罗尔，使其成为印度有名的电子工业中心。印度政府在 20 世纪 90 年代初就制定了重点开发 IT 产业的长远战略规划。批准成立3个软件科技园区(Soft Technology Park, STP), 包括班加罗尔、布巴内斯凡尔(Bhubaneswar)和浦那(Pona), 被誉为印度的“IT金三角”。1992年班加罗尔成为该国历史上第一个设有卫星地面站的城市, 其任务是通过专门的卫星通信渠道, 为软件出口提供高速信息交流服务。2004年, 班加罗尔出口额即增至42亿美元。班加罗尔软件园吸引了海内外1000多家软件企业, 其中包括400多家著名的信息产业公司, 100多家著名的跨国公司以及65家世界500强企业, 如英国航空航天公司、IBM公司、摩根公司、摩托罗拉公司、Novel、思科等。荟萃了约28万软件工程师。此外, 班加罗尔周围建立了印度著名的理工大学、班加罗尔大学、农业科学大学、航空学院等10所综合大学和70家技术学院, 每年培养1.8万余名计算机网络工程师。①

近年来, 虽然班加罗尔仍然是印度的硅谷, 但是其他城市比如晨奈和浦那已经迎头赶了上来。印度南部的晨奈市俨然已经成为印度的SaaS(服务型软件)行业中心, 这里聚集了大量财力雄厚的初创公司, 比如Zoho和Freshdesk等。印度西部的浦那市也逐渐成为班加罗尔的一个强大竞争对手。微软在印度设立了三个数据中心, 其中有一个就设在浦那市。浦那市有不少优势, 比如IT人才资源丰富、房地产价格便宜、投资环境优越等。有些人认为它可能很快就能全面超越班加罗尔。

(六)创新之都——波士顿

波士顿(Boston)是美国马萨诸塞州的首府和最大城市, 也是美国东北部的新英格地区的最大城市。该市的总面积为232.1km^2; 其中陆地面积为125.4km^2, 水域面积为106.7km^2(占46.0%)。波士顿的海拔高度, 以洛根国际机场为标准, 是5.8米。波士顿的最高点是贝勒维尔山, 海拔101米。与波士顿毗邻的城镇有温索普、里维尔、切尔西、艾弗瑞、萨默维尔、剑

---

① 龚晓宽, 韦欣仪. 印度班加罗尔经济腾飞之路对贵州的启示[J]. 贵州社会科学, 2010(10): 59-64.

桥、水城、牛顿、布鲁克兰、尼达姆、戴得汉姆、坎顿、米尔顿和昆西，通常都被认为是大波士顿的一部分。

波士顿是美国东北部高等教育和医疗保健的中心，是全美人口受教育程度最高的城市。它的经济基础是科研、金融与技术——特别是生物工程，并被认为是一个全球性城市或世界性城市。波士顿的大学是影响该市和整个区域经济的主要因素。它们不仅是主要的雇主，而且将高技术产业吸引到该市及附近地区，包括计算机硬件与软件公司，以及生物工程公司(如千禧年医药)。波士顿每年从国家健康协会得到的资金是所有美国城市中最多的。其他重要产业有金融业(特别是共同基金)和保险业。以波士顿为基地的富达投资(Fidelity)在20世纪80年代帮助普及共同基金，使得波士顿成为美国的顶级金融城市之一。该市还拥有主要银行的地区总部，如美洲银行和王者银行(Sovereign)，是风险资本的中心。波士顿还是一个印刷与出版业中心。教科书出版商霍顿·米夫林出版社的总部设在市内。该市拥有4个主要的会议中心：海恩斯会议中心在后湾，贝赛德博览中心在多尔切斯特，波士顿世界贸易中心和波士顿会议展览中心位于南波士顿的濒水地区。由于它拥有州首府和联邦政府地区中心的地位，法律与政府是该市经济的另一个主要成分。

波士顿港是美国东海岸的主要海港之一，也是西半球最古老的仍然活跃的商港和渔港之一。波士顿被誉为“美国雅典”，是因为在波士顿大都会区拥有超过100所大学，超过25万名大学生在此接受教育。在市区内，东北大学是一所大型的私立大学，在芬威区有一座校园。波士顿大学(Boston University)位于查尔斯河畔的联邦大道。惠洛克学院、西蒙斯学院、马萨诸塞药学院和温沃斯理工学院组成了芬威大学群，毗邻东北大学。哈佛大学(Harvard)、麻省理工学院(Mit)、塔夫茨大学(Tufts)、波士顿学院(Boston College)、布兰迪斯大学(Brandeis)这五所私立顶级名校实行精英教育，教育质量优良，常年在美国大学US NEWS综合排名中名列前茅，这五所综合性大学被称为“波士顿五大名校”。

据科特勒咨询集团(KMG)研究，世界深科技的分布是环大西洋和环太平洋展开的。32%的全球化合物半导体的科技专利和创业公司汇集在美国太平洋地区，而美国西海岸已经是世界级的基因测序(gene sequencing)和合成生物学产业的集群，有接近一半的全球相关专利和顶级人才汇聚于此。在泛大西洋沿岸如英国、法国和美国的波士顿地区，全球人工智能的专利和数学顶级人才中有超过40%的人才聚集于此，其中法国的数学计算和英国的无人驾驶车底层技术、后量子时代的“格密码”技术更是领先全球。关于医疗技术，从大西洋沿岸到德国的黑森林地区，欧洲的七大“医谷”涵盖了2016年全球医疗技术和器械专利申报的55%，深科技和深科技人才高度集群化。但是深科技的产业中心和技术中心却是分离的，这是全球流动性增加和全球化分工的必然结果，例如在无线充电产业、化合物半导体产业、新能源车产业、显示产业，一些美国原创的深度技术，大规模产业化却发生在中国。整个大屏幕显示产业的制造技术和终端用户已经几乎被亚洲的企业垄断。从知识创造端到需求实现端，深科技创新链条一直在演变的过程中，需求作用的重要性日益增强。中国需求日趋高端化。经过30年的经济发展，以深圳、上海、杭州为代表的城市对技术产品的需求逐步进化到足以拉动人工智能、基因测序、新能源等新一轮通用性技术的大规模应用创新。中国对新型技术产品需求的高级化和多元化正在成为国际化科技创新的“力量中心”。

(七)战火中成长起来的特拉维夫

以色列特拉维夫市位于以色列东部，地中海东岸，面积约102km^2，人口150多万，是以色列的经济、商业、金融、文化生活中心，被誉为世界十大高新城之一。特拉维夫市在1909年建立，是在一片荒漠中建立起来的城市。特拉维夫建立了5个工业园区，吸引大量世界知名企业争相入驻，有750多家“种子阶段”创新公司，新创公司的密集程度，堪称世界之最。还有大批创业公司孵化器、加速器、科技研发中心。大量风险投资也不断入驻到该城市，也是该市一大特色。特拉维夫作为以色列第二大城市，被誉为全球人均创业率最高的城市，每1km^{2}就有19家创业公司，每431人中，就有 1 人在创业。城市发展还注重以大学为依托，特拉维夫大学、巴伊兰大学是世界著名大学，魏兹曼科学研究所是世界著名研究所，还有农业科学院、希伯来大学农学院也坐落于此，通过让大学与世界著名公司合作，极大地吸引了外资。①

特拉维夫的白城可谓大名鼎鼎。白城是特拉维夫城中心一系列包豪斯美学风格普通民宅的总称。与哥特式、洛可可等流派相比，包豪斯的建筑特点是简朴实用，不喜繁复装饰，讲求建筑功能和经济效益。1948 年以色列建国，世界各地的犹太人大批涌入，住房一时成为政府亟须解决的首要问题。而当年的包豪斯美学马上有了用武之地。在特拉维夫的中心城区，很快就建起了大批风格统一的住宅群。这些住宅大多楼层不高，外观多为白色(以色列人因此喜欢称特拉维夫为“白城”)，阳台宽大、窗户窄小，十分适宜地中海地区的气候环境，既强调美观，又追求实用，充满了以色列人因地制宜的智慧。2003 年，仅有 70 多年历史的白城被授予世界文化遗产称号，成为世界文化遗产中最年轻的遗产之一。

虽然总是面临着战争，以色列的经济发展却从未停滞不前。这个“创业”的国度中 60 年的时间里，实现了 50 倍的经济增长。特拉维夫证券交易所的股票交易值在黎巴嫩战争结束时比战争第一天还高，2009 年为时 3 周的加沙地带军事行动，也丝毫未影响到特拉维夫证券交易所的正常交易。

2012 年，在《经济学人》智库的全球城市竞争力指数排名中，特拉维夫与纽约、伦敦、香港一起被评选为世界上最具竞争力的城市。2010 年，特拉维夫确定了自己的全球城市名片——创新创业之城，此后特拉维夫在原本已有的创新土壤之上，向着“世界级创新城市”的目标不断迈进，持续推进其创新民主化进程。

在智慧城市建设方面，不仅需要新技术(如互联网技术、云计算技术、物理空间技术)的支持，还需要有市民的参与。2014 年特拉维夫市开展了

① 李锐，张秀娥，马百功．以色列特拉维夫创业生态系统研究及动态模型构建[J]．科技创业月刊，2018(5)：1-5.

“破解创新密码”的城市建设研讨会。特拉维夫市政府还开展了一场名为“数字特拉维夫”的数字革命。比如，为了使整个城市的互动联通起来，特拉维夫市从2013年起逐渐建造起了辐射全市的免费Wi-Fi工程。

在国际合作方面，特拉维夫每年都会接待来自全世界几百甚至几千个代表团的访问。例如全球最大的科技博览会在以色列，这些博览会为初创企业家提供了好的平台和更多的宣传机会。还有像2020地平线项目，跟这样的国际项目接轨，让以色列国内的创新公司不仅可以在研发方面做得很好，还可以跟其他的国家、地区和城市合作，包括北京、四川。

在政府创新管理方面，1990年专门成立了一个创新管理署来鼓励当地的双创事业。创新管理署有以下几个职能：一是鼓励在种子阶段的初创企业发展；二是帮助比较成熟的公司进行研发；三是在企业以及产业之间进行技术转移，为企业营造一个学习、合作的环境。政府非常重视产学研之间的结合，以及学界和产业的合作。

(八)金融支持“科创中心”

美国硅谷是全球科创中心的典范，良好的科创环境和成熟的风投机制成为世界各地学习的榜样，以色列的特拉维夫也被称为“世界第二硅谷”，政府主导的日本筑波也成为很多城市效仿的对象。这些全球科创中心的成功离不开金融支持。一是源于政府资金的引导。二是具有发达的风险投资。三是拥有完善的多层次金融市场。比如，硅谷的成功离不开纽约证券交易所和纳斯达克交易所的支持，以色列特拉维夫的发展也与以色列本土证券交易所和美国证券市场息息相关，而台湾新竹科技园的异军突起也是主要因为台湾地区四个层次的证券服务体系。

(九)打造粤港澳大湾区国际科创中心

粤港澳大湾区是继美国旧金山湾区、纽约湾区和日本东京湾区之后世界第四大湾区，发展潜力巨大，2017年，粤港澳大湾区人口数量达到6956.93万人，区域生产总值突破10万亿元。打造国际科创中心是粤港澳大湾区参与全球竞争、实现高质量发展的必由之路。然而，与旧金山湾区、纽约湾区和东京湾区相比，粤港澳大湾区还存在一些瓶颈，如基础研究实力总体偏弱、要素跨境流动限制较多、区域协同创新水平较低、科技软环境联通不畅等。创新是经济增长的持续动力，科技金融是实现创新的中坚力量，开放包容的文化是创新的基础，高水平院校是推动创新的动力源泉。粤港澳大湾区科创中心建设处在重要的战略机遇期，通过以“广州—深圳—香港—澳门”科技创新走廊为核心支撑，融合发展为基石，加强湾区文化商业交流，以更大的胸怀包容世界各地的文化，努力营造开放包容的创新环境。政府应当扶持科技金融公司及相关机构的设立，吸引国内外的资本流入湾区，推动天使投资、风险投资以及私募投资汇集。明确重点领域，强化基础研究，推动资源共享，构建官产学研科技创新体系，加速成果转化，推动要素自由流动，构建开放式区域创新生态系统。截至 2019 年 5 月，已有 8 个城市(广州、深圳、东莞、佛山、中山、惠州、汕头、珠海)获批为国家知识产权试点示范城市，粤港澳大湾区的创新动力不断增强。

九、国际科技创新城市形成机制与网络

国际科技创新城市是指那些全球新产品与新工艺的创新源地以及新技术与新知识扩散的核心枢纽，具有很高的技术控制力与广泛国际影响力的城市。是以研发服务与创新作为主导功能的国际城市，是全球知识的生产中心、技术资本的控制中心与技术扩散的交互中心，堪称技术创新领域内的世界城市。

国际科技创新城市实质上是内生性与全球化两股力量共同交织作用下的产物。伴随着人类社会从工业社会向知识社会迈进，专注于知识生产及其积累的研究与开发部门被视作推动区域经济持续增长的主要动力来源，研发资源与产业的空间集聚以及研究与开发体系的不断完善是知识经济时代下推动城市及其区域社会经济快速发展的关键因素。国际科技创新城市的形成与发展正是深深根植于知识经济崛起的时代背景之上。城市研发系

统各要素的内生机理可以由埃茨科威兹(Etzkowitz)提出的“三螺旋”(Triple Helix)创新理论来解释。“三螺旋”理论认为在知识经济时代，企业、大学和政府三者之间的相互作用是改善区域创新环境的关键。企业是进行生产的场所，大学是新知识新技术的来源，政府则是契约关系的制定者。在区域创新过程中，以上三者所发挥的功能超越了原本各自的空间范畴，形成互相交融、紧密耦合的局面，以彼此间能量与信息的循环作用来推动城市创新水平的螺旋式上升。① 围绕在三个螺旋周围的则是城市长期以来形成的以规范、惯例、信任合作、企业家精神等形式而存在的社会网络与文化，构成支持企业、大学与政府三个螺旋研发与创新能力的独特地方优势。

全球科技创新网络是国际科技创新城市形成的外部条件。只有当城市的研发与创新活动融入由跨国公司主导的全球科技创新网络时，才可能占据全球价值链中高端的研发与设计环节，成为全球技术资本的地理控制中心以及世界城市网络体系中具有研发创新节点功能的国际城市。

城市在诞生之初就与外界相互保持着联系，研究单个城市并不能全面把握城市的本质。泰勒(Taylor)将城市之间的关系问题称为“城市的第二本质”，城市产生的同时城市网络也就产生了。因此，城市网络是城市存在的空间范式，城市是组成城市网络的节点要素，并通过一系列“流的空间”联系结网。拥有强大的知识交互能力，并通过知识的生产与扩散获得广泛的技术影响力与控制力是国际研发城市的核心特征之一。对于国际科技创新城市而言，彼此间在技术方面的研发合作，尤其是跨越国家边界的国际研发合作是国际科技创新城市之间发生空间关联最为重要的表现形式。位于不同城市的研发主体之间针对某项产品或技术环节进行合作研究与开发，意味着作为行动者的城市之间发生了能量流(知识流、技术流、资金流、人才流等)的交换、转移与扩散，从而将国际科技创新城市纳入由“流的空间”所构成的网络体系。国际科技创新城市充当网络体系中的节点，

① 黄亮. 国际研发城市的特征、网络与形成机制研究[D]. 上海：华东师范大学，2014.

城市节点间能量的流动水平，频繁以及密集程度决定了其在国际研发城市网络中所拥有的权力与声望的高低。从国际科技创新城市网络联系结构的动态发展来看，网络节点间的联系规模与强度在持续扩大与提高，各时段城市间的研发合作边数也在不断增加。

对外联系强度，可以用某城市节点与网络内其他城市节点间发生研发合作联系值的总和来表示，计算公式如下：$C_i = \sum_j R_{ij}$。

公式中，C_i 是节点 i 城市的对外联系强度值，R_{ij} 是节点城市 i 和 j 之间联系次数，城市的对外联系强度值越大，则说明该城市节点的对外联系规模越大，那么该城市在网络中就拥有更大的控制力与影响力。根据相关数据，2006—2010 年国际科技创新城市网络节点的对外联系强度排名见表 10-1。硅谷、东京、巴黎等全球研发总部控制力较强的发达经济体城市不仅拥有广泛的国际研发合作伙伴，并且对外联系强度也较高，因而始终在全球科技创新合作网络中占据核心与枢纽位置。以上海、班加罗尔、新加坡城市为代表的某些发展中和新兴发达经济体城市的网络权力与地位呈现上升趋势。

表 10-1　2006—2010 年国际科技创新城市网络节点的对外联系强度排名

城市	排名	城市	排名	城市	排名	城市	排名
硅谷	1	伦敦	9	纽约	17	首尔	25
东京	2	波士顿	10	柏林	18	深圳	26
巴黎	3	旧金山	11	奥斯汀	19	莫斯科	27
大阪	4	北京	12	斯德哥尔摩	20	罗利	28
圣迭戈	5	川崎	13	巴塞尔	21	西雅图	29
上海	6	慕尼黑	14	斯图加特	22	中国台北	30
横滨	7	筑波	15	新加坡市	23	特拉维夫	31
休斯敦	8	剑桥	16	班加罗尔	24	新德里	32

资料来源：肖达. 基于研发合作的国际科技创新城市网络演化(1996—2010 年)——兼论对上海的启示. 城乡规划，2018(3)：78-87.

依据城市研发系统和全球科技创新网络在国际科技创新城市兴起过程中所具有的功能地位不同，可以将其成长路径方面分为内生性和外生性两种。在未来，应通过优化城市研发系统与融入全球研发网络内外两方面相协调的路径来整合本地资源与全球力量，继而推动国际科技创新城市的形成与持续发展。

十、创造！人诗意地栖居在大地上……

罗曼·罗兰在《约翰·克利斯朵夫》中这样描述创造："欢乐，如醉如狂的欢乐，好比一颗太阳照耀着一切现在的与未来的成就，创造的欢乐，神明的欢乐！唯有创造才是欢乐。唯有创造的生灵才是生灵。……创造，不论是肉体方面的或精神方面的，总是脱离躯壳的樊笼，卷入生命的旋风，与神明同寿。创造是消灭死。"

怀特海把创造性作为终极的哲学原理来发展出他的形而上学体系。他在《过程与实在》中论述道："创造性是一切形式背后的终极者……'创造性'是表征终极事实普遍性中的普遍性。正是通过这种终极原则使得'析取'的世界之'多'变成'合取'的世界的'一'个现实机缘。创造性存在于事物本性之中，使多进入复合统一体。'创造性'是新颖性原则。一个现实机缘就是一个新颖的实有，不同于由它统一起来的'多'中的任何实有。因此，'创造性'在'析取'的世界之多的内容中引入了新颖性。'创造性进展'是把创造性这个终极原则运用于它所产生的每一个新的情境。"这样怀特海创造出来的体系是动态的、充满生命的，同时也避免了把意识作为统御自然和宇宙的中心。因为对他来说，宇宙和自然本身就是创造性的，并且也将各种实存的条件包含在其中。人是宇宙和自然中高度复杂的表现，人的生命的本质就是对自由的争取，争取表达的新颖性，争取更多的自我决定而不是被决定。生命要开拓进取要不断前行，那就绝不能一味服从宇宙和自然单调的运行机制。人类文明的盛衰同样也和人的自由一样离不开创造性，倘若失去了创新精神，人类文明就会陷入因循守旧之中，逐渐蜕变为一潭死水。

何为栖居？海德格尔认为，“人之栖居基于对天空与大地所共属的那个维度的仰望着的测度”①。何为天空与大地？海德格尔以优美的笔触描述道：“大地承受筑造，滋养果实，蕴藏着水流和岩石，庇护着植物和动物……天空是日月运行，群星闪烁，是周而复始的季节，是昼之光明和隐晦，夜之暗沉和启明，是节日的温寒，是白云的飘忽和天穹的湛蓝深远。”②海德格尔认为真正的“栖居”就是包含着保护和堆砌的“筑造”。海德格尔称这种“栖居”为“缘构发生”（Ereignis）。这种“缘构发生”就是海德格尔在《筑·居·思》中强调的“天—地—人—神”四重关系的整体，即“在拯救大地，接受天空、期待诸神和护送终有一死者的过程中，栖居发生为对四重整体的四重保护”。然而商业社会的建筑正演化为一种肤浅和毫无生机的物体。而栖居需要建筑通过时间和空间来表达它的内涵，它是可触摸的，可以倾听，可以感受。应调动人类的感官来创造建筑，运用现象学来看待建筑，使人们更加诗意地栖居于这一苍穹下的大地上。

人诗意地栖居还有赖于人与自然如“采菊东篱下，悠然见南山”那般和谐。人和自然何以和谐？无论是马克思主义哲学还是怀特海的过程哲学，二者都为人与自然观确立了和谐的价值旨趣，批判了唯物机械论人与自然分裂的宇宙观，建立了有机整体的人与自然和谐观，批评了静态的和谐范畴，构建了人与自然和谐的辩证范畴。两位哲学家都一致地认为：若要达成人类与自然界的和谐双赢，必然少不了这个社会共同体中每一个成员长期不懈的努力，也指出了生态文明建设所需要努力达到的目标是恢复有着美的秩序之宇宙和谐，并最后达到人与自然之间的生态关系、人与人之间的社会关系以及人与其自身关系之和谐。

关于人与自然，从亚里士多德哲学和中世纪神学的有机的、有生命的、有心灵的宇宙观到以哥白尼、伽利略、笛卡儿、培根和牛顿为代表的

---

① 孙周兴，王庆节．海德格尔文集：演讲与论文集［M］．北京：商务印书馆，2018：212.

② 孙周兴，王庆节．海德格尔文集：演讲与论文集［M］．北京：商务印书馆，2018：192.

科学革命，将世界视为一部由精确的物理定律所支配的完美的“宇宙机器”，人类在认识自然的征程上披荆斩棘，取得了前所未有的辉煌成就，人类开始步入工业化和科学化。而18世纪后期浪漫主义也引入了“动态秩序”的思潮，歌德的“形态学”、康德的“自组织”、地质学家赫顿、博物学家洪堡等开始设想地球是一个有生命的实体，也涌现出如贝多芬、舒伯特等杰出的音乐家用音乐表现对大自然的礼赞、对人类命运的深思。

科学革命和产业革命以前所未有的步伐和节奏让人类进入了傲视自然的现代化浪潮之中，同时又潜伏着深刻的危机，资源环境问题、战乱、贫困、自然灾害等问题日益凸显。进入20世纪，涌现了一大批卓越的科学家、哲学家、艺术家，他们用睿智的智慧、充满悲悯的情怀探究宇宙与生命之谜，展现深层次生态观和人文关怀，如爱因斯坦的相对论、西班牙画家达利的作品《存留的记忆》、明科夫斯基的“四维空时流形(four-dimensional space-time manifold)的整块宇宙(Block Universe)”的理论都有着异曲同工之妙。而在微观领域，波尔、德布罗意、海森伯、薛定谔和狄拉克等物理学家建立了量子力学，导致了人类认识世界的一系列基本概念的改变。接下来贝塔朗贝的《生命问题》将生命系统推广到一般系统论。“控制论”“信息论”和“系统论”是第二次世界大战结束后形成的三门学科，“耗散结构论”“突变论”和“协同学”是组成系统科学的新生代，被称为“新三论”。随后又出现了“混沌学”，20世纪的整体论蓬勃发展为“生态科学”提供了发展平台和广阔空间。生态经济学、工程生态学、人类生态学、城市生态学等纷纷兴起。在艺术领域对大自然的热爱与表现也是群星璀璨，如绘画领域印象派大师马奈、莫奈、塞尚、雷诺阿等无不用极细腻又极浓烈的笔触，以及赤子般的敬畏表现大自然无穷无尽的美。喜剧电影大师卓别林笑中带泪的表演，演绎了对在大机器面前异化的人的生存状态的悲怜和对更理想生存空间的热切向往。许多古老的地方戏曲与音乐也饱含着浓厚的对大自然的敬畏之情、对生命的礼赞、对人间真情的讴歌、对真善美的探索，生活在大地上的普通人民是文明的创造者、传承者。

时至今日，科学技术日新月异、人类创造的财富呈几何级数增长的同时，我们也面临能源危机、环境污染、温室效应、冰川融化和全球气候变暖等严峻挑战。但我们也应看到科学技术的飞速发展，也为生态文化的蓬勃发展提供了广阔的空间。大地测量、卫星遥感和数字地球技术的发展为地球资源的科学管理提供了依据，生态学、景观生态学、景观都市主义、城市景观设计学等综合运用生态学、林学、土壤学、先进的景观设计技术和美学理念努力让人居环境更加和谐宜居。城镇化与区域发展管理、资源环境管理、智慧城市等管理学领域精彩纷呈。

怀特海的人与自然和谐观极其丰富与深刻，此和谐思想有宇宙观的恢宏辽阔，恰如其分地展现了总体性和个体性的彼此交融，不但体现了人与自然的审美和谐，而且展现了人与自然的动态和谐。另外，它还体现为人与自然的价值和谐，是一种对生命向往自由、通达文明的积极肯定。① 美学家方东美写道："天地之大美即在普遍生命之流行变化，创造不息。我们若要原天地之美，则直透之道，也就在协和宇宙，参赞化育，深体天人合一之道，相与浃而俱化，以显露同样的创造，宣泄同样的生香活意，换句话说，天地之美寄于生命，在于盎然生意与灿然活力，而生命之美形于创造，在于浩然生气与酣然创意。"②

生命的本性是不断创造奔进，直指完美。创造性的劳动是愉悦的劳动，也是创造美的劳动。马克思主义的终极关怀是人的自由而全面发展，马克思主义的根本目标是实现全人类的自由解放。人正是通过在创造中学习、工作，迈向自由而全面发展，迈向美好社会之路。马克思探索的这条解放之路通往的理想社会不仅意味着通过发展生产力而实现的社会财富的极大涌流，而且意味着审美的实现，因为人也按照美的规律进行创造。在马克思主义的视域中，审美绝不仅仅是闲情逸致的玩赏，而是人的自由本质和创造能力的体现，它的一端连着物质现实的感性生活和感性实践，另一端则指向人类解放的极境。"因此，人也按照美的规律来构造"，"共产

---

① 叶冬娜. 人与自然的和谐何以可能——比较视野下的马克思和怀特海[J]. 北京林业大学学报，2016(12)：1-8.

② 方东美. 方东美文集[M]. 武汉：武汉大学出版社，2013.

主义是作为否定的否定的肯定，因此，它是人的解放和复原的一个现实的，对下一段历史发展来说是必然的环节”。①

马克思指出："创造着具有人的本质的这种全部丰富性的人，创造着具有丰富的、全面而深刻的感觉的人作为这个社会的恒久的现实。"②人类发展的终极目标是进入共产主义社会，在共产主义社会里，人们进行理想的生产(包括物质生产和精神生产)都是在愉悦自由的环境下进行的，审美与社会实践将会实现有机结合。

关于创造与诗意地栖居，怀特海也有深入的论述，他在《科学与近代世界》中精辟地阐述："我们必须培养维持客观价值的创造力。没有创造力，将不能获得领悟；没有领悟，同样不能获得创造力。只要接触实际情况，你就不能排除具体活动。没有推动力，敏感性就会变成惰性；没有敏感性，推动力就会变成粗野。我是在最广泛的意义上使用'敏感性'这个术语，因之便包括对本身之外的东西的领悟，也是说，对一件事情中的全部事实的敏感性。因此，我所追求的广义的'艺术'，便是一种选择方法，这种方法把具体的事物安排得能引起人们重视它们所实现的特殊价值。例如，布置好身体和眼睛的位置，以便能看到日落的美景，这便是艺术选择的一个简单实例。艺术的习惯就是享受生动的价值的习惯。"③可见只有用艺术的、审美的习惯才能创造良好的环境，维护优美的生态。审美有利于创造，创造是尊重价值、创造价值，是诗意地栖居在大地上，看日出、日落的美景，享受艺术的生动的价值。正如海德格尔引用荷尔德林的诗歌所描绘的"远景"：

当人的栖居生活通向远方，

在那里，在那遥远的地方，葡萄季节闪闪发光，

---

① 马克思. 1844年经济学哲学手稿[M]. 北京：人民出版社，2000.

② 马克思. 1844年经济学哲学手稿[M]. 北京：人民出版社，2000.

③ 阿尔弗雷德·怀特海. 科学与近代世界[M]. 黄振威，译. 北京：北京师范大学出版社，2017.

那也是夏日空旷的田野，
森林显现，带着幽深的形象。

自然充满着时光的形象，
自然栖留，而时光飞速滑行，
这一切都来自完美；于是，高空的光芒
照耀人类，如同树旁花朵锦绣。①

① 孙周兴，王庆节．海德格尔文集：演讲与论文集［M］．北京：商务印书馆，2018：223.

第十一章　世界城市可持续发展格局

一、怀特海“多样性”范畴的体现

怀特海指出：“多样性集合是由多个实有所组成，组成它的所有实有至少各自满足一个为任何其他实有所不能满足的条件。”①这里说明了多样性不是一个简单的数量概念，而是由不同的，各有自身特征的实有所组成的多样性。“宇宙既是实在事物构成的多样性集合，同时又是实在事物构成的统一体。这种统一体本身是实在事物的宏观效应，体现了通过流逝而获得新颖性的无限永恒性原则。这种多样性集合是由微观的实在事物所构成，每一个都体现了有限之流获得‘持久’的永恒性原则。一方面，一生成为多；另一方面，多又生成为一。但是生成着的东西总是实在事物，而实在事物的合生是主体性目的的发展过程。”②多样性是这个世界与生俱来的，世界的存在就是多样性的存在，世界是多与一的统一。怀特海把“多样性”作为存在范畴而从世界存在的多层级复合中析取出来，揭示了世界存在的生态属性，作为基本的生态观念的多样性渗透到世界生成过程的方方面面。怀特海把多样性看作美的核心价值。美的丰富性来自容纳多样性与差异性的能力，来自关系的丰富性。最高层次的美就是最多样性的恰当统

① 怀特海．过程与实在[M]．李步楼，译．北京：商务印书馆，2012：40.

② 怀特海．过程与实在[M]．李步楼，译．北京：商务印书馆，2012：261.

一。美与健康的生态系统之间的联系是多样性。怀特海说："所需要的是有机体在恰当的环境中所取得的生动价值的无限多样性的欣赏。你虽然掌握了关于太阳，关于大气层，关于地球旋转的所有知识，但你依然会错过日落的辉煌。"①当我们毁灭大自然的美，用同一性替代多样性，用单调代替灵动，用同质性代替个性，用苍白无力代替熠熠生辉时，我们不仅在毁灭自然，也是指毁灭美本身。

历史学家汤因比在《历史研究》中总结了五种刺激对于文明的作用：艰苦环境、新地方、打击、压力和缺失。当今世界面临着飞速的城镇化与资源环境可持续之间矛盾的巨大挑战，历史证明，是挑战也是机遇，这是创造前所未有的新文明的崭新时代。从发达国家国际性大都市的发展轨迹来看，城市的发展是有规律的，这种规律在产业层面上，与工业化的演进轨迹切合，与世界经济发展的长周期有关，也与生态环境密切相关。由于多种原因，城市成为全球可持续发展计划的中心。事实上，为我们的星球建设一个可持续发展的未来，城市是关键的因素，任何有效地解决全球气候变化问题，阻止生物多样性的灭绝，以及面对其他环境的挑战时，都必须把城市当成重点。"城市的最显著问题是在于它们就如同生物体一样，必须吸收资源，排泄废物。"②自然就存在于城市之中，城市原本就置身于一个更大的天然环境之中。城市必须力求成为大自然的一部分，城市应具有保护性，具有净化空气、水和人心的能力，使我们的星球得到恢复和补充。如果说历史上的人类的使命是认识自然、征服自然、改造自然，当代人面临的使命是认识自然，保护环境，修复生态。

根据怀特海有机哲学，城市化现象是一个大的"现实实有"，它的生成正在经历一个过程。世界是相互联系的有机整体，现实世界是流动的过程，城市化是农业文明向工业文明、城市文明转变的过程，是变化的事

---

① Whitehead. Science and the Modern World [M]. New York: The Free Press, 1967, p. 199.

② 蒂莫西·比特利. 绿色城市主义——欧洲城市的经验[M]. 北京：中国建筑工业出版社，2011：3.

件。世界万物在生成的过程中，时时刻刻都有新的可能性出现，它面对的是一个有无限可能的开放过程。城市化是一种现实实有，它有自我创造、自我更新的功能，而且在不断的变化中呈现出新的内容，被赋予新的力量，并且会持续不断地演变、创新和改造。怀特海强调每个机体、生成过程与生成环境之间相互作用和相互影响的紧密联系，尊重作为“多”中的每一个关系的不可替代性与不可还原性，世界是一个复杂的有机体。众多国家的城市化现象如同众多的现实实有处在不断与生态环境冲击和适应之中，构成了城市可持续发展的现实格局。

二、多元化成长的亚洲城市

亚洲陆地面积4400万平方千米，约占世界陆地总面积的29.4%，为世界第一大洲。亚洲地势的总特点是地势高、地表起伏大，中间高、周围低，隆起与凹陷相间。地形复杂多样，高原和山地约占总面积的75%。全洲大致以帕米尔高原为中心，一系列高大山脉向四方辐射延伸。大河大都源于中部高山地带，呈放射状向四面奔流。大陆海岸线长69900千米，多半岛和岛屿。东部和东南部有一系列纵长的岛弧。气候类型复杂多样，温带大陆性气候分布最为广泛，东部和南部季节性气候显著。亚洲有48个国家和地区，人口约42.55亿，占世界总人口的60.1%。

如同地形和气候复杂多样，亚洲的城市类型丰富而又多元。尽管一些城市因为地缘关系，在文化上具有一定的关联或传承性，但总体上，亚洲城市的多样性通过语言、宗教、经济发展水平、建筑风格、艺术、风俗节庆、国家体制等的不同而表现得淋漓尽致。如果将视野放大到亚洲大陆，不难发现在各种全球城市排名榜上，亚洲城市的地位在直线上升，这充分表明亚洲在全球城市体系中扮演的角色越来越重要。无论是经济整体居上的老牌的城市和地区，如东京、香港、上海、新加坡市；还是其他一些新兴城市，如迪拜、重庆、成都等在未来发展中的地位和作用正在被人们所认识。亚洲的城市竞争力在显著上升，可以说，亚洲的大城市正在成为这场全球经济重心转移的主角，逐渐改变着全球城市体系。

有学者通过运用结构方程模型对亚洲566个城市的经济竞争力与金融服务、科技创新、产业体系、人力资本、基础环境和城市软联系的关系与影响机制进行的研究表明：为了提升城市的经济竞争力，首先，要建设城市的基础设施环境并扩大城市的总体软联系，然后在这一总体基础上，着重提升城市的产业体系、人力资本、科技创新和金融服务水平，进而从根本上最快、最有效地提升亚洲的城市经济竞争力。其次，充分利用城市内部金融服务、科技创新、人力资本、产业体系、基础环境和城市软联系等各个潜变量之间的相互作用机制，尤其加强提升金融服务和人力资本与各个潜变量之间的相关性，从而通过各个潜变量的相互联系来间接提升城市的经济竞争力。① 同时应重新思考传统发展道路的弊端，尊重自然发展规律、顺应自然、保护自然，完善亚洲城市绿色治理体系，重点为提升发展中国家城市绿色发展能力，构建亚洲城市绿色创新支持体系、绿色经济支持体系、绿色金融支持体系、绿色知识支持体系。新一代年轻的中国劳动者大都接受了良好的教育，精通各种技术：电子通信、工程、航空航天技术、人工智能、建筑还有城市规划等。中国新一代雄心勃勃的年轻人正跃跃欲试，想要进入这些领域打拼。

研究表明，亚洲城市的经济竞争力水平在快速提升，新加坡市、深圳和香港等30个城市进入全球经济竞争力城市百强。近年来，亚洲城市之间的联系日趋紧密，基础设施建设发展迅猛，多元化融资体系不断完善，互联互通成为亚洲共同发展和整体崛起的重要保障。特别是中国—中亚—西亚—波斯湾—地中海的丝绸之路经济带中线，以及中国—东南亚—南亚—印度洋的丝绸之路经济带南线，促进了亚太地区不同国家和不同城市间的

---

① 倪鹏飞，徐海东，沈立，曹清峰．城市经济竞争力：关键因素与作用机制——基于亚洲566个城市的结构方程分析［J］．北京工业大学学报（社会科学版），2019（1）：50-59.

交流合作，形成了联动发展的空间格局，为世界经济拓展了新的增长空间。

亚洲城市在绿色发展方面面临艰巨的挑战和风险。发展中国家城市政府往往缺乏能力、资金和技术人员向迅速增长的人口提供合适的生活所需要的土地、服务和设施，造成过度拥挤、简陋、肮脏的非法居民区迅速出现。在经济欠发达地区，在面临就业与环境两难选择时，往往不得不选择前者，造成生态危机。有些地区过多地扩大投资规模和增加物质投入，使有限的自然供给能力和生态环境承载能力日渐削弱，形成高污染、高能耗、低效率、少包容的“褐色发展”模式。未来，创新带来的新型能源技术和绿色建筑技术将为城市减少污染和排放起到积极效果，同时高度重视城市发展水平不平衡的问题，鼓励落后城市发挥后发优势，通过城际协调机制，促进亚洲城市整体绿色发展。

三、非洲城市化发展现状与困境

阿非利加洲，简称非洲。位于东半球的西南部，地跨赤道南北，西北部有部分地区伸入西半球。东濒印度洋，西临大西洋，北隔地中海和直布罗陀海峡与欧洲相望，东北隔着狭长的红海与苏伊士运河紧邻亚洲。陆地面积约 3020 万平方千米。约占世界陆地总面积的 20.2%，为世界第二大洲。非洲是一个高原大陆，地势比较平坦，明显的山体仅限于南北两端。非洲的沙漠面积约占全洲面积的三分之一，为世界沙漠面积最大的一个洲。撒哈拉沙漠是世界上最大的沙漠，面积 906 万平方千米。非洲东部有世界上最大的裂谷带，形成一系列狭长而深陷的谷地和湖泊。大陆海岸线全长 30500 千米。海岸比较平直，缺少海湾与半岛。由于赤道横穿中部，气候炎热，终年高温，有“热带大陆”之称。气候类型以赤道为中心，呈南北对称分布。

非洲城市化起步晚，但速度居世界之最。联合国非洲经济委员会的《2016 年非洲经济展望》报告指出，2015 年非洲城市人口约为 4.72 亿，较

1995年翻了一番。世界银行预测，到2025年，这一数字将增加1.87亿；2040年，非洲城市人口有望跃升至10亿。从城市化速度与城市化水平之间的关系来看，非洲城市化水平较高的国家往往城市化发展速度较低。联合国数据显示，城市化率已经超过60%的10个非洲国家，其城市化增长速度为年均2.23%；而城市化率低于30%的14个国家，其城市化速度高达4.68%。其他三类城市化率处于51%~60%、41%~50%和31%~40%的国家，其城市化速度分别为2.99%、3.87%和3.33%。

分国别看，非洲城市化率高于60%的国家有10个，包括6个资源富裕型国家如阿尔及利亚、刚果共和国、南非等和4个资源禀赋较低的国家如摩洛哥、佛得角等；城市化率在51%~60%之间的国家有7个，包括科特迪瓦、加纳、喀麦隆和冈比亚等；城市化率在41%~50%之间的国家有10个，包括刚果(金)、尼日利亚、安哥拉、赞比亚等资源富裕型国家和埃及、塞内加尔等；城市化率位于31%~40%的国家有13个，包括11个资源富裕型国家如苏丹、坦桑尼亚、几内亚、莫桑比克、津巴布韦等和资源禀赋较低的索马里、毛里求斯；而城市化率低于30%的国家最多，包括卢旺达、南苏丹等7个资源禀赋较高的国家和埃塞俄比亚、肯尼亚、乌干达等7个资源禀赋较低的国家。①

2016年，北部非洲的城市化水平为54%，是各区域之首，其次是西部非洲(45%)、南部非洲(44%)、中部非洲(42%)和东部非洲(26%)。预计到2030年，东部非洲和西部非洲的城市化水平将分别提升至33%和57%；北部非洲、南部非洲和中部非洲的城市化水平预计分别为58%、49%和48%。

目前，在城市化水平较高的非洲国家逐渐形成了总人口规模超过1000万的大城市圈。非洲有三个人口超过1000万的特大城市形成的大城市圈，包括开罗(Cairo)、金沙萨(Kinshasa)和拉各斯(Lagos)。2015

---

① 党营营，郭杰. 非洲城市化发展现状与前景[J]. 中国国情国力，2018(3)：28-31.

年，埃及有超过50%的人口生活在开罗，刚果(金)有超过1/3的人口生活在金沙萨，尼日利亚有15%的人口生活在拉各斯。预计到2030年，约翰内斯堡(Johannesburg)、达累斯萨拉姆(Dar es Salaam)和罗安达(Luanda)这三座城市的人口也将超过1000万。此外，当有必要的交通和服务与核心城市相联系，并且创造出就业机会的时候，核心城市的周边会出现"卫星城镇"。这些卫星城镇能够起到疏散过度密集的核心城区人口的作用，还有助于缓解核心城区的贫民窟和非正规部门膨胀的状况。此时，大城市圈除了核心城市之外，还包括周边的卫星城镇。例如，南非约翰内斯堡和周边城市形成的豪登省城市圈，是南非最具活力的经济引擎。

在非洲，通过交通要道(特别是道路)将孤立的城市彼此相连，在城市之间逐步形成了聚集众多人口和经济活动的线性城市布局，也就是一种带状的城市增长模式，即"城市走廊"。例如，从开罗至亚历山大的城市走廊、从伊巴丹(Ibadan)至拉各斯至科托努(Cotonou)至阿克拉(Accra)的城市走廊、从肯尼特拉(Kenitra)至卡萨布兰卡(Casablanca)至埃尔贾迪达(El Jadida)的城市走廊、从金沙萨至布拉柴维尔(Brazzaville)的城市走廊。这些城市走廊也被认为是大城市圈。①

世界上绝大多数增长最快的城市都是人口规模低于100万的中小城市。中小城市人口占据了世界城市总人口的59%。在非洲，人口规模少于100万的中小城市的人口占据了城市总人口的62%。非洲城市化主要受益于中小城市的快速增长。2000—2010年，人口在30万以下的城市群占非洲城市增长的58%，人口在30万~100万的城市群占13%，超过100万人口的城市群占29%。值得注意的是，非洲城市化并不意味着城市与农村地区的彻底分离，实际上传统的城市和农村之间的界线正加速模糊。当前非洲人口总数的82%，超过9.5亿人生活在低于50万人口规模的城市与农村的交

① 朴英姬. 非洲的可持续城市化：挑战与因应之策[J]. 区域与全球发展，2018(4)：42-65.

融地区。在非洲，大约40%的城市人口从事农业活动。与此同时，越来越多的农村人口从事与城市经济相关联的非农业活动。非洲城市化呈现出普遍的“农村城市化和城市农村化”的趋势。非洲城市和农村呈现交织的状态，因此，城市群中不仅包括城市地区，还包括与城市紧密关联的农村地区。作为拥有12亿人口的大陆，加之中产阶级的日益庞大，私人消费已经成为非洲经济增长的重要引擎。快速推进的城市化使得非洲成为世界上中产阶级增长最快的地区。2016年非洲大陆的城市化率达到41%，中产阶级人口估计有3.5亿。伴随着城市人口的快速膨胀和中产阶级的崛起，非洲城市居民的消费水平迅速上升，消费模式出现新变化，对制成品和现代服务的需求显著增加。非洲城市居民越来越多地从超市、连锁店来购买日常用品和加工食品，对金融、商业、电信等现代服务的需求也在上升。快速增长的私人消费代表了非洲经济繁荣的巨大潜力。

2011年以来，埃塞俄比亚、科特迪瓦、塞内加尔、肯尼亚、乌干达和卢旺达是撒哈拉以南非洲地区经济增长率较高的非资源型国家。相对于资源型国家来说，这些非资源型国家的经济多样化程度较高，经济增长主要依靠国内需求拉动，宏观经济治理水平更高，对外部冲击的抵御能力更强。

近年来，非洲国家更加重视基础设施建设，并通过多种渠道为基础设施建设融资，而非洲政府是基础设施项目最主要的融资来源。大规模的基础设施建设已经成为非洲经济发展的重要支柱。迄今为止，非洲大陆基础设施建设正在稳步推进。2016年，交通、能源、供水和卫生是非洲基础设施投资最多的三个领域，分别占非洲基础设施投资总额的39.2%、31.9%和16.9%。①

与此同时，当前非洲经济发展面临着诸多严峻挑战，主要的结构性困境有：经济增长创造正规就业的水平低，贫困现象严重，青年失业率高，

① 朴英姬．全球金融危机后非洲经济发展的新变化[J]．国际论坛，2018(6)：45-51.

难以收获人口红利。基础设施薄弱、人力资本匮乏、科技和创新能力滞后，是制约非洲经济发展的重要瓶颈。气候变化和安全形势恶化加剧了粮食不安全状况，成为非洲经济发展的长期挑战。非洲沿海城市与内陆城市面对着各种不同的风险。海平面上升造成的洪灾和风暴潮期间低洼地带的越流，及深层地下水的盐化是典型的沿海问题。热岛效应和强风暴在内陆城市地区可能更严重。淡水安全与充足的食品供应在受到日益上升的气温与日益减少的降雨影响的各个地方都有可能发生问题。

四、千年淬炼、绿色城市主义之欧洲城市

欧洲面积 1016 万平方千米，约占世界陆地总面积的 6.8%。欧洲地形以平原为主，平均海拔仅 300 米，是世界上海拔最低的大洲。冰川地貌分布较广，高山峻岭汇集南部和北部，阿尔卑斯山脉横亘南部，是欧洲最大的山脉。大陆海岸线长 3.79 万千米，海岸线十分曲折，大陆轮廓破碎，是世界上海岸线最曲折的一个洲。多半岛、岛屿和港湾。半岛和岛屿的总面积约占全洲面积的三分之一。有许多深入大陆的内海和海湾。欧洲气候深受北大西洋暖流的影响，海洋性气候显著，由西向东，距海由近及远，海洋性逐渐减弱，大陆性逐渐增强。欧洲有 46 个国家和地区，人口 7.42 亿，约占世界总人口的 10.48%，居世界第三位，是人口密度第二大洲，人口分布相对均匀。

历经好几个世纪的千锤百炼，欧洲城市的经典文化才焕发出今日的风采。德国社会学家韦伯曾指出，欧洲文明本质上就是一种城市文明。在欧洲的城市中，形成了政党政治的民主社会，孕育出现代科学和理性的法律制度，建筑、音乐、文学与艺术在城市中滋长，同时，欧洲城市也是基督教文明的中心。①

维也纳，永恒的音乐之都，曾经在维也纳发光的音乐家不胜枚举，如

① 墨刻编辑部．欧洲经典游[M]．中国工信出版集团，人民邮电出版社，2015.

贝多芬、勃拉姆斯、海顿、马勒、莫扎特、舒伯特、施特劳斯等。这些音乐家的故居散落在维也纳的巷弄间，纪念雕塑矗立在街头转角，乐声也依然悠扬。捷克的布拉格市容之美几乎难以想象，古堡、石板路俨然交织成一个浪漫的中世纪之都。布拉格被称为“建筑博物馆”，市内有众多12世纪以来的建筑精华，包括11—13世纪的罗马式建筑、13—15世纪的哥特式建筑、16世纪以后的文艺复兴建筑、17—18世纪的巴洛克建筑，这些建筑现在仍然以优美的身段矗立在伏尔塔瓦河畔。可以遍赏1000年中欧洲建筑的演变。自16世纪开始，罗马便成为各地艺术家的朝圣之地。拉斐尔、布拉曼特、佩鲁吉诺、米开朗琪罗、切利尼、卡拉瓦乔、贝尔尼尼、普罗密尼……这些大师把罗马打造成了一座露天博物馆。

巴塞罗那最吸引人的地方在于它的现代主义建筑。高迪设计的蜿蜒的屋顶，碉堡式的烟囱和造型奇趣的屋面，便是现代主义最出色的典范。西班牙近代最著名的三位画家：毕加索、米罗和达利都出生在巴塞罗那。柏林集传统智慧与现代经典于一身。在传统方面，柏林拥有深具历史价值的勃兰登堡门、菩提树下大道、宪兵市集广场等；在现代方面，则有选帝侯大道、波茨坦广场以及弗里德里希大街上摩登的商场和高科技建筑。阿姆斯特丹运河宛如年轮，逐一向外扩展，配合着纵横的河道，形如半张密实的蛛网。所有的建筑、车道和绿荫，就傍着这张扇形的网，织缀成今天的阿姆斯特丹。

欧盟对可持续发展的城市这一主题给予了相当多的关注。1990年出版的有关城市环境的绿皮书，被看作是里程碑式的文献，相当大地推动了有关环境角色和城市关系的讨论。1994年5月，在丹麦的奥尔堡举行的欧洲可持续发展的城市与城镇会议的参与者通过了《奥尔堡宪章》，发布了“走向可持续发展的欧洲的城市与城镇”的共同宣言。1996年发表的城市可持续发展原则：即城市管理原则、综合政策原则、生态系统思想原则、合作与合伙原则。除了可持续发展城市与城镇运动之外，大量其他的团体和组织在欧洲也积极参与并促进了城市的可持续发展，并有大量地方政府的网络组织来支持这项工作，包括地方环境行动国际委员会（欧洲城市气候联盟)、经济合作与发展组织(Organization for Economic Cooperation and Development)、欧洲城市、欧洲市政当局与地区委员会(CEMR)、城镇联合组织(UTO)和城市委员会。

欧洲城市证明了高密度和紧凑性与经济的发展并不矛盾，相反，可以加强经济发展。一些密度最高、最紧凑的城市也是世界上最富有、最具经济生产力的城市。尽管紧凑型城市结构已经出现几个世纪了，但是在当前的规划中，很少有国家能像荷兰一样，充分利用城市紧凑性的优点。自从20世纪80年代中期，荷兰已实行了明确紧凑型城市结构的政策。全国绝大多数的新发展都是在指定开发区域内进行的，这些区域都是在原有城市区域内或邻近原有城市。这些开发区域必须符合最低的整体密度标准，即在每公顷土地上建设33个住宅单元。

欧洲城市具有富于创意的住宅与生活环境。例如，斯堪的纳维亚半岛的城市树立了重要的榜样。最近，瑞典建设了约二十个生态村。类似合作住宅，主要特色是住宅单元集中在一起、共享活动开放空间、环境特色，以及特定集体活动设施，例如会议室。通常这些项目设计保护了大量原有的森林和天然特色，并且结合了大量的生态特色和环境技术(如雨水集中排泄体系和合成有机肥料设施)。

在欧洲城市中，公共交通的规划和执行上有着大量显著的特色。公共交通被看作是一个强有力的社会公益事业，对扩展公共福利是一个必要的公共服务基础。限制汽车尽力使城市“无车化”，建设自行车畅通城市，倡导自行车文化。如在德国的明斯特，环绕城市周围的自行车高速路改善了自行车交通。

欧洲城市注重建设绿色、有机城市。在高密度的欧洲城市中存在着那么多自然成分也许会令人吃惊。如柏林与海德堡，有些城市已经出现了大量的多样化的动植物。在许多废弃的场所，出现了杂合的动植物群落与独特的群落环境。在建筑物之间、在室内、在庭院空间及屋顶都出现了自然的元素。

理查德·罗杰斯在他的《小小地球上的城市》(*Cities for a small Planet*)

一书中，认为我们城市中现有的直线形的排污和资源使用方法需要替换为一个强调循环的系统。斯德哥尔摩就是这样一个生态循环平衡，迈向闭环的城市。斯德哥尔摩开发了一项综合的生态循环平衡战略，一个活动的废物可以变成其他进程的原料。如它的“从餐桌到土壤”的项目：特定餐馆和食堂厨房的有机废物被收集，经过一个沼气池来制造沼气(肥料)。同时注重城市和乡村的联系。城市周边的绿地有三重功能：有利于居民的生活福利，有利于城镇的健康和有利于生物的多样性。

欧洲城市使用可再生能源，依靠太阳能资源。在德国、荷兰、斯堪的纳维亚国家(丹麦、挪威和瑞典)，太阳能使用取得了很大的进展，现在通常将太阳能技术结合进新的建设与改造项目中。最有名的是弗赖堡、柏林及萨尔布吕肯。它们自称为“日光城”。欧洲在开发低耗能住宅，以及将节省能源与可再生能源结合进大规模住宅开发中一直是领导者。欧洲注重从自然出发设计建筑物与社区。尤其是在荷兰、丹麦与德国，生态或绿色社区与建筑方面有着广泛的经验。欧洲城市还有许多有前途的工业共生关系范例——一个生产上的废弃物可以作为另一个或多个其他公司的生产原材料。卡伦堡(丹麦)是世界上被引用最广、被研究最多的工业生态共生关系的例子。

当然，欧洲城市也不是尽善尽美，但总体上说，欧洲城市在保护文化遗产，践行绿色城市主义，推行城市可持续发展方面走在领先地位，为世界其他地区的城市可持续发展提供了经验与借鉴。

五、美洲城市经验与挑战

美洲，位于西半球，自然地理分为北美洲和南美洲，面积达4254.9万平方千米，占地球地表面积的8.3%、陆地面积的28.4%。人文地理则将之分为盎格鲁美洲(大多使用英语)和拉丁美洲(大多使用西班牙语和葡萄牙语)。美洲地区拥有大约9.5亿居民，占到了人类总数的13.5%。

(一)美国及加拿大城市雨洪管理经验

21 世纪以来，随着城市化进程的不断推进，地表植被覆盖减少，天然地形地貌急剧变化，不透水地面增加，改变了流域的产汇流规律，自然水文循环过程受到影响，城市地表径流量增加。在此背景下，人们普遍认识到并开始广泛关注雨水作为可用水资源的经济性、资源性和可持续性，形成了适于各国的雨洪管理理念。① 美国费城于 2011 年发布的“绿色城市，清洁水源”(Green City，Clean Waters 或 GCCW)规划是全美国第一个获得美国环保署认证的绿色基础设施规划，也使费城成为美国第一个通过绿色基础设施改善当地水源达到本州及美国联邦水质要求的城市。② 加拿大是世界范围内最早推行雨水综合管理的国家之一，于 20 世纪 80 年代开始将低影响开发(low impact development，LID)应用于城市排水防涝规划、设计和流域尺度雨洪管理的研究，之后雨洪管理在城市水平和流域尺度上不断得到发展。

美国在城市雨水生态治理方面非常成熟，早在十几年前就形成了一套成熟的雨水治理模式。在美国，资金问题已经成为影响雨水治理模式推进的最大障碍因素，为此，美国各州形成了一系列多元化的融资模式。如通过 PPP 模式进行多元化社会融资以促成项目落地和解决项目面临的资金缺口；利用国家循环基金(SRF)内的绿色基础设施和水资源效率资金库，国家循环基金主要来自低利率的贴息贷款和债券发行，还有一部分来自各地的公益投资、普通基金和一部分环保管理基金，以及部分绿色设施项目的投资收益等。

(二)拉丁美洲城市化

拉丁美洲广义上包括了美国以南的全部美洲国家与地区。拉丁美洲拥

① 黄津辉，段亭亭. 中国海绵城市开发与加拿大综合雨洪管理对比研究：以多伦多为例[J]. 水资源保护，2017(9)：5-12.

② 陈炎. 美国费城“绿色基础设施”规划对我国海绵城市建设的启示[J]. 城市建筑，2017(7)：34-36.

有占地球陆地表面积将近13%的1919.7万平方千米陆地面积。截至2013年，拉丁美洲的人口估计超过6亿。在2014年，拉丁美洲有着5.573万亿美元的国民生产总值。拉丁美洲地区拥有优越的自然资源优势，土地肥沃、阳光充足、水资源充沛、矿产丰富，亚马孙热带雨林地区堪称地球的绿肺，海洋渔业产品颇受世界各国青睐。优越的地理位置和气候条件，给拉美地区提供了非常丰富的自然资源，也给动植物生长和繁衍提供了良好的条件。拉美地区平均海拔仅600米，海拔在300米以上的高原、丘陵和山地占地区总面积的40%，海拔在300米以下的平原占60%，特别是南美洲安第斯山以东的广大地区，地域辽阔、相对平坦，为发育世界上流程最长、流域最广、流量最大的亚马孙河系及其他众多河流提供了可能。拉美地区林业资源丰富，是森林覆盖面积较大的大陆。南美洲森林面积达920万平方千米，占全洲总面积的50%以上，约占世界森林面积的23%。墨西哥、中美洲和加勒比地区各岛屿的森林面积合计约70万平方千米。这一地区的热带雨林是现今世界最大的、保存最完整的，总面积550万平方千米，其中330万平方千米在巴西境内，占地区热带雨林面积的60%，其余40%分布在法属圭亚那、苏里南、圭亚那、委内瑞拉、哥伦比亚、厄瓜多尔、秘鲁和玻利维亚境内。拉美地区动植物资源也极为丰富。

拉丁美洲是当前世界发展中国家较为集中，并具有鲜明区域特色的地区。经过整整十年的努力，拉丁美洲逐渐缩小了与发达经济体之间的差距，并在解决不平衡问题上取得了重大进展。但在2015年，拉丁美洲的平均增长率低于OECD国家的平均水平，拉丁美洲仍然是世界上发展最不平衡的地区之一：贫困依然影响着28%的地区人口，非正规就业仍是顽疾。联合国拉丁美洲/加勒比海经济委员会《2018年拉丁美洲和加勒比地区经济概览》指出：2018年，估计南美洲经济增长率为1.2%，中美洲增长率为3.4%，加勒比地区增长率为1.7%。就国家来说，多米尼加共和国和巴拿马将带动地区增长，两国国内生产总值分别将增长5.4%和5.2%，其次是巴拉圭(4.4%)、玻利维亚(4.3%)、安提瓜和巴布达(均为4.2%)、智利和洪都拉斯(均为3.9%)。

1. 拉丁美洲灿烂的古城市文明

在印第安文化发展的每一个主要阶段，特别是在玛雅文化、印卡文化和阿兹特克文化的全盛时期，都留下了古代印第安人的宝贵遗址。这些遗址记载了古代印第安人文化中心——城市发展的历史。玛雅人大约在公元8世纪建立了100多座城镇。托尔特克人建立了辉煌的图拉城；阿兹特克人在特斯科科湖中的岛上建立起宏伟壮观的特诺奇蒂特兰城。在印卡文化的发祥地，印卡人创建了人口千万、以秘鲁为中心辐及现今厄瓜多尔、玻利维亚和阿根廷与智利北部的大帝国，库斯科就是印卡帝国的首都。

2. 拉丁美洲国家非正规部门经济

拉丁美洲非正规部门就业人口的过度增长降低了就业质量，特别是农村移民的过度增加，加重了城市的就业矛盾。非正规部门的发展是发展中国家未来的必然趋势之一，是一个长期的系统工程，需要政府和社会的普遍关注与支持，更应该进行宏观和微观层面的系统性研究，摸清情况，研究适合其自身发展规律的合理路径和相应政策。

拉丁美洲的非正规部门产生于城市化过程中，其生存面临一个多种力量共存并相互作用的多重制约结构，这种结构对促进就业、降低转制成本、稳定社会等方面作用较为明显。拉丁美洲的城市贫民区为非正规部门集聚提供了合适的空间条件，但是非正规部门就业者逐步成为被边缘化的社会群体，无法享受政府的社会保障和医疗等福利待遇。“非正规部门”的概念界定为：泛指存在于城市中的规模小、技术落后、收入水平低、不稳定的从事商品生产、流通和服务的部门。主要包括微型企业、小型企业、小型住户企业、个体工商户、家庭型的生产服务单位、自营就业（包括独立的个体劳动者、家庭帮工、城市的农村就业者）。

2013年8月，拉丁美洲国家大约有1.2亿人在非正规部门就业，约占全部就业人口的47.7%。其中巴西就业人口的38.4%在非正规部门；阿根廷就业人口的46.9%在非正规部门；墨西哥就业人口的54.2%在非正规部门；非正规部门就业人口比例最高的秘鲁高达68.8%。可以说，非正规部门就业已经渗透到社会经济活动的各个方面。实现非正规部门与社会的融合是拉丁美洲国家的一种战略选择，也是必由之路。

巴西、阿根廷、智利等拉丁美洲国家多年来在城市外来移民的管理方面探索出了很多值得借鉴的经验。例如，巴西自20世纪六七十年代开始走上城市化道路以来，大量农村人口从欠发达地区涌向位于东南沿海的里约州和圣保罗，使这两个地方的人口快速增长，达到了全国人口总数的40%。最初巴西政府没有建立城市外来人口登记和管理制度，大量移民在国内的自由流动，造成社会治安恶化等社会问题。巴西各级政府无法动态跟踪人口流动的具体去向，因此无从对症下药。近年来，巴西政府开展了城市外来人口综合管理机制的改革，以城市基础设施建设和社会治安治理为先导，制订欠发达地区工业振兴计划，随着生活水平的提高和就业机会增加，城市外来人口的增速放缓，甚至开始出现城市移民回流现象。同时，扩大了大城市的社会救助局服务对象的范围，将非正规就业人口纳入跟踪统计系统，目前城市外来人口聚居区(大多是非正规房地产集中的贫民窟)的社会治安问题正逐步得到解决，中下层民众的居住条件、生活条件也得到了提高。一些拉丁美洲国家更加注重城市的文化内涵与市民的身份认同。①

目前很多非正规住宅区已经升级为“社区”。巴西第五大城市、伯南布哥州的首府累西腓市将城市非正规住宅区(包括俗称的贫民窟)改造为“社会利益特别区”。巴西政府对一些规模较大的非正规住宅区进行了“正规化”市政规划，很多社区安装了有轨电车，市政部门为社区安装了必要的生活设施和体育、娱乐设施，现在这些曾经被称为贫民窟的非正规住宅区治安状况得到了根本好转，很多居民在社区内部实现了自营就业。

① 李永刚．拉丁美洲非正规部门研究[D]．北京：中共中央党校，2015.

六、大洋洲文明之路：从本土化到学习型城市

俯瞰南太平洋上，大致在两条回归线之间，星罗棋布着 1 万多个大大小小的岛屿，这就是世界上最小的一个洲大洋洲。它的陆地总面积大约有 897 万平方千米，约为世界陆地总面积的 6%，包括澳大利亚、塔斯马尼亚、新西兰、新几内亚岛以及波利尼西亚、密克罗西亚和美拉尼西亚三大弧形列岛。由于特殊的地理因素和地缘政治因素，大洋洲的现代文明之路是西方文明与土著文明之间冲突与融合的过程，亦即西方文明的移植与本土化的过程。这种模式之下文明之间暴力的冲突较为少见，因此现代文明进程较为平稳，西方文明与土著文明之间的关系，始终是大洋洲各国必须面对和处理的问题。因移植近代欧洲社会的缘故，澳大利亚和新西兰社会的出现与发展从一开始就是以城市为中心和载体，人们可联想到堪培拉、悉尼、墨尔本、奥克兰、惠灵顿等一连串耳熟能详的城市。这两国的社会与文化的内涵与城市化与城市文化的形成与演进密切相关，使它们成为“城市化的国家”。作为国际大都市的悉尼最为典型地体现出这样的发展进程。① 1784 年，英国议会通过法案，决定在澳大利亚建立流放犯殖民地。1788 年 1 月 26 日，英国“第一舰队”在悉尼举行登陆仪式，第一批被英国遣送的罪犯约 1000 人驻扎在悉尼。澳大利亚可观的发展前景和丰饶的物产吸引了越来越多的英国移民。在 1810 年，悉尼已初具城市的规模，有了“第二罗马”之称。自由移民的不断涌入改变了澳大利亚社会形态和风尚。1842 年，悉尼设市，开始了大规模的市政建设。第二次世界大战以前，悉尼曾是澳大利亚重要的工业城市，一度集中有 1 万多家大小工厂。1970 年，悉尼的规模已经超过墨尔本，成为澳大利亚重要的金融、商业和消费娱乐城市。悉尼发达的水运与四通八达的交通网确保了悉尼港口的集散中

---

① 王宇博. 移植与本土化：大洋洲文明之路[M]. 北京：人民出版社，2011：186.

心地位。悉尼只有200多年的历史，其现代化风格更为突出和鲜明。澳大利亚是移民乐土，这正使悉尼城市文化表现为多元性：史前土著的石窟画、抽象派的绘画、欧洲的古典音乐、美国的摇滚乐、东方的民间舞蹈……不同的文化得以交流融合，这在服装式样、食品口味、社会方式、行为规范等方面多有趣味盎然的体现。

学会学习作为21世纪的一项关键技能，已被全球公认为推动社会发展的核心要素之一。社会的可持续发展需要建设学习型城市(learning cities)。① 美国学者博特金(J. W. Botkin)曾在《学无止境》中预言"智慧社会"(wisdom society)终有一天会到来。智慧社会具有包容的价值观，个体具有接受多元观点的胸怀，可以从多元视角解读复杂问题，并探寻多元解决路径。要向智慧社会前行，必须首先建成学习型城市，在坚持终身学习的过程中，学会更宽容，学会尊重多元化的价值观念和生活方式，开放性地求同存异②。

维多利亚州最先接受了学习型城市思想，成为澳大利亚学习型社区的发源地，其"成人社区教育"(adult community education，ACE)积极倡导学习型城市理念。1998年，沃东加第一个宣布为学习型城市，紧接着阿尔伯里加入，形成了阿尔伯里-沃东加学习型城镇联盟，实现了学习型社区发展的新模式，并于2000年承办了创建学习型城市会议。2000年9月，巴拉瑞特成为第二个学习型城市，至2000年底还有莫森湖、西索尔兹伯里和朗塞斯顿等学习型社区宣告建成，至此已遍及澳大利亚的诸多州。澳大利亚休谟市从2003年起开始创办休谟地球学习村，他们相信，学习是促进个人、经济和社区成长的关键因素。经过几年的实践，使整个城市成了一个学习社区和知识城市。他们有领导、有合作者和广泛聚集社会资本，通过

---

① 董泽华. 本土意识和全球理念促澳大利亚学习型城市发展——以维多利亚州和南澳大利亚洲为例[J]. 世界教育信息，2015(20)：49-53.

② 王燕子，谢沙. 国际学习型城市建设：理论发展与实践探索——基于《学习型城市、学习型地区、学习型社区：终身学习与地区政府》的探讨[J]. 中国成人教育，2018(21)：116-119.

各方参与，举办丰富多彩的活动，提供学习机会等，促进新知识和新技能的掌握，促进经济繁荣和就业，让学习社区可持续地发展和成长。

七、中东城市化进程

第二次世界大战后，中东城市化进入快车道。1960—1970年，中东城市人口年均增长率为5.95%，1970—1975年为5.1%。20世纪八九十年代以来，中东城市人口增长率为4.5%。进入21世纪后，中东城市化速度不减。联合国统计数据显示，2014年西亚城市人口已达到1.74亿，占总人口的70%。由此可见，就城市化的“量”而言，中东各国已普遍实现了城市化，且大部分国家已处于或即将处于高级的城市化阶段。而就中东城市化的“质”即城市化现代化水平而言，整体水平仍相对滞后，主要表现为中东地区出现了过度城市化现象，由此造成失业、社会组织紊乱、出现城市贫民窟等诸多问题。中东国家低质城市化的快速推进，不仅使城市在很短的时间内快速聚集了大量人口和财富，使城市空间和社会结构发生巨变，而且也促发了作为城市社会主体的人的嬗变。人流、物流、资金流、技术流、信息流在城市中交汇，城市要素的不稳定性和不确定性加强，导致城市社会成员心理的变化与失衡，产生心理危机。① 城市是全球秩序最直观的表现场域，从1979年的伊朗伊斯兰革命到2010年的“阿拉伯之春”，中东城市因此屡次成为社会矛盾和冲突的前沿阵地。

经历大规模城市化后的开罗，消耗了全埃及进口粮食总数的一半，推高了进口粮食价格，政府每年不得不斥巨资进行粮补，但效果差强人意；教育、医疗、住房等社会基础设施供需紧张，出现了大量贫民窟。人口膨胀造成严重的失业问题。仅2010年，中东地区的劳动力市场新增723万人。这些新增的青少年劳动者，往往缺乏劳动技能，为非熟练工人，因此

① 张丹，车效梅．中东城市化、市民心理危机与社会稳定[J]．西亚非洲，2018(6)：21-43.

更容易失业。人口素质也急剧下降。开罗在20世纪90年代，60%的人口为文盲，妇女文盲率更高。人口素质低下增加了犯罪率和社会不稳定因素。2011年，埃及发生政治动荡时，官方统计失业率为8.5%，但实际失业数字可能更高。

工业化是城市化的孪生兄弟，工业化在推进城市化进程的同时也造成了环境的恶化。以排水系统为例，20世纪60年代中东大多数城市缺乏完善的污水排放处理系统；20世纪70年代新的污水处理系统在一些大城市建立。但随着人口剧增而很快相对滞后。20世纪80年代，伊斯坦布尔全部污水的25%未经处理就流入金角湾，环绕该城的水域受到工业废水的严重污染。1980年，开罗为“世界上最喧闹的城市之一”，在车辆和行人拥挤时，开罗街上的噪音可达到80分贝以上，远远超过了世界卫生组织规定的45分贝标准。1977年末1978年初，德黑兰市政当局在没有采取任何安置措施的前提下，对大量城市“边缘群体”居住的棚户区进行强制拆迁，造成大量城市“边缘群体”无家可归。同时，缺乏一个分工科学、责任明确的市政管理机构。

以开罗为例，城市边缘区在埃及城市中普遍存在。据估计，埃及城市边缘人口达1156万人，占全国总人口的近20%。埃及住房建设部1993年的研究数据显示，全国共有1034处城市边缘区，大开罗有171处。其中开罗省79处，盖勒尤卜省60处，亚历山大省40处，吉萨省32处，“边缘群体”人口占开罗省、吉萨省人口比例的35.9%和62%。吉萨省是全国各省中城市边缘人口最为拥挤的省份，达225万人；开罗次之，219万人；亚历山大为111万人。

对于边缘区的治理，埃及主要采用三种方法。一是建造卫星城，将边缘区居民整体乔迁；二是拆掉旧房，将生活在边缘区的居民分散地迁到其他社区；三是对边缘区进行改造。由于种种原因，成效欠佳。中东城市的犯罪主体主要是居住在城市边缘区的“边缘群体”。“边缘群体”或边缘区的恐怖主义暴力活动成为困扰中东国家政府的问题之一。如今，中东城市政府正在采取针对性的措施，如重视城市规划、关注民生、发展科技、振兴经济。但城市治理的民主化进程曲折，需要探索符合自身国情的治理路径。

八、现代化伊斯兰城市

自20世纪60年代，一批崭新的城市在一些国家的现代化油田和天然气产地附近发展起来，包括阿拉伯联合酋长国、科威特、沙特阿拉伯、巴林群岛和卡塔尔。石油收入支撑了这些城市的建设。这些城市包括两个地区：

(1)由城堡框定的很小的城市核心区，以及可能存在的传统码头区或者高收入社区，尽管范围很小，核心区的布局和建筑风格体现了本地的特征；

(2)环绕着核心区的是现代城市，包括办公场所、大型购物中心、高尔夫球场、公寓楼、蔓延的郊区和清真寺。石油创造的财富用来聘请最富有创造力的建筑师设计一座座融合现代建筑和传统风格的城市。这些新的城市景观中引人注目的是一流的城市绿化。形象地说，这是油变成水，水再变成绿地。

支撑城市发展的石油吸引了从农村向城市的大量移民。随着农业人口变成城市人口，流浪的生活方式也成为历史。像迪拜、科威特和阿布扎比这样作为经济磁体的城市，吸引了远至印度、巴基斯坦、斯里兰卡和菲律宾的不熟练劳动者，以及来自欧洲、美国和阿拉伯世界其他地方的技术工人。

与欧洲和北美的许多城市的工业化经历不同，这些石油城市的工业仅仅局限在当地的手工艺和在自由港如迪拜的Jebel Ali自由区和空港自由区进行出口制造。波斯/阿拉伯海湾的港口城市成为转运口岸(entrepot)，出口汽车、电子产品和其他高端产品到中亚地区。一些城市非常担心依靠石油带来的过度专业化，开始着手建立多样化的经济基础，使得城市能够在石油开采枯竭后继续发展。例如，作为港口和贸易中心，迪拜、阿布扎比、麦纳麦已经逐渐成为重构地区经济体系中重要的交易节点。①

九、欠发达国家的城市问题

(一)贫穷

生活在国际贫困标准(每天1美元)线下的人口数量从1987年的12亿上升到2000年的15亿。贫穷日益成为一种城市现象。在一些国家，如孟加拉国、萨尔瓦多、冈比亚、危地马拉、海地和洪都拉斯，超过50%的城市人口生活在他们国家的贫困线之下。贫穷人口在非正式部门谋生，非正式部门大致有四类：

(1)在商品和服务中的自给行为(subsistence actities)，主要用来维持生计，而不是赚取利润。如服装和缝补。

(2)自我经营的小规模生产者和零售商，如街道小贩、技工和食品小贩。

(3)最低工资标准和安全工作条件的工作。

(4)罪犯和社会不良活动，包括毒品交易、走私、盗窃、敲诈和卖淫。

在许多城市，超过1/3的人口是在非正式部门工作，还有一些城市甚至超过了2/3：如印度尼西亚的雅加达、乌拉圭的蒙得维的亚、吉尔吉斯斯坦的比什凯克和厄瓜多尔的昆卡等超过30%；毛里塔尼亚的努尔克肖特、乌干达的恩德培、巴西的累西腓和阿根廷的科尔多瓦等超过40%；津巴布韦的哈拉雷、喀麦隆的杜阿拉、厄瓜多尔的瓜亚基尔、哥伦比亚的马日尼拉等超过50%；孟加拉国的达卡、乍得的恩贾梅纳、尼加拉瓜的里昂、马拉维的利隆圭、印度尼西亚的苏腊巴亚和几内亚的科纳克里等则超过60%。从世界经济的角度来看可能处于边缘经济，但是它们却维持了全

① 保罗·诺克斯，琳达·迈克卡西．城市化[M]．顾朝林，汤培源，等，译．北京：科学出版社，2009：245.

球10亿多人口的生计。在许多欠发达国家，非正式部门的劳动力包括世界上最脆弱的群体——妇女和儿童。

(二)住房拥挤、城市服务匮乏

非正式劳动市场直接并存于贫民窟和棚户区：由于很少工作能提供固定的薪水，大多数人无力支付像样住房的租金或抵押款。失业、非充分就业以及贫困导致了过度拥挤。过度城市化地区已经无力提供廉价住房，这大大超越了开发商和政府部门所能提供新住所的能力，从而导致的必然结果是贫民窟和棚户区的大量出现，以提供岌岌可危的庇护。通常没有电、自来水等基础设施。过度拥挤、卫生设施极差，缺乏维护管理，从而引发高发病率和婴儿死亡率。

(三)环境退化

由于贫困、住房拥挤、服务和交通基础设施匮乏等带来环境问题。由于人口的快速增长，这些问题也迅速升级。生产和生活垃圾堆积在湖泊和池塘，污染了外河流、河口和海岸带。化学品从垃圾场流出，污染了地下水。对木材和家庭燃料的需求，使得城市周边森林被砍伐殆尽。在大城市中，每天都有成吨的铅、硫氧化物、氟化物、一氧化碳、氮氧化物、石化氧化剂和其他有毒的化学品排放到大气中。

缓解贫困，政府的就业政策是必要的。缓解城市环境问题，政府的规划部门也要负担责任。社会基本需求涵盖就业、住房、食物、教育和卫生等多方面。政府在满足城市需求中起重要作用，如工作岗位、学校、医院，以及在提高人权、社会机遇和自我创新方面也同样重要。发达国家应对欠发达国家城市问题的缓解提供援助。

第十二章 道德之巅——联合国人居署项目行动①

一、怀特海“包容”范畴与联合国人居署项目

怀特海指出：“我采用了‘包容’这个词来表达一个现实实有借以实现其自身凝聚其他事物的活动。”②把现实实有分析为“包容”就是揭示现实实有本性中最具体要素的分析方法。现实实有的满足可以分解为各种各样的确定的活动。这些活动就是“包容”。经过包容，潜在的实有才成为现实的实有。无数的包容互相重叠、互相再分、互相补充，相互关联组成这大千世界。不同类型的包容密切关联、相互作用，在其综合互动中推动现实的创造性进程。“美是一经验缘现中诸因素的互适”③，即美的本质在于包容、在于平衡、在于和谐的整体。在美的形式中，不仅不存在相互抑制，而且充满新奇的对比和张力，具有一种宽宏的感觉，所体现出来的和谐是一种高级的和谐。怀特海指出：“对不协和感觉的经验就是进步的基础。自由的社会价值就在于它产生不协和。完善之外还有完善，一切完善的实现都是有限的，没有哪个完善是一切完善的极致。不同种类的完善之间也

① 资料来源：联合国人居署文件 Country Activities Report *2019*，Working For A Better Urban Future，Annual Progress Report *2018* 等。

② 怀特海. 过程与实在[M]. 李步楼，译. 北京：商务印书馆，2012：83.

③ 怀特海. 观念的冒险[M]. 周邦宪，译. 贵阳：贵州人民出版社，2000.

是不协和的。因此，不协和——它本身是毁灭性的和恶的——对美的贡献就是那种正面的感觉，它感到目的从耗尽了的平淡完善迅速转移到尚带新鲜气息的某个另外的理想。因此，不协和的价值就在于，它是对不完善的优点的一种称颂。”①包容是美，是进步的必由之路。

整个地球就是一个复杂的机体，一个庞大的实有，它的不同的方面——地质的、生物的、心理的、文化的以及技术的现象——可被视为一种持续努力的表现，即努力要达到一个更高的进化、综合，以及自我实际化的层面。这个时代我们需要秉承一种地球意识，从全局整体看待发展问题。世界各国的发展是不平衡的，有落后与先进、贫穷与富强的区别，但都处在命运与共的大家庭中。每一个创造物在其自身中都包含着全部历史，每一个国家的发展是在人类全部历史基础之上，谁也不能独善其身，唯有以包容博大的胸怀，才能谋求自身的发展，同时实现共同发展。正如《礼记·礼运》曰：“大道之行也，天下为公”；孟子有云：“仁也者，人也。合而言之，道也。”②“包容发展”是大公之美，以仁爱之心治理国家和国际治理是坦荡大道，也是怀特海揭示的宇宙万物包容性创造之道，蕴含着深沉与壮美。

联合国人类住区规划署(人居署)是联合国负责人类居住问题的机构。联合国人居署始于1976年在加拿大温哥华召开的联合国人类住区会议，会议有两个主要成果：第一项是《温哥华宣言》，第二项是建立联合国人类住区中心。二十年后，1996年6月在伊斯坦布尔举行的第二次联合国人类住区会议(人居Ⅱ)进一步提高了全球对城市和人类住区问题的认识。会议发布了《城市化的世界：全球人类住区报告1996》。在当时的历史背景下，世界面临着显著的变化，正如约翰·奈斯比特强调的，这些变化包括：从工业社会到信息社会、从国家经济到世界经济、从集权到分权、从机构帮助到自助、从层级到网络、从北到南。世界正在向更全球化的模式转变，而

① 怀特海. 观念的冒险[M]. 周邦宪，译. 贵阳：贵州人民出版社，2000.
② 《孟子·尽心下》。

这种新模式在很大程度上是由城市推动的。2016 年 10 月在基多举行的联合国住房和城市可持续发展大会(人居Ⅲ)上通过的《新城市议程》重申了“人居署在其任务规定范围内与联合国系统其他实体协作，作为可持续城市化和人类住区协调中心的作用和专长，同时认识到可持续城市化与可持续发展、减少灾害风险和气候变化等方面之间的联系”。

当今世界是一个城市化的世界。2018 年世界人口的 55%即 42 亿人生活在城市区域，34 亿人生活在农村地区。到 2030 年，城市人口将增加 10 亿。城市化促进增长、提高生产力、增加机会和提高生活质量。城市的聚集和产业化创造财富、增加就业、提供社会自由、推动人类进步。在世界城市化的进程中有一些障碍如：许多城市无序蔓延、贫民窟不断扩大、贫困和不平等加剧、犯罪肆虐，除此之外，气候变化引起城市自然灾害频发。这种发展模式的功能失调和不可持续的根源是城市资源和成果的私人占有、公共空间和社区利益的漠视、管理和政策的失当、合理规划的缺失等。虽然城市化可以使城市更繁荣，使国家更发达，但许多地区对城市化带来的多维挑战缺乏准备，表现为不可持续性，如在环境方面，私人利益而非公共利益引导由汽车所有者推动的高能耗低密度城市蔓延，对气候变化造成不利影响；在社会方面，不公平、排斥和贫困造成了空间上的不平等和割裂；从经济角度，普遍失业，尤其在青年中，不稳定和低薪的工作与非正式的收入活动，造成了经济困难，生活质量差，难以形成城市的服务与便利。

联合国人居署与合作方共同工作，设法面对城市和其他人类定居点可持续发展的主要挑战和机遇。联合国人居署与利益相关各方合作，积极应对城市化的机遇和挑战，提供规范、政策建议和技术援助，将城市和其他人类定居点转型为充满经济活力、社会进步和环境安全的包容性人间乐土。建设目标是居民普遍就业，拥有充分的基础设施，拥有包括住房、水、卫生、能源和运输等基础服务，土地规划良好、管理优良和效率高的城市及其他人类住区。联合国人居署的工作重点包括：城市立法、土地管理和城市治理；城市规划和设计；城市经济和市级金融；包括水和环境卫生、城市废物管理、城市交通、城市能源等方面的城市基础服务；住房和贫民窟改造；减少风险、恢复和增强城市韧性；城市研究和能力发展等七大领域。

联合国的工作重点通过一系列的项目实施。这些活动大部分是通过设在肯尼亚内罗毕的非洲区域办事处、设在埃及开罗的阿拉伯国家办事处、位于日本福冈的亚洲及太平洋区域办事处，以及设在巴西里约热内卢的拉丁美洲和加勒比区域办事处(拉加经委会)实质性支助和参与，在项目司全面协调下进行的。本着“一个联合国”的原则，本着共同为人类、社会经济和环境发展服务的宗旨，联合国人居署加强联合国机构间协作，如由联合国发展账户资助或与联合国大家庭的姐妹机构如环境规划署、联合国妇女署和许多其他机构联合共同执行大量项目。

人居署的全球、区域间和区域项目旨在解决全球或一个以上区域的趋同和共同需求。这类项目的目标是为更大的区域间一体化和增加催化提供协同作用。这些项目中有些是由联合国发展账户资助，其他是由世界各地支持联合国发展议程的捐助者资助。在国家一级的人居署项目，旨在解决个别国家或其领土内不同群体的共同需要，从而支持他们正在进行的国家能力和制度发展努力。联合国人居署项目也在地方一级开展活动，以促进地方解决问题，应对影响最脆弱人口的日常挑战。如果条件满足，人居署的项目还提供包括设计准则、课程、教材和能复制的最好的实践资料，满足城市居民的需求，同时加强城乡联系。

联合国人居署项目的综合特点是具有登高望远的前瞻视野，“不让一个人掉队”的包容和忧患，顺势而为的借力多助，充分接地气的实施方案。联合国站在道德的制高点促进城市不断打破部门之间的壁垒，增强韧性、提高自身的快速反应能力，城市创新聚集将成为解决全球性问题源源不断的动力和引擎。

二、让贫民窟成为历史

发展中国家目前有近10亿城市居民生活在贫民窟。贫困、不平等和匮乏的贫民窟问题依然是许多城市面临的挑战之一。联合国人居署将贫民窟定义为缺乏下列五项条件中一项或多项：获得清洁水、获得改善的卫生设施、充足而不拥挤的生活区、持久的住房和安全的使用权。贫民窟是由下列因素造成的：失败的政策、糟糕的治理、腐败、不合适的规则、功能失调的土地市场、不负责任的财政系统，和缺乏政治意愿等。改善贫民窟居民的生活已被视为在世界范围内消除贫困的基本手段之一。这一目标将推进全球发展可持续议程。贫民窟改造将使世界迈向更包容、更安全、更有韧性、更加繁荣和可持续。

在应对这个巨大的挑战方面，联合国人居署主张双轨方法：一方面通过大规模提供已敷设公用设施的土地和住房的机会，提高新住房的供应和负担能力，从而抑制新的贫民窟的增长；另一方面实施城市和国家范围内的贫民窟改造计划，从而改善现有的贫民窟住房条件和生活质量。以适当的规模、可承受的价格、类型和价格的多样性提供住房机会，并提供就业和创造收入的机会。住房建设直接影响城市的未来及其生态和经济足迹。贫民窟改造及住房的改善将有助于减少社会不平等，并通过其社会和空间改善城市安全。它还将促进城市住房部门的能源效率和可再生能源的使用。为促进贫民窟改造、消除城市贫困，人居署推动综合、包容、渐进性、参与式、能抵御气候变化的原地干预措施，向穷人倾斜并特别关注妇女和青年，在实现城市化的同时减少不平等，促进共同繁荣。正在实施的与贫民窟改造相关的项目举例如下：

1. 参与性贫民窟改造项目(PSUP)

参与性贫民窟改善项目(PSUP)于2008年启动，是非洲、加勒比和太平洋国家集团(ACP)、欧盟委员会(European Commission)和联合国人居署共同努力的成果。迄今为止，该方案已为至少200万贫民窟居民改善生活提供了必要的有利框架。PSUP的方法是强调将贫民窟居民纳入更广泛的城市结构，并对贫民窟居民采取积极的态度，使用城市范围内的参与性规划方法进行就地贫民窟升级。实践中，PSUP将贫民窟纳入“城市”地图，并促进地方、国家和区域层面的对话，这种“思维模式的改变”是必要的，而“思维模式的改变”是朝向可持续和包容性城市化的积极政策变化的关键驱动力。2018 年 11 月举行的第三次 ACP-EC-UN-Habitat（ACP 国家-欧盟委员会-联合国人居署）三方会议上，来自 34 个执行国家的代表参加了会议，会议汇集了全球贫民窟改造方面的政策和技术领导人，讨论了贫民窟的挑战和全球解决方案。这个项目第三阶段 PSUP Ⅲ正在 40 个 ACP 国家的 290 多个城市中进行，已经产生了相当大的影响。通过国际宣言，全世界 43 个国家承诺为贫民窟居民提供适当住房和改善生活条件的权利。

2018 年，通过参与改善贫民窟方案，四个国家（马达加斯加、喀麦隆、肯尼亚和佛得角）制定了促进贫民窟改造、预防政策和策略。肯尼亚国民大会通过了贫民窟改造和预防政策。该方案指导如喀麦隆等国家实施参与性贫民窟改造。喀麦隆 2300 万总人口中有 936740 名贫民窟居民。国家和地方当局缺乏充分应对这一挑战的能力和资源，在实施参与性贫民窟改造方案之前，唯一的反应是强制拆迁。在恩科尔比角，参与性贫民窟改善方案组织了妇女和青年领导人，与非政府组织合作促进社区培训，并为全市范围内的贫民窟改善和预防活动引入了社区管理基金，废物管理是优先事项。青年领袖们建立了小型企业，与地方当局合作，通过回收他们收集的垃圾，将废物管理的挑战转变为一项创收活动，同时向社区收取可负担的服务费。购置车辆和设备的经费来自社区管理基金。喀麦隆的政府已经在 23 个城市复制该模式。为雅温得制定的全市范围的贫民窟改造和预防战略在 7 个城市（加鲁瓦、巴门达、贝尔图阿、恩加恩德雷、杜阿拉、雅温得、克里比、巴富萨姆）得到复制。贫民窟居民的生活条件得到了改善，能够更好地获得水和卫生等基础服务，排水系统的改善也减少了洪水的影响。青年组织参与废物管理不仅为 1.5 万名年轻人提供了就业机会，还降低了犯罪率和暴力犯罪率。

在加纳阿克拉的 GaMashie 社区，缺乏进行社区活动的公共空间，也缺乏积极参与社区升级发展的公共空间。阿克拉大都会议会（AMA）建立了一个社区中心。优先为孩子们创造一个在晚上做学校作业的空间，并为年轻人技术技能培训提供了便利。社区中心加强了 AMA 和 GaMashie 社区之间的合作与伙伴关系，从而加强了贫民窟改造的参与过程的制度化。通过改善公共空间，社区有了更广泛的娱乐选择，参与性过程确保了更广泛的社区群体对公共空间的所有权。在所罗门群岛，在海地等地 PSUP 项目也进行了类似的社区公共空间的建设。

在肯尼亚基里菲县马坚戈社区，PSUP 提供了技术培训和一台液压砌块制造机。砌块可以低于现行市场价格出售给马坚戈社区，改善住房条件，同时为社区创造生计。PSUP 对布基纳法索 Bissighin 的年轻男女进行管道方面的培训，通过培训，在社区提供了技术维修网络的人力，有助于创造就业机会和加强家庭的饮用水和卫生设施。在培训结束时，这些女孩和男孩收到了成套的安装包，使他们能够立即开始工作，向 Bissighin 和周围地区的居民提供服务。

2. 支持制定利比里亚国家城市政策(NUP)(项目开始日期：2018 年 1 月 1 日)

2008 年，利比里亚城市人口占该国 350 万总人口的 47%。截至 2015 年，城镇人口约占全国总人口的 50%，年城镇人口增长率为 4.7%。首都蒙罗维亚的人口到 2010 年增长到 100 多万，目前占利比里亚城市人口的 40%以上(在大蒙罗维亚地区)。人口的扩散和聚集对利比里亚在基础设施、住房、基础服务、粮食、健康、教育、体面工作、安全和自然资源等方面构成了巨大的持续性挑战。特别是快速城市化和无计划增长的结合通过贫民窟的扩散表现出来，目前蒙罗维亚约 70%的人口生活在贫民窟。对于利比里亚来说，NUP 的目标是通过提供一种机制来缓解该国正在发生的快速城市化引起的挑战。

3. 为在库克斯巴扎的罗兴伽人提供人道主义定居点项目(项目开始日期：2018 年 5 月 1 日)

库克斯巴扎是孟加拉一处最贫穷的地区，在该地生活着 20 多万无国籍的缅甸少数民族罗兴伽人。该项目的框架将包括拟定场址评估，审查具体标准，确保在改善的场址支助流离失所者，作为可持续的住区规划的一个重要基础。框架将考虑地形和地理、海平面上升数据、潜在水源、环境危害、洪水风险等因素；考虑现有的基本服务和基础设施可获得性、场址的承载能力、对脆弱环境地区的影响等关键因素。安居点的规划将启动立即的行动。为移民和难民创造人道主义参与式定居点，并进行社区和政府管理。

三、“不让一个人掉队”，包容促进发展

当前世界面临着许多严重的挑战，包括不平等加剧、一些地方不安全愈演愈烈、气候变化的影响趋于严重。但在医学、人口寿命、信息和交流技术、治理和人类知识方面也取得了重大进展。尽管城市面临着从贫困到污染等一系列重大问题，但城市也是经济增长的动力源、包容与创新的催化剂。通过愿景、规划和融资，城市可以成为世界的解决方案。联合国人居署团队在过去打下的基础上继续努力，扩大会员国和私营部门伙伴的参与和支持度，促进发展以实现可持续发展目标《2030年可持续发展议程》确立的使命、促进可持续的城镇化——不让一个人、一个地方掉队。目前正在实施的项目举例如下：

1. 支持阿富汗重返社会的城市可持续人类住区项目（SHURP）（项目开始日期：2018年1月1日）

该方案的总目标是支持回返者、长期国内流离失所者和无地的阿富汗人可持续地重新融入包容性的城市地区，成为阿富汗富有生产力、自力更生和适应力强的公民。办法是在邻近城市中心提供适当生计机会，在二、三级城市和战略地区附近提供地理位置良好的可用土地。

2. 伊拉克技术和能力发展倡议

人居署自1996年以来一直活跃在伊拉克。2003年以后，人居署在很

大程度上参与了早期恢复工作，特别是通过提供住房和重建解决方案来帮助国内流离失所者。从那时起，联合国人居署在伊拉克的工作范围已扩大到紧急反应之外，包括人道主义和恢复方案，例如向国内流离失所者和回返者提供住房和水、卫生和个人卫生基础设施，以及促进受冲突影响地区的城市恢复。

3. 也门恢复和重建倡议

联合国人居署于2018年开始在也门开展行动，旨在为这个饱受战争蹂躏的国家带来和平建设的国际努力。联合国人居署在也门的第一个介入行动是一个针对6座城市的研究项目，并制订城市一级的恢复和重建计划，这也有助于制订国家恢复和重建计划。联合国人居署已于2018年在亚丁和萨那开展工作，亚丁和萨那的初步数据和制图工作已完成。联合国人居署与各方合作伙伴包括世界银行、德国国际合作组织（GIZ）和联合国教科文组织（UNESCO）进行协调，将他们在灾害评估和信息管理方面的经验运用于也门的城市，以更好地开展人道主义工作，恢复和发展投资。

4. 联合国人居署与安哥拉合作项目（项目开始日期：2014年10月15日）

这个项目的主要目的是支持安哥拉国家城市政策的制定和实施，这将有助于改善城市的内部协调问题，完善相关的规章制度，明确实施机制和以未来20~30年的愿景并实行战略干预。

5. 支持联合国人居署埃塞俄比亚计划项目（项目开始日期：2018年1月1日）

这个项目的主要目的是对实施联合国人居署埃塞俄比亚计划提供支持。埃塞俄比亚的城市和城市集群的特点是缺乏基础服务和住房，基础设施薄弱，城市环境不健康，难以实现预期的经济和社会增长。具体来说，埃塞俄比亚缺乏地方一级的技术和城市管理能力；城市和区域规划差；缺乏城市风险降低和韧性建设；城市决议的利益相关者之间缺乏协调。本项目旨在提升技术人员和城市领导的能力；改进城市议程执行伙伴之间的协调、监控机制和知识水平。

四、城市可持续发展引领未来

追溯过去20年的发展，在全球性的转变格局中，城市已置于核心位置。城市已成为推动经济持续增长、繁荣发展、创新、投资、消费的积极而有效的力量。城市可以带头应对21世纪的许多全球性挑战，包括贫困、不平等、失业、环境退化和气候变化，从而推动可持续发展。城市是大规模生产、消费和服务的理想场所，其规模、密度、社会、文化和种族群体的多样性，使它们有别于农村环境。从纽约到圣保罗，全球化的上升潜力促进了城市作为全球战略中心出现，为全球变革提供了基础和动力。

城市可持续发展的目标是努力满足所有人的基本需求，而不超越自然环境的承载限度。一个可持续发展的城市是在地方治理框架内，以居民深度的参与和包容为特征，实现经济、环境和社会文化发展目标之间的动态平衡。可持续城市化的核心是可持续基础设施。可持续基础设施是指以确保对资源、环境和经济造成最小压力的方式设计、开发、维护、再利用和运营的基础设施，并应有助于增进公共卫生、福利、社会公平和多样性。2013年至2030年，全球需要57万亿美元的基础设施投资，以支持经济增长和城市化。正在实施的项目举例如下：

1. “紧凑、互联和包容的城市公共空间，一体化和参与性的城市规划”项目

这个项目开始于2016年1月，旨在改进当地政策、规划和设计，以便在合作方城市中建设紧凑、一体化和相互联系、具有社会包容性的城市和社区。特别是在迅速城市化的低收入国家的城市里，减少贫困和实现人权是重要前提条件。项目力求通过有效的创造、保护、设计和管理

公共空间建设紧凑的、包容的、一体化的、相互联系的、能抵御气候变化的城市。

自2016年以来，项目在24个国家完成了69个不同规模的城市规划。21个国家进行了建设公共空间工作。项目举行了一些关于城市规划的讨论（如在俄罗斯、美国、意大利、西班牙、荷兰、英国、摩洛哥、牙买加、苏里南、坦桑尼亚、斯里兰卡等）。约有1200名专业人士、决策者和利益相关者参与了专家研讨会议和培训计划。

2.“监测城市可持续发展：城市繁荣倡议（CPI）”项目（项目开始日期2017年6月15日）

这个项目促进以数据为基础的政策，作为推动城市向可持续发展转型的先决条件。人们已经认识到，城市数据的质量是促进透明度和参与性决策的基础。城市繁荣倡议（CPI）是一项全球倡议，它为城市测量提供了一种创新的方法，让城市提升人们的生活质量。它通过收集大量的关键信息（数据、指标），并将它们转化为战略知识，作为制定基于数据的城市政策、城市愿景和长期行动计划的基础，同时，提高市政单位的监测和报告能力。

到目前为止，“城市繁荣倡议（CPI）”已经收集了全球530多个城市的数据。其积极的影响之一，是为地方政府编制规划提供工具。在墨西哥和哥伦比亚，CPI已经被用于升级和更新地方计划和城市愿景。在城市如墨西哥的潘市和哥伦比亚的布卡拉曼加等，CPI的数据被置于地方政策讨论的中心，产生了自下而上的战略愿景，并达成宝贵共识。CPI证明，高质量的数据可以改善城市规划和治理。

3. 以人为本的中国城市公共空间规划项目（项目开始日期：2016年6月30日）

人居署与武汉土地使用和空间规划研究中心（WLSP）合作，在2016年启动了这个项目，重点推进可持续发展目标SDG 11.7。该项目希望在国家一级和武汉取得成果。人居署与WLSP及其姊妹机构武汉规划和设计院

(WPDI)之间已结成高效的伙伴关系。

项目在 WLSP 建立了公共空间规划的培训基地。完成了在武汉的一系列公共空间推广综合项目，包括东湖绿道，武汉历史名城，江岸区和江汉区区一级的评估，得胜桥遗产区，以及为二曜路社区、西北湖公园和得胜桥社区采用了“逐块”工具参与式设计。

4. 阿根廷国家城市政策：改善城市和地区的公平与共同繁荣（项目开始时间：2016 年 11 月）

阿根廷的政府申请联合国人居署的支持，与关键的国家利益攸关方一道为其辽阔领土的地域平衡发展制定国家政策，以促进其城市的包容性发展。该项目执行一个广泛参与的政策制定过程，设立了来自公共和私营部门、学术界、民间社会、开发银行以及国际组织人士组成的指导委员会。他们一起为优先事项和行动达成共识。

阿根廷国家城市政策(NUP)已于 2019 年初发布。鉴于城市化率已超过 91%，阿根廷的目标是通过这一重要成果来更好利用其城市化，提高其效益、溢出效应和外部性。NUP 正在成为部门、地方政府和服务提供者的参考，也成为阿根廷立法体制改革的关键参考。

5. 玻利维亚启动国家城市综合发展政策(NUP)(项目开始日期：2017 年 12 月 1 日)

这个项目的目标是提供建议、指导玻利维亚政府制定和启动“城市综合发展国家政策”，以有助于玻利维亚住区可持续发展。该项目应用联合国人居署与联合国系统的方法和专业知识，努力帮助玻利维亚政府实现“爱国议程”中的包括与贫困作斗争的美好生活伟大目标。该项目将通过三个工作包来执行：制定国家城市综合发展政策；发展执行“国家城市政策”(NUP)的业务能力、监测和评价手段；将联合国的支持关联到 NUP 的制定和实施过程中。

五、"一带一路"贡献中国力量

联合国人居署与中国城市发展合作中心项目(CCUD)始于2017年4月13日。

中国政府与联合国人居署的合作是联合国人居署与中国关系的一个里程碑。国家发改委下属的中国城市发展中心(CCUD)是从事政策研究和建议的专门机构。这次合作的主要成果是在成都及四川省有关部门联合举办的高层论坛。

2017年5月14日，首届"一带一路"国际合作高峰论坛在北京举行。当时，联合国人居署和中国政府签署了"一带一路"框架内谅解备忘录。其中的一个合作领域是组织论坛和会议。因此，加强"一带一路"沿线城市间的合作是首届高级别国际论坛的重要目标。

2017年与2018年论坛的内容和成果都很重要，影响也很大。2018年论坛有来自30个国家的100名国际嘉宾。论坛促进了城市可持续发展的原则和路径的讨论。与会者就联合国会员国在《2030年可持续发展议程》(纽约，2015年)和《新城市议程》(基多，2016年)中作出的承诺，分享了优先事项和面临的挑战。

2019年论坛于7月15日至17日举行。2019年论坛聚焦与世界对话，共谋发展。在"一带一路"倡议下，中国期待与各国深入交换意见。论坛还讨论加强多边、双边以及城市与城市合作的方式。论坛开放包容，在落实2030年可持续发展议程和新城市议程过程中，汇聚了绿色增长和可持续城镇化等相关利益攸关方的智慧和力量。

城市是"一带一路"沿线国家承载人口和人类活动最主要的空间，"一带一路"沿线地区城市实现可持续发展，是全世界实现可持续发展很重要的因素。中国在"一带一路"网络体系内的道路、基础设施和通信网络建设，为一些沿线城市扫清市场入门障碍。"一带一路"体系内的大部分国家不愿意投入或无力进行基础设施建设。中国与它们共同完成这项任务使贸易和投资机构能够进入这些国家的国内市场。同时，还能保证在农业、制造业和能源开发领域对这些国家投资的公司能够享受到高效的水陆运输网络，推进“一带一路”沿线城市繁荣发展。

六、人居署项目实施网络

1. 非洲地区

位于肯尼亚内罗毕的联合国人居署非洲区域办事处（ROAf）正在与非洲各国政府合作，尽早采取行动应对快速城市化的挑战。在非洲正在进行的项目在地理范围和发展方面非常多样化。ROAf 的工作涉及以下国家：安哥拉、布基纳法索、喀麦隆、佛得角、乍得、刚果民主共和国、埃塞俄比亚、加蓬、加纳、肯尼亚、利比里亚、马达加斯加、马拉维、莫桑比克、尼日利亚、卢旺达、索马里、南非、南苏丹、坦桑尼亚、乌干达、赞比亚、津巴布韦。非洲城市人口的增加是其全面转型的一项有利资产。然而，只有当城市得到适当的规划和充分的服务时，非洲大陆才能充分发挥其潜力。因此，非洲的城市发展需要一个重大的变化——这种变化的主要动力可以通过以下两个方面来推动：第一，重新审查规划进程；第二，改善提供和获得基础服务的途径。人居署在非洲地区自 2014 年以来实施了 210 个项目，价值 1.941 亿美元，分布在非洲 33 个国家。

2. 阿拉伯国家

联合国人居署阿拉伯国家区域办事处（ROAS），成立于 2011 年，为 18 个阿拉伯国家提供政策建议、技术合作和能力建设。这 18 个国家是：阿尔及利亚、巴林、埃及、伊拉克、约旦、科威特、黎巴嫩、利比亚、摩洛哥、巴勒斯坦、阿曼、卡塔尔、沙特阿拉伯、叙利亚、苏丹、突尼斯、阿拉伯联合酋长国和也门。人居署在该地区自 2014 年以来实施了 164 个项目，价值 3.47 亿美元，分布在 18 个阿拉伯国家。

3. 亚洲和太平洋地区

人居署在亚洲和太平洋区域的工作是通过其设在日本福冈的亚洲和太平洋区域办事处(ROAP)进行的。ROAP 于 1997 年 8 月在福冈成立，自 2010 年起在曼谷设有支持办公室。ROAP 目前负责在伊朗、阿富汗、巴基斯坦、印度、尼泊尔、孟加拉国、斯里兰卡、缅甸、柬埔寨、老挝、越南、中国、蒙古、菲律宾、斐济和所罗门群岛的相关项目。它还与其他几个太平洋岛屿、印度尼西亚、马来西亚、泰国、不丹和东帝汶开展合作。

ROAP 计划的技术合作项目响应国家和联合国发展行动框架(UNDAF)的优先项目，项目跨度宽广，涉及亚洲和太平洋地区的多方面问题。从阿富汗的城市住区安居、加强印度尼西亚的住房融资机构建设，到减少巴布亚新几内亚的城市暴力；从孟加拉国的扶贫到柬埔寨和越南的城市管理；从缅甸的社区供水与卫生到斯里兰卡和菲律宾的城市发展战略；从促进尼泊尔城乡融合到越南和中国改善公共空间的综合政策和能力建设项目。人居署在亚太地区自 2014 年以来实施了 206 个项目，价值 5.227 亿美元，分布在亚太地区 23 个国家。

4. 拉美和加勒比海地区

人居署拉丁美洲和加勒比区域办事处(ROLAC)于 1996 年在巴西里约热内卢开始运作。2002 年，ROLAC 在墨西哥、哥伦比亚、厄瓜多尔、古巴、海地和哥斯达黎加开设了代表处。它还支持萨尔瓦多、巴拿马等国，并与总部设在智利圣地亚哥的联合国拉丁美洲和加勒比经济委员会(ECLAC)及其区域机构保持密切合作。人居署在拉美和加勒比海地区自 2014 年以来实施了 71 个项目，价值 0.458 亿美元，分布在 12 个国家。

5. 欧洲和其他国家

人居署在欧洲的工作主要是通过其设在比利时布鲁塞尔的欧洲机构联络处完成的。办公室成立于 2001 年，旨在加强人居署同欧洲联盟各机构、非洲、加勒比和太平洋国家集团(ACP)秘书处的关系。欧洲机构联络处的工作重点是在区域内进行政策对话、建立伙伴关系、调动资源和支助业务活动。它通过与欧洲机构和其他伙伴的沟通对话与宣传，支持执行人居署的任务和愿景。近年来，人居署的技术合作已扩大到支持其他国家和领土，如应科索沃各级的要求提供相应的支持。人居署自 2014 年以来在科索沃、其他欧洲国家和独联体地区实施了 12 个项目，价值 930 万美元，人居署和欧盟以及世界其他国家一道共同实施 13 个全球项目。

人居署 2020—2023 年战略规划的新愿景是“在城市化的世界中为所有人提供更高质量的生活”。这一愿景包容四个领域：减少城乡统一体中社区的空间不平等和贫困；促进城市和地区的共同繁荣；加强气候行动，改善城市环境；有效的城市危机预防和应对。2020—2030 年战略计划是雄心勃勃的。因为它重新定位联合国人居署是主要的全球实体，一个卓越和创新的中心。联合国人居署呼吁共同努力，确保不让任何一个人、任何一个地方掉队。

第十三章　人类命运共同体的审美意蕴

一、怀特海“相关性原理”：万物内在关联

关于“相关性原理”，怀特海说明道：作为许多实有实在合生为一种现实中的一个成分，潜在性是归予一切实有(现实的和非现实的)一个普遍的形而上学的特性；而且在它的宇宙中的每一项都涉及每一合生，换言之，它是每一“生成”的潜能，属于一个“存在”的本性。这就是“相关性原理”。“相关性原理”的含义是：潜在性具有普遍的形而上学特征，这种潜在性中包含的每一事项或成分，都与现实发生的每一种合生内在地关联。在每一种合生的现实中，每一种要素或者成分都不是凭空产生的，而是前一种存在中的潜能的转化；而每一种成分作为未来的合生的潜能，又决定了新的合生的要素。由此表明，每一要素之现实存在的合生中都是相互关联的。万物由此表现为内在相关、相互联系，共存在于现实的宇宙过程之中。① 这里的潜在性是从哲学意义上对量子力学“不确定性”概念的概括和总结。

相关性原理所表明的是，宇宙中所有现实存在都是相互关联的，每一现实存在都是关系性的存在，每一现实存在在一定意义上都存在于所有其他现实存在之中。怀特海指出：“事实上，如果我们承认不同程度的相关性，承认微小的相关性，那么，我们就必须承认每一现实实有都存在于一

① 杨富斌．怀特海过程哲学研究[M]．北京：中国人民大学出版社，2018.

切其他现实实有之中。”①也就是说，万事万物都是相互关联的，只不过有的关联密切，有的关联微小。宇宙中没有一种因素是孤立的。它们都是这个有机宇宙的组成成分和要素，只是在宇宙万物中的作用和地位有所不同而已。怀特海指出：“由于每一个现实实有对世界中每一因素都有确定的态势，因而在另一种意义上说每一个现实实有都包含着世界。”由此表明，每一要素在现实存在的合生中都是相互关联的。万物由此表现为内在相关、相互联系，共存于现实的宇宙过程之中。由此看来，宇宙中没有任何现实存在是真正的孤岛。绝对孤立的事物、现象和过程是不存在的。“任何局部的震动都会动摇整个宇宙。距离的作用虽小，但却存在……根据现代概念，我们称之为物质的缠绕群已融入其环境中。分离的、自身包含的局部的存在是不可能有的。环境关系到每一事物的本性。”②相关性原理表明：宇宙中所有现实实有都是相互关联的，每一现实实有都是关系性的存在，每一现实实有在一定意义上都存在于所有其他现实实有之中。正是这种固有的关系性属性的揭示，为解释与说明世界万物的内在关系和关联性提供了坚实的基础。

相关性原理对于深刻理解世界的普遍联系、整体性、协同性、有机性、统一性具有重要的理论意义。每一个新事物的出现，都不可能是单一因素决定的，而是整个先前的世界共同决定的，只不过其中某些因素作用明显罢了。相关性原理指导我们用普遍的有机联系的观点来看待世界上的一切事物和现象。要考察和把握不同现实存在之间实际的关联强度，以满足我们的认识目的和实践需要。

二、新冠肺炎疫情下的全球公共卫生治理合作

新冠肺炎疫情在全球蔓延的态势再次表明人类是一个休戚与共的命运

① 怀特海. 过程与实在[M]. 李步楼，译. 北京：商务印书馆，2012：81.
② 怀特海. 思维方式[M]. 刘放桐，译. 北京：商务印书馆，2010.

共同体，也用事实证明了怀特海的“相关性原理”。据世界卫生组织的统计，全世界新增确诊病例和死亡人数数以万计，全球受新冠肺炎疫情影响的国家和地区已达210多个，除南极洲之外的六大洲无一幸免。每天数以万计的新增确诊病例和死亡病例给全球公共卫生领域提出了严峻的挑战，增加了其治理难度。各国除了严格的防控举措，还需有效开展联防联控、疫情监测、信息共享、医疗援助等国际合作，进而凝聚起战胜疫情的强大合力。应以世界卫生组织(World Health Organization)核心领导地位，以世界卫生组织的全球疫情警报和反应网络(The Global Outbreak Alert and Response Network)及公共卫生紧急行动中心可发挥信息枢纽、决策指导与援助中心的作用，团结协作开展医疗救治，建立以《国际卫生条例》(2005)为国际法适用规则，以国际贸易为动力的联防联控机制。

19—20世纪是国际卫生合作的黄金时代。第一个阶段是19世纪前半期，主要在欧洲建立了停船检疫监督体制；第二阶段从1851年第一次国际卫生会议的召开到第二次世界大战结束，建立了以国际卫生会议为主要机制的传统国际传染病控制体制；第三阶段是“二战”后到20世纪80年代末，建立了以世界卫生组织为核心的现代国际传染病控制体制。

世界卫生组织作为国际上最大的公共卫生组织，拥有丰富的全球技术网络，包括世界卫生组织总部、各区域办事处、国家办事处和世界卫生组织合作中心。全球疫情警报和反应网络汇总了现有机构和网络，随时准备为应对疫情而开展协作。该网络汇集了对国际关注的疫情予以快速鉴别、确认和应对的人力和技术资源。

世卫组织于2012年建立了公共卫生紧急行动中心网络，以确定并促进与公共卫生紧急行动中心有关的最佳实践和标准，同时为各会员国的公共卫生紧急行动中心能力建设提供支持。

世界卫生组织的PAGnet是一个基于互联网，以共享包括影响国际旅行和交通的公共卫生应急准备和反应的有关港口、机场和地面口岸的公共卫生活动信息，汇集了与国际旅行和交通有关的公共卫生官员和主要合作伙伴的网络。PAGnet的目标是为保护人口健康和预防、检测和控制疾病及其传播媒介通过国际旅行和运输的国际传播作出贡献。PAGnet 的具体目标是：利用合作伙伴的技术专长，在港口、机场和地面口岸以及与国际旅行和运输有关的公共卫生活动方面实现协作；促进全球公共卫生能力建设的技术指导和手段的协调。

联合国基金会、瑞士慈善基金会与世卫组织共同创建了 2019 冠状病毒病(COVID-19)团结应对基金，以广泛募集资金，支持世界卫生组织及其合作伙伴协助各国应对 COVID-19 大流行疫情。该基金独辟蹊径，发动世界各地的个人、公司和机构直接为全球应对工作捐款。资金将用于 COVID-19 战略防范和应对计划中所列的各项行动，使所有国家，特别是那些最脆弱和风险最大的国家以及卫生系统最薄弱的国家，做好准备和采取措施应对 COVID-19 危机，包括快速发现病例，阻止病毒传播，以及照护受影响的人。为一线卫生工作者提供防护装备，向诊断实验室供应设备，改善监测和数据收集工作，建立和维护重症监护室，加强供应链，加快疫苗和治疗工具的研发工作，并采取其他关键行动，扩大公共卫生措施，以应对这一大流行疫情。COVID-19 团结应对基金由(在美国注册的)联合国基金会和(在瑞士注册的)瑞士慈善基金会代管。这两个基金会都与世界卫生组织建立了关系，因此能够有效地向世卫组织转交资金，支持世卫组织开展 COVID-19 应对工作。中国政府决定向世界卫生组织捐款 2000 万美元，支持世卫组织开展抗击新冠肺炎疫情国际合作，帮助发展中国家提升应对疫情的能力，加强公共卫生体系建设。

在传染病防控的国际法机制方面主要依据《国际卫生条例(2005)》的规定。《国际卫生条例(2005)》不仅将管控范围扩展到所有“公共卫生风险”，而且将世卫组织确立为全球传染病预防控制的“旗手”，赋予其依托“全球疫情紧急反应网”(GOARN)进行国际协调的法律职权，表明传染病控制国际法的重心从检疫协调转移到全球监测。《国际卫生条例(2005)》要求各缔约国发展、加强和保持其快速并有效应对公共卫生风险和国际关注的突发公共卫生事件能力。随着健康权日益被人们所重视，贸易机制在保护公共健康权中逐渐发挥重要作用。在 WTO(世界贸易组织)的法律规则中，同传染病防控密切相关的协议就有三个，其分别是服务贸易总协定(GATS)、卫生和植物卫生措施应用协议(SPS)以及技术性贸易壁垒协议(TBT)。这使得 WTO 日益成为传染病控制的国际法律机制的中心。

中国始终秉持人类命运共同体理念，第一时间同世界各国共享新冠病毒基因组信息、搭建数据和科研成果共享平台、积极开展药物及疫苗研发国际合作，为各国疫苗和药物研发作出重要贡献。截至 2020 年 4 月 11 日，中国政府已经或正在向 127 个国家和 4 个国际组织提供包括医用口罩、防护服、检测试剂等在内的物资援助。中国还向世卫组织捐助 2000 万美元，累计向 11 国派出 13 批医疗专家组，同 150 多个国家以及国际组织举行了 70 多场专家视频会。中国地方政府、企业和民间团体已向 100 多个国家和地区以及国际组织捐赠了医疗物资。万众一心、众志成城，展现了同国际社会携手抗疫的坚定决心。中国抗疫行动被誉为世界标杆，中国抗疫成效给世界带来希望。世界共同欢迎中方宣布的五项举措——中国将在两年内提供 20 亿美元国际援助，用于支持受疫情影响的国家特别是发展中国家抗疫斗争以及经济社会恢复发展；中国将同联合国合作，在华设立全球人道主义应急仓库和枢纽，努力确保抗疫物资供应链，并建立运输和清关绿色通道；中国将建立 30 个中非对口医院合作机制，加快建设非洲疾控中心总部，助力非洲提升疾病防控能力；中国新冠疫苗研发完成并投入使用后，将作为全球公共产品，为实现疫苗在发展中国家的可及性和可担负性作出中国贡献；中国将同二十国集团成员一道落实“暂缓最贫困国家债务偿付倡议”，并愿同国际社会一道，加大对疫情特别重、压力特别大的国家的支持力度，帮助其克服当前困难。这些建设性举措针对当前和今后一个时期全球抗疫的重点和难点，承载着中国为推动国际抗疫合作而积极贡献力量的真诚意愿，彰显出中国始终对本国人民生命安全和身体健康负责，对全球公共卫生事业尽责的大国担当。① 2020 年 6 月 17 日在中非团结抗疫特别峰会上，题为“团结抗疫，共克时艰”的主旨讲话充分证明了中国团结抗

---

①　和音．为团结合作抗疫贡献中国力量——抗击疫情离不开命运共同体意识[N]．人民日报，2020-5-30(3)．

疫的决心和行动。国际社会日益认识到，中国倡导的团结合作，能够汇聚磅礴之力，能够通往最终胜利。

诚如怀特海有机宇宙论所揭示的，世界是一个有机整体，任何一个人或一个国家都不可能独善其身、置身事外，只有树立整体意识，团结合作、守望相助、共同应对、形成合力，才可能最终战胜疫情，否则任何一个地区的漏洞都可能在全球产生蝴蝶效应。在全球性问题面前，各个国家要超越价值观念、政治制度和个体利益等方面的差异共同采取政策，构建政策共同体和行动共同体，形成严密的联防联控网络。应强化现有国际组织、国际机制的领导力和号召力，支持联合国及世卫组织在完善全球公共卫生治理中发挥核心作用，建立相应危机预警和危机应对机制。提高公共卫生治理中全球治理中的整体地位与世卫组织的国际地位，对其进行更多赋权和赋能，如建立公共卫生基金，开展科研攻关、疫苗研发、数据分享、抗疫援助，实现全球公共卫生治理"一盘棋"。推动二十国集团从短期危机应对机制向长效治理机制改革，加强其机制化和制度化建设。增设一些新的制度性安排，如可以参考维和的一些制度性安排，完善全球公共卫生治理系统。加强大国合作，形成大国责任共同体。类似新冠肺炎疫情这样的重大突发事件不会是最后一次，世界各国应摒弃零和思维，团结合作、风雨同舟，树立人类命运共同体理念，构建制度共同体、价值共同体、政策共同体、行动共同体和责任共同体，共同保护人类的生命安全和发展繁荣。

三、人类命运共同体：过程是美

怀特海认为，"现实世界是一个过程，过程就是现实实有的生成。因此，现实实有是创造物；它们也叫作'现实机缘'"①。从过程维度看待人类共同繁荣，能更好地理解历史潮流的变动性、多元并存性、演变性，既

① 怀特海. 过程与实在[M]. 李步楼，译. 北京：商务印书馆，2012：38.

有风和日丽也有惊涛骇浪，既有康庄大道也有坎坷崎岖，以平和、包容、理性看待人类命运共同体的发展之路，审视其中蕴含的力量与美，以小我之力汇入人类发展的磅礴伟力。世界经济是一个由无数供求均衡汇合成的浩荡洪流，每个人都是其中不可分割的部分。在经历了原始社会、农业社会、工业社会、后工业社会，人类将走向共同繁荣，尽管充满艰难险阻。"人类也正处在一个挑战层出不穷、风险日益增多的时代。世界经济增长乏力、金融危机阴云不散，发展鸿沟日益突出，兵刃相见时有发生，冷战思维和强权政治阴魂不散，恐怖主义、难民危机、重大传染性疾病、气候变化等非传统安全威胁持续蔓延。"①人类走向共同繁荣的过程是光明与黑暗，开放包容与封闭狭隘、先进与落后激烈斗争的过程，光明终将战胜黑暗，人类终将不断走向和谐，这个不懈抗争、奋发作为的过程是美纷呈的过程，也是人类走向全面自由解放之路。习近平曾指出：世界格局正处在一个加快演变的历史性进程之中。和平、发展、进步的阳光足以穿透战争、贫穷、落后的阴霾。②

当今世界，有富裕的国家，有贫穷的国家，有先进发达的国家，也有落后欠发达国家，意识形态、国家制度各有不同。贫穷、落后、欠发达有其形成其穷困的各种自然资源、社会矛盾等原因。有的国家或地区在古代还曾是文明的发祥地，如伊拉克地区曾是苏美尔文明发源地，非洲曾是人类走出荒野的启蒙地。然而在严酷的自然环境中，在科学技术和全球化浪潮中被抛到了落后的境地之中。"每一个实有的影响都遍及整个世界。"③每一个贫穷、落后、困顿的国家或地区都是人类命运共同体中不可抛开的一部分，也无法隔离的一个机缘，人类社会需要也必然走向共同繁荣。这个过程需要我们注入正能力，介入负熵，这个过程是人文、理性与力量之美。

人类命运共同体理念蕴含"和合"之美。"和羹之美，在于合异；上下

① 习近平谈治国理政：第二卷[M]. 北京：外文出版社，2017：538.

② 习近平谈治国理政：第二卷[M]. 北京：外文出版社，2017：522.

③ 怀特海. 过程与实在[M]. 李步楼，译. 北京：商务印书馆，2012：46.

之益，在能相济。”在差别中寻求协同，在多样中寻求“和而不同”，人类命运共同体在追求本国利益时兼顾他国权益，在谋求本国发展中促进各国共同发展。“多样性是一种类型的复合事物，它具有的统一性来自分别参与每个组成成分上的某种限定。”①每个民族、每个国家都有它内在的规定性，都有其各具特色的文化、历史、风俗和人文地理环境，有其多样性，人类的进步在于多样性的繁荣，而不是机械单调的步调一致。怀特海在《科学与近代世界》中论述道：“对于为人类精神的奥德赛提供驱动力和材料来说，必须存在人类社会的多样化。习俗不同的其他国家并不是敌人，它们是天赐之福。人类需要自己的邻居具有足够的相似之处以便互相理解，具有足够的相异之处以便引起注意，具有足够的伟大之处以便引起钦佩。”②在怀特海看来，国家之间的差异不仅不是人类文明进步的障碍，还会为文明的发展提供动力。

怀特海还指出：“自由的社会价值就在于它产生不协和。完善之外还有完善，一切完善的实现都是有限的，没有哪个完善是一切完善的极致。不同种类的完善之间也是不协和的。因此，不协和——它本身是毁坏性的和恶的——对美的贡献就是那种正面的感受，它感到目的从耗尽了的平淡完善迅速转移到尚带新鲜气息的某个另外的理想。因此，不协和的价值就在于，它是对不完善所具有的优点的一种称颂。”③可见人类在走向共同繁荣的过程中有困难，有矛盾、有不协和并不可怕，征服这些困难和不协和正是不断走向完善的过程，这个过程创造独特的美。费孝通先生有一句名言：“各美其美，美人之美，美美与共，天下大同！”理想中的大同世界就是文明昌盛，美美与共，共同繁荣；就是“大道之行，天下为公”；就是“协和万邦，和衷共济，四海一家”。

---

① 怀特海. 过程与实在[M]. 李步楼，译. 北京：商务印书馆，2012，74.

② 阿尔弗雷德·怀特海. 科学与近代世界[M]. 黄振威，译. 北京：北京师范大学出版社，2017.

③ 阿尔弗雷德·诺思·怀特海. 观念的冒险[M]. 周邦宪，译. 南京：译林出版社，2012.

人类命运共同体理念蕴含民生之美。刘易斯·芒福德在《城市发展史——起源、演变和前景》中写道："如果生命得胜了，未来的城市将有(当代只有极少几个城市具有的)这张中国画《清明上河图》所显示的那种质量：各种各样的景观，各种各样的职业，各种各样的文化活动，各种各样人物的特有属性——所有这些能组成无穷的组合、排列和变化。不是完善的蜂窝而是充满生气的城市。"遗传算法之父约翰·H. 霍兰对人类社会自组织所蕴含的隐秩序有一段精彩描述："在纽约市一个普普通通的日子里，小姑娘彼得逊(Eleanor Petersson)走进她熟悉和喜爱的商店，直奔其中的一排货架，拿起一罐腌鲱鱼。她有把握地断定，鲱鱼就会在那儿。是的，形形色色的纽约人每天消耗着大量的各种食品，全然不必担心供应可能会断档。并非只有纽约人这样生活着，巴黎、德里、上海、东京的居民也都是如此。真是不可思议，他们都认为这是理所当然的。但是这些城市既没有一个什么中央计划委员会之类的机构，来安排和解决购买和配售的问题，也没有保持大量的储备来发挥缓冲作用，以便对付市场波动。"①《清明上河图》和霍兰描绘的都是生态民生之美。民生问题不仅是人民基本物质生活资料的满足和基本生存权利得到保障，而且是一个与人民的生存条件和生存环境要求密切相关的问题。民生问题本身也是一个生态问题。民生与发展始终是相伴而生的。没有经济发展，就无法谈民生改善；没有民生改善，经济发展也难以持续。而社会系统的适应性造就复杂性，自组织的隐秩序成就了生态民生之美。我们以审美的视角看待民生问题有助于尊重生命、遵循由有生命的人为主体的人类生活的内在规律，从而有利于创造充满生气的经济社会和人居环境。

如果说构建人类命运共同体是一种理念，那么，"一带一路"则是人类命运共同体的具体实践。"一带一路"贯穿欧亚大陆，东边连接亚太经济圈，南边环抱非洲大陆，西边进入欧洲经济带，惠及沿线众多国家。中欧

---

① 约翰·H·霍兰. 隐秩序：适应性造就复杂性[M]. 周晓牧，韩晖，译. 上海：上海科技教育出版社，2018：1.

班列已成为连接亚洲与欧洲物质运输的大动脉。从过程哲学视角看，“一带一路”倡议的实施，就是通过共同努力，使各国携手并进、共同繁荣成为休戚与共的“命运共同体”。中国顺应人类社会发展趋势，积极为构建人类命运共同体贡献中国智慧和中国力量。

人类命运共同体蕴含“世界大同”理想的崇高之美。全球化是大势所趋，包括政治全球化、军事全球化、贸易全球化、生产全球化、金融全球化、迁移全球化、环境全球化、文化全球化八大领域。人类命运共同体不仅是利益共同体、政治共同体、安全共同体、生态共同体、文明共同体、价值共同体还是休戚与共的生命共同体。这个世界是一个万物含生、浩荡不竭，神光焕发、流衍互润的“大生机”世界，需要我们齐心协力消除一切贫穷落后，洗涤一切污浊丑恶，促使一切整体生命深契大化而浩然同流，共体致美是人类社会的使命担当。怀特海的过程哲学强调树立远大理想作为文明发展方向的指引，从而使“这种历险不断进步，永无止境。然而，这种历险即使部分地取得成功，也具有重要意义”。随着构建人类命运共同体理念的不断传播、经济全球化进程的不断深入和科学技术的迅猛发展，人类必将迈向共同繁荣的崭新时代。习近平深刻指出：建设一个共同繁荣的世界，发展是第一要务，各国要共同打造新技术、新产业、新业态、新模式，把深海、极地、外空、互联网等领域打造成各方合作的新疆域；推动建设共同繁荣的世界，要支持开放、透明、包容、非歧视性的多边贸易体制，着力解决公平公正问题，既要做大蛋糕，更要分好蛋糕；推进互联互通、加快融合发展、勇于变革创新是促进世界共同繁荣发展的必然选择。构建人类命运共同体，迈向共同繁荣的崭新时代，是历史大势和时代潮流，也是一个需要长期努力才能实现的美好目标。

四、城市与全球环境治理

生态环境是地球上一切生命存续的系统，生态环境问题是全球问题中最突出、最富有时代特征、最受国际社会关注的问题。当前，全球生态环境危机主要表现在：气候变暖、物种灭绝、水资源短缺、土壤退化、臭氧层破坏、酸雨蔓延、固体废物污染严重、森林锐减等。全球气候变暖引起冰川融化、海平面上升、极端恶劣天气加剧，威胁全人类的生存；物种灭绝导致生物多样性锐减，生态平衡和大量几十亿年来地球生物进化基因成果毁灭在眼前；水资源尤其是淡水资源的短缺危及人口基本饮用水和农业灌溉问题；臭氧层耗损危及人类及各种生物的健康生长；固体废弃物污染造成土地资源、淡水资源及海洋资源的破坏；森林盲目开发导致水土流失、土地荒漠化及各种有害物质跨界传播。跨越国界的生态环境恶化与失衡，非哪一个国家所能独自应对，需要全球全人类共同治理。全球环境治理被认为是规范环境保护进程的各种组织、政策工具、融资机制、规则、程序和范式的总和。① 2015 年《巴黎协定》获得通过，2017 年联合国召开以"迈向零污染地球"为主题的第三届环境大会，重点关注了水、气、土壤、海洋的污染以及化学品、废物的污染问题，标志着全球环境治理进入了一个新时代。全球环境治理出现了网络化和多层化的特点，网络化和多层化分别代表了治理机制在水平方向和垂直方向的延展和生长，而且二者往往交替协同发展，形成了一个全球环境的多层治理网络。② 在理论上，多层治理理论、政策网络理论、平行外交理论、分级协调理论和社会资本理论为非国家行为体参与全球治理提供了理论支撑。

生态危机在不同的国家和地区的原因和表现形式是大不相同的，在发达国家和地区，表现为生态环境与资源管理问题；在不发达国家表现为土地、粮食、人口、生存与发展问题。全球环境治理是一个复杂的难题，与国家相比，次国家地方政府有助于构建信任，并提供帮助。非等级的、超越国界的、政府与非政府合作对话、全球多元行为体广泛行动的全球治理模式应运而生。众多非国家或次国家行为体，如城市、市民社会、社团、

① 于宏源．全球环境治理体系中的联合国环境规划署[J]．绿叶，2014(4)：40-48.

② 梅凤乔，包堉含．全球环境治理新时期：进展、特点与启示[J]．青海社会科学，2018(4)：60-66.

非政府组织和公司等，开始走向全球环境治理舞台。

在全球生态环境治理的大趋势下，城市作为重要的治理主体异军突起、脱颖而出。城市之所以对应对全球环境治理至关重要，首先是因为城市拥有全球大部分的居住人口、三分之二的能源消费以及超过70%的全球碳排放。据估计，到2030年，城市将占全球能源碳排放的76%。① 其次，城市人口聚集，交通拥挤、建筑物密集，环境脆弱性强、暴露度高、影响大、风险高。如城市热岛、高温热浪对于心脑血管疾病、呼吸道疾病患者、老年人及婴幼儿造成较大威胁。高强度降雨常常引起城市内涝。城市是一个国家的政治、经济、文化、社会等方面活动的中心，往往成为环境危机的最大受害主体。最后，当前全球治理已经开始聚焦到城市等次国家层面。城市是多元合作的重要渠道，城市可以通过跨国网络方便地交换信息以及专业知识；城市是世界可持续发展的重要力量，是世界经济的重要主体，往往能在实践中为应对全球环境问题提供政策创新，城市在理念和实践层面推动全球治理网络的发展。

联合国可持续发展会议"里约+20"峰会文件显示："目前人类有一半人口在城市居住，不出20年，世界人口将有60%——50亿人——是城市居民。""全世界目前有70亿人——在2050年以前，将有90亿人。每5个人中就有1个人——即14亿人——当前每天只靠1.25美元或者低于此数来过活。全世界有15亿人得不到电力供应。25亿人没有抽水马桶设备可用。差不多有10亿人每天都在挨饿。温室排气不断增多，如果气候变化仍然不受遏制，所有已知物种有三分之一以上可能灭绝。如果我们要给子孙后代留下一个适合居住的世界，现在就需要处理普遍贫穷和环境破坏的难题。"②

全球气候变化无疑是当今人类面临的最大挑战之一，但是在应对气候

---

① OECD报告："Christa Clapp, Alexia Lesseur, Olivier Sartor and others", in Cities and Carbon Market Finance: Taking Stock of Cities` Experience with Clean Development Mechanism and Joint Implementation.

② https://157.150.185.49.

变化领域，各国之间因为涉及其自身利益而产生了诸多博弈和摩擦。而以城市气候治理为代表的自下而上的气候治理模式得到了发展。非政府组织、城市等积极参与气候治理推动了全球气候治理出现自下而上的发展趋势，一个新的、多层次的治理系统正在成型。“治理”的概念本身便强调了非国家行为体在全球事务中的重要作用。

城市气候治理网络兴起。作为全球治理中重要的次国家行为体，面对日益严峻的全球气候问题，城市之间开始建立平台加强合作。当前全球环境治理和气候治理领域已经形成了众多的城市气候网络。无论是规模庞大的全球城市还是地方层面的小城镇都纷纷参与到各种城市气候网络中，试图通过城市之间合作的方式更好地应对气候变化带来的威胁。这些城市网络关注的议题涵盖了污水处理、新能源开发等众多领域。①

(一) 国际地方政府环境行动理事会 (International Council for Local Environmental Initiatives，ICLEI)

ICLEI 是全球最大的城市网络，通过其项目、行动及地方计划来实现可持续低碳发展。ICLEI 于 1990 年在纽约联合国总部由来自 43 个国家的 200 个地方政府发起成立。目前 ICLEI 是一个由超过 1750 个致力于城市可持续发展的地区和区域政府组成的全球网络。ICLEI 影响着可持续发展的政策，推动着地方采取行动实现低排放、与自然和谐、公平、高韧性和循环发展。其会员和专家团队通过人员交换、合作和能力建设来一起工作以实现城市可持续发展的系统变革。②

(二) C40 大都市气候领导集团 (the C40 Cities Climate Leadership Group)

C40 大都市气候领导集团成立于 2005 年，是一个国际大型城市间的组

① 朱鑫鑫. 城市在多元气候治理中的引领作用[D]. 上海：上海国际问题研究院，2016.

② https://78.111.77.205.

织，目前成员包括伦敦、东京、纽约、悉尼、北京及上海等。人口 300 万以上、关注温室气体减排的大城市均可加入这一联盟。① C40 现在在成员间有 17 个有关气候治理的网络。这些网络有助于城市复制、促进和加速气候治理行动。通过这些网络，世界范围内的城市实践方在实施气候治理行动中的成功经验和挑战方面彼此互学互鉴。C40 提供了一个交流借鉴的平台，有利于技术专家互相促进和城市间采取集体行动从而凸显团结的力量。

(三)“世界低碳城市联盟”(The World Alliance for Low Carbon Cities，WALCC)

WALCC 成立于 2011 年 10 月，注册地在芬兰，是一个致力于促进政府、产业、大学、研究院所和投融资机构多方力量合作，共同推动低碳城市发展的全球性专业团体，成员目前包括中国、瑞典、芬兰等多个国家的致力于低碳发展的城市政府、知名企业、大学或研究机构、非政府组织。首批加入联盟的城市有芬兰埃斯博市，韩国光州市，日本京都市、北九州市，中国深圳市、东莞市、鄂尔多斯市、保定市、宜兴市等。

联盟主要关注城市规划、绿色建筑、低碳交通、可再生资源与能源，以及智慧城市等与低碳发展息息相关的领域；联合全世界范围内的城市、企业、研究机构和个人，共同探索和推广低碳城市生态系统；2011 年春，生态城市生活方案被纳入芬兰国家电动汽车示范项目重点规划，由芬兰国家技术创新局(Tekes)资助。生态城市生活方案目标是通过采取新的低碳措施，让埃斯博市(City of Espoo)和它的合作伙伴成为低碳生活方式的带头人。该方案决定在埃斯博市建成上规模的示范项目，以实现在 2010 年的规划设计报告中由当地企业、政府官员和居民所共同确定的目标。②

---

① 于宏源．城市在全球气候治理中的作用[J]．国际观察，2017(1)：40-52.

② 生态城市生活示范项目——低碳城市联盟，http://211.149.239.86.

（四）欧洲城市网络（EUROCITIES）

1986年巴塞罗那、伯明翰、法兰克福、里昂、米兰和鹿特丹6个欧洲城市市长创立，秘书处设在比利时布鲁塞尔。如今，欧洲城市网络涵盖了39个欧洲国家，超过140个欧洲最大城市，涉及1.3亿人口。通过六大主题论坛，涉及工作组、项目、行动和活动，为会员提供平台分享知识、交流思想。关键任务是把城市问题和城市层面的经济、政治和社会纳入欧洲议程；其政策重点包括加强地方政府在气候、经济和包容性等议题上的能动性作用。

（五）世界气候变化市长委员会（World Majors Council on Climate Change，WMCCC）

为承诺应对气候变化的市长联盟，于2005年在日本京都创立。首任主席为京都市长，自2012年起，韩国首尔市长朴元淳为主席，副主席为德国波恩市长于尔根·宁普奇。现在委员会有80多个会员，代表着一个致力于减轻全球温室气体排放的地方政府网络。会员是市长或同级别市领导者。WMCCC的目标为多边合作努力中加强认知与参与，强调气候变化与全球可持续性的相关问题。通过支持地方可持续性的领导人团体建立，加强全球可持续性的政治领导力；成为全球可持续性事务的城市与地方政府主要政治倡导力量。

（六）达峰先锋城市联盟（APPC）

2015年9月，第一届“中美气候智慧型/低碳城市峰会”遴选出了16个低碳试点案例作为气候智慧型/低碳城市典范。中国参会省市在峰会上宣布了各自努力实现二氧化碳排放达到峰值的时间目标，并宣布成立中国达峰先锋城市联盟，以加强城市间的经验总结和分享、推广最佳低碳实践，常态化展示城市层面低碳发展成效。达峰先锋城市通过加速低碳发展，促进国际合作，承诺在2030年前率先实现二氧化碳排放达峰。

（七）美国市长会议组织（The U. S. Conference of Mayors）

美国市长会议组织是一个政府间的无党派组织，由人口 3 万或以上的城市组成，致力于在实践的基础上制定有效可行的城市政策，从而加强城市与国家的政策联系，同时给各个城市政策制定提供建议。创建一个论坛供市长们交流思想和信息平台。现在已有 1408 个城市。

（八）世界城市和地方政府联合组织（United Cities and Local Governments，UCLG）

UCLG 成立于 2004 年，由世界城市协会联合会、地方政府国际联盟和世界大都市协会联合组成，其目标主要是：一是推进全球城市和地方政府之间的合作，二是增强全球城市和地方政府应对全球化和城市化带来的挑战的能力。UCLG 现已同联合国、世界银行等国际组织和机构建立了合作伙伴关系。UCLG 目前在 136 个联合国承认的国家拥有会员，其中直接城市会员 1000 余个。目前我国共拥有 13 个会员城市，分别是北京、上海、广州、天津、杭州、沈阳、重庆、武汉、湖南省、海口、大连、哈尔滨、长春等。

（九）全球市长联盟（The Compact of Mayors）

全球市长联盟是全球性的市长和政府官员联盟，其目标主要有：一是向国家政府展示城市在气候行动方面的成就，以推动城市参与国家气候政策战略；二是鼓励资本流向城市支持其地方气候行动；三是通过自愿同意达成与国家类似的气候目标来实现更大更透明可信的国家气候目标；四是建立一个可以被国家、私营部门和公众使用的持续透明的应对气候变化框架。

（十）能源城市网络

能源城市网络是由欧盟委员会的一个项目赞助支持发展起来的侧重于

能源转型的欧洲城市网络。该网络创建于1990年，目前包括来自30多个国家的1000多个城镇和城市，总部设在法国贝桑松。其主要目标包括加强这些城市在可持续能源领域的作用和技能，以及代表它们的利益，增加对欧盟能源、环保、城市政策领域所作出的政策和建议的影响。另一个目标是推广城市经验，开发转让技术诀窍和实施联合项目等。

（十一）气候联盟（Climate Alliance）

气候联盟成立于1990年，是目前欧洲最大的促进全球气候保护的地区城市网络。其欧洲总部设在德国法兰克福和比利时布鲁塞尔，目前有24个欧洲国家的1600个会员城市。

随着全球生态环境治理的更加深入和全面，城市的作用日益得到重视。未来城市的作用将得到更好的发挥。城市可以为全球治理提供政策创新。城市尤其是全球城市可以通过其雄厚的资金加强对绿色低碳项目的支持，建立低碳发展基金，推动和激励企业减少碳排放；全球金融城市可以利用金融工具创新推动碳市场发展；城市可以利用其在公众和企业方面的影响力，推动智慧城市、海绵城市的实践，在城市基础设施方面实现新的突破；工业企业排污和汽车尾气等是城市主要的污染源，通过环保产业、绿色低碳产业的不断推进，城市治理环境的能力不断提升。城市间的联盟有利于鼓励创新，团结协作，推动全球治理网络的形成。全球城市气候网络超越了传统意义上的垂直型全球多层治理，提供了横向的网络治理结构和交流平台，使环境治理更加具体、自主和多元化，围绕绿色低碳可再生能源开发运营、智慧城市、物联网及环境保护，全力打造全球环境治理的合作平台。

困难是巨大的，挑战是严峻的，但希望和信心同时存在。2018年11月26日，国务院新闻办公室举行中外记者见面会谈道：截至2017年底，我国碳强度已经下降了46%，提前3年实现了40%至45%的上限目标；中国森林蓄积量已经增加21亿立方米，超额完成了2020年的目标；中国可再生能源占一次能源消费比重达13.8%，距离所承诺的2020年达到15%

还有一定距离，但是2020年这个目标肯定能完成。①

根据怀特海“相关性”原理，当代世界的相互依存是一种整体性、全方位的相互依存。全球公共卫生安全的严峻、气候变暖、资源短缺、生态环境恶化等凸显当代人类在整体上所面临的公共性问题，绝非哪个国家或地区所能单独应对。双边的、局部的、区域的治理机制需要走向全球性多元主体治理网络。全球治理目标是追求共存共赢、争取人类共同利益的最大化。倡导全球主义观照下的价值理性与实事求是的思维；以制度理性扶持以政府间国际组织(IGO)、城市联盟、跨国公司、非政府组织(Non-Governmental Organization，NGO)、大众传媒、学术/研究机构和个人为代表的社会性力量的崛起和成长；在推进人类整体文明进步的前提下，以实践理性采取有区别的政策，在丰富的、多元的治理过程中实现有效全球治理。改变过去以人类为中心一味攫取大自然、破坏大自然的思维模式，而是将大自然视为有生命的肌体，尊重、保护、修复、协调。

五、人类与大自然走向共同繁荣，过程是美

怀特海围绕生命而展开的有机自然观将自然理解为：一个由各部分之间交互作用的整体，一个不断创造的进化过程，即一个有机生命体。因而它必然要求人类与自然之间要和谐相处。走向共同繁荣，不仅意味着发展中国家和发达国家共同繁荣，贫困、资源匮乏的城市与绿色、富裕的城市共同繁荣，而且意味着大自然与人类社会的共同繁荣、意味着保护好地球上的荒野，让大自然的万物欣欣向荣、充满生机。海洋、淡水、森林、山地、土壤、生物多样性、野生动植物、生态系统都与我们息息相关。随着城市化进程的推进，生态技术的发展，更多的乡村采用生态农业的方式耕作，更多的地区用于生态修复，荒漠地变成绿洲，秉承地球不仅是人类的

① 中国已提前三年落实《巴黎协定》部分承诺_滚动新闻_中国政府网，http://220.168.171.26.

家园也是万物生灵的家园理念，正如庄子所说："天地与我并生，而万物与我为一"，沿着这个方向，努力实现人类与大自然的共同繁荣，这是一个人类自我超越的过程，也是一个美不断涌现的过程。

根据考古发现，大约130万年前现代人种(智人)在非洲出现。大约在4万~5万年前，智人扩展到欧洲、亚洲和大洋洲。智人至少已经延续了6万代，那个时期整个地球的人口可能都不到1000万人。大约1万年前，在世界的一些地区人口开始增加，但一直到距今300年前，增长都比较缓慢。到公元1700年，世界大约有6亿人。在1700年以后，经过12代的繁衍，人口已成倍地增加至60亿。①（见图13-1）

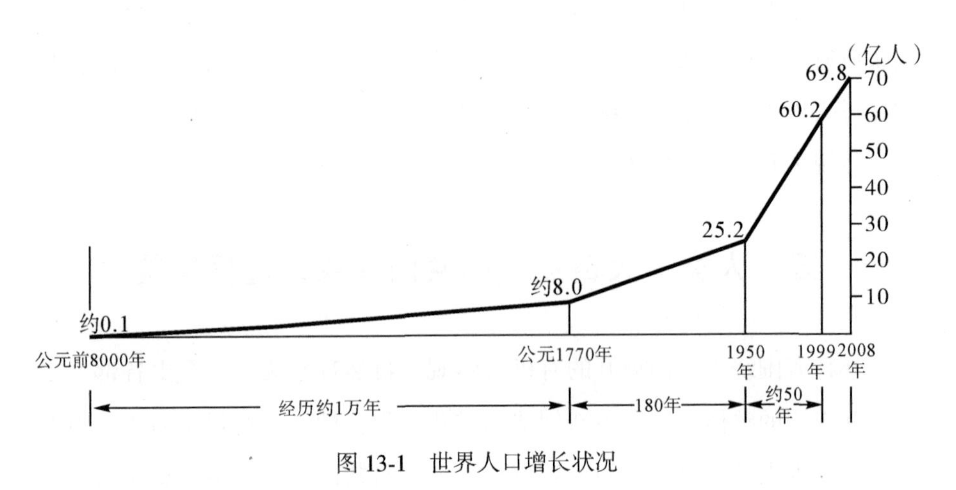

图13-1　世界人口增长状况

（资料来源：https：//1. 199. 93. 73.）

据联合国2018世界人口状况报告：自20世纪60年代以来，几乎每个国家的生育率都有所下降。过去，世界上所有国家的生育率都保持在每名妇女生育5胎或5胎以上，而如今，人口数在100万或以上的大多数国家的生育率为2. 5或更低。撒哈拉以南的非洲大部分地区和其他6个最近遭

① 杰拉尔德·G. 马尔腾. 人类生态学——可持续发展的基本概念[M]. 顾朝林，袁晓晖，等，译. 北京：商务印书馆，2012：26.

受冲突或危机影响的国家生育率很高，与早前世界范围内的平均生育率最为接近，平均每名妇女的生育数量超过 4 胎。其他国家的生育率下降或趋于稳定。

世界人口的发展历程验证了人类社会系统与生态系统之间的正反馈和负反馈规律。工业革命对农业有重大的影响。高产作物如小麦、玉米、土豆、红薯和大米，随着欧洲各地的贸易和殖民活动向世界传播。科学革命伴随着工业革命而到来，发展了新的农业生产技术。自工业革命后，生态系统承载力更大、更持续的发展使得地球的人口在过去 250 年里成倍地增长。这是人类社会系统与生态系统正反馈规律的结果。随着人口爆炸，生活质量受到严重挑战，有的国家进行人口控制政策，有的发达国家城市居民随着生活成本和竞争压力的提高，倾向晚婚少育。不论贫富，许多发展中国家的家庭希望通过及时的手段达到计划生育的结果。全球人口生育率由高转低是人类社会系统与生态系统负反馈规律的作用结果。

人与生态系统相互作用的可持续性与人类对生态系统需求的强度密不可分。对生态系统需求的强度有下列等式：

对生态系统需求的强度=人口数量×消费水平×科技

其中科技为单位工农业产品产生的资源使用量和污染量。①

科技对于生态系统的影响具有两面性，一方面随着人类力量的强大，人类在与自然打交道的活动中试图控制自然并变革自然进而改造自然，把自然当成是征服和压榨的对象，不断创造出大自然原本从未有过的物品和建筑，最终打造出一个日益强盛的技术帝国。“自然力的征服，机器的采用，化学在工业和农业中的应用，轮船的行驶，铁路的通行，电报的使用，整个大陆的开垦，河川的通航，仿佛用法术从地下呼唤出来的大量人口——过去哪一个世纪能够料想到有这样的生产力潜伏在社会劳动里呢。”②开始出现资源浪费、环境污染、生态失衡等难以解决的问题。现代

① 杰拉尔德·G. 马尔腾. 人类生态学——可持续发展的基本概念[M]. 顾朝林，袁晓晖，等，译. 北京：商务印书馆，2012：12.

② 马克思恩格斯选集：第 1 卷. 北京：人民出版社，2012：405.

科学技术的发展使地球上的人类日益成为一个共呼吸、同命运的整体。另一方面，“生态文明的实现只能依托于技术路径”①，在生态问题日益凸显的今天，现时代的一切技术都应该具有生态价值。“未来的世界一定是建构在生态技术实践之上的世界。”技术范式的绿色化转变已势在必行。因为生态技术范式相对工业技术范式在自然界的内在价值认可、技术发展观、消费观、社会发展观、自然观等方面都具有优越性。②

作为生产力基础的技术范式是有一套与之耦合的多体系配合并形成统一性整体，技术范式的转换过程也就会有多层级相关的配合性转变，存在着这个耦合关系体系的破裂、重组，从旧的工业技术范式向新的生态技术范式转换是一个十分复杂的过程，其中充满了不确定性与不确定因素，是科学技术的内在驱动、市场的外在拉动和政府的政策调节共同作用的结果。市场需求催生新的技术范式，驱动技术范式的更迭，推动技术范式的演进。产业技术竞争同样产生技术范式，也通过竞争驱动技术范式的更迭。绿色技术范式可以促进生态文明建设，而生态文明建设又可以倒逼技术的绿色化转变。技术范式转换由诱发因素与转换过程两个力量作用。诱发因素为：新技术研发的突破→新技术革命→新、旧核心技术竞争→新核心技术确立→社会革命(社会变革)爆发→新技术范式确立；转换过程为：新范式发展需求的确立→同向而不同路的新技术群间竞争→具有可行性新技术群的确立→新技术革命→社会革命(社会变革)爆发→新技术范式确立。社会制度是社会博弈形成的结果规则，是人类之间相互关系的社会框架，也相应形成了相互之间的权利、义务。技术进步推动社会制度演进。世界各国政府对环境保护及新能源的不断开发进行的激励措施及有效合作，促使了绿色浪潮的兴起，为低碳技术及新能源技术的兴起开启了开端。人和自然的和解，走向共同繁荣，最终需要依靠科学技术的创新与进步。

① 陈多闻. 中国古代生态哲学的技术思想探析[J]. 自然辩证法研究，2017：9.

② 陈多闻，陈凡. 技术哲学视野下的生态观——陈昌曙生态哲学思想解析[J]. 武汉大学学报，2018(5)：60-66.

绿色技术经历了末端处理技术、无废排放技术、清洁无污染技术以及预防污染技术等几个阶段，是涉及去除污染、废弃物资源化、合理利用资源、无排放、资源节约、源头把控和循环利用等不同具体形式的绿色技术类别。逐渐形成一种集合了绿色人文与环境哲学在内的全新技术范式，即“绿色技术范式”。绿色技术范式是指以绿色技术为主导性技术硬核与以绿色化人文实践所构成的社会建构组成了“绿色技术范式”的全部。也就是说，绿色技术范式就是包含绿色化的系统观、价值观、生产观、消费观和发展观的可以实现绿色技术路径的综合。① 绿色技术范式作为工业技术范式的反思、批判、扬弃和超越，其对于自然界内在价值是肯定和尊重的。中国的“中国制造 2025”、美国提出的“第三次工业革命”、德国发展战略的“工业 4. 0”、欧盟通过的“欧洲 2020 战略”说明科技发展战略将驱动生产方式绿色化，并为生产方式绿色化提供了市场需求与物质基础。绿色技术范式克服工业技术范式所遵循的征服主义技术发展观所带来的征服性、控制性、封闭性、人类中心主义等缺陷，实现人类、自然环境、社会、生态平衡等多者和谐共进、整体发展的目的。

当前绿色技术系统活动作为这一特定问题的典型领域，其碎片化与自然生态整体性的严重冲突，成为绿色技术系统适合于自然生态系统面临的重大挑战。从构成性分析来看，这种挑战最典型地表现在绿色技术系统的“中观层面”上，即表现在绿色技术系统的“机器(组织)”碎片化、“规则”碎片化、“机制”碎片化与自然生态系统整体性的挑战上。② 例如，联合国环境规划署作为绿色社会技术中极为重要的“组织”，在全球环境治理中它与其他相关“组织”就处于某种分割状态，如它与世界气象组织(World Meteorological Organization)、开发计划署(United Nations Development Program)等 20 多个专门机构一同治理环境问题时，缺乏协调。以我国水资源保护为例，有《水法》《环境保护法》《防洪法》《水土保持法》《水污染防治法》，

① 杨博. 绿色技术范式研究[D]. 北京：中共中央党校，2017.

② 李昊远，黄越，邹成效. 绿色技术系统与自然生态系统匹配问题探讨[J]. 科学技术哲学研究，2017(12)：71-76.

还有一系列的专项法律、行政法规和地方性法规。但这些法律法规并未形成互动协调的有机整体。机制碎片化在国际环保、能源等的领域也普遍存在。例如，国际环境协议数据库表明，截至2010年3月，该数据库包含了1046个多边条约、1538个双边条约及259个其他条约。以这些条约为基础建立的多边制度在类型、制度化水平和一致性程度方面存在着显著差异。

绿色技术的碎片化转向协调性、整体性是不可逆转的客观要求与必然趋势。新一轮的工业革命就是依托新能源技术、数字制造、大数据、区块链与人工智能这些绿色化的创新技术引导的工业与社会的全方位变革，是实现生态文明建设的基础。“因为互联网、物联网已渗透到人类生活活动的各个领域。互联网、物联网的发展产生海量数据，大数据需要快速海量的计算能力，而构成人工智能。人工智能由于交感联通、智能相应而成万物智能的思维理念。”①“互联网+”时代发展展现出人类联合发展大趋势，人类“互联互通、共享共治、共建网络空间命运共同体”正深入走进人们的现实生活。

生态哲学、生态美学正是从有机整体的视角、从审美的层面看待生态环境问题。用审美教育、用哲学指导来促进绿色技术的有机融合，将是一个美与丑、整体与破裂斗争的过程，也是一个成就美的过程。我们要用一种审美的价值判断来驱散工具理性的割裂；对自然“复魅”；让技术回归到为人的自由全面发展的服务上来；让生态技术去贴近感性；让审美的光辉洗礼技术的诟病。歌德、席勒等美学家构建了浪漫运动时期的人道主义理想：理想的人是全面得到和谐自由发展的“完整的人”。康德认为人的完整性在于感性与理性的统一，必然与自由的统一以及现实与理想的统一。马克思在《1844年经济学哲学手稿》中讨论了“劳动的异化”，认为人的全面发展还在于人与自然的统一。创造美、审美的人是向着自由全面发展的人。人类是美的源泉，是丈量美的尺度，美的形态随着人类实践的步伐不

---

①　张立文. 和合智能相应论——中华传统哲学思维与人工智能[J]. 探索与争鸣，2018(4)：4-17.

断地深化也不断地扩充概念，技术与美的不断结合，不断地协调人与自然，人与社会，人与自身的关系，发展了成为一种新的学科和新的领域，如人工智能、清洁能源、新材料为代表的新科技。

(一)生态技术之美

人类对美的追求和对技术完善的内心诉求由来已久，源远流长，这提供了艺术走进技术最原始的动力就是人类自身对美的追求，或无意识的内心愉悦而带来的动力。而对技术的审美之维的重新强调，意味着以人文精神为导向，使人们对技术的理解中始终具有一种内在的人文关怀。也就是说，技术的发展必须始终以人的自由发展为目的和指向，必须注意抵制那种唯经济论、唯用处论的技术思维，强调人文与技术的良性互动，实现技术与审美的协调统一。① 技术的审美化的不竭动力是人自身的美与人类的审美天性，从技术研发到技术产品的出发点和归宿点都是人类自身以及人与人，人与自然，人与机器，人与社会的张力关系，这种和谐的关系带来了美的感受，人是美的源泉，是技术美学的不竭动力。

对于开发的新产品、新装置，及研发工艺和系统要以节能、安全、减排、环保、无污染、均衡、和谐、低碳、低廉、审美为基本的出发点和立足点。材料、工艺、产品、理念、设计者与享用者本身都通过审美的体验和联系成为一个自我实现的系统过程，一个和谐发展和谐共生的过程。美是人类的本质体现，因此技术趋于美，就是趋于人类本身。人类在审美意识、对自身价值的实现、对和谐共生的向往、对诗意栖居的期冀下不断提高。生态技术美学为技术树立了新的价值观。人类的审美回归自然本真则有利于实现资源节约、环境友好以及身心的双重愉悦，同时技术设计朝向低能耗、低排放、低成本的循环可持续方向发展有利于实现生态美。

生态技术是一个系统的技术范式。生态技术范式将会成为生态文明建

① 崔茜. 马尔库塞技术批判视域下当代技术的审美化救赎[D]. 南京：南京师范大学，2013.

设的主导技术体系，并兼蓄并存地提供多文明模式的文明理性形态，使生态文明成为一种现实性与未来性相统一，开拓性与持续性相协调的，人与自然关系由被迫转向自觉、对抗转向和谐的全新社会文明形态，实现人与人之间、人与社会间、人与自然间的和谐共生、协同进化的价值归宿。生态技术范式是技术范式更迭的内在逻辑必然，是社会文明发展的技术选择，其为人类文明、技术发展指明了更为丰富的发展方向。① 时代需要以一种美学思维，将生态技术纳入审美的范畴，用审美作为尺度去衡量生态技术。将技术纳入审美的范畴当中，探索以技术的审美化促进人在现代性中获得救赎。找寻人类驾驭技术的起点，让技术回归到为大众服务、为人类的自由而全面发展为目的的服务上来。

在海德格尔眼中，工具不仅是满足人类一己私利的器物，还是汇集天地人神的鬼斧神工的产物，是使此在进入存在的意义路径，也就是这样的深谙与人类本质的人文价值使审美思维在人类的发展进程中得以占据重要的地位和拥有核心价值、导航作用。② 美的生态技术、人与自然和谐的技术以及以审美为衡量标准的技术才能使日益混沌复杂的人类社会得以扭转。生态技术的审美化，使得普通人获得美的享受，或者在新技术条件下更加轻松地释放自己的艺术才华，创造出展现个性与追求的艺术作品。生态技术产品本身不仅仅是消费性的，更将成为创造性的，成为人们追求美、实现美的新舞台。

(二) 生态治理之美

在当代进程中，生态环境遭受破坏并危及人类存在安全和可持续生存，同时也孕育了各种生态治理的方法与智慧。③ 然而，新的关于如何治理生态环境的知识体系还没有完整地形成，需要创新与协作，需要抛弃以

① 杨博. 绿色技术范式研究[D]. 北京：中共中央党校，2017.

② 崔茜. 马尔库塞技术批判视域下当代技术的审美化救赎[D]. 南京师范大学硕士学位论文，2013.

③ 曲婧. 全球生态治理的政治引导与实践[J]. 理论探讨，2019，1：38-44.

往落后的发展观念，需要不断突破人类中心论的价值体系，需要构建人与自然互生互惠的生命共同体的新型的伦理观念和道德体系。生态治理通过还原人性的纯真本性，实现以人为本的内在回归，进而达成人与自然和谐共生的外在超越，生态治理的双重向度展现人性与自然性的统一，昭示人与自然本质的内在统一，推进人与自然美美与共。生态治理的方法、智慧与过程是审美的范畴，同时生态治理美学也升华了美学之美，使美学向实践的回归。

生态共同体是将人与自然、社会共置于对等的话语体系，从学理上消解了人与自然主客二分的机械对立范式，是马克思人与自然和谐思想的继承和发扬，以有机整体的认知视阈剖析人与自然的共生关系。“一个生态的世界秩序，即一个万物相互联系的由共同体组成的共同体。在这样一个世界，当他或她向一个特定的家庭共同体负责时，每一个世界公民也都会对共同体的其他人负责。我们所有的人都应该对生命的地球共同体负责，因为没有地球，我们每一个人都无法幸存。”①生态治理践履在生态共同体福祉为旨归的多元协同路径，将人与自然的根本利益统摄于治理的全过程，在新发展理念的引领下致力于发展生态经济、完善生态政治制度体系、发掘生态文化资源借以夯实生态治理的基础，实现人与资源、环境的可持续发展。生态治理彰显人与自然的和谐之美，人与自然的美美与共。

(三)生态环境审美

自然审美价值产生于人与自然形成的审美关系中，是主体与对象之间相互作用而在主体心理上发生的一种精神效应，具有主观和客观相互融合的特点，是审美主体内心组织运行的结果。审美意识在内感外射的过程中，自然事物与主体意识相互融合而产生审美意象。审美主体在与对象的审美关系中产生了审美价值感，从而形成由低层到高层的自然审美价值

① 菲利普·克莱顿，等．有机马克思主义[M]．孟献丽，等，译．北京：人民出版社，2015：149.

结构。

环境审美在建设生态城市的今天凸显其重要性。怀特海曾深刻地批评环境审美缺失的后果。他说："同样，认为单纯的物质没有价值的假定，使得人们对待自然和艺术的美缺乏尊敬。当西方世界的城市化快速发展时，当对新的物质世界的审美性质进行最精微的、最迫切的研究必不可少时，认为这类观念没有考虑价值的说法达到了最高峰。在工业化最发达的国家中，艺术被当作一种儿戏对待。19 世纪中叶，在伦敦可以看到这种思想的一个显著实例。泰晤士河湾曲折地通过城区，其优美绝伦的美被查令十字铁路大桥肆意地损毁了。建造这座大桥时，根本没有考虑审美价值。"①"泰晤士河湾曲折地通过城区，其优美绝伦的美被查令十字铁路大桥肆意地损毁了"，这种现象在迅速城镇化的今天正在各地上演，提高环境审美素质和加强审美教育迫在眉睫。因此，亟须培养全民生态文明素养，提升整个社会的生态环境审美境界。

环境审美在促进社会由必然王国向自由王国飞跃的进步中具有重要作用。有助于我们更加尊重自然、敬畏生命、遵循客观规律，有助于人与自然、人与社会的和谐。用审美与艺术的超凡感性，用审美的感性光辉照亮工具理性带来的昏暗。用美的光辉为人类幸福生活而思考，以东西方的共同智慧，为人类心灵寻求家园转而用实践构筑家园，构筑人与自然、社会、人类、自我、他人、物质、精神的和谐。

我们可以尝试从审美中探寻到适合人类的心灵家园，用审美的力量照亮技术的阴霾，而使人类获得真正自由而全面的发展。审美有十四项功能，即认识功能、预测功能、评价功能、暗示功能、净化功能、补偿功能、享乐功能、娱乐功能、启迪功能、交际功能、社会组织功能、社会化功能、教育功能、启蒙功能。② 审美意识，是社会和谐的体现，是人的生命个体系统功能的完美呈现。只有在和谐的社会关系结构中，个体的心理

① 阿尔弗雷德·怀特海. 科学与近代世界[M]. 黄振威，译. 北京：北京师范大学出版社，2017.

② 凌继尧、张燕. 美学与艺术鉴赏[M]. 上海：上海人民出版社，2001：63.

才能得以和谐。只有以美的标准来衡量社会进步、人心向背，才能促进人类更加和谐与全面地发展。

美学家方东美说："人与自然在精神上是不可分的，因为他们两者同享生命无穷的喜悦与美妙。自然是人类不朽的经典，人类则是自然壮美的文字。两者的关系既浓郁又亲切，所以自然为人类展示其神奇奥妙，以生生不息的大化元气贯注人间，而人类则渐渍感应，继承不绝，报以绵绵不尽的生命劲气，据以开创雄浑瑰伟的气象。"①方东美还论述道："从宇宙论来看，自然是天地相交，万物生成变化的温床。从价值论来看，自然是一切创造历程递嬗之迹，形成了不同的价值层级，如美的形式、善的品质，以及通过真理的引导，而达于最完美之境。"②

人类具有追求美的本质属性，随着科学技术的发展，人类思维方式的进步，人类不断地在进行自我的审视与反思，不断地追求全面和可持续的发展，不断地帮助自身朝着更加健康美好的方向延伸。历史的洪流是滚滚向前的，人类的价值观念只能是更加交融和谐，多元、平衡。恩格斯说："人本身是自然界的产物，是在自己所处的环境中并且和这个环境一起发展起来的。"③生态共同体是在人类文明面临重要抉择的时代境遇中出场的，它旨在遏制全球性的生态危机，将人的全面发展与自然生态系统的稳定、持续有机地结合在一起，谋取人与自然共同的福祉。④ 人与自然是生态系统中最富有鲜活性的生命元素，自然的生命力在于它能够为人类的繁衍生息提供栖居之所，为人类的生产和生活提供基本的物质资源，而人类的生命力则在于通过智慧和力量使大自然更加繁荣、生机勃勃。

马克思主义科学地界定了自然与人的关系，自然对人具有先在性和客观性，人和人类社会是自然界长期发展的产物，是自然界不可分割的重要

---

① 方东美．方东美文集[M]．武汉：武汉大学出版社，2013.

② 方东美．方东美文集[M]．武汉：武汉大学出版社，2013.

③ 马克思恩格斯选集(第3卷)[M]．北京：人民出版社，2012：410.

④ 张钰．生态共同体视域下河西走廊生态治理研究[D]．西安：陕西师范大学，2018.

组成部分。马克思在《1844年经济学哲学手稿》指出："一个存在物如果在自身之外没有自己的自然界，就不是自然存在物，就不能参加自然界的生活。一个存在物如果在自身之外没有对象，就不是对象性的存在物。一个存在物如果本身不是第三存在物的对象，就没有任何存在物作为自己的对象，就是说，它没有对象性的关系，它的存在就不是对象性的存在。非对象性的存在物是非存在物。"①

马克思主义既批判置自然界于不顾，一味夸大人的主体性、能动性又与否定人的实践性、消极的直观的形而上学唯物主义划清了界限。马克思在《1844年经济学哲学手稿》中精辟地阐述了人的能动性和受动性的辩证关系，他指出："人直接地是自然存在物。人作为自然存在物，而且作为有生命的自然存在物，一方面具有自然力、生命力，是能动的自然存在物；这些力量作为天赋和才能、作为欲望存在于人身上；另一方面，人作为自然的、肉体的、感性的、对象性的存在物，同动植物一样，是受动的、受制约的和受限制的存在物，就是说，他的欲望的对象是作为不依赖于他的对象而存在于他之外的；但是，这些对象是他的需要的对象；是表现和确证他的本质力量所不可缺少的、重要的对象。"②

马克思恩格斯主张普遍联系有机整体的观念，认为在"自然—人—社会"相互依赖和相互作用基础上构建起了人类生存和发展的对象世界，形成了人类社会生生不息、代代相传的有机整体。恩格斯在1880年出版的《社会主义从空想到科学的发展》中指出："当我们通过思维来考察自然界或人类历史或我们自己的精神活动的时候，首先呈现在我们眼前的，是一幅由种种联系和相互作用无穷无尽地交织起来的画面，其中没有任何东西是不动的和不变的，而是一切都在运动、变化、生成和消逝。……因此，要精确地描绘宇宙、宇宙的发展和人类的发展，以及这种发展在人们头脑

① 马克思，恩格斯．马克思恩格斯文集：第1卷[M]．北京：人民出版社，2009：210.

② 马克思，恩格斯．马克思恩格斯文集：第1卷[M]．北京：人民出版社，2009：209.

中的反映，就只有用辩证的方法，只有不断地注意生成和消逝之间、前进的变化和后退的变化之间的普遍相互作用才能做到。”①

彻底的唯物主义是唯物辩证的自然观与唯物辩证的历史观的有机结合。人类的力量不是表现在对自然的征服与统治，而是表现在对自然的热爱、敬畏、协调与和谐，表现在能够认识和正确地利用自然规律——这才是人与自然的正确的关系。恩格斯在《自然辩证法》中指出：“但是我们不要过分陶醉于我们人类对自然界的胜利。对于每一次这样的胜利，自然界都对我们进行报复。……事实上，我们一天天地学会更正确地理解自然规律，学会认识我们对自然界习常过程的干预所造成的较近或较远的后果。特别自本世纪自然科学大踏步前进以来，我们越来越有可能学会认识并从而控制那些至少是由我们最常见的生产行为所造成的较远的自然后果。”②马克思、恩格斯认为共产主义社会“是人和自然界之间、人和人之间的矛盾的真正解决”。③

习近平总书记在十九大报告中进一步把生态文明放置到中华民族千年大计的战略高度，重申中华民族伟大复兴和永续发展，就“必须树立和践行绿水青山就是金山银山的理念，坚持节约资源和保护环境的基本国策，像对待生命一样对待生态环境”。④ 人类正是通过社会体制、科学技术和文化的进步，不断地摆脱认识和改造自然过程中的盲目性和不合理性，不断地实现由必然王国向自由王国的飞跃。

“一带一路”沿线 60 多个国家中的十几亿人口长期饱受风沙之患，生态较为脆弱，荒漠化问题不容忽视。2016 年 6 月，中国国家林业局与联合

① 马克思，恩格斯．马克思恩格斯文集：第 3 卷[M]．北京：人民出版社，2009.

② 马克思，恩格斯．马克思恩格斯文集：第 9 卷[M]．北京：人民出版社，2009.

③ 马克思，恩格斯．马克思恩格斯文集：第 1 卷[M]．北京：人民出版社，2009.

④ 习近平．决胜全面建成小康社会夺取新时代中国特色社会主义伟大胜利——在中国共产党第十九次全国代表大会上的报告．人民日报，2017-10-28.

国防治荒漠化公约秘书处共同发布《"一带一路"防治荒漠化共同行动倡议》。有关国家在充分沟通协商并形成广泛共识的基础上，启动"一带一路"防治荒漠化合作机制，充分表达了在防治荒漠化和推动实现2030年可持续发展目标上的共识。共建绿色丝绸之路是中国政府的一贯主张，也是"一带一路"沿线国家的广泛共识。共建"一带一路"防治荒漠化合作机制是化解挑战和困境、维护全球生态安全的中国方案，体现了汲取国际先进防治经验、促进可持续发展的中国智慧。

结语：用心呵护地球生命之城

“宇宙只有一个地球，人类共有一个家园”①，在迅速城市化的今天，地球越来越像一个生命之城，珍爱和呵护是我们唯一的选择。怀特海说：“宇宙永远是‘一’，因为除了从一个现实实有的角度将它统一起来进行观察以外，就不可能对它进行任何观察。”“宇宙的统一通过新的合生而不断更新”，“宇宙永远是新的，因为直接的现实实有本质上总是新颖的感觉的超体”②。要求我们要用统一整体的观察方法看待宇宙、看待地球。同时，地球是活的生命，人类要不断创新，以更低碳、环保、生态的方式劳动、生活、延续，善待地球。

天德施生，云行雨施，地德承化，含弘光大，“天地之心，盈虚消息，交泰和会，协然互荡，盈然并进，即能蔚成创进不息的精神”③。雄奇的宇宙生命弥漫宣畅，万物含生，刚劲充周，人类奋能有兴，振作生命劲气，迸发创造活力，协力打造人间美景。正如《易经》有云：“君子黄中通理，正位居体，美在其中，而畅于四支，发于事业，美之至也!”生命从35亿年前单细胞生物开始，演化成如今极其复杂缤纷多彩的地球生命世界；人类也是从一起从事原始的刀耕火种的生产，向出现劳动分工，男耕女织方向发展，最后形成复杂社会；原来均匀一片的村庄，演化形成农村或城

---

① 习近平．共同构建人类命运共同体——在联合国日内瓦总部的演讲[N]．人民日报，2017-01-20.

② 怀特海．过程与实在[M]．李步楼，译．北京：商务印书馆，2012：357.

③ 方东美．方东美文集[M]．武汉：武汉大学出版社，2013.

市，出现差别；人类社会总体上是朝着分工越来越细，差别越来越大，相互之间的联系越来越紧密，越来越智能化的方向发展，全球现在已经形成一个整体，“全球经济”“全球城市”“地球村”“和谐世界”已经是我们这个时代的基本特征，事物的演化发展方向都是不断走向复杂、多元、非平衡、和谐，走向更高的进化阶段。

在许多哲学家看来，人类社会的一切进步都可以归结为人类原始性的创造冲动，都可以从创造中得到解释。所以，创造一向被视为是人类本质的最高体现，是社会发展的永恒动力。唯有不断创造，才能推动城市向前发展。而这对城市来说，就要积极发展创新文化、培育创新理念，同时鼓励技术创新，最大限度地发挥人的创造性，从而以健康的理念、意识和先进的思维方式去指导城市的发展。联合国教科文组织总干事 Irina Bokova 曾说：城市也是人类在为未来制定解决方案方面最杰出的发明之一。从根本上说，城市将富有创造力和生产力的人们聚集在一起，帮助他们做他们最擅长的事情：交流、创造和创新。从美索不达米亚的古老城市到意大利文艺复兴时期的城邦，再到今天充满活力的大都市，城市地区一直是人类发展最强大的引擎之一。今天，我们必须再次把希望寄托在城市。

生态智慧城市是一种理想的城市模式，它包含人与自然、人与社会的协调与信息化，是一个自组织、自调节的共生系统。无论说城市是一个复杂系统，还是说城市是一个自组织系统，都说明城市是一个生命系统，是人类社会与大自然相互作用，拥有漫长演化历程的生命系统。城市之所以会如此绚丽多彩，如此演化发展，归根结底源于人类特有的创造活动。正如亚里士多德所言：人民聚集到城市是为了生活，期望在城市中生活得更美好。

1996 年 6 月《伊斯坦布尔人居宣言》指出：“在我们迈向 21 世纪的时候，我们憧憬着可持续的人类住区，企盼着我们共同的未来。我们倡议正视这个真正不可多得的、非常具有吸引力的挑战。让我们共同来建设这个世界，使每个人有个安全的家，能过上有尊严、身体健康、安全、幸福和充满希望的美好生活。”①21 世纪是一个充满阳光和希望的世纪，人类文明

① 吴良镛. 人居环境科学导论[M]. 北京：中国建筑工业出版社，2001：36.

从雪域的涓涓细流起源，逐渐汇成江河，穿过险峰恶滩，终于来到开阔的入海口，和平与发展是时代主题，人类文明从来没有像今天这样相互交融在一起，科技进步突飞猛进，地球日益成为一个相互依存的地球生命之城。发展中国家面临前所未有的挑战，既要发展经济，解决就业，又要在飞速的城镇化过程中，解决面临的贫民窟等问题，还要保护自然，保护生态环境，解决治理问题。但是也面临前所未有的机遇，如果抓住时机弯道超车，发挥后发效应，也能逐渐解决自身发展的各种问题。

城市本质在于集聚、多样性和创新性，城市是自下而上的城市居民创造社会流动性、文化多样性和纷繁复杂的创新的有机体。城市的发展需要聚焦不断变化的、属性多样化的"人"，集聚各方面的人才、资源，配给基础设施，释放城市多样性，在多样性的碰撞中产生创新性，更多满足平民的政治经济和心理需求，进而创造乔尔·科特金说的"安全""繁荣"和"神圣"的伟大城市。正如芒福德所说："城市的主要功能是化力为形，化能量为文化，化死的东西为活的艺术形象，化生物的繁衍为社会创造力……如果生命的力量集聚在一起，我们将能接近一次新的城市聚合过程：亿万觉醒人民，团结一致，建设一个新世界。"①我们将借助城市的聚集和创新功能，团结一致，建设一个新世界。

① 刘易斯·芒福德．城市发展史——起源、演变和前景[M]．宋俊岭，倪文彦，译．北京：中国建筑工业出版社，2005，583.

参考文献

[1]伊恩·道格拉斯. 城市与环境[M]. 南京：江苏凤凰教育出版社，2016.

[2]耿晔强. 中国与新兴市场国家贸易合作战略研究[M]. 北京：经济科学出版社，2015.

[3]李金叶. 俄罗斯中亚国家经济发展研究报告(2014)[M]. 北京：经济科学出版社，2015.

[4]刘珺. "丝绸之路经济带"推进过程面临的风险与挑战——中亚视角[M]. 北京：时事出版社，2018.

[5]尤安山. "一带一路"建设与亚洲区域经济合作新格局[M]. 上海：上海社会科学院出版社，2017.

[6]王卓宇. 应变与传承：巴西能源战略研究[M]. 北京：经济科学出版社，2015.

[7]罗伯特·芬斯特拉，魏尚进. 全球贸易中中国角色[M]. 北京：北京大学出版社，2013.

[8]舒运国，张忠祥. 非洲经济评论(2013)[M]. 上海：上海三联书店，2013.

[9]程志刚. 走进非洲话商机——对话非洲驻华使节[M]. 北京：世界知识出版社，2012.

[10]赵振宇. 中国国际工程承包——数据、模型与实践[M]. 北京：清华大学出版社，2018.

[11]孙小波，柳莹，关智昕. 投资英国[M]. 北京：中国政法大学出版社，2016.
[12]龚子同，陈鸿昭，张甘霖. 寂静的土壤——理念·文化·梦想[M]. 北京：科学出版社，2015.
[13]许勤华. 中国能源国际合作报告——国际能源金融发展与中国[M]. 北京：中国人民大学出版社，2013.
[14]刘波. 北京国际交往中心建设研究专题(3)[M]. 北京：知识产权出版社，2017.
[15]张堃，任家瑜. 国际大都市建筑文化比较研究[M]. 上海：学林出版社，2010.
[16]马晓霖. 阿拉伯发展报告(2013~2014)[M]. 北京：社会科学文献出版社，2014.
[17]易承志. 大城善治[M]. 北京：北京大学出版社，2017.
[18]南方日报. 大城善治[M]. 北京：光明日报出版社，2017.
[19]太斋利幸. 图解金融学[M]. 北京：中国工信出版集团，2018.
[20]C. 亚历山大. 建筑的永恒之道[M]. 北京：知识产权出版社，2002.
[21]宁越敏. 城市网络结构与演变[M]. 北京：科学出版社，2015.
[22]中国现代国际关系研究院. "一带一路"读本[M]. 北京：时事出版社，2018.
[23]朱琳. 资源枯竭型城市转型与可持续性评价[M]. 北京：化学工业出版社，2018.
[24]王南，黄华青，朱琳，袁牧. 法荷比卢四国经典建筑100例[M]. 北京：清华大学出版社，2016.
[25]徐公芳. 中西建筑文化[M]. 北京：科学出版社，2014.
[26]孙绍荣，张艳楠. 古今精品工程[M]. 北京：清华大学出版社，2014.
[27]盛文林. 建筑艺术欣赏[M]. 北京：北京工业大学出版社，2014.
[28]墨刻编辑部. 全球最美的伟大建筑[M]. 北京：人民邮电出版社，2013.

[29]Philip Jodidio. *ARCHITECTURE NOW*[M]. TASCHEN, 2002.
[30]Jonathan Barnett. 城市设计：现代主义、传统、绿色和系统的观点[M]. 北京：电子工业出版社，2014.
[31]郭学明. 旅途上的建筑——漫步美洲[M]. 北京：机械工业出版社，2017.
[32]陶红亮. 海上丝绸之路[M]. 北京：海洋出版社，2017.
[33]王勤. 东南亚发展报告(2014~2015)[M]. 北京：社会科学文献出版社，2015.
[34]罗伯特·兰札，鲍勃·伯曼. 生物中心主义[M]. 重庆：重庆出版社，2012.
[35]马丁·海德格尔. 存在与时间[M]. 北京：生活·读书·新知三联书店，2014.
[36]曾繁仁. 生态美学基本问题研究[M]. 北京：人民出版社，2015.
[37]阿瑟·奥莎利文. 城市经济学[M]. 北京：北京大学出版社，2015.
[38]Mark Abrahamson. *Urban Sociology: a Global Introduction*[M]. Cambridge University Press, 2014.
[39]朱光潜. 西方美学史[M]. 北京：人民文学出版社，1963.
[40]陈望衡. 环境美学前沿[M]. 武汉：武汉大学出版社，2015.
[41]凯文·林奇. 城市意象[M]. 北京：华夏出版社，2017.
[42]栾峰. 城市经济学[M]. 北京：中国建筑工业出版社，2012.
[43]乔尔·科特金. 全球城市史[M]. 北京：社会科学文献出版社，2014.
[44]常宏，朱珂苇. 图解美学[M]. 北京：中国华侨出版社，2017.
[45]程相占. 生生美学论集——从文艺美学到生态美学[M]. 北京：人民出版社，2012.
[46]祁志祥. 中国现当代美学史[M]. 北京：商务印书馆，2018.
[47]杨平. 环境美学的谱系[M]. 南京：南京出版社，2007.
[48]沈小峰. 混沌初开：自组织理论的哲学探索[M]. 北京：北京师范大学出版社，2008.

[49]董治年. 共生与跨界[M]. 北京：化学工业出版社，2015.
[50]戴孝军. 和谐与超越[M]. 武汉：武汉大学出版社，2017.
[51]陈望衡，邓俊，朱洁. 美丽中国与环境美学[M]. 北京：中国建筑工业出版社，2018.
[52]阿尔弗雷德·诺思·怀特海. 教育的目的[M]. 上海：上海人民出版社，2018.
[53]约翰·H. 霍兰. 隐秩序：适应性造就复杂性[M]. 上海：上海科技教育出版社，2018.
[54]罗德里克·弗雷泽·纳什. 荒野与美国思想[M]. 北京：中国环境科学出版社，2012.
[55]刘强. 跨越万有引力之虹：科学美学漫步[M]. 北京：中国社会科学出版社，2013.
[56]袁鼎生. 整生论美学[M]. 北京：商务印书馆，2013.
[57]Monroe C. Beardsley. *AESTHETICS From Classical Greece to the Present：A Short History*[M]. Faber and Faber Ltd.，London，1950.
[58]彭锋. 当代环境美学的哲学基础[M]. 北京：北京大学出版社，2005.
[59]徐苏宁. 城市设计美学[M]. 北京：中国建筑工业出版社，2007.
[60]陈诗才. 地学美学[M]. 天津：南开大学出版社，2012.
[61]张雨. 美学视野下的西汉长安[M]. 北京：科学出版社，2017.
[62]黎智洪. 从管理到治理[M]. 北京：经济日报出版社，2014.
[63]郑秉文. 拉丁美洲城市化：经验与教训[M]. 北京：当代世界出版社，2011.
[64]赵峥. 亚太城市绿色发展报告[M]. 北京：中国社会科学出版社，2016.
[65]Greg Clark. *Global Cities：A Short History*[M]. The Brookings Institution，2017.
[66]霍华德·丘达柯夫. 美国城市社会的演变[M]. 上海：上海社会科学出版社，2016.

[67] Grimm Nancy B, Faeth Stanley H, Golubiewski Nancy E, Redman Charles L, Wu Jianguo, Bai Xuemei, Briggs John M. Global change and the ecology of cities. Science, FEB 8 2008.

[68] Kalnay E, Cai M. Impact of urbanization and land-use change on climate. Nature, May29 2003.

[69] Bolund P, Hunhammar S, Ecosystem services in urban areas. Ecological Economics, May1999.

[70] Caragliu Andrea, Del Bo Chiara, Nijkamp Peter. Smart Cities in Europe. Journal of urban technology, 2011: 18.

[71] Yan Yan, Wang Chenxing, Quan Yuan, Wu Gang, Zhao Jingzhu. Urban sustainable development efficiency towards the balance between nature and human well-being: Connotation, measurement, and assessment. Journal of Cleaner Production Mar 20 2018.

[72] Silva Bhagya Nathali, Khan Murad, Han Kijun. Towards sustainable smart cities: A review of trends, architectures, components, and open challenges in smart cities. Sustailable cities and society, APR 2018.

[73] Marc Antrop. Landscape change and the urbanization process in Europe. Landscape and Urban Planning, 2004(67): 9-26.

[74] Ethan H. Decker, Scott Elliott, Felisa A. Smith, Donald R. Blake, F. Sherwood Rowland. Energy and material flow through the urban ecosystem. Energy Economy, 2000: 25.

[75] Luís M A Bettencourt, Jose' Lobo, Dirk Helbing, Christian Kuhnert, and Geoffrey B West. Growth, innovation, scaling, and the pace of life in cities. Edited by Elinor Ostrom, Indiana University, Bloomington, IN, and approved March 6, 2007.

[76] R Guimera, S Mossa, A Turtschi, and L A N Amaral. The worldwide air transportation network: Anomalous centrality, community structure, and cities' global roles. Edited by Kenneth W. Wachter, University of Califor-

nia, Berkeley, CA, and approved April 5, 2005.

[77]Meghan L Avolto, Diane E Patakt, Taral E Trammell and Joanna Endter-Wada. Biodiverse cities: the nursery industry, homeowners, and neighborhood differences drive urban tree composition. Ecological Monographs, 2018, pp. 1-18.

[78]Per Bolund, Sven Hunhammar. Analysis Ecosystem services in urban areas. Ecological Economics, 29(1999)293-301.

[79]Maryann P Feldman, David B Audretsch. Innovation in cities: Science-based diversity, specialization and localized competition. European Economic Review 43, (1999)409-429.

[80]Karen C Seto, Michail Fragkias, Burak Guneralp, Michael K Reilly. A Meta-Analysis of Global Urban Land Expansion. Editor: Juan A. Universidade de Vigo, Spain, August 18, 2011.

[81]Smith N. New Urban Frontier: Gentrification and the Revanchist City. London: Routledge, 1996.

[82]Neil Smith. New Globalism, New Urbanism: Gentrification as Global Urban Strategy. Editorial Board of Antipode, 2002.

[83]Jonathan A Foley, Ruth DeFries, Gregory P Asner, Carol Barford, Gordon Bonan, Stephen R Carpenter, F Stuart Chapin, Michael T Coe, Gretchen C Daily, Holly K Gibbs, Joseph H Helkowski, Tracey Holloway, Erica A Howard, Christopher J Kucharik, Chad Monfreda, Jonathan A Patz, I Colin Prentice, Navin Ramankutty, Peter K Snyder. Global Consequences of Land Use. Science, 22 JULY 2005 VOL 309.

[84]Peter Fwedinand. Westward ho-the China dream and "one belt, one road": Chinese foreign policy under Xi Jinping. International Affairs 92: 4(2016)941-957.

[85]Anastasios Noulas, Salvatore Scellato, Renaud Lambiotte, Massimiliano Pontil, Cecilia Mascolo. A Tale of Many Cities: Universal Patterns in Hu-

man Urban Mobility. Editor: Juan A. University of Oxford, United Kingdom, May 29, 2012.

[86] Harriet & Michele M Betsill. Rethinking Sustainable Cities: Multilevel Governance and the Urban Politics of Climate Change. Environmental Politics, Vol. 14, No. 1, 42-63, February 2005.

[87] Paul, MJ, Meyer, JL. Streams in the urban landscape. Annual Review of Ecology and Systematics, 2001.

[88] Robinson, J. Global and world cities: A view from off the map. International Journal of Urban and Regional Reserch, Sep 2002.

[89] Nevens Frank, Frantzeskaki Niki, Gorissen leen, Loorbach Derk. Urban Transition Labs: co-creating transformative action for sustainable cities, Joural of Cleaner production, July 2013.

[90] Betsill MM, Bulkeley H. Transnational networks and global environmental governance: The Cities Climate Protection. International Studies Quarterly, Jun 2004.

[91] Betsill Michelem, Bulkeley Harriet. Cities and the multilevel governance of global climate change. Global Governance, Apr-Jun 2006.

[92] Mage D, Ozolins, G, Peterson P, Webster A, Orthofer R, Vandeweerd V, Gwynne M. Urban air pollution in megacities of the world. Atmospheric Environmant, Mar 1996.

[93] Berkhout Frans, Verbong Geert, Anna J, Roven Rob, Lebel louis, Bai xuemei. Sustainability experiments in Asia: innovation shaping alternative development pathways? Environmantal Science & Policy, Jun 2010.

[94] Antrop, M. Landscape change and the urbanization process in Europe. Landscape and urban planning, March15, 2004.

[95] Michael l Mckinney. Urbanization, Biodiversity, and Conservation. BioScience October 2002.

[96] Melvin Rader, ed, A Modern Book of Esthetics (3ded, New York,

1960).

[97]Eliseo Vivas and Murray krieger, The Problems of Aesthetics(New York, 1953)

[98]Morris Weitz, Problems in Aesthetics(New York, 1959).

[99]Morris Philipson, Aesthetics Today(New York, 1961).

[100]Marvin Levich, Aesthetics and the Philosophy of Criticism(New York, 1963).

[101]W. E. Kennick, Art and Philosophy: Readings in Aesthetics (New York, 1964).

[102]Joseph Margolis, Philosophy at the Looks Arts(New York, 1962).

[103]William Elton, Aesthetics and Language(Oxford, 1954).

[104]Benedetto Croce, Aesthetic as Science of Expression and General linguistic, trans. Douglas Ainslie, 2ded. (London, 1922).

[105]Gian N G. Orsini, Benedetto Croce: Philosopher of Art and Literary Critic(S. Illinois U., 1961).

[106]Calvin G. Seerveld, Benedetto Croce's Earlier Aesthetic Theories and literary Criticism(Kampen, Netherlands, 1958).

[illegible]

[illegible] 1964).

[illegible] 1962).

[illegible] 1964).

[illegible]

[illegible] 1957).

[illegible] Art and Literature [illegible]

[illegible] 1964).

[illegible] Aesthetic Theories and [illegible] Netherlands, 1958).